高职高专电子信息类课改系列教材

电路分析基础

（第三版）

主　编　马　颖　李　华

副主编　王　萍　邓　莉

参　编　李晓丽　弥　锐

西安电子科技大学出版社

内容简介

本书在《电路分析基础(第二版)》的基础上对部分内容进行了增加与修订。全书共8章，主要包括电路的基本概念和定律、电路的基本分析方法、电路分析中的常用定理、直流激励下的一阶动态电路、正弦交流电路的基本概念、正弦交流电路的分析、三相交流电路的分析、互感与变压器。书中每章后配有小结、技能训练及习题，同时，根据训练内容的需要，设置了相关的Multisim仿真技能训练；此外，书中还选编了8篇阅读材料，以拓展学生的专业知识。

本书可作为高职高专院校电类专业电路分析课程的教材，也可供从事相关工作的工程技术人员参考。

图书在版编目(CIP)数据

电路分析基础/马颖，李华主编. --3版. --西安：西安电子科技大学出版社，2023.8(2024.1重印)
ISBN 978-7-5606-6987-8

Ⅰ.①电… Ⅱ.①马… ②李… Ⅲ.①电路分析 Ⅳ.①TM133

中国国家版本馆CIP数据核字(2023)第146705号

责任编辑 刘玉芳
出版发行 西安电子科技大学出版社(西安市太白南路2号)
电　　话 (029)88202421 88201467　　邮　　编 710071
网　　址 www.xduph.com　　电子邮箱 xdupfxb001@163.com
经　　销 新华书店
印刷单位 陕西天意印务有限责任公司
版　　次 2023年8月第3版 2024年1月第2次印刷
开　　本 787毫米×1092毫米 1/16 印张 18.5
字　　数 430千字
定　　价 47.00元
ISBN 978-7-5606-6987-8/TM
XDUP 7289003-2

前言

《电路分析基础》一书自2013年首次出版以来，得到了全国众多高校广大师生的高度认可和充分肯定。该书讲解细致入微，例题图解丰富、直观，内容全面，实验项目选取经典，是一本既适合于教学，又适合于自学的专业基础教材。随着时间的推移，在教学过程中我们顺应职业教育的特点，对教学内容进行了部分调整，因此我们决定对《电路分析基础(第二版)》进行改版。改版后的教材保留了第二版教材的风格和特点，在某些章节的内容方面进行了修订和补充，具体修订情况如下：

(1) 对阅读材料做了增补，在第3章增加了“阅读材料：常用电路定理人物简介”，有助于学生更多地了解电路定律背后的伟大人物。

(2) 将原来第2章中两种电源模型的等效这一节内容调整到第1章的1.5节中，与单个实际电源的等效内容前后呼应，更有利于学生学习。

(3) 根据一线教师、学生的反馈对部分例题进行了修订。

(4) 在各章页面留白处设计了“学习笔记”部分，方便学生学习时做记录。

全书由马颖统稿，第1～4章由马颖编写，第5～8章由李华编写。王萍、邓莉、李晓丽和弥锐参与了本书修订资料的整理以及微课视频的录制工作。本书的出版得到了西安电子科技大学出版社刘玉芳编辑的帮助，在此表示诚挚的感谢。

限于编者水平，本书在内容取舍、编写方面难免存在不妥之处，恳请读者批评指正。编者联系方式：370129952@qq.com。

编　者

2023年5月

第二版前言

本书第一版于2013年出版，经过3届高职学生的教学试用，取得了良好的效果，也积累了许多经验。尤其是2013年四川信息职业技术学院被确定为四川省示范性高职院校建设单位以来，本书被定为重点建设的优质核心课程教材，编者按照“理实一体、两真交互”的教学模式进行课程改革，并积极探索开发网络教学资源，实现优质核心课程、配套教材、实训项目、考试平台、技能训练题库等的校内外共享。本书内容取材合理、篇幅适中，讲述概念简洁明了、通俗易懂，分析方法思路清晰、步骤明确，注重培养学生熟练掌握解题方法、解题技能，帮助学生打下坚实的工程实践基础，并为后续课程的学习做好准备。Multisim仿真软件的应用，可帮助学生尽早接触并运用计算机工具来辅助学习，提高学习兴趣。

我们衷心感谢使用《电路分析基础》第一版教材的诸多老师和同学们对本书的肯定，以及对本书提出的一些宝贵意见。例如：希望给出每章习题的参考答案，便于读者章后复习，提高学习效率；书中讲授节点电位法及戴维南定理的例题偏少且难度偏大，希望作者改版时能补充或修改例题；部分技能内容如基尔霍夫定理和戴维南定理的验证训练内容偏多，建议适时调整；缺少应用Multisim软件直接分析电路的技能训练，建议补充；阅读材料中的万用表、示波器部分内容过于陈旧，希望能及时更新；等等。结合学生反馈、同行建议及本书作者近几年来的教学实践经验积累和对课程的不断思考，作者对第一版教材进行修订。修订后的教材基本保留了第一版的结构层次和传统内容的特色，但在内容论述、材料组织和选取上有较大的更新和补充，着重加强了基本理论与实际应用、知识传授与能力培养的有机结合。

本书在内容上、编排上的主要修订有：

(1) 对第一版教材的实例做了调整和增补，删减了一些较为烦琐的内容和例题，使叙述更简洁流畅，内容更精练，重点更突出。

(2) 将原来内容较多的第5章“正弦交流电路”进行拆分，将正弦交流电的三要素、相量表示法及三种电路元件的交流特性放置在第5章“正弦交流电路的基本概念”中介绍，将正弦交流电路的串/并联分析、功率计算与谐振等内容放到第6章“正弦交流电路的分析”中介绍。

(3) 在阅读材料中遴选了多个极具特色的工程应用实例，如示波器简介、涡流现象及其应用、谐振电路的应用等，有利于学生将理论知识的应用与工程实践更好地结合起来。

(4) 对部分原有的实验项目进行了修订，并增加了 4 个重要的仿真技能训练内容——第 1 章的电路元件伏安特性的测绘与仿真，第 2 章的直流电路的仿真分析，第 3 章的戴维南定理的验证及负载功率曲线的测绘与仿真，第 6 章的 *RLC* 交流电路及串联谐振电路的仿真分析。本书累计编写了 13 个技能训练项目，将理论教学与实践教学相结合，以更好地实现“理实一体、两真交互”的教学模式。

(5) 在附录 A 中专门介绍了目前常用的一种电路仿真软件——Multisim，以 14.0 版本为例介绍了该软件的安装与汉化操作步骤，以及软件操作界面、工具栏、元件库及元件查找方法等内容，并以一个完整的仿真电路为例阐述了搭建步骤及测试方法，使学生更容易掌握仿真软件的使用。

(6) 对原书中的部分内容、每章的习题进行了补充、修订、调整，并修订了原书中的一些错误；增加了附录 B，给出了部分需分析计算的重难点习题的参考答案(本书各章还配有习题答案详解，需要的老师可与出版社联系)。

本书的编写工作由马颖、李华、王萍和张玥完成，邓莉、李晓丽和弥锐参与了此次再版补充内容的编写和修订资料的整理工作。其中：马颖修编了第 1、2、5、6、7 章，并负责统稿工作；李华修编了第 3、8 章和全书的电子课件；王萍修编了第 4 章、各章习题和附录 B；张玥修编了各章的阅读材料、技能训练和附录 A。

本书的编写得到了四川信息职业技术学院电子工程系全体同仁的大力协助，在此感谢朱清溢博士和徐秀会高级工程师对本书提出的许多宝贵意见。本书的出版得到了西安电子科技大学出版社刘玉芳的帮助，在此表示诚挚的感谢。

本书配有电子课件及网络教学资源等，需要者可通过手机下载“学习通”APP，注册登录后，在 APP 首页的右上角点击“邀请码”输入 MOOC 班级邀请码(每学期的邀请码会在课程网站首页更新，网址为 http://mooc1.chaoxing.com/course/205723219.html)，即可加入课程学习，下载资源。

限于编者水平，本书在内容取舍、编写方面难免存在不妥之处，恳请读者批评指正，相关建议和要求可发送至电子邮箱：370129952@qq.com，以便于再版时修订。

编　者

2016 年 2 月

第一版前言

本书的编写融入了近年来电路理论的新发展、新应用及编者多年的教学经验。本书在编写过程中，在遵循和借鉴传统教材写作模式的基础上，改进了部分内容的叙述方式和部分例题的解题方法，增加了实践环节、电路仿真内容和新的实际应用案例，更加符合当今高等职业院校高素质技能型专门人才的培养要求。

编者在编写时充分研究了高职学生的特点、知识结构、教学规律及电类专业培养目标等内容，结合高职高专教改要求，注重素质教育以及实践能力和创新能力的培养，认真组织教材内容，注意教学方法，努力使该书符合实际教学需要，体现高等职业教育的特点。

本书具有以下特点：

(1) 根据高等职业教育的职业岗位群所需的技能和知识要求，注重基本理论和基本分析方法，理论分析难度适中，注重结果的应用，对分析方法仅作定性阐述，不作理论证明，注重技能训练和虚拟仿真技术应用。

(2) 精心挑选了11个实验项目，将理论教学与实践教学相结合。本书既是理论学习的参考书，也是实验指导书。

(3) 引入了虚拟仿真技术，部分实验使用Multisim软件进行了仿真。

(4) 每节后都配有习题，便于学生复习。

(5) 选编了较多的例题和习题,便于教学中灵活应用。

(6) 既适用于强电专业，又适用于弱电专业。

(7) 选编了6篇阅读材料，使理论与工程实践结合更紧密。

(8) 选编了“电子元器件主要技术参数”“Multisim软件简介”两篇附录，作为学生器件选型、参数读测、仿真软件操作的参考资料。

本书由马颖担任主编并负责全书的统稿工作，王萍、李华、邱秀玲担任副主编，胡勇、陈晶瑾、张淑萍参与了编写工作。各章编写具体分工如下：马颖负责编写第5章、第6章；王萍负责编写第1章、第4章；李华负责编写第2章、第3章；邱秀玲负责编写内容简介、前言及实验1～3；胡勇负责编写实验4～8；陈晶瑾负责编写实验9～11及附录；张淑萍负责编写第7章。

限于编者水平，本书在内容取舍、编写方面难免存在不妥之处，恳请读者批评指正。

编　者

2013年3月

目录

第 1 章　电路的基本概念和定律 …… 1

1.1　电路和电路模型 …… 1

1.1.1　实际电路 …… 1

1.1.2　电路模型 …… 2

1.2　电路中的基本物理量 …… 3

1.2.1　电流及其参考方向 …… 3

1.2.2　电压及其参考方向 …… 4

1.2.3　电位的概念 …… 6

1.2.4　电功率与电能 …… 7

1.3　电阻元件及欧姆定律 …… 9

1.3.1　电阻元件 …… 9

1.3.2　欧姆定律 …… 9

1.4　基尔霍夫定律 …… 11

1.4.1　电路中的几个常用名词 …… 11

1.4.2　基尔霍夫电流定律 …… 12

1.4.3　基尔霍夫电压定律 …… 13

1.5　电路中的电源 …… 15

1.5.1　电压源 …… 15

1.5.2　电流源 …… 16

1.5.3　单个实际电源的等效变换 …… 18

1.5.4　多个电源的等效变换 …… 20

1.6　受控源 …… 23

本章小结 …… 26

阅读材料：电阻器的识别及应用 …… 27

【技能训练 1.1】　万用表的使用与测量 …… 32

【技能训练 1.2】　电路元件伏安特性的测绘与仿真 …… 39

【技能训练 1.3】　电压、电位的测定及基尔霍夫定律的验证 …… 43

【技能训练 1.4】　电压源与电流源的等效变换与仿真 …… 45

习题 …… 48

第 2 章　电路的基本分析方法 …… 54

2.1　电路等效的基本概念 …… 54

2.2 电阻电路的等效…… 55
2.2.1 电阻的串联等效及应用…… 55
2.2.2 电阻的并联等效及应用…… 56
2.2.3 电阻的混联等效及应用…… 58
2.2.4 Y形与△形电路的等效互换…… 59
2.3 支路电流法…… 61
2.4 回路电流法…… 63
2.5 节点电位法…… 67
本章小结 …… 71
阅读材料:电气图识读知识 …… 73
【技能训练2】 直流电路的仿真分析 …… 74
习题 …… 76
第3章 电路分析中的常用定理 …… 79
3.1 叠加定理…… 79
3.2 等效电源定理…… 82
3.2.1 戴维南定理…… 82
3.2.2 诺顿定理…… 85
3.3 最大功率传输定理…… 86
3.3.1 电压、功率与电流之间的关系 …… 86
3.3.2 负载获得最大功率的条件及其最大功率…… 87
本章小结 …… 90
阅读材料:常用电路定理人物简介 …… 91
【技能训练3.1】 叠加定理的验证 …… 94
【技能训练3.2】 戴维南定理的验证及负载功率曲线的测绘与仿真 …… 96
习题…… 100
第4章 直流激励下的一阶动态电路…… 103
4.1 电容元件 …… 103
4.1.1 电容元件的定义 …… 103
4.1.2 电容元件的伏安关系 …… 104
4.1.3 电容元件的储能 …… 105
4.1.4 电容元件的串、并联等效 …… 105
4.2 电感元件 …… 109
4.2.1 自感现象 …… 109
4.2.2 电感元件的伏安关系 …… 110
4.2.3 电感元件的储能 …… 111
4.3 换路定律 …… 111
4.3.1 电路的动态过程及换路定律 …… 111
4.3.2 电路初始值的计算 …… 113
4.4 一阶电路的响应 …… 116
4.4.1 一阶电路的零输入响应 …… 117
4.4.2 一阶电路的零状态响应 …… 119

4.4.3　一阶电路的全响应 …… 121
4.4.4　一阶动态电路的三要素法 …… 123
本章小结 …… 125
阅读材料：电容元件与电感元件 …… 126
【技能训练4】　一阶 *RC* 电路的暂态响应分析 …… 130
习题 …… 133
第5章　正弦交流电路的基本概念 …… 136
5.1　正弦交流电的基本参数 …… 136
5.1.1　正弦交流电量的三要素 …… 136
5.1.2　相位差 …… 140
5.2　正弦交流电的相量表示法 …… 142
5.2.1　正弦量的旋转矢量表示法 …… 142
5.2.2　复数及复数运算 …… 143
5.2.3　正弦量的相量表示法 …… 146
5.3　正弦交流电路中的电阻、电感和电容 …… 148
5.3.1　电阻元件 …… 148
5.3.2　电感元件 …… 151
5.3.3　电容元件 …… 155
本章小结 …… 159
阅读材料：示波器简介 …… 160
【技能训练5】　正弦交流电的测量与仿真 …… 162
习题 …… 167
第6章　正弦交流电路的分析 …… 169
6.1　基尔霍夫定律的相量形式 …… 169
6.2　阻抗串联电路的分析 …… 172
6.2.1　阻抗 …… 172
6.2.2　*RLC* 串联电路分析 …… 172
6.2.3　阻抗串联的交流电路 …… 175
6.3　导纳并联电路的分析 …… 177
6.3.1　导纳 …… 177
6.3.2　*RLC* 并联电路分析 …… 177
6.3.3　阻抗并联的交流电路 …… 180
6.4　正弦交流电路的功率 …… 182
6.4.1　有功功率、无功功率和视在功率 …… 182
6.4.2　功率因数的提高 …… 186
6.5　交流电路中的谐振 …… 189
6.5.1　串联谐振 …… 189
6.5.2　并联谐振 …… 191
6.5.3　谐振电路的选频特性 …… 193
本章小结 …… 194
阅读材料：谐振电路的应用 …… 195

【技能训练 6.1】 日光灯功率因数的提高 …… 198
【技能训练 6.2】 *RLC* 交流电路及串联谐振电路的仿真分析 …… 201
习题 …… 205
第 7 章 三相交流电路的分析 …… 208
7.1 三相电源 …… 208
7.1.1 对称三相电源 …… 208
7.1.2 对称三相电源的连接方式 …… 209
7.2 三相负载的连接 …… 212
7.2.1 三相负载的星形连接 …… 212
7.2.2 三相负载的三角形连接 …… 215
7.3 三相电路的功率 …… 218
本章小结 …… 219
阅读材料：安全用电常识 …… 221
【技能训练 7】 三相交流电路的测量与仿真 …… 223
习题 …… 228
第 8 章 互感与变压器 …… 230
8.1 互感元件 …… 230
8.1.1 互感与互感电压 …… 230
8.1.2 互感线圈的同名端 …… 233
8.2 互感线圈的串、并联 …… 235
8.2.1 互感线圈的串联等效 …… 235
8.2.2 互感线圈的并联等效 …… 237
8.3 理想变压器 …… 239
8.4 实际变压器 …… 242
8.4.1 空心变压器 …… 242
8.4.2 铁芯变压器 …… 244
本章小结 …… 245
阅读材料：涡流现象及其应用 …… 246
【技能训练 8】 单相铁芯变压器特性的测试与仿真 …… 250
习题 …… 253
附录 A Multisim 软件简介 …… 257
A.1 Multisim 14.0 的安装与汉化 …… 257
A.2 Multisim 14.0 的界面及工具栏 …… 261
A.3 Multisim 的元件库与元件查找 …… 265
A.4 Multisim 的虚拟仪器仪表及使用设置 …… 272
A.5 Multisim 仿真电路的建立、仿真调试与简单分析方法 …… 274
附录 B 部分习题参考答案 …… 279
参考文献 …… 283

学习笔记

第 1 章　电路的基本概念和定律

本章主要介绍电路及电路模型的概念，电路的基本物理量；电压、电流参考方向的概念，电路中电压和电流必须遵循的基本定律——基尔霍夫定律；构成电路最基本的元件——电阻、电压源和电流源；电位的分析与计算。

电压、电流的参考方向是分析电路的前提，理想元件的电压、电流关系以及基尔霍夫定律是分析电路的重要依据。因此，本章的内容是进行电路分析的基础。

1.1　电路和电路模型

电路和电路模型

思考题 1.1

1.1.1　实际电路

图 1 - 1 是一个大家熟悉的手电筒的电路结构示意图，它由电池、开关、灯泡和导线几部分组成。电池是产生电能的元件，将化学能转变成电能，称为电源；灯泡是消耗电能的元件，将电能转变成光能，称为负载；开关控制电路的接通与断开；导线起传输电能的作用。这种为了实现某种需要而将电路元件和设备按一定方式连接起来，完成某种功能的整体，就称为电路。简单地说，电路是电流流通的路径。复杂的电路也常称为“网络”。

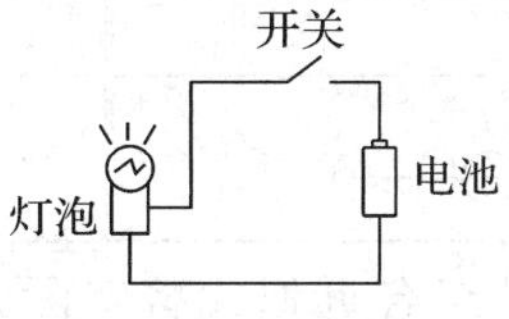

图 1 - 1　手电筒电路示意图

从电路的组成来看，任何实际电路都可以分为三个部分：

(1) 电源或信号源：它是电路中提供能源的设备，其作用是将非电能(如太阳能、风能、水能、化学能等)转换为电能。

(2) 负载：它是电路中消耗电能的设备，简称用电设备，可将电能转换为其他形式的能量。

(3) 中间环节：它是连接电源和负载的设备，用来传输、分配和控制电能，如导线、开关、控制器等。

实际应用中的电路种类繁多，用途各异，但按其功能可分为两大类，第一类是能量的产生、传输、分配电路，如电力系统的输电线路；第二类是信息的传递

学习笔记

和处理电路，主要起信号的处理、放大、传输和控制等作用，如计算机通信电路等。

1.1.2 电路模型

实际电路在分析元器件的接法、功能与作用时是很有用的，但由于组成实际电路的元(器)件种类很多，几何形态差异很大，各种电气设备的结构有繁有简，这就使得人们直接对实际电路进行定量分析和计算非常困难。

为了便于对电路进行分析与计算，对复杂的实际问题进行研究，在理论分析中常常把实际电路中的各种设备和电路元(器)件用能够表征电路主要电磁性质的理想化的电路元件来表示。例如，电阻具有消耗电能的特性，我们就可以将具有这一特性的电灯、电炉等用电器都用电阻来代替，虽然这种替代会带来一定的误差，但在一定条件下误差是可以忽略的。在实际工程问题中，若需要更精密地做研究时，可再考虑由于这种替代所带来的误差。

一般的理想元件具有两个端钮，称作二端电路元件。常用理想元件及符号如表 1－1 所示。

表 1－1　常用理想元件及符号

名称	符号	名称	符号
电阻		电感	
电池	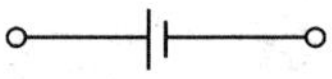	电容	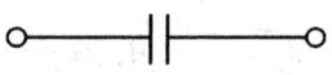
电灯		熔断器	
开关		接地	
电流表		电压表	
理想电压源	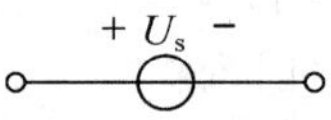	理想电流源	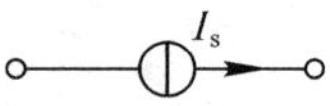

用理想化的电路元件及其组合近似代替实际元(器)件，就构成了与实际电路相对应的电路模型。图 1－2 便是图 1－1 的电路模型。理想电压源 U_s 与电池对应，R_s 是内阻；R 相当于灯泡，只消耗电能；S 是开关，控制电路的接通与断开；连接这些元器件的细实线是理想导线，起传输电能的作用。

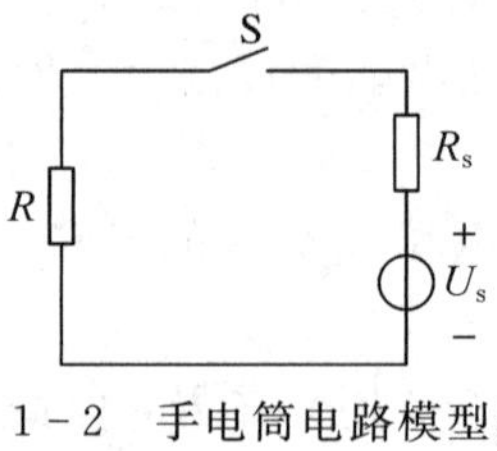

图 1－2　手电筒电路模型图

学习笔记

思考与练习

1.1－1　电路由哪几部分组成？各部分作用是什么？试举电路实例说明。

1.1－2　画出一个简单实际电路的电路模型。

1.2　电路中的基本物理量

电路中的物理量很多，如电荷量、磁链、电压、电位、电流、时间、功率和能量等。本节主要讨论电流、电压、电位、功率等基本物理量。

1.2.1　电流及其参考方向

电流

思考题 1.2.1

1. 电流和电流强度

带电粒子(电荷)有规则地定向移动形成电流。如导体中的自由电子、半导体中的电子和空穴，都是带电粒子，也称为载流子。

表示电流强弱的物理量称为电流强度，用符号 I 或 $i(t)$ 表示，定义为单位时间内通过导体横截面的电荷量。电流强度又简称为电流，其表达式为

$$i=\frac{dq}{dt} \tag{1-1}$$

式中，dq 为 dt 时间内通过导体横截面的电荷量。

在直流电路中，单位时间内通过导体横截面的电荷量是恒定不变的，有

$$I=\frac{Q}{t} \tag{1-2}$$

在国际单位制中，电荷量的单位为库仑(C)，时间的单位为秒(s)，电流的单位是安培(A)。即当电流是 1 A 时，表示每秒有 1 C 的电荷量流过导体的横截面。常用的电流单位还有毫安(mA)、微安(μA)、纳安(nA)等，它们的换算关系为

$$1\ \text{A}=10^3\ \text{mA}=10^6\ \mu\text{A}=10^9\ \text{nA}$$

如果电流的大小和方向不随时间变化，这种电流称为恒定电流，简称直流电流，用符号 I 表示。如果电流的大小和方向都随时间变化，则称为交变电流，简称交流，常用符号 i 表示。通常也习惯用 DC 表示直流电，AC 表示交流电。

2. 电流的参考方向

由于电荷有正、负之分，因此电荷运动产生的电流就有方向。习惯上规定正电荷定向移动的方向为电流的方向，这一方向也称为真实方向。简单电路中，电流的真实方向是显而易见的，即从电源正极流出，从电源的负极流入。

对于一些复杂电路，某一段电路电流的实际方向很难判定，甚至电流的实际方向还在不断变化，因此，在电路中很难标明电流的实际方向。为了解决这一问题，特引入参考方向的概念。即对流过每个元件的电流规定了一个假定的正方向，叫作参考方向。分析电路时的具体做法如下：

学习笔记

(1) 分析电路前，先假设电流的参考方向。

(2) 按选定的参考方向分析电路，求解电流。若计算结果为正($i>0$)，说明电流的参考方向与实际方向相同；若计算结果为负值($i<0$)，说明电流的参考方向与实际方向相反，如图 1-3 所示。

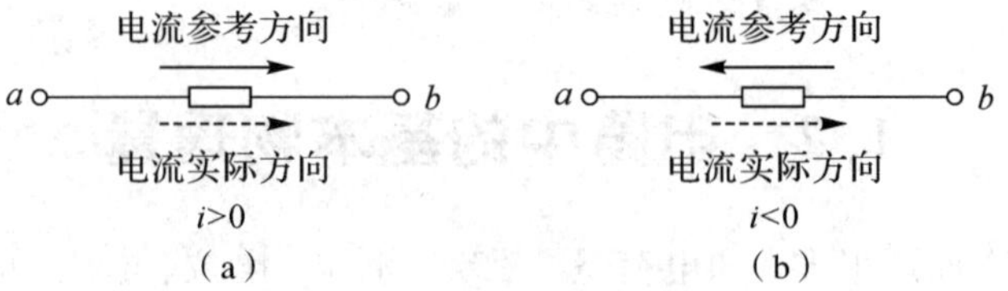

图 1-3　电流参考方向与实际方向的关系

(3) 若没有设定参考方向，电流数值的正、负没有意义。

在电路中，元件的电流参考方向可用箭头表示，如图 1-4 所示；在文字叙述时可用电流符号加双字母构成的下标表示，如 i_{ab}，它表示电流由 a 流向 b，并有 $i_{ab}=-i_{ba}$。

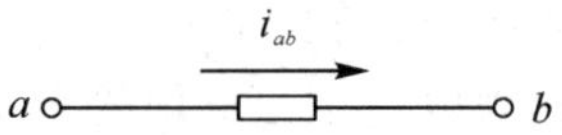

图 1-4　电流参考方向的表示

【例 1-1】　图 1-5 中，1、2、3 三个方框表示三个元件或电路，箭头表示电流的参考方向，i_1、i_2、i_3 表示电路中的电流。说明当 $i_1=i_2=i_3=1$ A 和当 $i_1=i_2=i_3=-1$ A 时各电路电流的真实方向。

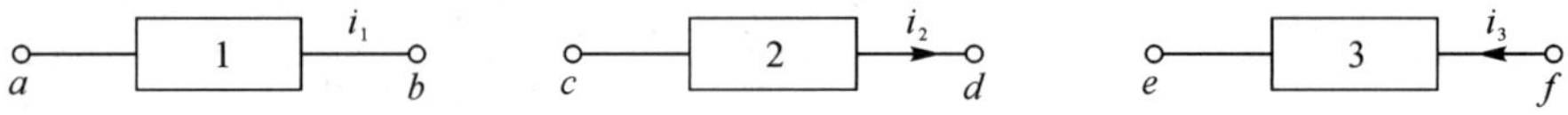

图 1-5　例 1-1 图

解　(1) 当电流大小均为 1 A 时，由于电流大于零，故其真实方向与参考方向相同。即 i_2 真实方向由 c 流向 d，i_3 真实方向由 f 流向 e，而 i_1 由于没有参考方向而无法确定其实际方向。

(2) 当电流大小均为 -1 A 时，电流小于零，故其真实方向与参考方向相反。即 i_2 真实方向由 d 流向 c，i_3 真实方向由 e 流向 f，而 i_1 由于没有参考方向一样无法确定其实际方向。

本例说明电流的真实方向是由电流的参考方向和电流强度数值的符号共同决定的，缺一不可。如果不规定电流的参考方向，电流数值的正、负没有任何意义。

电压电位

思考题 1.2.2

1.2.2　电压及其参考方向

1. 电压

一般情况下，导体中的电荷无规则地自由运动不能形成电流。只有在导体两端施加电场，导体内才有电流。

在匀强电场中，正电荷 Q 在电场力 F 的作用下，由 a 点移动到 b 点，电场力所做的功为 W，则 a 点到 b 点的电压为

$$U_{ab}=\frac{W}{Q} \quad 或 \quad u_{ab}=\frac{\mathrm{d}w}{\mathrm{d}q} \tag{1-3}$$

式中，Q 为由 a 点移动到 b 点的电荷量，W 为电荷移动过程中电场力所做的功，U_{ab} 为两点间的电压。

国际单位制中，电压的单位为伏特(V)。功的单位为焦耳(J)，电荷量的单位为库仑(C)，即

$$伏特(\mathrm{V})=\frac{焦耳(\mathrm{J})}{库仑(\mathrm{C})} \tag{1-4}$$

式(1-4)的含义是:为将1库仑的正电荷从 a 点移动到 b 点电场力做了1焦耳的功，则 a、b 间的电压为1伏特。

在理论计算和工程实际中，较大的电压用千伏(kV)作单位，较小的电压用毫伏(mV)或微伏(μV)作单位，其换算关系为

$$1\ \mathrm{kV}=10^3\ \mathrm{V},\ 1\ \mathrm{V}=10^3\ \mathrm{mV},\ 1\ \mathrm{mV}=10^3\ \mu\mathrm{V}$$

2. 电压的参考方向

电压参考方向与电流参考方向一样，也是任意选定的，其参考方向可用箭头、“+”“−”极性和双字母构成的下标三种方法表示。在分析电路时，先选定某一方向为电压的参考方向，若计算结果为正值($u>0$)，说明电压参考方向与实际方向一致；若计算结果为负值($u<0$)，则电压参考方向与实际方向相反，如图1-6所示。

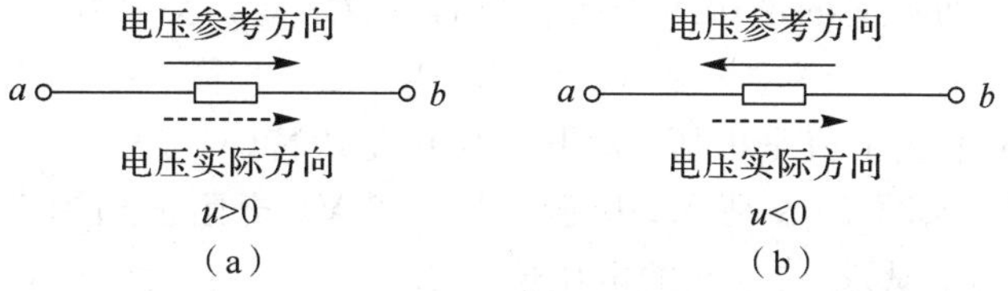

图1-6 电压参考方向与实际方向的关系

如图1-7(a)、(b)、(c)所示分别为用箭头、“+”“−”极性和双字母构成的下标表示电压的参考方向。

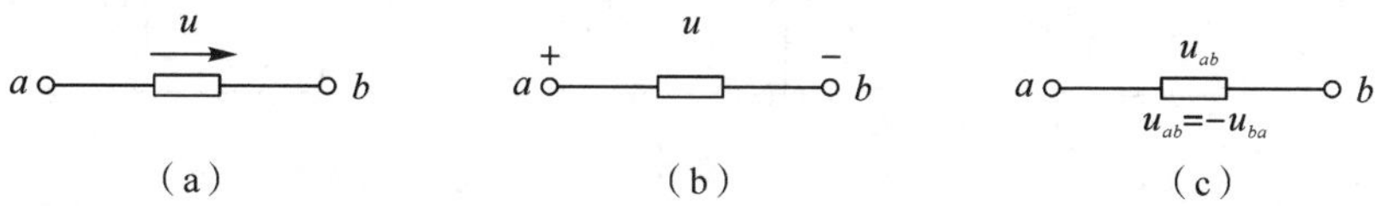

图1-7 电压参考方向的表示

如果电压的大小和极性不随时间变化，这种电压称为直流电压，用符号 U 表示。如果电压的大小和极性都随时间变化，则称为交流电压，常用符号 u 表示。

在分析电路时，既要为通过元件的电流假设参考方向，同时也要为元件两端的电压假设参考极性，通常它们彼此独立，可以任意假定。但为了方便起见，可

以选电压、电流一致的参考方向，称为关联参考方向，如图 1－8(a)所示。当然也可以选择不一致的参考方向，称为非关联参考方向，如图 1－8(b)所示。

(a)　　(b)

图 1－8　关联参考方向与非关联参考方向

1.2.3　电位的概念

思考题 1.2.3

在电气设备的调试和检修中，经常要测量各点的电位，看是否符合设计要求。

某点的电位在数值上被定义为：电场力将单位正电荷从电场内的某点移动到参考点(又称零电位点或接地点)所做的功。在电路分析中，常用字母 v 表示变化的电位，用 V 表示恒定电位。

在电路中任选一点为参考点，则某一点 a 到参考点的电压就称为 a 点的电位，用 V_a 表示。电路中各点的电位都是针对参考点而言的。通常规定参考点的电位为零，因此参考点又叫零电位点，在电路中用符号“⊥”表示。参考点的选择是任意的，一般在电子线路中常选择很多元件汇集的公共点；在工程技术中则选择大地、机壳为参考点。因此，在实际测量电子电路时，常把电压表的公共端或“－”端接到仪器设备的底板或机壳上作为测量基准，然后用电压表的另一端依次测量电路中各点的电压，可得到各点电位。

由此可以看出电位和电压的关系：某点电位即为该点与参考点之间的电压，或者说电路中某两点间的电压等于两点间的电位之差，表示为

$$U_{ab}=V_a-V_b \tag{1-5}$$

显然，电位本质上就是电压，故其单位也是伏特(V)。

【例 1－2】　如图 1－9 所示，电源电压为 2 V，电阻值均为 1 kΩ，若分别以 c、b、a 为参考点，试求 a、b 间的电压值 U_{ab}。

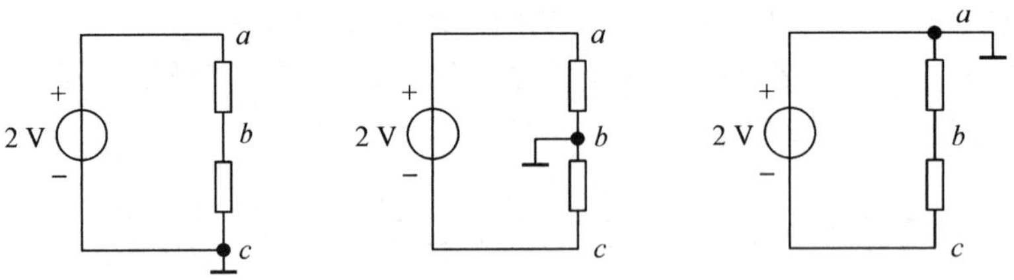

(a)　　(b)　　(c)

图 1－9　例 1－2 图

解　对于图 1－9(a)，以 c 为参考点，$V_c=0$，则 a、b 两点间电压为

$$U_{ab}=V_a-V_b=2-1=1\ \text{V}$$

对于图 1－9(b)，以 b 为参考点，$V_b=0$，则 a、b 两点间电压为

$$U_{ab}=V_a-V_b=1-0=1\ \text{V}$$

对于图 1－9(c)，以 a 为参考点，$V_a=0$，则 a、b 两点间电压为

学习笔记

$$U_{ab}=V_a-V_b=0-(-1)=1\ \text{V}$$

通过本例结果可知，当选择不同位置作为参考点，各点的电位值也不相同，具有相对性；但电路中任意两点间的电压值不会随着参考点变化而变化，具有绝对性。

1.2.4　电功率与电能

1. 电功率

电功率定义为单位时间内元件吸收或发出的电能，用 p 表示。设 $\mathrm{d}t$ 时间内元件转换的电能为 $\mathrm{d}w$，则

$$p=\frac{\mathrm{d}w}{\mathrm{d}t} \tag{1-6}$$

电功率与电能

国际单位制中，功率的单位为瓦特(W)，此外，对于大功率，常采用千瓦(kW)或兆瓦(MW)作单位；对于小功率，则采用毫瓦(mW)或微瓦(μW)作单位。

思考题 1.2.4

由电压和电流的定义，可推得

$$p=ui$$

对直流电流和直流电压而言，电功率计为 P，则

$$P=UI \tag{1-7}$$

上式表明，当电路中流过的电流为 1 A，电路两端的电压为 1 V 时，该电路的电功率为 1 W。可见，电路的功率等于该电路电压与电流的乘积。

在电路中，电源产生的功率与负载、导线及电源内阻上消耗的功率总是平衡的，遵循能量守恒定律。电路分析时，不但需要计算功率的大小，有时候还需要判断功率的性质，即该元件是产生能量还是消耗能量，这可根据电压和电流的实际方向来确定。

当电压和电流为关联参考方向时，功率用公式 $p=ui$ 或 $P=UI$ 计算；当电压和电流为非关联参考方向时，用公式 $p=-ui$ 或 $P=-UI$ 计算。当计算出的功率 p(或 P)>0 时，表示元件吸收功率；当计算出的功率 p(或 P)<0 时，表示元件发出功率，可用表 1-2 表示。

表 1-2　电路元件功率的计算方式

	功率计算公式	计算结果	功率性质
关联参考方向	$p=ui$ 或 $P=UI$	>0	吸收
		<0	发出
非关联参考方向	$p=-ui$ 或 $P=-UI$	>0	吸收
		<0	发出

【例 1-3】　图 1-10 所示电路中，已知元件 1 的 $U=-4$ V，$I=2$ A，元件 2 的 $U=5$ V，$I=-3$ A，求元件 1、2 的功率是多少，并说明是吸收功率还是发出功率。

图 1-10 例 1-3 图

解 (1) 对于元件 1，U、I 为关联参考方向，故 $P_1=UI=-4\times2=-8\ \text{W}<0$，表示元件 1 发出 8 W 功率。

(2) 对于元件 2，U、I 为非关联参考方向，故 $P_2=-UI=-[5\times(-3)]=15\ \text{W}>0$，表示元件 2 吸收 15 W 功率。

2. 电能

在一段时间 dt 内，电场力移动正电荷所做的功 dw 称为电场能，简称电能，其表达式为

$$dw=p\,dt \tag{1-8}$$

电能的国际单位为焦耳，简称焦(J)，即 1 焦耳=1 瓦特·秒。

日常生活中常用“度”衡量所使用电能的多少。功率为 1 kW 的设备用电 1 小时所消耗的电能为 1 度，即

$$1\ \text{度}=1\ \text{千瓦}\cdot\text{小时} \tag{1-9}$$

思考与练习

1.2-1 填空：

(1) 如果 2 min 内通过导体的电量是 24 C，则流过导体的电流是______ A，若此时导体两端电压是 4V，该导体的电阻为________ Ω。

(2) 电荷在电路中有规则的定向运动形成________。

(3) 通常规定参考点的电位为________。

(4) 电流的实际方向是指________(正或负)电荷定向移动的方向。

(5) 在分析和计算电路时，元件上的电压和电流取一致的参考方向(即电流从电压的高电位流进，低电位流出)，称为________(关联或非关联)参考方向。

(6) 在计算电位时，参考点选择不同，则电路中各点的电位________(相同或不同)，但任意两点间的电位差________(相同或不同)。

(7) 电路中某点的电位大小与________有关，两点间的电压等于两点间的________之差，电压的数值与参考点无关。

1.2-2 电压和电位有何异同？电路中任意两点间的电压与参考点有关吗？

1.2-3 计算图 1-11(a)中 a、b 两点间的电压 U_{ab} 和图 1-11(b)中 c 点的电位 V_c。

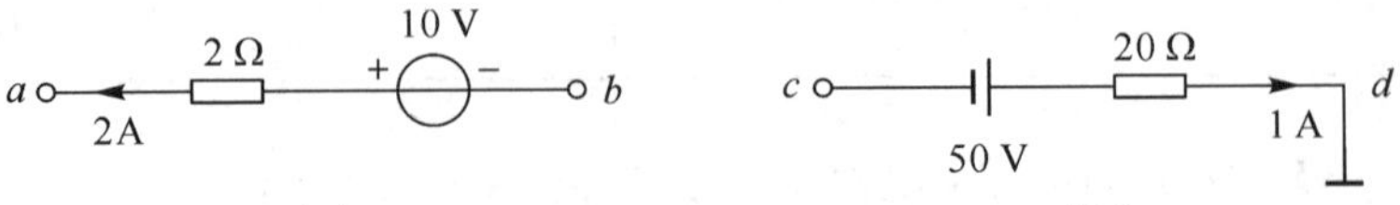

(a) (b)

图 1-11 题 1.2-3 图

1.2-4　一度电可供 220 V、40 W 的灯泡正常发光多长时间？

学习笔记

1.3　电阻元件及欧姆定律

1.3.1　电阻元件

电阻元件是电路的基本元件之一，研究电阻元件的规律是电路分析的基础。

导体对电流的阻碍作用称为电阻。电阻用符号 R 表示，单位是欧姆(Ω)，工程上还常用千欧(kΩ)、兆欧(MΩ)作单位，它们之间的换算关系为

$$1\ \mathrm{k\Omega}=10^3\ \Omega,\ 1\ \mathrm{M\Omega}=10^6\ \Omega$$

导体的电阻与其本身材料的性质、几何尺寸和所处的环境温度等有关。电阻定律：在温度一定的条件下，截面均匀的导体的电阻与导体的长度成正比，与导体的横截面积成反比，还与导体材料有关，即

$$R=\rho\frac{l}{S} \tag{1-10}$$

式中：ρ 为导体的电阻率，单位为欧米(Ω·m)，它与导体材料的性质和所处环境温度有关，而与导体的几何尺寸无关；l 为导体的长度，单位为米(m)；S 为导体的横截面积，单位为平方米(m^2)。

电阻元件

思考题 1.3

通常情况下，几乎所有的金属材料的电阻值都随温度的升高而增大，如银、铜、铝、铁、钨等。但有些材料的电阻值却随温度的升高而减小，如碳、石墨和电解液等，将其制成热敏电阻，用于电气设备中可以起到自动调节和补偿作用。还有某些合金材料，如康铜、锰铜等，温度变化时电阻值变化极小，所以常用来制作标准电阻。

电阻的倒数称为电导，它是表示材料导电能力的一个参数，用符号 G 表示：

$$G=\frac{1}{R} \tag{1-11}$$

在国际单位制中，电导的单位是西门子，用符号 S 表示。

利用电阻性质所制成的实体元件叫电阻器。实际电阻器在电路中除具有电阻性质外还会表现出一些其他的电磁现象。而电阻元件则是从实际电阻器抽象出来的理想化元件，它忽略了一些次要性质，其电路符号如图 1-12 所示。白炽灯、电炉、电烙铁等以消耗电能而发热或发光为主要特征的一些电路元件在电路模型中都可以用电阻元件来表示。

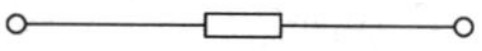

图 1-12　电阻元件的图形符号

电阻元件简称为电阻，“电阻”一词既可以指一种元件，又可以指元件的一种性质。

1.3.2　欧姆定律

欧姆定律

在电路理论中，电阻元件是耗能元件的理想化模型，一般的理想元件具有两个端钮，称为二端电路元件。从电路分析的角度来看，对于一个二端耗能元件(如电炉、白炽灯)，我们感兴趣的并非其内部结构，而是其外部特性，即该元件

学习笔记

两端的电压与通过该元件的电流之间的关系，称为电压-电流关系(VCR)，也叫伏安特性。

在关联参考方向下，通过某段导体的电流与这段导体两端的电压成正比，与这段导体的电阻成反比，即

$$\begin{cases} i=\dfrac{u}{R}(\text{关联参考方向}) \\ i=-\dfrac{u}{R}(\text{非关联参考方向}) \end{cases} \tag{1-12}$$

这就是著名的欧姆定律，是由德国物理学家乔治·西蒙·欧姆在1826年提出的，该定律在电路理论中具有重要的地位，并且应用广泛。从式(1-12)还可推出

$$u=iR \quad 或 \quad R=\frac{u}{i}$$

电阻元件的功率为

$$p=ui=\frac{u^2}{R}=i^2R \tag{1-13}$$

另外，如果以电压为横坐标、以电流为纵坐标画一个直角坐标，则该坐标平面称为 $u-i$ 平面。电阻元件的电压与电流关系可以用 $u-i$ 平面上的一条曲线来表示，称为电阻元件的伏安特性曲线。

如果电阻元件的伏安特性曲线呈一条直线，如图1-13(a)所示，则该电阻元件称为线性电阻元件；反之，如果曲线如图1-13(b)所示，则该电阻元件称为非线性电阻元件。线性电阻元件的电阻值是常数，阻值大小与所加电压的大小和流过的电流大小无关，只与元件本身的材料、尺寸有关，其伏安关系必然符合欧姆定律。

今后若未加说明，本书中所有电阻元件均指线性电阻元件。

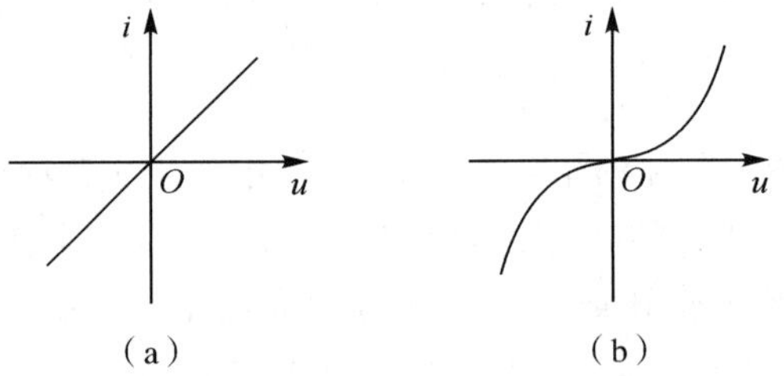

图1-13　电阻元件的伏安特性曲线

思考与练习

1.3-1　填空：

(1) 一个标有100 V、40 W的用电器，在正常工作条件下，其电阻是________ Ω，通过该用电器的电流是________ A。

(2) 一只100 V、25 W的灯泡，它的灯丝电阻是________ Ω，正常工作时通过灯丝的电流是________ A；把这个灯泡接到50 V的电源上，它的实际功率是________ W。

学习笔记

(3) 根据元件消耗或存储能量的特性，我们把电阻称为________元件，而把电感和电容称为________元件。

1.3-2　在温度一定的条件下，电阻与导体的长度、横截面积及电阻率有何关系？

1.3-3　某白炽灯额定电压为 220 V，额定功率为 40 W，求该白炽灯的电阻值。

1.3-4　如图 1-14 所示电路，求电压 U 和电流 I。

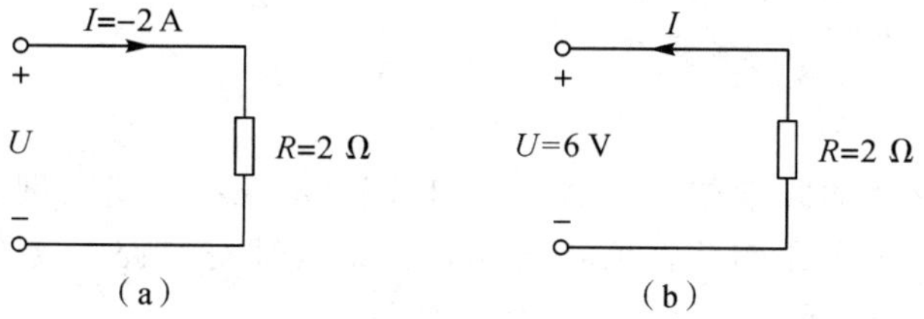

图 1-14　题 1.3-4 图

1.4　基尔霍夫定律

各元件连接成电路后，其电压、电流将受到两类约束。一类是各元件的性质对其本身电压、电流形成的约束，如欧姆定律。另外，电路作为元件互连的整体，还有其互连的规律，即电路中各个元件上的电压约束关系和各段电路中的电流约束关系，这类约束关系由基尔霍夫定律描述。

1.4.1　电路中的几个常用名词

常用名词

基尔霍夫定律是电路分析中最基本的定律之一，它包括电流定律和电压定律。为了叙述方便，先介绍一些基本术语。

1. 支路

思考题 1.4.1

电路中流过同一电流且必须有至少一个元件的一段电路称为支路，可用符号 b 表示电路的支路数。在图1-15中，$bagf$、bdf、$bcef$ 均为支路，而 bc、gf、fe 只是导线，因为其上无元件。

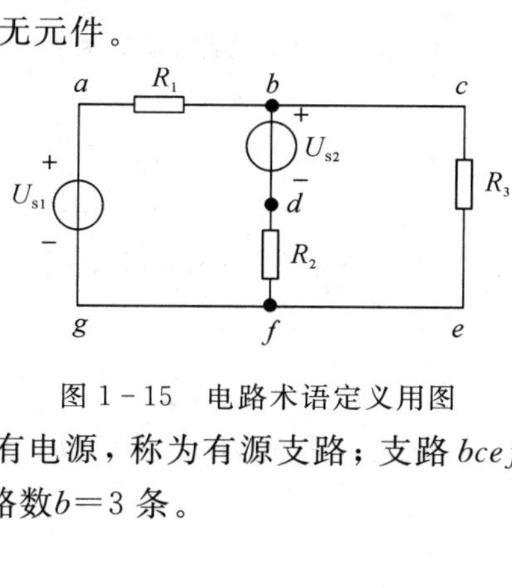

图 1-15　电路术语定义用图

支路 $bagf$、bdf 中有电源，称为有源支路；支路 $bcef$ 中无电源，称为无源支路。图 1-15 中共有支路数b=3 条。

学习笔记

2. 节点

电路中三条或三条以上支路的公共连接点称为节点，可用符号 n 表示电路的节点数。图 1-15 中，b 点和 f 点都是节点，a、c、d、e、g 点都不是节点。若忽略导线电阻，可以把同一段导线看作一个节点，即可将图 1-15 中的 b、c 点视为同一节点，将 e、f 和 g 点视为同一节点，我们称之为广义节点。

3. 回路

电路中任一个闭合的路径称为回路。如图 1-15 中，$abdfga$、$bcefdb$、$abcefga$ 都是回路。

4. 网孔

内部不含支路的回路称为网孔，可用符号 m 表示电路的网孔数。图 1-15 中，$abdfga$、$bcefdb$ 是网孔，而回路 $abcefga$ 内部有支路，故不是网孔。所以说，网孔是回路的一种，但回路不一定是网孔。

通常对于闭合的电路，一般都满足电路的支路数 $b=m+n-1$ 的规律。

1.4.2 基尔霍夫电流定律

基尔霍夫电流定律

基尔霍夫电流定律是用来描述与电路中任一节点相关的各支路电流间相互关系的定律，简称 KCL。具体表述如下：对电路中任一节点而言，在任一时刻，流入该节点的电流之和恒等于流出该节点的电流之和，即

$$\sum i_{入} = \sum i_{出} \tag{1-14}$$

如图 1-16 所示，对于节点 a，I_3、I_4 流入，I_1、I_2、I_5 流出，根据式(1-14)，可得

$$I_3+I_4=I_1+I_2+I_5$$

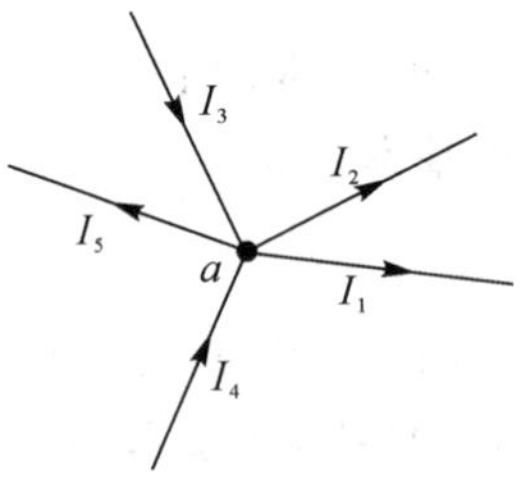

图 1-16 KCL 的说明简图

上式可改写为

$$I_3+I_4-I_1-I_2-I_5=0$$

或

$$-I_3-I_4+I_1+I_2+I_5=0$$

上式表明：在任一时刻，在电路的任一节点上，所有支路电流的代数和恒等于零，即

$$\sum i = 0 \quad 或 \quad \sum I = 0 \tag{1-15}$$

注意：在计算过程中，如设流入电流为正，则流出电流为负；如设流出电流为正，则流入电流为负。

学习笔记

KCL 实际上是电流连续性原理在电路节点上的体现，也是电荷守恒定律在电路中的体现。

KCL 还可以推广到更广义的范围，不仅适用于电路中的任一节点，而且适用于包围电路任一部分的封闭面。如图 1－17 所示电路，共有 4 个节点，6 条支路，设各支路的电流参考方向如图所示，根据 KCL，有

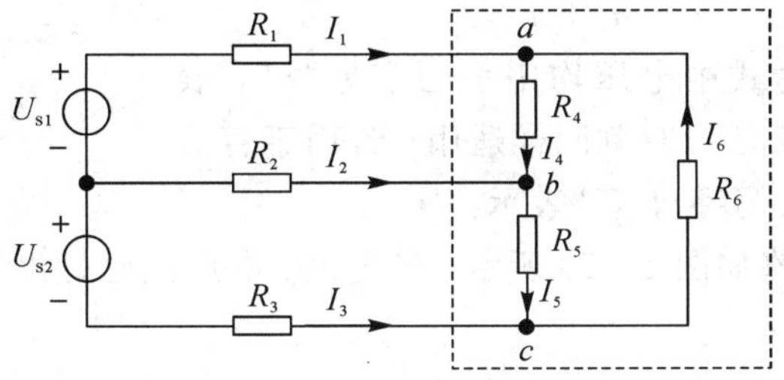

图 1－17　KCL 的推广应用

对于节点 a：　　$I_1+I_6-I_4=0$

对于节点 b：　　$I_2+I_4-I_5=0$

对于节点 c：　　$I_3+I_5-I_6=0$

以上三式相加得

$$I_1+I_2+I_3=0$$

可见，对于闭合面 S 而言，流入(或流出)封闭面的电流的代数和等于零。同时，也可将该闭合面 S 看作一个广义节点。

1.4.3　基尔霍夫电压定律

基尔霍夫电压定律(简称 KVL)描述的是任一回路中各个元件(或各段电路)上的电压之间的约束关系。具体表述如下：在任一时刻，沿任一回路绕行一周，所经路径上各段电压的代数和恒等于零，即

基尔霍夫电压定律

$$\sum u=0 \quad 或 \quad \sum U=0 \tag{1-16}$$

思考题 1.4.3

根据基尔霍夫电压定律列电压方程时，首先需要选定回路的绕行方向。当元件的电压参考方向与绕行方向一致时，该电压取“＋”号；当元件的电压参考方向与绕行方向相反时，该电压取“－”号。

如图 1－18 所示电路中的 $abcda$ 回路，沿顺时针绕行一周，根据式(1－16)可得

$$u_1-u_2+u_3+u_4=0$$

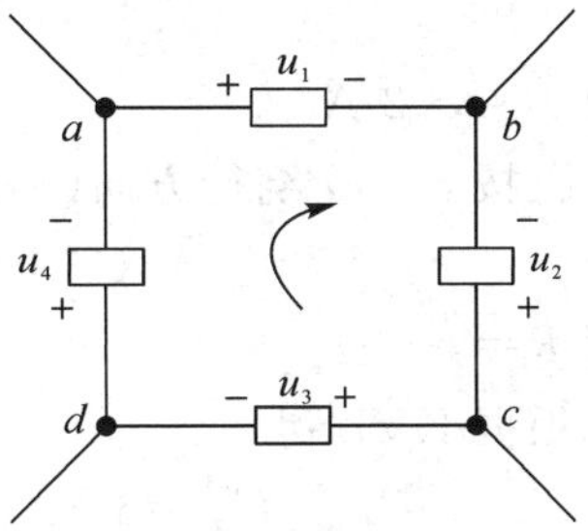

图 1－18　KVL 说明例图

对上式作数学变换，有

$$u_1+u_3+u_4=u_2$$

写成一般形式为

$$\sum u_+=\sum u_- \tag{1-17}$$

式(1－17)表明，在任一时刻，在任一闭合回路中，所有电压降的代数和与

学习笔记

所有电压升的代数和相等。

KVL不仅适用于闭合回路，还可以作为电路中计算两点间电压的常用方法。如图1-19中求a点和b点间的电压，则可自a点开始，沿任何一条路径绕行至b点，沿途各段电路电压的代数和即为u_{ab}，即

$$u_{ab}=u_1-u_2+u_3$$

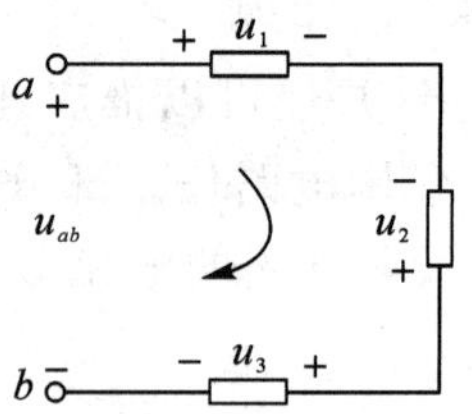

图1-19　KVL的推广应用

注意：上述表达式中电压均用小写字母"u"，表示该定律对交流电路任意时刻同样适用；若用于直流电路，电压则应用大写字母"U"表示。

【例1-4】　电路如图1-20所示，各电流、电压值已标出。求未知电阻R及电压U_{ac}、U_{bd}。

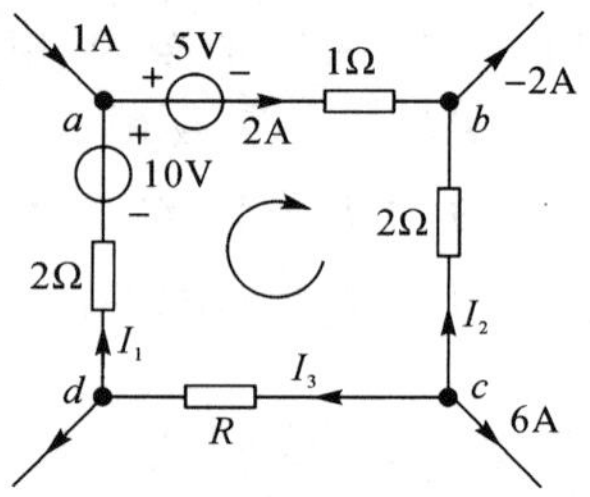

图1-20　例1-4图

解　先设未知电流I_1、I_2、I_3参考方向如图1-20所示。对于节点a，根据KCL得

$$1+I_1-2=0$$

解得$I_1=1$ A。

对于节点b，根据KCL得

$$2+I_2-(-2)=0$$

解得$I_2=-4$ A。

对于节点c，根据KCL得

$$-I_2-6-I_3=0$$

解得$I_3=-2$ A。

再按$abcda$绕行方向(顺时针方向)，根据KVL列方程

$$5+1\times2-2I_2+I_3R+2I_1-10=0$$

解得$R=3.5\ \Omega$。

根据KVL得

$$U_{ac}=5+2\times1-2I_2=5+2-(-4)\times2=15\ \text{V}$$

$$U_{bd}=-2I_2+I_3R=-(-4)\times2+(-2)\times3.5=1\ \text{V}$$

思考与练习

1.4-1　试说明KVL、KCL的含义及应用范围。

学习笔记

1.4-2　求图 1-21(a)中的电流 I_1，图(b)中的电流 I_2。

1.4-3　图 1-21(c)中，已知 $U_1=U_2=U_4=5$ V，求 U_3。

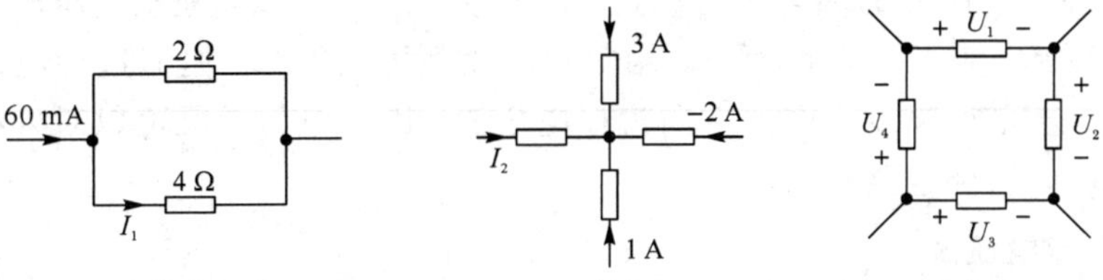

(a)　(b)　(c)

图 1-21　题 1.4-2、题 1.4-3 图

1.5　电路中的电源

任何一种实际电路必须有电源持续不断地向电路提供能量。工程实际中的电源各种各样，常用的有干电池、光电池、发电机及电子线路中的信号源等。

电源向电路提供的可以是电压，也可以是电流，故一般把电源分为电压源和电流源两种。

能够独立向外电路提供电能的电源称为独立电源；不能独立向外电路提供电能的电源称为非独立电源，又称受控源。本节主要介绍两种独立电源——电压源和电流源。

思考题 1.5

1.5.1　电压源

电压源

以输出电压的形式向负载供电的电源称为电压源。

1. 理想电压源

电压源输出电压的大小和方向与流经它的电流无关，即无论接什么样的外电路，输出电压总保持为某一给定值或某一个给定的时间函数，则该电源称为理想电压源。如果干电池的内阻为零，则无论外接负载如何，此干电池的端电压总保持常数，可见内阻可忽略的干电池就是一个最简单的理想电压源。

理想电压源的电路符号如图 1-22(a)所示，理想直流电压源的伏安特性曲线如图1-22(b)所示。

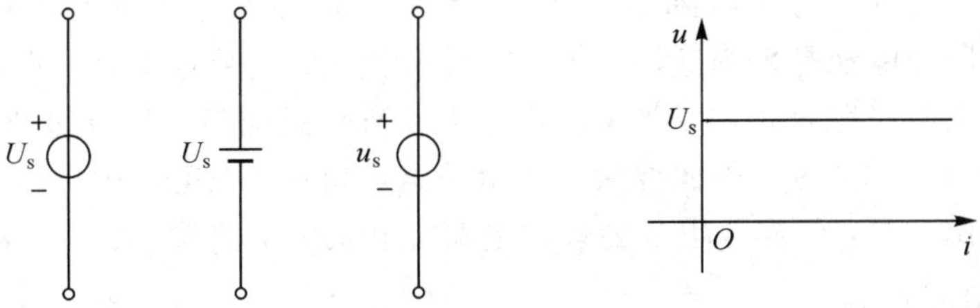

(a)　(b)

图 1-22　理想电压源

理想电压源具有如下两个特点：

学习笔记

(1) 对外输出的电压 U_s 是恒定值或给定的时间函数，与流过它的电流无关。

(2) 流过理想电压源的电流由电压源本身及外电路共同决定。

由于理想电压源的端电压与流过它的电流无关，所以，理想电压源与任何二端元件并联后，就外部特性而言，均等效为该理想电压源。但流过的电流却可以是任意的，甚至可以以不同的方向流过电压源，因而电压源既可以对外电路提供能量，也可以从外电路吸收能量。

2. 实际电压源

实际上，理想电压源是不存在的，电源内部总存在一定的内阻，产生电能的同时还消耗电能。因此，一般可以用一个理想电压源 U_s 和内阻 R_s 相串联的组合作为实际电压源的电路模型，如图 1-23(a)所示。

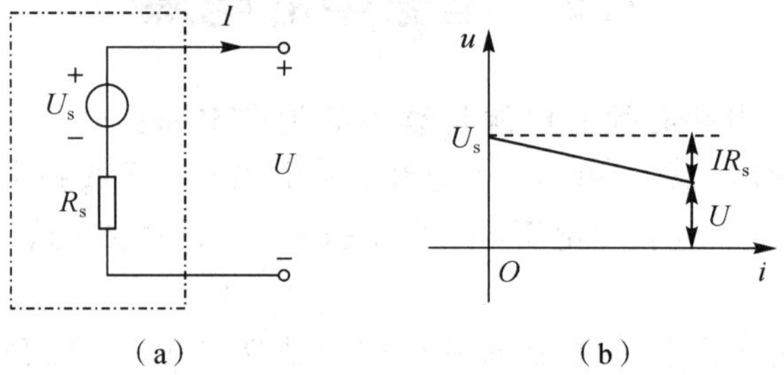

图 1-23　实际电压源

由图可见，实际电压源的端电压为

$$U=U_s-IR_s \tag{1-18}$$

式(1-18)说明，在接通负载后，实际电压源的端电压 U 低于理想电压源的电压 U_s，其伏安特性曲线如图 1-23(b)所示。由图可见，实际电压源的端电压 U 随 I 的增加而下降。同时可知，实际电压源的开路电压就等于 U_s，因此，实际电压源可用它的开路电压和内阻两个参数来表征。实际电压源的内阻越小，其特性越接近于理想电压源。工程中常用的稳压源以及大型电网在工作时的输出电压基本不随外电路变化，都可近似地看作理想电压源。

电流源

1.5.2　电流源

不断向外电路输出电流的装置就是电流源。

在日常生活中，常常看到手表、计算器、热水器等采用太阳能电池作为电源，这些太阳能电池是采用硅、砷化镓等材料制成的半导体器件。它与干电池不同，当受到太阳光照射时，将激发产生电流，该电流是与入射光强度成正比的，基本上不受外电路影响，因此像太阳能电池这类电源，在电路中可以表示为电流源。和电压源一样，电流源也分为理想电流源和实际电流源。

1. 理想电流源

输出电流始终保持恒定值或按一定的时间函数变化，而与加在它上面的电压无关的电源称为理想电流源。其电路符号如图 1-24(a)所示，理想直流电流源的伏安特性曲线如图 1-24(b)所示。

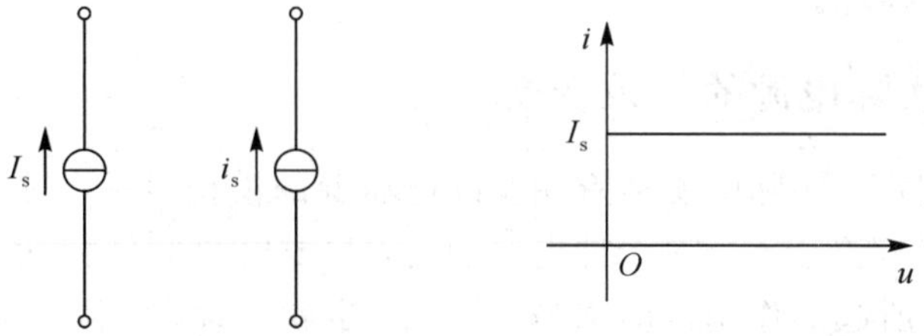

(a)　　(b)

图 1-24　理想电流源

理想电流源具有如下两个特点：

(1) 输出电流是恒定值或确定的时间函数，与它两端的电压无关。

(2) 端电压的大小由电流源本身及外电路共同决定。

由于理想电流源的输出电流与它两端的电压无关，所以，理想电流源与任何二端元件串联后，就外部特性而言，均等效为该理想电流源。理想电流源端电压的大小和极性都由外电路决定，根据电压极性的不同，电流源可以对外电路提供能量，也可以从外电路吸收能量。

2. 实际电流源

理想电流源实际上是不存在的。以光电池为例，由于内电导的存在，被光激发产生的电流总有一部分在电池内部流动，而不能全部输出。因此，实际电流源可以用一个理想电流源 I_s 与内电阻 R_s 相并联的电路模型来表示，如图 1-25(a)所示。

当与外电路相接时，如图 1-25(b)所示，实际电流源的输出电流 I 为

$$I = I_s - \frac{U}{R_s} \tag{1-19}$$

式(1-19)说明，接通负载后，实际电流源的输出电流低于理想电流源的电流 I_s，其伏安特性曲线如图 1-25(c)所示。由图可见，实际电流源的输出电流 I 随 U 的增加而减小。同时可知，实际电流源的短路电流就等于 I_s，因此，实际电流源可用它的短路电流和内阻两个参数来表征。实际电流源的内阻越大，分流就越小，其特性越接近于理想电流源。

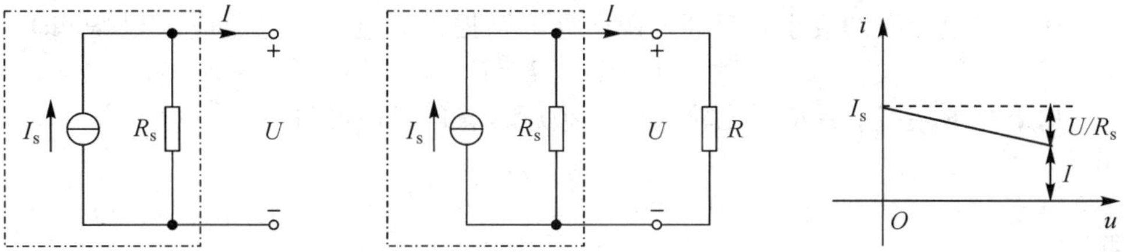

(a)　　(b)　　(c)

图 1-25　实际电流源

式(1-19)还表明：当 $R_s \to \infty$ 时，电源产生的功率全部消耗在内阻上。这一结论告诉我们，实际中电流源一旦出现断路，电源发热量将急剧上升，造成电源绝缘

学习笔记

等效变换

材料烧毁，电源损坏。

1.5.3 单个实际电源的等效变换

在某些情况下，实际电源适宜用实际电压源的模型表示，另一些情况则适宜用实际电流源的模型表示。对于外电路而言，只要电源的外特性一样，则无论用哪种模型表示，所起的作用都应该是一样的。也就是说，实际电源既可以用电压源模型表示，也可以用电流源模型表示，因此两者间必然可以等效互换，且变换前后外电路的伏安特性不变。

下面，通过图 1-26 所示的两种实际电源向同一负载供电的情况来分析这两种模型等效变换的关系。

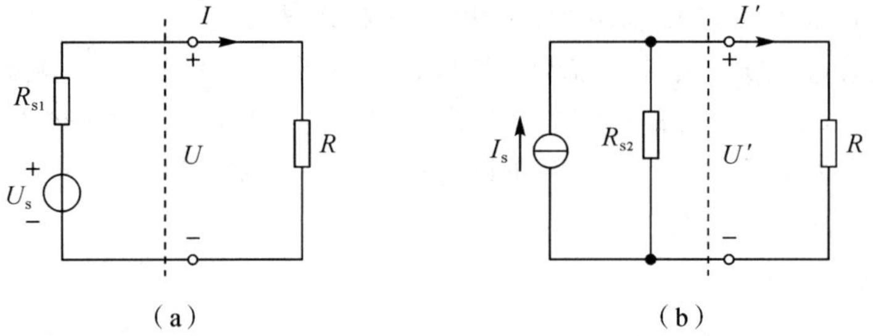

图 1-26 两种实际电源模型的等效变换

图 1-26(a)为实际电压源与负载 R 相连的电路模型，图 1-26(b)为实际电流源与负载 R 相连的电路模型。若要使两个电源对 R 起的作用相同，两个电源的相关参数必须满足如下关系。

对电压源而言：

$$\begin{cases} U=U_s-IR_{s1} \\ I=\dfrac{U_s}{R_{s1}}-\dfrac{U}{R_{s1}} \end{cases} \tag{1-20}$$

对电流源而言：

$$\begin{cases} U'=(I_s-I')R_{s2}=I_sR_{s2}-I'R_{s2} \\ I'=I_s-\dfrac{U'}{R_{s2}} \end{cases} \tag{1-21}$$

根据等效变换的要求，两种电源向外电路提供的电压和电流应该相等，即

$$U=U',\ I=I'$$

如果令 $R_{s1}=R_{s2}=R_s$，比较式(1-20)和式(1-21)可得

$$I_s=\frac{U_s}{R_s} \quad 或 \quad U_s=I_sR_s$$

即

$$\begin{cases} R_{s1}=R_{s2}=R_s \\ I_s=\dfrac{U_s}{R_s} \quad 或 \quad U_s=I_sR_s \end{cases} \tag{1-22}$$

根据以上推导，可得出以下结论：

(1) 当实际电压源等效变为实际电流源时，电流源的内阻 R_{s2} 等于电压源的

内阻 R_{s1}，电流源的电流 $I_s=U_s/R_{s1}$。

(2) 当实际电流源等效变为实际电压源时，电压源的内阻 R_{s1} 等于电流源的内阻 R_{s2}，电压源的电压 $U_s=I_sR_{s2}$。

另外，两种电源模型等效变换时，还应注意以下问题：

(1) 两种实际电源的等效变换只是对外电路而言，两种电源内部并不等效。

(2) 由于理想电压源的内阻定义为 0，理想电流源的内阻定义为∞，因此理想电源不能进行等效变换。

(3) 两种实际电源模型进行等效变换时应注意电源的极性和方向，即 I_s 的方向应从 U_s 的“－”端指向“＋”端。

两种实际电源进行等效变换是非常简单的，它可以简化一些复杂电路的计算，是一种很实用的电路分析方法。

【例 1－5】 电路如图 1－27(a)所示，已知 $I_s=3$ A，$R_{s1}=5$ Ω，求其等效的电压源模型。

解 将图 1－27(a)中的电流源模型等效变换成 U_s 与 R_{s2} 串联的电压源模型，如图1－27(b)所示，其中

$$U_s=I_sR_{s1}=3\times5=15\ \text{V}$$

$$R_{s2}=R_{s1}=5\ \Omega$$

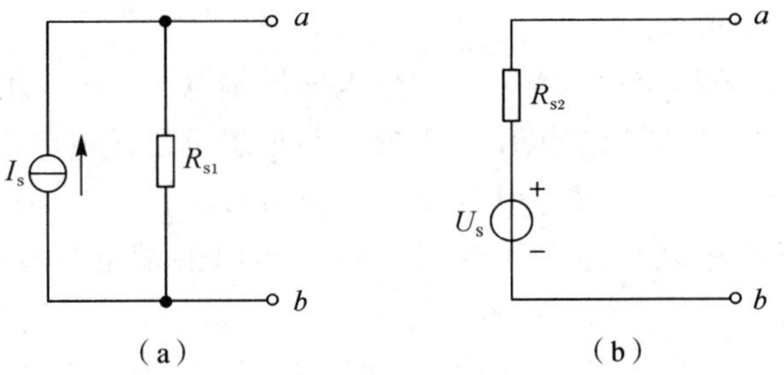

图 1－27　例 1－5 图

【例 1－6】 电路如图 1－28 所示。

(1) 求与图 1－28(a)等效的电流源模型；

(2) 求与图 1－28(c)等效的电压源模型。

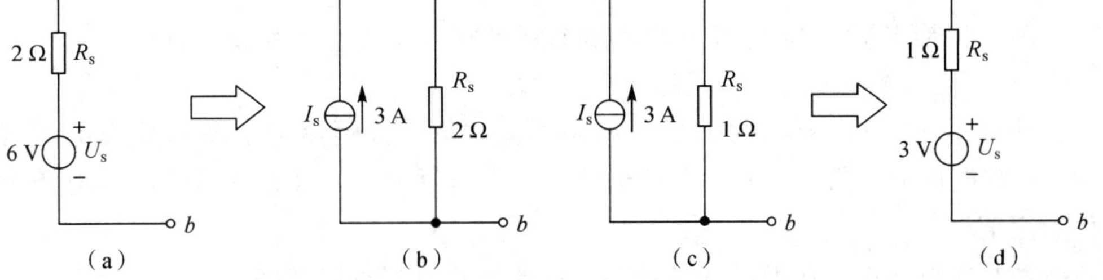

图 1－28　例 1－6 图

解 图 1－28(a)中，电压源电压 $U_s=6$ V，内阻 $R_s=2$ Ω，根据等效变换公式，则与之等效的电流源电流为

$$I_s=\frac{U_s}{R_s}=\frac{6}{2}=3\ \text{A}$$

内阻

$$R_s=2\ \Omega$$

变换后的等效模型如图 1-28(b)所示。

图 1-28(c)中，电流源 $I_s=3$ A，$R_s=1\ \Omega$，根据等效变换公式，则与之等效的电压源电压为

$$U_s=I_sR_s=3\times1=3\ \text{V}$$

内阻

$$R_s=1\ \Omega$$

变换后的等效模型如图 1-28(d)所示。

1.5.4　多个电源的等效变换

在实际电路中，经常需要多个电源以串联或并联的方式供电。这种以多个电源供电的电路可以用一个等效的电源来代替。

理想电源的串联与并联

思考题 1.5.4(1)

1. 理想电源的串联与并联

1）理想电压源串联

根据基尔霍夫电压定律，当 n 个理想电压源串联时，可以用一个电压源等效替代，这时其等效电压源的端电压等于各串联理想电压源端电压的代数和，即

$$U_s=U_{s1}\pm U_{s2}\pm\cdots\pm U_{sn} \tag{1-23}$$

式(1-23)中，当各串联理想电压源与等效电压源的端电压参考方向相同时取"+"；否则，取"−"。

【例 1-7】 使用等效变换的方法简化图 1-29(a)所示的电路。

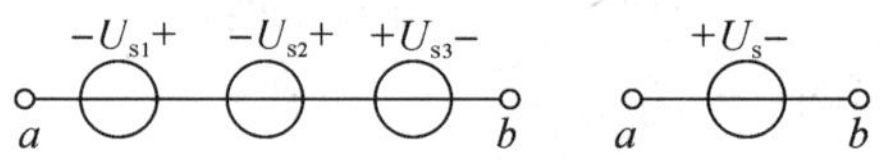

（a）　　（b）

图 1-29　例 1-7 图

解　根据 KVL，图 1-29(a)所示电路等效为图 1-29(b)后，有

$$U_s=U_{s3}-U_{s2}-U_{s1}$$

注意：(1) 数值不同的理想电压源不能并联，否则违背了基尔霍夫电压定律，只有电压值相等、方向一致的电压源才允许并联，并且并联后的等效电压源仍为原值。

(2) 凡与理想电压源并联的元件，对外等效时都可以忽略不计。

【例 1-8】 图 1-30(a)所示电路中，$R_1=5\ \Omega$，$U_s=5$ V，$R_2=1\ \Omega$，求该电路的电压源模型和电流源模型。

解　在图 1-30(a)中，R_1 与 U_s 并联，将 R_1 去掉后对 U 和 I 不产生任何影响，故图1-30(a)所示电路可以等效成图 1-30(b)所示的电压源模型。

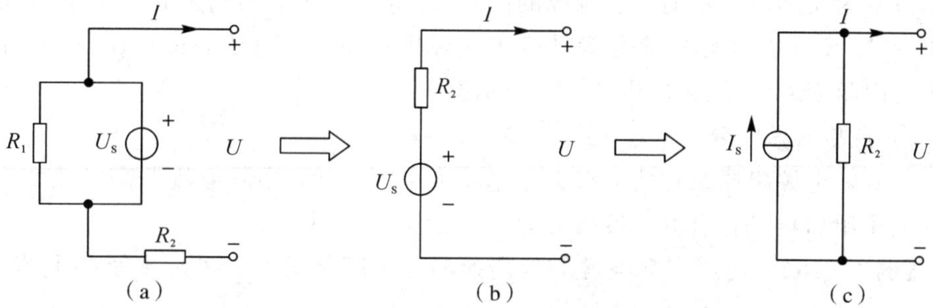

图 1-30　例 1-8 图

将图 1-30(b)变换成图 1-30(c)所示的电流源模型，则

$$I_s=\frac{U_s}{R_2}=\frac{5}{1}=5\ \text{A}$$

内阻为

$$R_s=R_2=1\ \Omega$$

这里再次强调，电源等效变换仅对电源以外的电路有效，对电源内部并不等效。如图1-30(b)和(c)的电源模型，当 $I=0$ 时，U 相等，但 R_2 上流过的电流和承受的电压以及消耗的功率均不相等。

2) 理想电流源并联

根据基尔霍夫电流定律，当 n 个理想电流源并联时，可以用一个电流源等效替代，这时其等效电流源的电流等于各并联电流源电流的代数和，即

$$I_s=I_{s1}\pm I_{s2}\pm\cdots\pm I_{sn} \tag{1-24}$$

式(1-24)中，当各并联理想电流源与等效电流源的电流参考方向相同时取“+”；否则，取“−”。

【例 1-9】 使用等效变换的方法简化图 1-31(a)所示的电路。

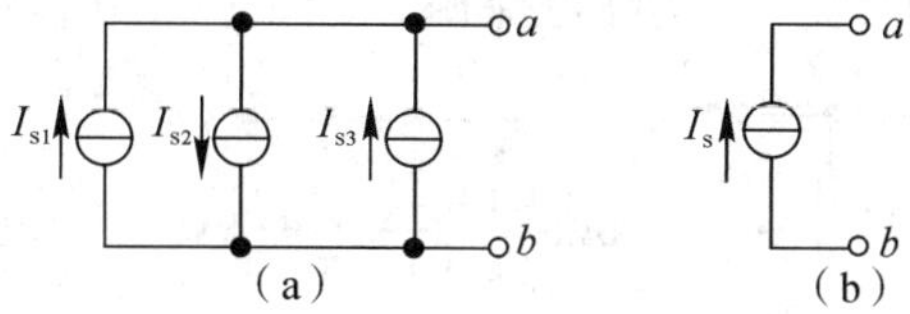

图 1-31　例 1-9 图

解　根据 KCL，图 1-31(a)所示电路等效为图 1-31(b)后，有

$$I_s=I_{s1}-I_{s2}+I_{s3}$$

注意：(1) 数值不同的理想电流源不能串联，否则违背了基尔霍夫电流定律，只有电流值相等、方向一致的电流源才允许串联，并且串联后的等效电流源仍为原值。

(2) 凡与理想电流源串联的元件，对外等效时都可以忽略不计。

2. 实际电源的串联与并联

前文已介绍过实际电压源与实际电流源间相互转换的方法，即：当实际电压

实际电源的串联与并联

学习笔记

思考题 1.5.4(2)

源等效变为实际电流源时，电流源的内阻 R_{s2} 等于电压源的内阻 R_{s1}，电流源的电流 $I_s=U_s/R_{s1}$；当实际电流源等效变为实际电压源时，电压源的内阻 R_{s1} 等于电流源的内阻 R_{s2}，电压源的电压 $U_s=I_sR_{s2}$。

1）实际电源串联

在实际电源串联结构中，根据基尔霍夫电压定律，实际电流源需等效变换成实际电压源后再进行合并，最终等效为一个实际电源。

【例 1-10】 使用实际电源等效变换的方法简化图 1-32(a)所示的电路。

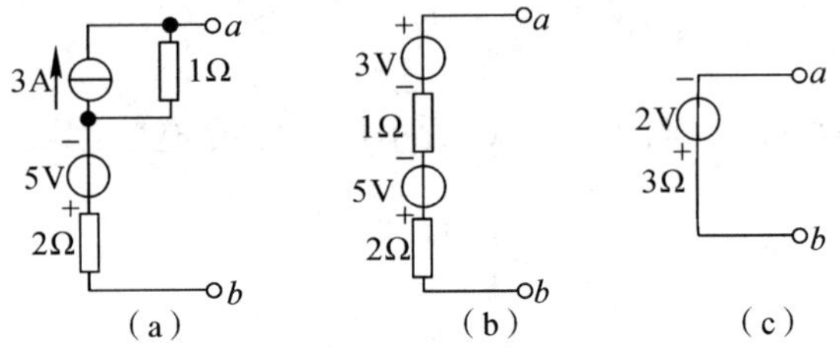

图 1-32 例 1-10 图

解 由图 1-32(a)可知，电路为串联结构，由一个实际电流源和一个实际电压源串联而成，先将实际电流源转换为实际电压源，如图 1-32(b)所示，然后可将两个实际电压源合并为一个实际电压源，如图 1-32(c)所示。

2）实际电源并联

在实际电源并联结构中，根据基尔霍夫电流定律，实际电压源需等效变换成实际电流源后再进行合并，最终等效为一个实际电源。

【例 1-11】 使用实际电源等效变换的方法简化图 1-33(a)所示的电路。

解 由图 1-33(a)可知，电路为并联结构，由一个实际电流源和一个实际电压源并联而成，先将实际电压源转换为实际电流源，如图 1-33(b)所示，然后可将两个实际电流源合并为一个实际电流源，如图 1-33(c)所示。

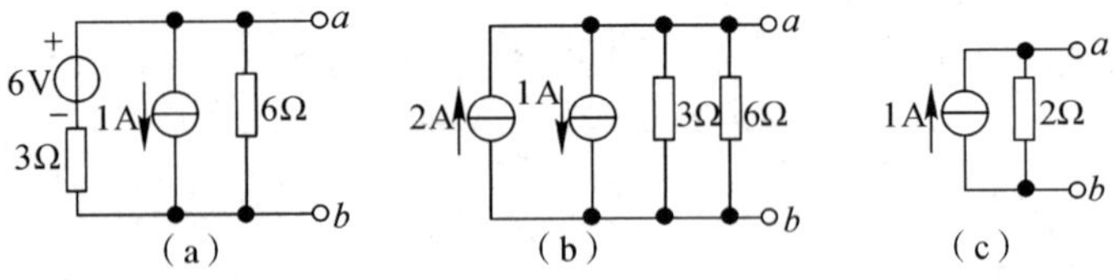

图 1-33 例 1-11 图

思考与练习

1.5-1 能否用图 1-34 中的两电路模型分别表示实际直流电压源和实际直流电流源？

1.5-2 根据图 1-35 所示的伏安特性曲线，画出电源模型图。

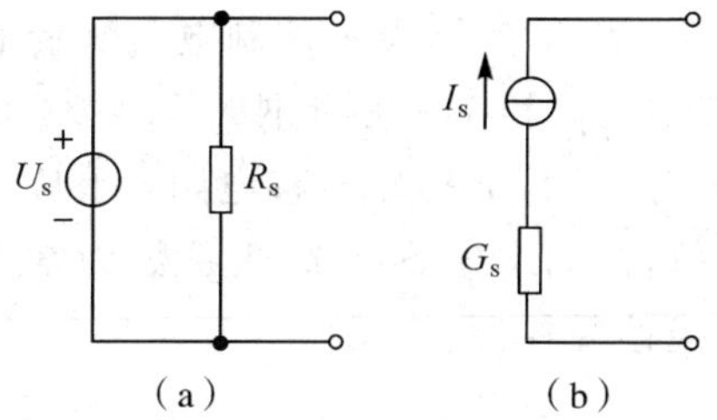

图 1-34　题 1.5-1 图

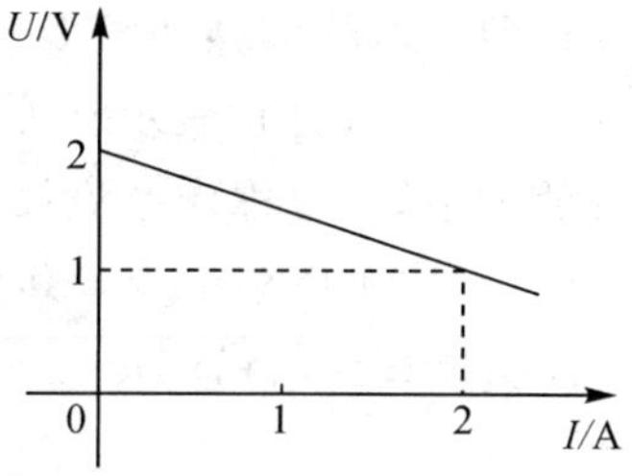

图 1-35　题 1.5-2 图

1.5-3　电压源模型与电流源模型的等效条件是什么？说明理想电压源与理想电流源之间能否进行等效变换。

1.5-4　将图 1-36 所示电路用电源等效的方法分别等效成一个实际电压源。

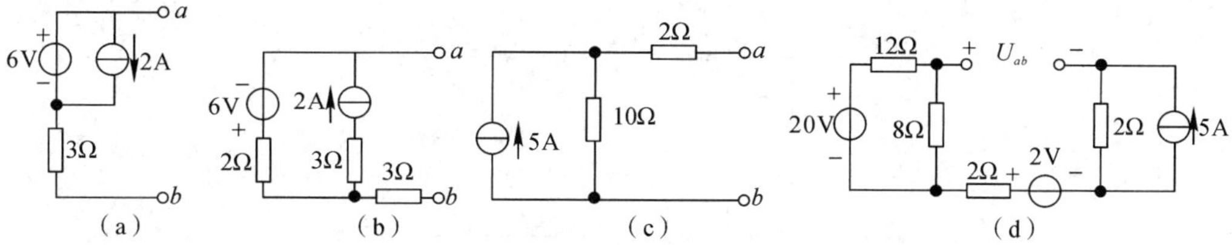

图 1-36　题 1.5-4 图

1.5-5　判断下列说法是否正确。

(1) 当实际电压源内阻为零时，表示该电源没有损耗，所以该电压源是理想的。因此，当实际电流源内阻为零时，也可表示该电源没有损耗，所以该电流源是理想的。（　　）

(2) 理想电压源和理想电流源可以等效互换。（　　）

(3) 两个电路等效，即它们无论内部还是外部都相同。（　　）

1.6　受　控　源

上节介绍的电压源和电流源是一种独立电源，其电压与电流不受电路中其他量的影响而独立存在。本节将给大家介绍另外一种电源——受控源，其电压或电流并不独立存在，而受电路中其他部分的电量(电压或电流)控制。当控制它们的电压(电流)消失或等于 0 时，受控源的电压或电流也将为 0；当控制它们的电压或电流增加、减少、改变极性时，受控源的电压或电流也将相应变化，所以受控源又称为非独立电源，在电路中用菱形符号表示。

受控源有两对端子：一对为输入端子，加控制电压或电流；另一对为输出端子，输出受控电压或电流。因此，理想的受控源电路可分为电压控制电压源(VCVS)、电压控制电流源(VCCS)、电流控制电压源(CCVS)、电流控制电流源(CCCS)四种。

受控源

思考题 1.6

受控源的电路模型如图 1－37 所示。图中 u_1 和 i_1 分别表示控制电压和控制电流，μ、g、r、β 分别表示有关的控制系数，其中，μ 和 β 是无量纲的系数，μ 称作电压放大倍数，β 称作电流放大倍数；r 和 g 有量纲，r 称作转移电阻，单位是欧姆(Ω)，g 称作转移电导，其单位是电导的单位西门子(S)。这些系数为常数时，被控制量和控制量成正比，这种受控源为线性受控源。

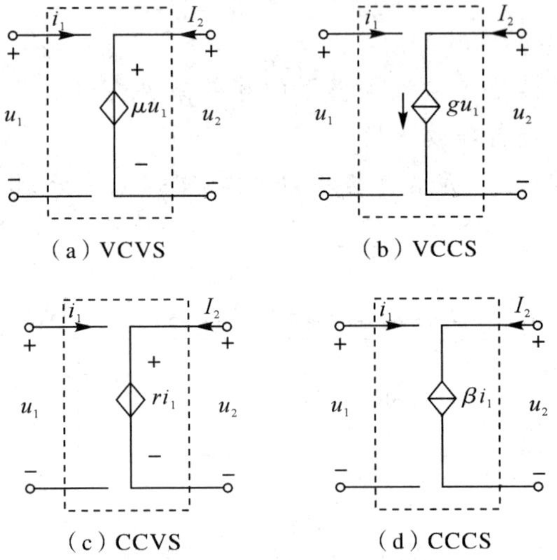

图 1－37 受控源的四种电路模型

受控源实际上是有源器件的电路模型，如晶体管、电子管、场效应管、运算放大器等。上面介绍的是理想受控源，与电压源、电流源一样，受控源也有实际受控源，简称受控源。在电路分析中，实际受控源和实际电压源、电流源一样可以进行等效变换，其变换方法和实际电压源、电流源的变换完全相同。

【例 1－12】 如图 1－38 所示 VCCS 电路，已知 $I_2=2U_1$，电流源 $I_s=1$ A，求电压 U_2。

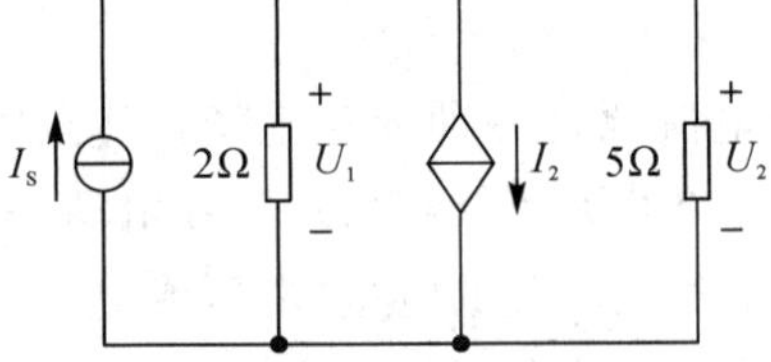

图 1－38 例 1－12 图

解 先求出控制电压，由图可知 $U_1=I_s\times2=1\times2=2$ V，故有

$$I_2=2U_1=2\times2=4\text{ A}$$

$$U_2=-5I_2=-5\times4=-20\text{ V}$$

【例 1－13】 将图 1－39(a)所示电路分别等效为一个受控电压源和受控电流源，并计算 a、b 端的等效电阻。

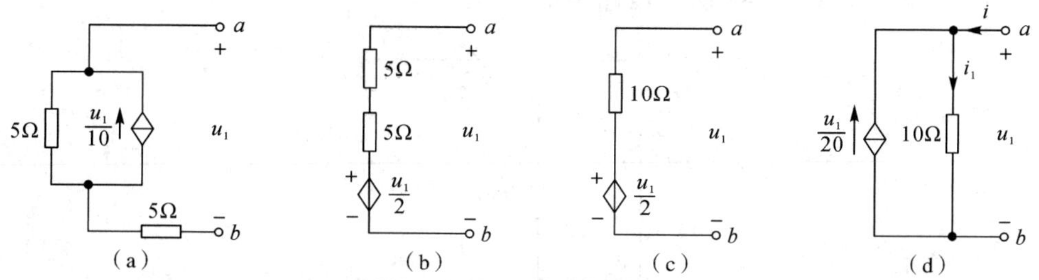

图 1－39　例 1－13 图

解　图 1－39(a)中，理想受控源$\frac{u_1}{10}$与 5 Ω 电阻并联构成实际受控电流源，可以等效成图 1－39(b)所示电路。图 1－39(b)中的两个电阻合并后等效成图 1－39(c)所示的实际受控电压源。应用电源等效变换方法，将图 1－39(c)等效成图 1－39(d)所示的实际受控电流源。在图 1－34(d)中给 a、b 间加电压源 u_1，求电流 i，u_1 与 i 的比值即为 R_{ab}。

$$i=i_1-\frac{u_1}{20}=\frac{u_1}{10}-\frac{u_1}{20}=\frac{u_1}{20}$$

$$R_{ab}=\frac{u_1}{i}=20\ \Omega$$

根据以上介绍可以看出，受控源和独立电源有如下共同之处：

(1) 具有电源的特性，即有能量的输出。

(2) 都分为理想电源和实际电源。

(3) 实际受控电压源和实际受控电流源可以等效互换。

受控源和独立电源有如下不同之处：

(1) 受控源输出的能量是将其他独立电源的能量转移而输出的，即受控源本身并不产生电能。

(2) 电路分析中受控源不能单独作为电源使用。

(3) 含有受控源的电路的等效电阻有可能出现负电阻。

思考与练习

1.6－1　何谓受控源？它们与独立电源有哪些相同和不同之处？

1.6－2　求图 1－40 所示电路中的电流 I_1。

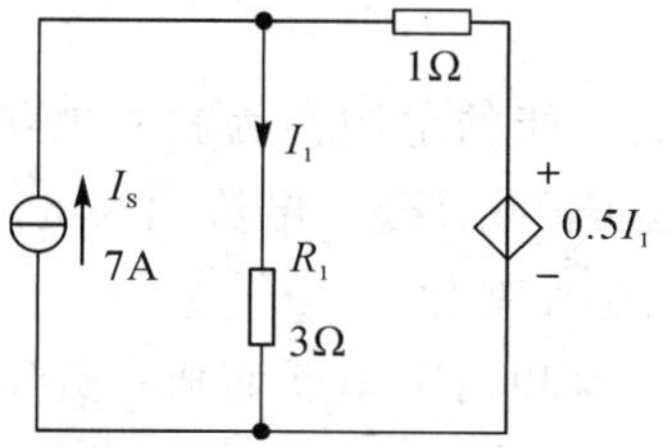

图 1－40　题 1.6－2 图

学习笔记

1.6-3　求图 1-41 所示电路中的电压 U_{oc}。

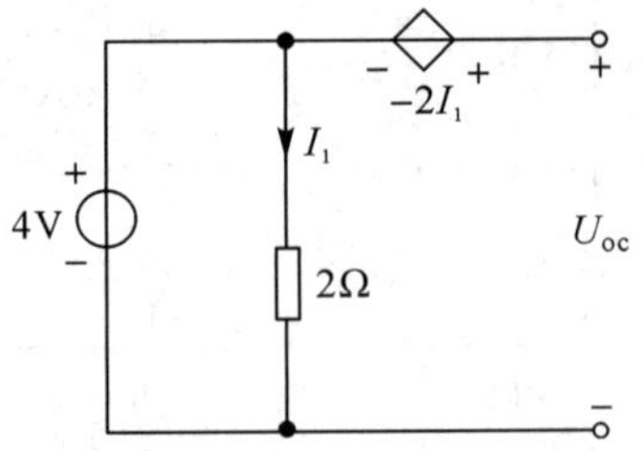

图 1-41　题 1.6-3 图

本章小结

任何一个完整的电路都是由电源、负载和中间环节这三个部分按照一定方式连接而成的，其作用是能量的传输和转换、信号的传输和处理。

电路模型是实际电路结构及功能的抽象化表示，是用理想化元件的组合模拟实际电路。在电路理论研究中，采用电路模型代替实际电路加以分析研究。

电路中常用的物理量有电压、电流、电位、电功率等。在分析电路时，只有首先标定电压、电流的参考方向，才能对电路进行计算，否则，电压、电流的正负号没有任何意义。

电路中任一点的电位为该点到参考点之间的电压。确定电路中各点的电位时必须选定参考点。参考点又叫零电位点，一个电路中只能有一个参考点。若参考点不同，则各点的电位值不同，但电路中任意两点间的电压值不随参考点变化而变化，即与参考点无关。

欧姆定律、基尔霍夫电流和电压定律是进行电路分析与计算的基本定律。

(1) 欧姆定律：如电阻 R 的电压 U 和电流 I 参考方向关联，则 $U=RI$；若电压与电流参考方向非关联，则 $U=-RI$。

(2) 基尔霍夫电流定律(KCL)：任一时刻在电路的任一节点上，所有支路电流的代数和恒等于零，即 $\sum I=0$ 或 $\sum i=0$。KCL 不仅适用于具体电路中的某一节点，还可以推广应用于任一广义节点。

(3) 基尔霍夫电压定律(KVL)：在任一时刻，沿任一回路绕行一周，所经路径上各段电压的代数和恒等于零，即 $\sum U=0$ 或 $\sum u=0$。KVL 可应用于电路中任一闭合回路。

能够独立向外电路提供电能的电源称为独立电源，它分为电压源和电流源两种。其中理想电压源的电压恒定不变，电流随外电路而变化；而理想电流源的电流恒定不变，电压随外电路而变化。

实际电压源由理想电压源和内阻串联而成；实际电流源由理想电流源与内阻并联组成。实际电压源和实际电流源可以等效互换，互换时要考虑电压源电压的极性与电流源电流的方向的关系。多个电源模型的串联、并联、混联均可以相互等效变换。

不能独立向外电路提供电能的电源称为非独立电源(受控源)，其电压或电流受电路中其他电量的控制，不能单独作为电源使用。

阅读材料：电阻器的识别及应用

物体对通过的电流的阻碍作用称为电阻。利用这种阻碍作用制成的元件称为电阻器，简称电阻，在电路中用英文符号 R 表示。电阻器是电子电路中使用最多的基本元器件之一，占全部元器件总数的 50%以上，在电路中用于稳定、调节、控制电压或电流的大小，起限流、降压偏置、取样、调节时间常数、抑制寄生振荡等作用。常见电阻的外形如图 1－42 所示。

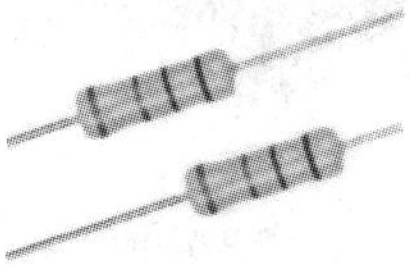

(a) 碳膜电阻

(b) 金属膜电阻

(c) 贴片电阻

(d) 柱形贴片电阻

(e) 电阻排

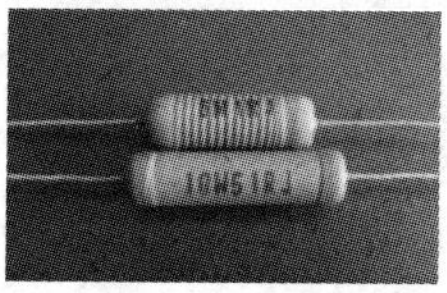

(f) 线绕电阻

(g) 功率电阻

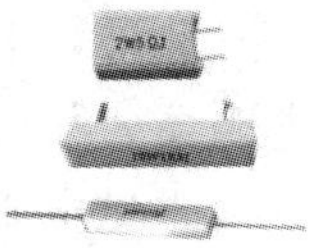

(h) 水泥电阻

图 1－42　常见电阻的外形

1. 电阻器的分类及特点

电阻器的种类很多，按制造工艺或材料不同分类，如图 1－43 所示。

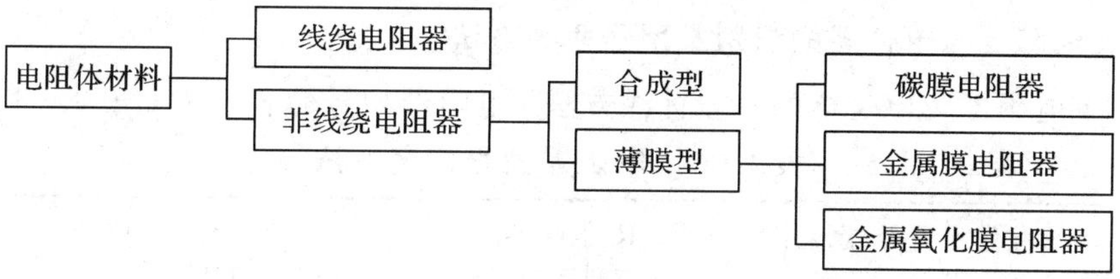

图 1－43　按电阻体材料的分类图

此外，电阻器还可以按工作性能及阻值特点分为固定电阻器、可变电阻器。可变电阻器是指电阻值在规定范围内可连续调节的电阻器，又称电位器。

电位器一般由外壳、滑动片、电阻体和 3 个引出端组成，如图 1－44 所示。

电位器的种类很多，按调节方式可分为旋转式(或转柄式)和直滑式电位器；按联数可分为单联和双联电位器；按有无开关可分为无开关和有开关电位器两种；按阻值输出的函数特性可分为线性电位器(A 型)、指数式电位器(B 型)和对

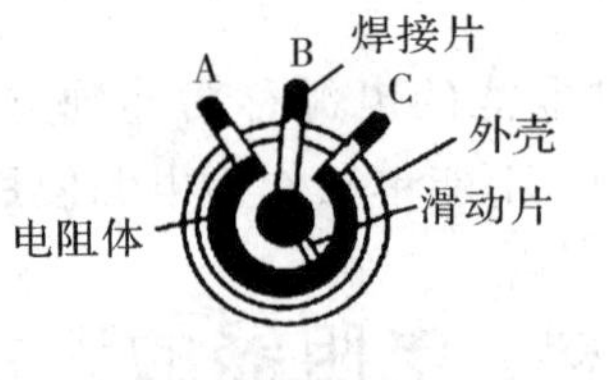

图 1 - 44　电位器的结构

数式电位器(C 型)等 3 种。部分常见电位器外形如图 1 - 45 所示。

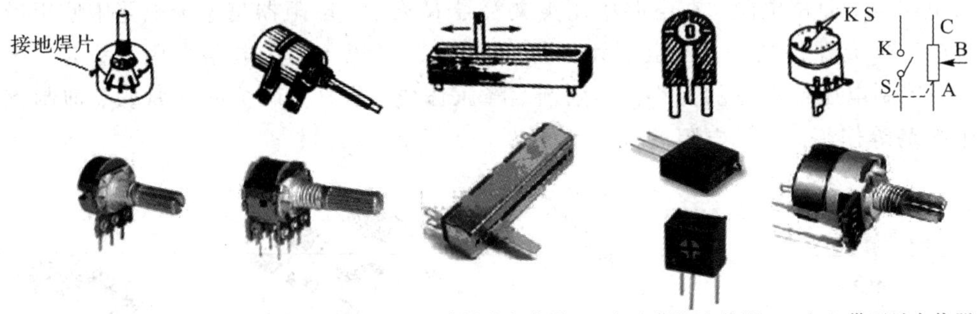

(a) 单联电位器　(b) 双联电位器　(c) 直滑式电位器　(d) 微调电位器　(e) 带开关电位器

图 1 - 45　常见电位器的外形

此外，还可按电阻的特殊用途进行分类，如压敏电阻器、热敏电阻器、光敏电阻器、力敏电阻器、气敏电阻器、湿敏电阻器等。

常见电阻器的图形符号如图 1 - 46 所示。

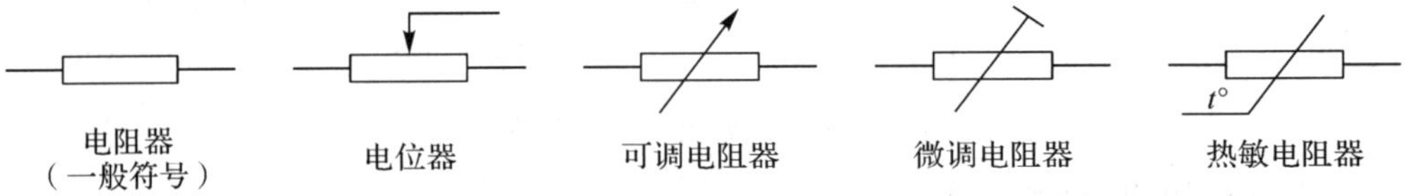

图 1 - 46　常见电阻器的图形符号

2. 电阻器与电位器的识别及型号命名方法

(1) 电阻器与电位器的一般标注方法。电阻器型号命名方法如表 1 - 3 所示。

表 1 - 3　电阻器型号命名方法

第一部分：主称	符号/意义	R/电阻器							W/电位器						
第二部分：材料	符号	T	H	S	N	J	Y	C	I	P	U	X	M	G	R
	电阻体材料	碳膜	合成膜	有机实芯	无机实芯	金属膜	氧化膜	沉积膜	玻璃釉膜	硼碳膜	硅碳膜	线绕	压敏	光敏	热敏

电阻器命名示例：RJ71—0.125—5k1—Ⅱ

- Ⅱ：允许误差±10%
- 5k1：标称阻值（5.1kΩ）
- 0.125：额定功率1/8W
- RJ71：金属膜电阻

电位器命名示例：WT — 2 3.3k ±10%

- ±10%：允许误差±10%
- 3.3k：标称阻值3.3kΩ
- 2：额定功率2W
- WT：碳膜电位器

WX — 1 510Ω J

- J：允许误差±5%
- 510Ω：标称阻值510Ω
- 1：额定功率1W
- WX：线绕电位器

（2）电阻值的标识方法。大部分电阻器只标注标称阻值和允许误差。电阻值的标识方法主要有直标法、文字符号法、色标法和数码表示法。

① 直标法：直标法是用阿拉伯数字和单位符号在电阻器的表面直接标出标称阻值和允许偏差的方法，如图 1－47 所示。其优点是直观、易于判读。

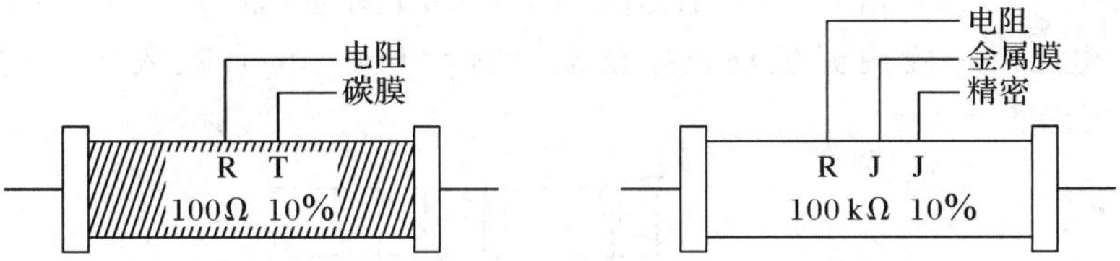

图 1－47　电阻值的直标法

② 文字符号法：文字符号法是用阿拉伯数字和文字符号两者有规律的组合来表示标称阻值、额定功率、允许误差等级等。其优点是认读方便、直观，可提高数值标记的可靠性，也可以避免因小数点面积小而不易看清的缺点，多用在大功率电阻器上。

文字符号法规定：用于表示阻值时，字母符号 Ω(R)、k、M、G、T 之前的数字表示阻值的整数值，之后的数字依次表示第一位小数阻值和第二位小数阻值，字母符号表示小数点的位置和阻值单位。例如：Ω33→0.33 Ω，3k3 →3.3 kΩ，3M3→3.3 MΩ，3G3→3.3 GΩ。文字符号所表示的单位如表 1－4 所示。

表 1－4　文字符号表示的单位

文字符号	R	k	M	G	T
表示单位	欧姆(Ω)	千欧姆(10^3 Ω)	兆欧姆(10^6 Ω)	千兆欧姆(10^9 Ω)	兆兆欧姆(10^{12} Ω)

③ 色标法：色标法是用色环或色点在电阻器表面标出标称阻值和允许误差的方法，其特点是标志清晰，易于看清。色标法又分为三色环、四色环和五色环

学习笔记

色标法。普通电阻器大多用四色环色标法来标注，四色环的前两色环表示阻值的有效数字，第 3 条色环表示阻值倍率，第 4 条色环表示阻值允许偏差的范围，如图 1-48 所示。

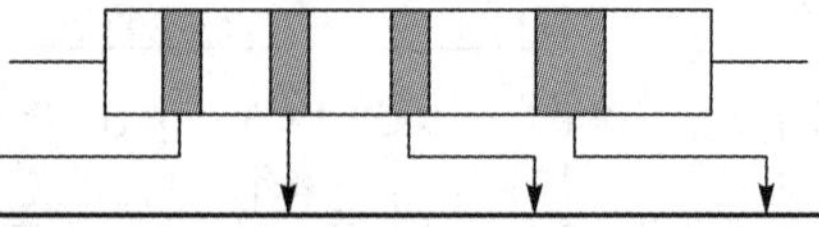

颜色	第一位有效值	第二位有效值	倍率	允许偏差
黑	0	0	10^0	—
棕	1	1	10^1	—
红	2	2	10^2	—
橙	3	3	10^3	—
黄	4	4	10^4	—
绿	5	5	10^5	—
蓝	6	6	10^6	—
紫	7	7	10^7	—
灰	8	8	10^8	—
白	9	9	10^8	—
金			10^9	±5%
银			10^{-1}	±10%
无色			10^{-2}	±20%

图 1-48　两位有效数字阻值的色环表示法

精密电阻器一般用五色环色标法表示标称值(三位有效数字)及精度，如图1-49 所示。

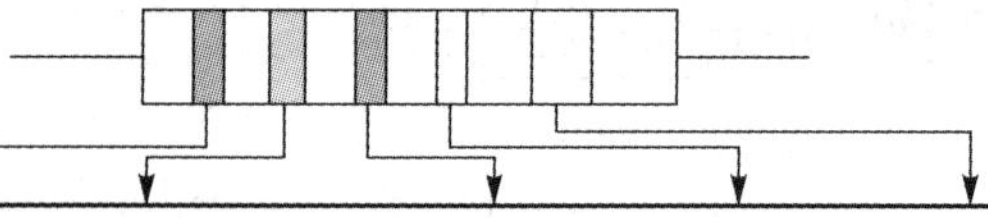

颜色	第一位有效值	第二位有效值	第三位有效值	倍率	允许偏差
黑	0	0	0	10^0	—
棕	1	1	1	10^1	±1%
红	2	2	2	10^2	±2%
橙	3	3	3	10^3	—
黄	4	4	4	10^4	—
绿	5	5	5	10^5	±0.5%
蓝	6	6	6	10^6	±0.25%
紫	7	7	7	10^7	±0.1%
灰	8	8	8	10^8	±0.05%
白	9	9	9	10^9	—
金				10^{-1}	±5%
银				10^{-2}	±10%

图 1-49　三位有效数字阻值的色环表示法

例如：四个色环为“黄紫橙金”的电阻阻值为

$$47\times10^3\,\Omega\pm5\%=47\ \text{k}\Omega\pm5\%$$

色环颜色依次为“红紫黄银”的电阻阻值为 270 000 Ω，允许偏差为±10%，即 270 kΩ±10%。

五个色环为“红紫绿黄棕”表示 275×10^4 Ω＝2.75 MΩ±1%的电阻器。

一般四色环和五色环电阻器表示允许误差的色环的特点是该环离其他环的距离较远。较标准的表示应是表示允许误差的色环的宽度是其他色环的 1.5～2 倍。

有些色环电阻器由于厂家生产不规范，无法用上面的特征判断阻值，这时只能借助万用表判断。

④ 数码表示法：用 3 位数表示电阻器标称阻值的方法称为数码表示法。数码表示法规定：第 1、2 位数为阻值的有效数字，第 3 位数表示阻值倍率，单位为欧姆(Ω)。

数码表示法一般用于片状电阻的标注，因为片状电阻体积都很小，故一般只将阻值标注在电阻器表面，其余参数予以省略。

例如：标识为 103 的电阻，其阻值为

$$10\times10^3=10\ 000\ \Omega=10\ \text{k}\Omega$$

顺便指出，目前市售电阻元件中，碳膜电阻的外层漆皮多呈绿色和蓝灰色，也有的为米黄色；金属膜电阻呈深红色，线绕电阻则呈黑色。

3. 电阻器的主要技术参数

(1) 标称阻值。标称阻值是电阻的主要参数之一，不同类型的电阻其阻值范围不同，不同精度的电阻其阻值系列亦不同。根据国家标准，常用的标称电阻值系列如表 1－5 所示。E24、E12 和 E6 系列也适用于电位器和电容器。在应用电路中要尽量选择标称值系列，无标称系列数时应选相近值。

表 1－5　标称电阻值系列

标称值系列	精度	电阻器(Ω)、电位器(Ω)、电容器(pF)标称值							
E24	±5%	1.0 2.2 4.7	1.1 2.4 5.1	1.2 2.7 5.6	1.3 3.0 6.2	1.5 3.3 6.8	1.6 3.6 7.5	1.8 3.9 8.2	2.0 4.3 9.1
E12	±10%	1.0 3.3	1.2 3.9	1.5 4.7	1.8 5.6	2.2 6.8	2.7 8.2	—	—
E6	±20%	1.0	1.5	2.2	3.3	4.7	6.8	8.2	—

注：表中数值乘 10^n(其中 n 为整数)即为系列阻值。

(2) 允许误差偏差。对于具体的电阻器而言，其实际阻值与标称阻值之间有一定的偏差，这个标称阻值与实际阻值的差值与标称阻值之比的百分数称为允许误差。允许误差表示电阻器的精度，它与精度等级的对应关系如表 1－6 所示。

学习笔记

表 1-6　允许误差与精度等级的关系

允许误差/%	±0.001	±0.002	±0.005	±0.01	±0.02	±0.05	±0.1
等级符号	E	X	Y	H	U	W	B
允许误差/%	±0.2	±0.5	±1	±2	±5	±10	±20
等级符号	C	D	F	G	J(Ⅰ)	K(Ⅱ)	M(Ⅲ)

(3) 额定功率。额定功率是指电阻器在正常大气压力及额定温度条件下，长期安全使用所能允许消耗的最大功率值。它是选择电阻器的主要参数之一。额定功率越大，电阻器的体积越大。常用额定功率有1/8W、1/4W、1/2W、1W、2W、5W、10W、25W等。电阻器的额定功率有两种表示方法：一是2W以上的电阻，直接用阿拉伯数字标注在电阻体上；二是2W以下的碳膜或金属膜电阻，可以根据其几何尺寸判断其额定功率的大小，具体见表1-7。

表 1-7　碳膜电阻和金属膜电阻外形尺寸与额定功率的关系

额定功率/W	碳膜电阻(RT)		金属膜电阻(RJ)	
	长度/mm	直径/mm	长度/mm	直径/mm
1/8	11	3.9	6～8	2～2.5
1/4	18.5	5.5	7～8.2	2.5～2.9
1/2	28	5.5	10.8	4.2
1	30.5	7.2	13	6.6
2	48.5	9.5	18.5	8.6

技能训练 1.1

【技能训练 1.1】 万用表的使用与测量

1. 技能训练目标

(1) 熟悉实验台及常用仪表的使用。

(2) 掌握用万用表测量电压、电流和电阻的方法。

2. 使用器材

可调直流稳压电源0～30 V，MF-47型万用表，基尔霍夫定律实验电路板，电阻器(1 kΩ、10 kΩ、100 kΩ等)及导线若干。

3. 训练内容与方法

万用表是应用最广泛的电工仪表之一，分模拟式与数字式两类，各类又有多种型号。

1) MF-47型指针式万用表

目前实验室使用较多的MF-47型指针式万用表是一种用作交/直流电压、直流电流、电阻和音频电平测量的多功能、多量程仪表，主要由表头、刻度盘、

“功能/量程”挡位及开关旋钮、表笔等组成，其外形如图 1 - 50 所示。

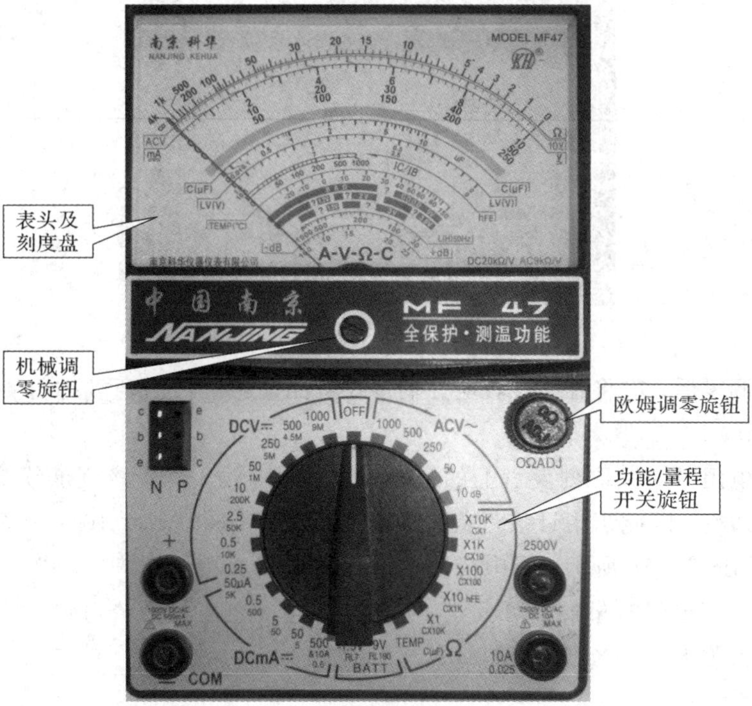

图 1 - 50　MF - 47 型指针式万用表外形图

（1）测量电阻值。万用表测电阻值的步骤主要有：选择欧姆挡位及合适的量程→欧姆调零→测量电阻→正确读数→计算参数。

首先旋动“功能/量程”开关，使开关上的符号对准“Ω”挡位，并旋至所需的测量量程(有“×1～×10 kΩ”多个量程可选)，如图 1 - 51 所示。电阻挡的量程选择要比待测电阻值小 10～30 倍比较合适，如测量 1.5 kΩ 电阻时应选择“×100”的量程。

图 1 - 51　万用表电阻挡位示意图

选好合适的量程后，应进行欧姆调零。方法是直接将红、黑表笔短接，调节万用表上的“0ΩADJ 调零”旋钮，观察指针偏转的位置，使其指向第一根“Ω”刻度线最右边的“0”刻度上，如图 1 - 52 所示。

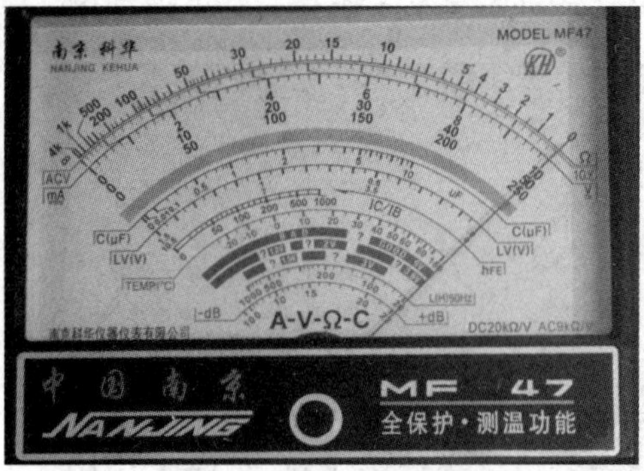

图 1-52 欧姆调零时指针指示图

欧姆调零后，应将红、黑表笔分别接在待测电阻元件的两端进行测量，如图 1-53 所示。

测量电阻时应读取刻度盘上的第一根“Ω”刻度线，由于该刻度线疏密不均，中间疏两边密，因此当指针接近刻度线的中间位置时(即刻度 10～30 之间)读数最准确。如图 1-54 所示，图中待测电阻的量程选择为“×100”，指针的刻度读数为 15，根据电阻测量的计算公式：待测电阻值＝刻度读数×量程，可计算出该电阻的阻值为 $R=15\times100=1.5\ \text{k}\Omega$。

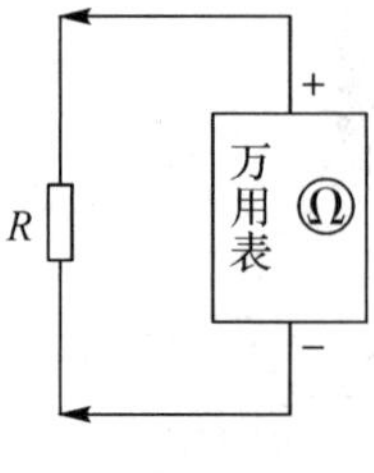

图 1-53 电阻测量示意图

图 1-54 测量电阻时万用表面板选择示意图

测量电阻时应注意以下事项：

· 每次更换欧姆挡位的量程时，都需要重新进行欧姆调零。

· 不允许在电路通电情况下测量电阻，否则将烧坏万用表。因为电路通电后，电阻两端将产生电压降，如果此时用电阻挡测量就相当于用电阻挡测电压，会损坏万用表。

· 测量时如果指针指向的位置接近“∞”处，即几乎不偏转时，应将量程调大一个挡。反之，如果指针接近“0”位置，则应将量程调小。

· 测电阻时不要用双手触碰被测电阻的两个引脚，因为人体两手间有几十到几百千欧的阻值，这时相当于并联电阻到待测电阻两端，从而引起读数不准。

(2) 测量直流电压。万用表测电压的步骤主要是：选择直流电压挡位及合适的量程→并联测量电压→正确读数→估算参数。

首先旋动“功能/量程”开关，使开关上的符号对准“DCV”直流电压挡位标志，并旋至所需直流电压量程(有“0.25～1000 V”多挡可选)。量程选择比待测电压要大一个挡，例如待测电压估计值为 6 V，则应选择“10 V”的量程，如图 1-55 所示。测量过程中，量程(或挡位)的选择非常重要，如果选择不当就可能造成较大的测量误差，甚至损坏万用表。

万用表测电压时，应将万用表并联在待测电路中，如图 1-56 所示。

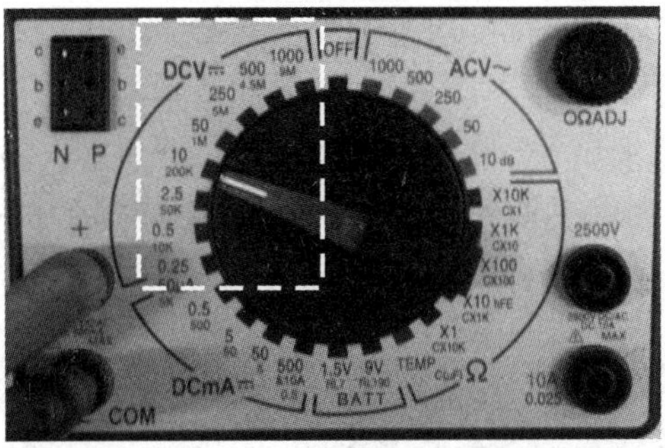

图 1-55　直流电压挡位示意图

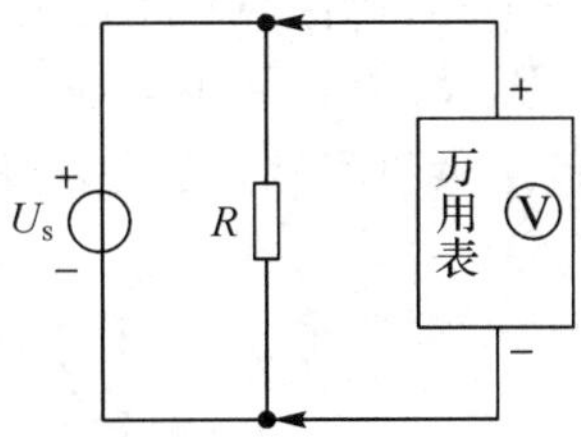

图 1-56　电压测量示意图

测量时，当不能确定被测电压的数值范围时，应先将“功能/量程”开关转至电压最大量程挡，当指针偏转角太小时再将量程开关旋向小量程挡，使指针偏转角增大，直到指针指到满刻度的三分之二以上区域为最佳，如图 1-57 所示。

当电压测量量程选择 10 V，刻度盘指针指示如图 1-57 所示时，根据计算公式

$$被测电压值=\frac{指针示数}{满偏刻度数}\times 量程$$

可计算出待测电压值估读为 6.0 V。

测量直流电压过程中还应注意：

· 不同功能和量程所用的表盘刻度尺不同，读取数据时要注意认清，防止出错。尤其在用直流电压 10 V 量程挡时，不要去读 ACV 交流电压 10 $\underset{\sim}{\mathrm{V}}$挡专用刻度线，如图 1-57 所示，以免读错数据。

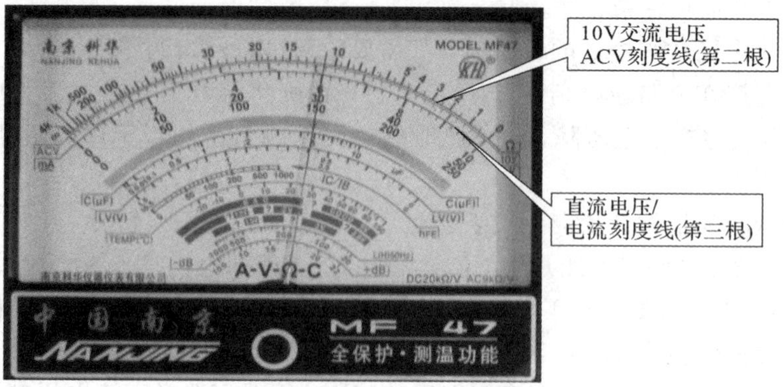

图 1-57　电压测量指针指示情况

· 绝对禁止用万用表的电流挡去测电压(测量前一定要认清挡位)。

· 测量电压时，万用表要并联在被测电路的两端。

· 测量过程中需要调整量程时，禁止带电调挡，需要先断开万用表才能重新选择量程或挡位。在进行高电压测量或测量点附近有高电压时，一定要注意人身和仪表的安全。

(3) 测量直流电流。万用表测电流的步骤与测量电压相似：选择直流电流挡位及合适的量程→串联测量电流→正确读数→估算参数。

首先旋动"功能/量程"开关，使开关上的符号对准"DCmA"标志位，并旋至所需直流电流量程(有"50 μA，0.5～500 mA"多挡可选)。量程选择比待测电流要大一个挡，例如待测电流估计值为 2 mA，则应选择"5 mA"的量程，如图 1-58 所示。在测量时，当不能确定被测电流的数值范围时，应先将转换开关旋至电流最大量程挡，当指针偏转角太小时再将量程开关旋向小量程挡，使指针偏转角增大。

图 1-58　直流电流挡位示意图

当电流测量刻度盘指针指示如图 1－58 所示，量程选择为 5 mA 时，根据计算公式

$$被测电流值=\frac{指针示数}{满偏刻度数}\times 量程$$

可计算出待测电流值估读为 2.0 mA。

测量直流电流过程中还应注意：

· 测量电流时，万用表应串联在被测电路中(如图 1－59 所示)，绝对禁止用万用表的电压挡去测电流。

· 当待测电流超过 500 mA 时，应将红表笔更换至“10 A”电流测量孔。

· 测量过程中需要调整量程时，禁止带电调挡，需要先断开万用表才能重新选择量程或挡位，否则容易烧毁万用表。

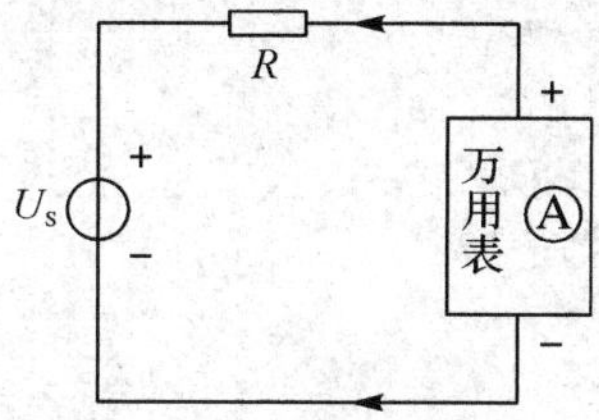

图 1－59　电流测量示意图

(4) 测量完后要关闭万用表。

应将“功能/量程”转换开关置于关闭“OFF”挡位，如果没有关闭挡位，则应将旋钮置于空挡“·”或交流电压最高挡位置，以防下次测量时由于疏忽而损坏万用表。

2) 数字万用表

数字万用表是采用数字化的测量技术把连续的模拟量转换成不连续的、离散数字形式加以显示的仪表。因为数字万用表具有显示清晰、读数准确、测量范围宽、测量速度快、输入阻抗高等优点，所以广泛应用于电子测量中。数字万用表的常规测试项目包括：直流和交流电压、电阻、二极管、带声响的通断测试及晶体管 h_{FE} 的测试等。图 1－60 所示为 DT9205 型数字万用表的外形图。

4. 操作步骤及数据记录

(1) 电阻测量：首先对下发的电阻元件进行识读并记录。然后用万用表测量电阻值，选择合适的欧姆挡，先调零再分别测量电阻阻值，将结果填入表1－8 中。

表 1－8　用万用表测电阻值

被测电阻 R 色环法读数					
万用表挡位/量程					
测量值					

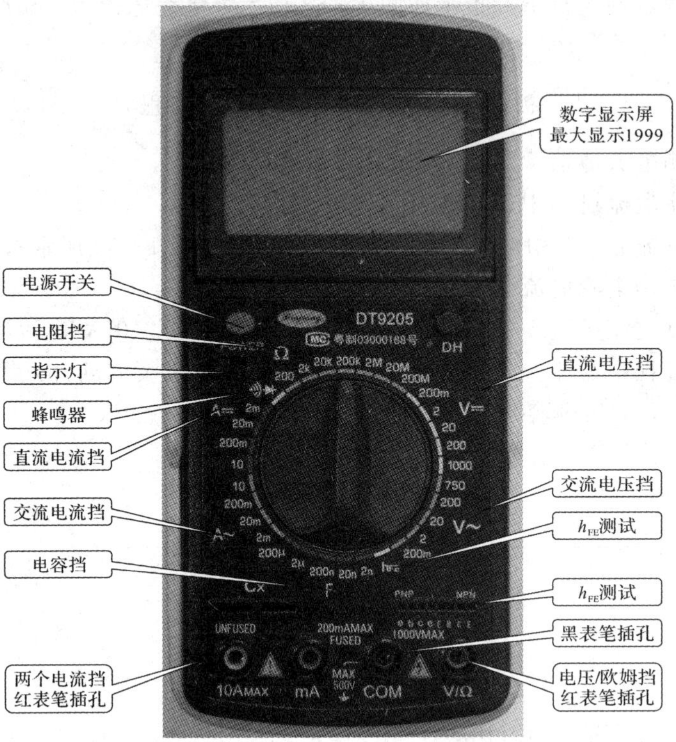

图 1-60　数字万用表外形图

(2) 直流电压测量：将万用表“功能/量程”转换开关旋至直流电压挡适当量程位置，直接测量直流稳压电源的输出电压，将测量值填入表 1-9 中。

表 1-9　用万用表测直流电压

电源电压	1.5 V	2.4 V	4.8 V	6 V	7.5 V	18 V	24 V	3 V
万用表 挡位/量程								
测量值								

(3) 直流电流测量：将直流稳压电源的输出调至 3 V，选取不同的电阻器，并将万用表置于适当的电流挡位，按图 1-59 搭接电路，测量电路中流过的电流，并将测量值填入表1-10 中。

表 1-10　用万用表测直流电流

串联电阻 R	100 kΩ	10 kΩ	1 kΩ
万用表 挡位/量程			
测量值			

学习笔记

5. 注意事项

(1) 测电阻前要先进行“Ω 调零”。每次变换挡位后均要重新“Ω 调零”。

(2) 电压源输出值均可通过电压调节旋钮控制。电压源两输出端切勿短路使用。

(3) 在电压表上读数时，要读直流电压刻度线，切勿读交流 10 V 专用刻度线。测量过程中均要防止超量程。

(4) 电压表需并联在被测电路两端；电流表必须串联在被测电路中。用电流表测电流时一定要细心，操作时应先断开稳压电源，然后将电流表串入被测支路，再接通电源并读数。

6. 报告填写要求

(1) 整理技能训练的测量数据，填入相应表格中。

(2) 小结技能训练心得体会。

(3) 思考：用不同量程挡测量电压的结果是否一样？为什么？

【技能训练 1.2】　电路元件伏安特性的测绘与仿真

1. 技能训练目标

(1) 学会识别常用电路元件。

(2) 验证线性电阻、非线性电阻元件的伏安特性。

(3) 掌握实验台上直流电工仪表和设备的使用方法。

2. 使用器材

可调直流稳压电源，直流数字毫安表，直流数字电压表，万用表，二极管(1N4007 等)，稳压管，白炽灯，线性电阻(200 Ω、1 kΩ)等。

计算机与 Multisim 仿真软件(软件安装与使用介绍详见附录 A)。

3. 训练内容与方法

任何一个二端元件的特性可用该元件的端电压 u 与通过该元件的电流 i 之间的函数关系 $i=f(u)$ 来表示，即用 $i-u$ 平面上的一条曲线来表征，这条曲线称为该元件的伏安特性曲线。

线性电阻器的伏安特性曲线是一条通过坐标原点的直线，如图 1-61 中 a 曲线所示。

一般白炽灯在工作时灯丝处于高温状态，其灯丝阻值随着温度的升高而增大，通过白炽灯的电流越大，其温度越高，阻值越大。其伏安特性曲线如图 1-61 中 b 曲线所示。

一般的半导体二极管是一个非线性电阻元件，其伏安特性曲线如图 1-61 中 c 曲线所示。

稳压二极管是一种特殊的半导体二极管，其伏安特性曲线如图 1-61 中的 d 曲线所示。

学习笔记

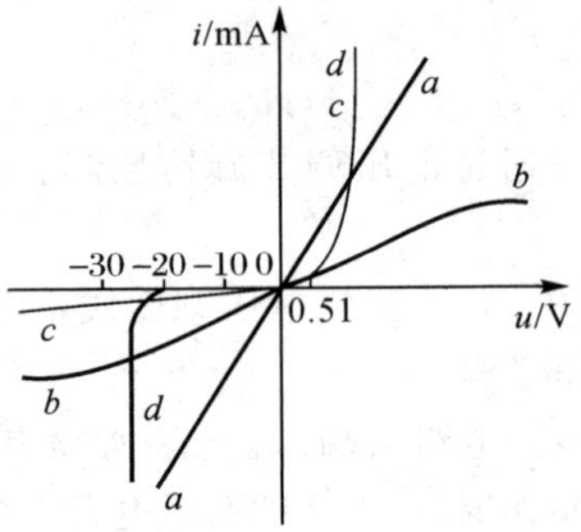

图 1－61　各种元件的 $u-i$ 特性

4. 操作步骤及数据记录

(1) 测定线性电阻器的伏安特性。

按图 1－62 接线，调节稳压电源的输出电压 U，从 0 V 开始缓慢地增加，一直调节到 10 V，记下相应电流表的读数，填入表 1－11 中(其中 U_R 为电阻 R 两端的电压)。

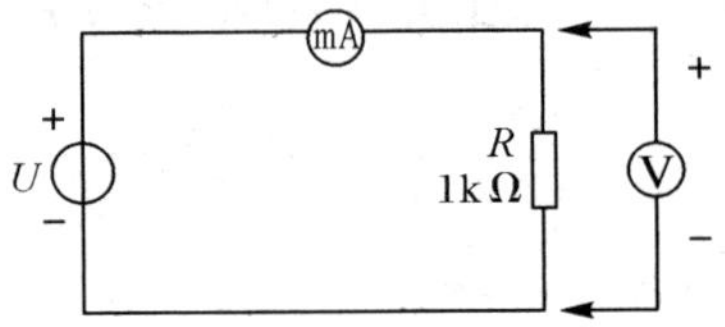

图 1－62　线性电阻器伏安特性测试

表 1－11　线性电阻伏安特性测试

U_R/V	0	2	4	6	8	10
I/mA						

(2) 测定非线性白炽灯的伏安特性。将图 1－62 中的 R 换成一只 12 V、0.1 A 的灯泡，重复(1)中的步骤，将数据填入表 1－12 中(其中 U_L 为灯泡两端的电压)。

表 1－12　白炽灯伏安特性测试

U_L/V	0.5	1	3	6	9	12
I/mA						

(3) 测定半导体二极管的伏安特性。按图 1－63 接线，R 为限流电阻器。测二极管的正向特性时，其正向电流不得超过 35 mA，二极管 VD 的正向电压 U_{VD+} 可在 0～0.75 V 之间取值，在 0.5～0.75 V 之间应多取几个测量点。将测得的正向特性数据填入表 1－13 中(其中 U_{VD+} 为二极管的正向电压)。

表 1－13　二极管正向特性测试

U_{VD+}/V	0.10	0.30	0.50	0.55	0.60	0.65	0.70	0.75
I/mA								

学习笔记

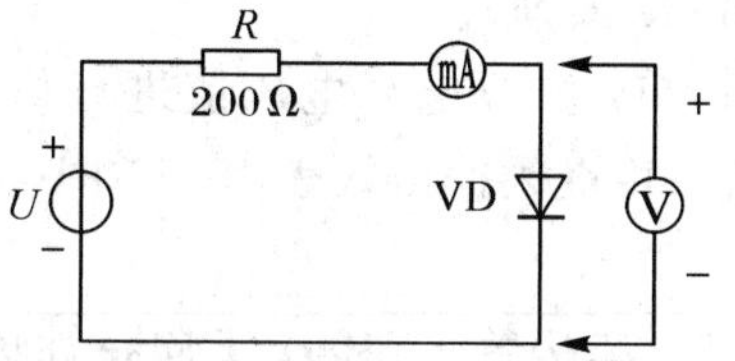

图 1 - 63　二极管伏安特性测试

测反向特性时，只需将图 1 - 63 中的二极管 VD 反接，且其反向电压 U_{VD-} 可达 30 V。将测得的反向特性数据填入表 1 - 14 中(其中 U_{VD-} 为二极管的反向电压)。

表 1 - 14　二极管反向特性测试

U_{VD-}/V	0	−5	−10	−15	−20	−25
I/mA						

5. 软件仿真操作步骤及数据记录(详细步骤见附录 A.5)

(1) 测定线性电阻器的伏安特性。绘制电路原理图如图 1 - 64(a)所示，V1 为直流电压源(DC_POWER)，U1 为直流电流表(AMMETER_H)，R1 为电阻器(Basic 基本元件组 Resistor 系列)，XMM1 为万用表。

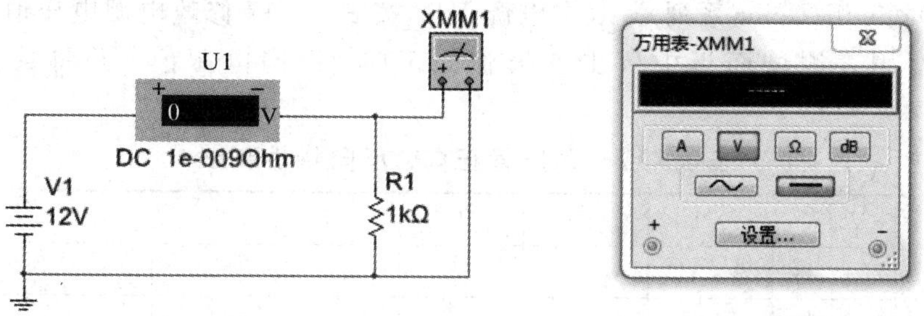

(a)　　(b)

图 1 - 64　线性电阻器伏安特性仿真测试

双击电源 V1，按表 1 - 11 修改电源电压值进行仿真。从电流表 U1 中读出电流值；双击万用表，从测试面板中读出电阻的电压值，如图 1 - 64(b)所示，并将数据填入表 1 - 11 中。

(2) 测定半导体二极管的伏安特性。绘制电路原理图如图 1 - 65 所示，D1 为

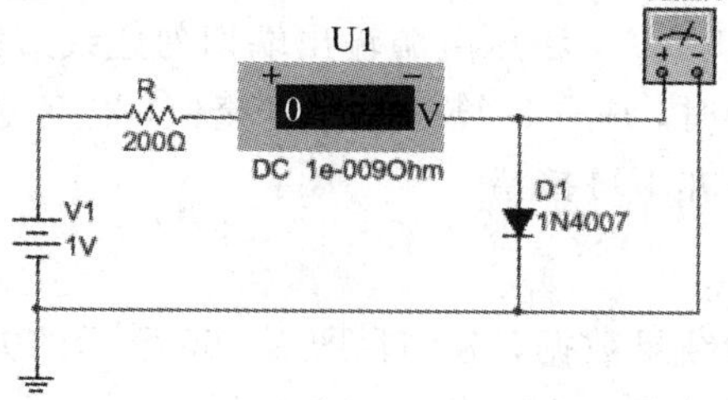

图 1 - 65　二极管 1N4007 伏安特性仿真测试电路

1N4007 半导体二极管(Diode 系列)。

双击电源 V1，按表 1－15 修改电源电压值进行仿真。从万用表测试面板中读出二极管的正向电压值，并将数据填入表 1－15 中(其中 U_{VD+} 为二极管的正向电压)。

表 1－15　二极管 1N4007 正向特性仿真测试

V1/V	0.1	0.3	1	2.5	5	7.5	10
U_{VD+}/V							
I/mA							

测反向特性时，双击电源 V1，按表 1－16 修改电源电压值进行仿真。将反向特性数据填入表 1－16 中(其中 U_{VD-} 为二极管的反向电压)。

表 1－16　二极管反向特性测试

V1/V	0	－5	－10	－15	－20
U_{VD-}/V					
I/mA					

★(3) 测定稳压二极管的伏安特性。将图 1－65 中的二极管换成稳压二极管 1Z10 (Diode 组 Zener 系列)，双击电源 V1，按表 1－17 修改电源电压值进行仿真。从万用表测试面板中读出二极管的正向、反向电压值，并将数据填入表1－17 中。

表 1－17　稳压管正向、反向特性测试

正向特性	V1/V	0.1	0.3	1	2.5	5	7.5	10
	U_{VD+}/V							
	I/mA							
反向特性	V1/V	0	－4	－8	－12	－16	－20	－24
	U_{VD-}/V							
	I/mA							

6. 注意事项

(1) 测二极管正向特性时，稳压电源输出应由小到大逐渐增加，应时刻注意电流表读数不得超过 25 mA，稳压电源输出端切勿碰线短路。

(2) 进行不同实验时，应先估算电压和电流值，合理选择仪表的量程，勿超量程使用，仪表的极性亦不可接错。

7. 报告填写要求

(1) 根据各记录的结果数据，分别在图 1－66 所示的方格纸中绘制出各元件的伏安特性曲线，或通过 Excel 表格输出特性曲线。

(2) 根据技能训练的结果，总结、归纳各被测元件的特性。

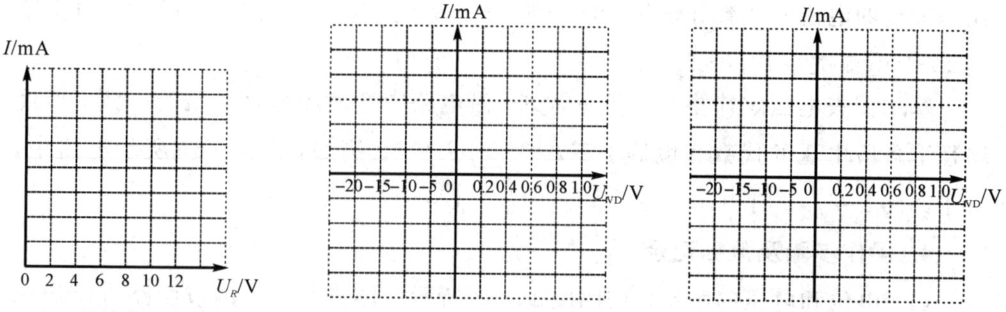

（a）线性电阻/白炽灯　（b）半导体二极管　（c）稳压二极管

图 1－66　绘制各元件的伏安特性曲线

（3）进行必要的误差分析，总结心得体会及其他。

【技能训练 1.3】　电压、电位的测定及基尔霍夫定律的验证

1. 技能训练目标

（1）学会测量电路中各点电位和电压的方法，理解电位的相对性和电压的绝对性。

（2）验证基尔霍夫定律的正确性，加深对基尔霍夫定律的理解。

（3）学会应用基尔霍夫定律检查实验数据的合理性。

2. 使用器材

可调直流稳压电源，万用表，电阻器（510 Ω×3、330 Ω、1 kΩ），导线若干。

3. 训练内容与方法

（1）电位和电压的测量。在电路中任意选定一参考点，令参考点的电位为零，某一点的电位就是这一点与参考点之间的电压。因此，在一个确定的闭合电路中，各点电位的大小会根据所选的电位参考点的不同而变化，但任意两点之间的电压（即两点之间的电位差）则是不变的，这一性质称为电位的相对性和电压的绝对性。

实际中，可用电压表测量出电路中取不同参考点时各点的电位及任意两点间的电压。例如，在图 1－67 所示电路中，可分别以 a、d 为参考点，测量 a～f 各点电位和任意两点间的电压。通过测量值加深理解电位和电压的异同。

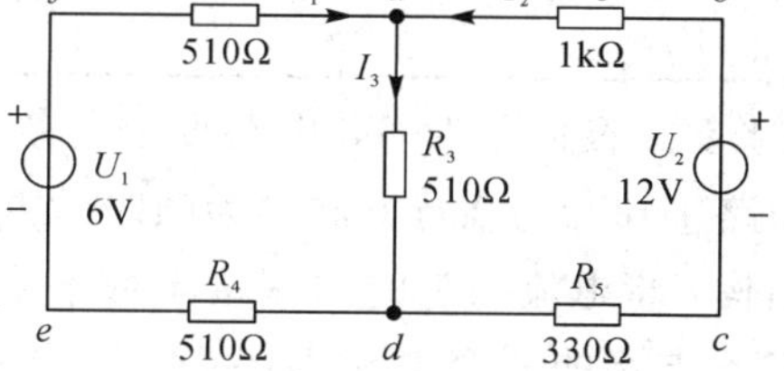

图 1－67　电路原理图

（2）基尔霍夫定律的验证。基尔霍夫电流定律指出：任一时刻，经过电路中

技能训练 1.3

学习笔记

学习笔记

任一节点的电流的代数和恒等于零，即 $\sum I=0$。例如，在图 1－67 中，对于节点 a，有电流关系式 $I_1+I_2-I_3=0$。

基尔霍夫电压定律指出：任一时刻，沿电路中任意闭合回路绕行一周，所经路径上各段电压的代数和恒等于零，即 $\sum U=0$。例如，图 1－67 所示电路中，对于回路 $adefa$，有电压关系式 $U_{ad}+U_{de}-U_1+U_{fa}=0$。

4. 操作步骤及数据记录

(1) 电位和电压的测定。按照图 1－68 所示电路图接线，调节两路直流稳压电源，令 $U_1=6$ V、$U_2=12$ V。

① 按表 1－18 中的要求分别测量各点电位。以图 1－68 中的 a 点作为电位参考点，将黑表笔接在参考点，红表笔分别接 a、b、c、d、e、f 各点逐一测量，并将结果填入表 1－18 中。测量中如遇指针反偏，则需调换表笔，并在测试数据前加上负号。再以图 1－68 中的 d 点作为电位参考点，重复测量各点电位，并将结果填入表 1－18 中。

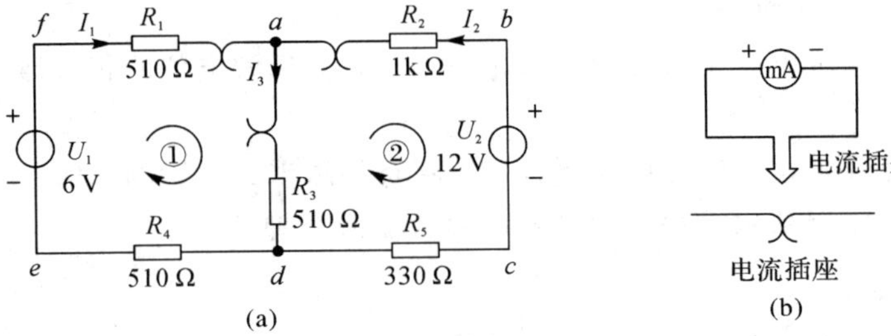

图 1－68　电压和电位测量电路

② 按表 1－18 中的要求测量各段电路的电压。选择合适的万用表量程，如测量 U_{ab}，则红表笔接第一个下标的位置 a 端，黑表笔接第二个下标的位置 b 端，以此类推。若测量时指针反偏，则调换表笔并在数据前加上负号，同样将数据填入表 1－18 中。

表 1－18　电位、电压测量

电位测量	参考点	V_a	V_b	V_c	V_d	V_e	V_f
	a						
	d						
电压测量	U_{ad}	U_{ab}	U_{bc}	U_{cd}	U_{de}	U_{ef}	U_{fa}

(2) 基尔霍夫定律验证。根据图 1－68 电路设定三条支路 I_1、I_2、I_3 的电流参考方向和两个闭合回路①和②的绕行方向均为顺时针方向。

熟悉电流插头的结构，将电流插头的两端接至数字毫安表的“＋、－”两端。将电流插头分别插入三条支路的三个电流插座中，读出并记录电流值，填入表 1－19 中，并验证 KCL。

用万用表分别测量两路电源及电阻元件上的电压值，将数据填入表 1－19

中，并验证 KVL。

表 1－19　验证基尔霍夫定律测量数据

验证 KCL	I_1	I_2	I_3	$\sum I$	
验证 KVL	U_{ad}	U_{de}	U_{ef}	U_{fa}	回路① $\sum U$
	U_{ab}	U_{bc}	U_{cd}	U_{da}	回路② $\sum U$

5. 注意事项

(1) 所有需要测量的电压值均以电压表测量的读数为准，不以电源表盘指示值为准。

(2) 在测量过程中，注意电压的极性和电流的方向问题。测电压时，要根据电位和电压脚标正确选择红黑表笔接线处。倘若万用表指针反偏，必须调换表笔，测量数据记为负值。

(3) 测试过程中若指针偏转超出刻度范围或偏转过小，均应及时调整仪表量程，以便准确读数。

6. 报告填写要求

(1) 根据数据记录，选定节点 a，验证 KCL 的正确性；选定实验电路中的一个闭合回路，验证 KVL 的正确性。

(2) 总结电位的相对性和电压的绝对性的结论。

(3) 完成数据表格中的计算，对误差作必要的分析。

【技能训练 1.4】　电压源与电流源的等效变换与仿真

1. 技能训练目标

(1) 掌握电源外特性的测试方法。

(2) 验证电压源与电流源等效变换的条件。

2. 使用器材

(1) 直流稳压电源、直流恒流源、电阻、可调电阻箱、直流电流表、直流电压表、万用表。

(2) 计算机与 Multisim 仿真软件。

3. 训练内容与方法

(1) 理想电压源，其输出电压不随负载电流而变。实际电压源可以用一个理想电压源与一个电阻串联的组合来代替，实际电压源的端电压会随着负载电流的增加而下降。

(2) 理想电流源，其输出电流不随负载电阻而变。实际电流源可以用一个理想电流源与一个电阻并联的组合来代替，实际电流源的输出电流会随着端电压的增加而减小。

因此，分别给实际电压源和实际电流源接同一个负载，通过改变负载的电流来测出电源的输出电压，即可测定电源的外特性。

(3) 如果一个实际电压源和一个实际电流源具有同样的外特性，即能向同样大小的负载提供同样大小的电流和电压，则称这两个实际电源是等效的。等效变换的条件为：电源内阻不变，电路结构串、并联互换；电流源电流 I_s 和电压源电动势 U_s 之间的关系根据欧姆定律确定。

4. 操作步骤及数据记录

1) 测定实际电压源和实际电流源的外特性

(1) 按图 1－69(a)接线。调节电位器令其阻值由大到小变化，使电流表的读数与表1－20 的参数一致，然后将此时对应的电压表的读数填入表 1－20。

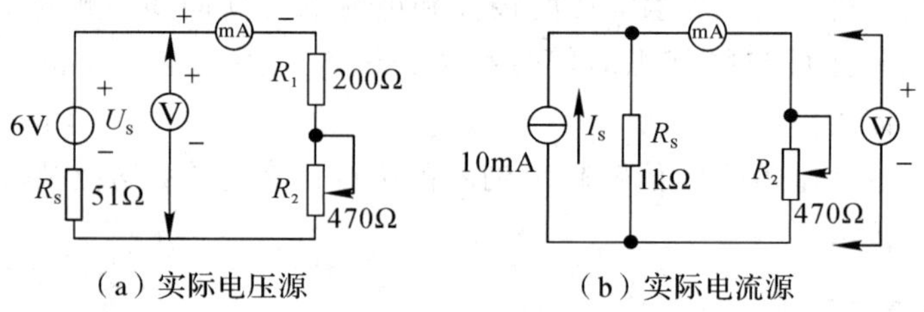

图 1－69　实际电源的外特性测量电路

(2) 按图 1－69(b)接线。调节直流恒流源输出电流为 10 mA，并按照步骤(1)的方法调节电位器，并记录电压表的读数，填入表 1－20。

表 1－20　实际电源的外特性参数

电流表读数	I/mA	9	10	12	15	17	20	22
电压源输出电压	U/V							
电流源输出电压	U/V							

2) 验证电源等效变换的条件

先按图 1－70(a)连接电路，记录电压表和电流表的读数。然后按图 1－70(b)接线，调节恒流源的大小，使电压表和电流表的读数与图 1－70(a)时的数值相等，记录此时电流源的输出电流值。

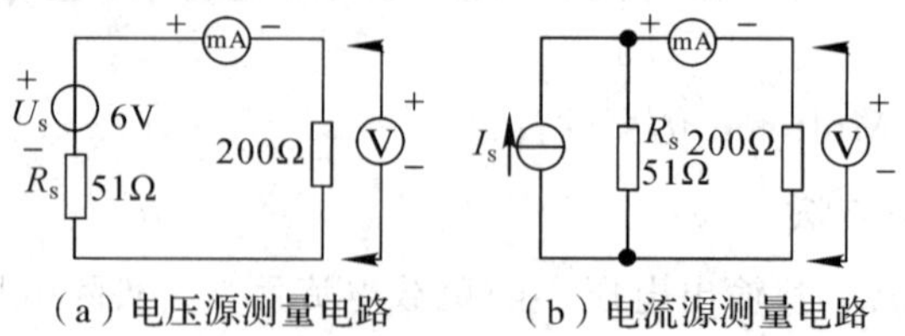

图 1－70　电源等效变换的测量电路

实际电压源电路中的电流表读数为________A，电压表读数为________V，满足等效变换条件时，电流源的输出电流 I_s=________A。

根据以上结果，验证等效变换条件的正确性。

5. 软件仿真操作步骤及数据记录

1）测定实际电压源和实际电流源的外特性

（1）采用 Multisim 软件绘图时，首先设置符号标准为“DIN”形式，执行菜单命令：选项→Global Preferences（全局偏好）→元器件→符号标准→DIN。按图 1-71(a)接线，U_s 为直流电压源（DC_POWER），I_1、I_2 为直流电流表（AMMETER_H），U_1、U_2 为直流电压表（VOLTMETER_V），R_s 为电阻器（Basic 基本元件组Resistor 系列），R_1 为电位器（POTENTIOMETER_RATED）。

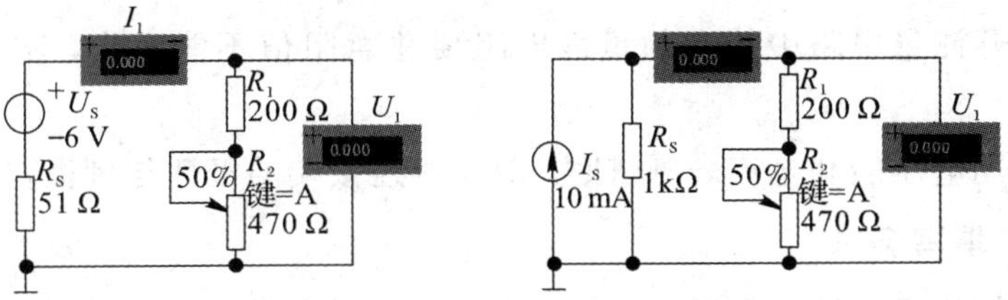

（a）理想电压源　　（b）实际电压源

图 1-71　实际电源的外特性测量电路

（2）设置 U_s 电压源的电压为 6 V，调节电位器 R_1 的阻值由大到小变化，具体参数如表 1-21 所示。调节方法：按下键盘上对应的控制键（如图示为 A 键），增加电位器阻值（反向减小则同时按下 Shift+A）。记录电压表 U_1、电流表 I_1 的读数，填入表 1-21。

（3）按图 1-71(b)所示电路设置 I_s 恒流源（DC_CURRENT）的输出电流 10 mA。调节电位器数值如表 1-21 所示，测出这两种情况下的电压表 U_2 和电流表 I_2 的读数，并填入表 1-21。

表 1-21　实际电源的外特性参数

调节电位器 R_1 的阻值		100%	80%	60%	40%	20%	0%
实际电压源	U_1/V						
	I_1/mA						
实际电流源	U_2/V						
	I_2/mA						

2）测定电源等效变换的条件

（1）按图 1-72(a)接线，运行仿真测量并记录负载电阻的电压表 U_1 的读数为______V，电流表 I_1 的读数为________A。

（2）按图 1-72(b)接线，设置合适的恒流源输出电流 I_s 及内阻 R_{s2} 的大小，调试电路直至满足等效变换条件：即电压表 U_2 和电流表 I_2 的读数与图 1-72(a)

记录的数值相等。此时，电流源的输出电流 I_s = ________ A，内阻 R_{s2} = ________ Ω。根据以上结果，验证等效变换条件的正确性。

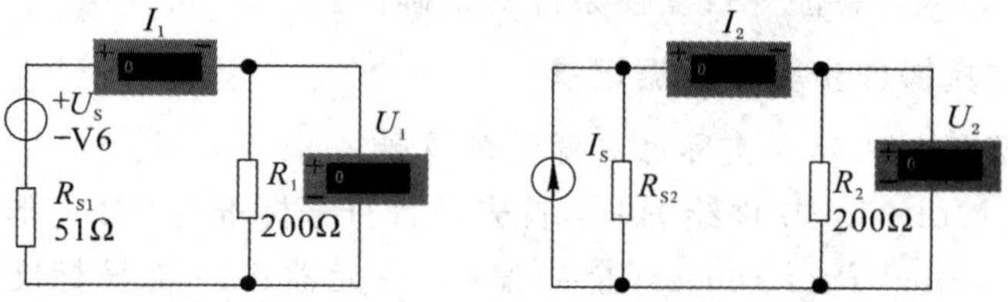

（a）电压源测量电路　　（b）电流源调试电路

图 1－72　电源等效变换的测量电路

6. 注意事项

(1) 实际测量电路中接入的负载电阻要注意阻值不能太小，防止电路元件烧坏。

(2) 应用电压表和电流表测量时，应注意连接端的极性与量程。

7. 报告填写要求

(1) 根据记录的结果数据，分别在方格纸上绘制出实际电源的外特性曲线，或通过Excel 表格输出特性曲线。

(2) 根据技能训练的结果，总结、归纳被测的理想电源与实际电源的特性。

习　　题

1－1　电路如图 1－73 所示，已知 $R_1=3\ \Omega$，$R_2=6\ \Omega$，$U=6$ V。求：

(1) 总电流强度 I；

(2) 电阻 R_1 上的电流 I_1 和 R_2 上的电流 I_2。

1－2　电路如图 1－74 所示，已知 $U_s=100$ V，$R_1=2$ kΩ，$R_2=8$ kΩ，在下列三种情况下，分别求电阻 R_2 两端的电压及 R_2、R_3 中通过的电流：

(1) $R_3=8$ kΩ；

(2) $R_3=\infty$(开路)；

(3) $R_3=0$(短路)。

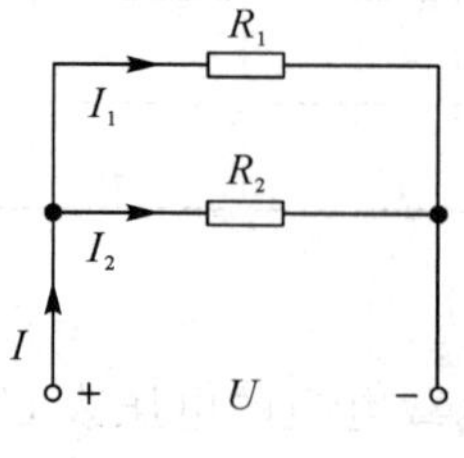

图 1－73　习题 1－1 图

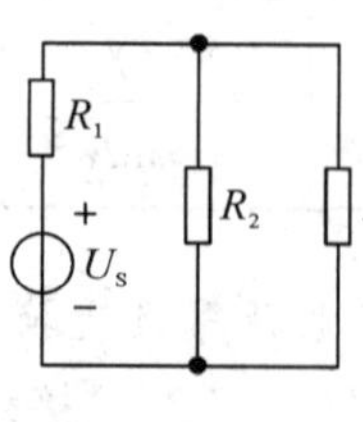

图 1－74　习题 1－2 图

1－3　图 1－75 所示的各元件均为负载(消耗电能)，其电压、电流的参考方向如图中所示。已知各元件端电压的绝对值为 5 V，通过的电流绝对值为 4 A。

(1) 若电压的参考方向与真实方向相同，判断电流的正负；

(2) 若电流的参考方向与真实方向相同，判断电压的正负。

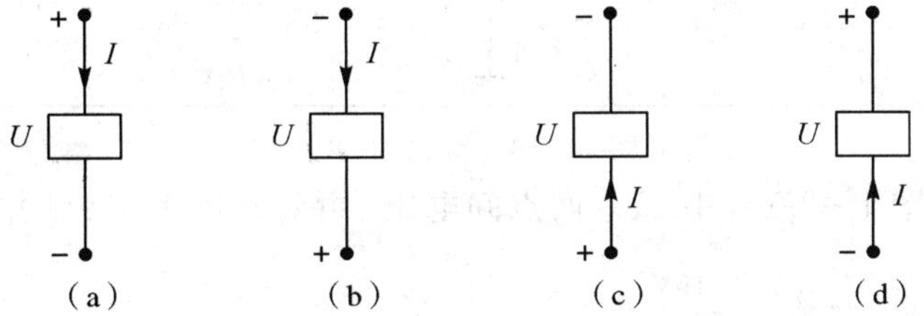

图 1 - 75　习题 1 - 3 图

1 - 4　一只 100 Ω、100 W 的电阻与 120 V 电源相串联，至少要串入多大的电阻 R 才能使该电阻正常工作？电阻 R 上消耗的功率又为多少？

1 - 5　两个额定值分别是 110 V、40 W 和 110 V、100 W 的灯泡，能否串联后接到220 V的电源上使用？如果两只灯泡的额定功率相同则又如何？

1 - 6　图 1 - 76(a)、(b)所示电路中，若 $I=0.6$ A，$R=$？图 1 - 76(c)、(d)所示电路中，若 $U=0.6$ V，$R=$？

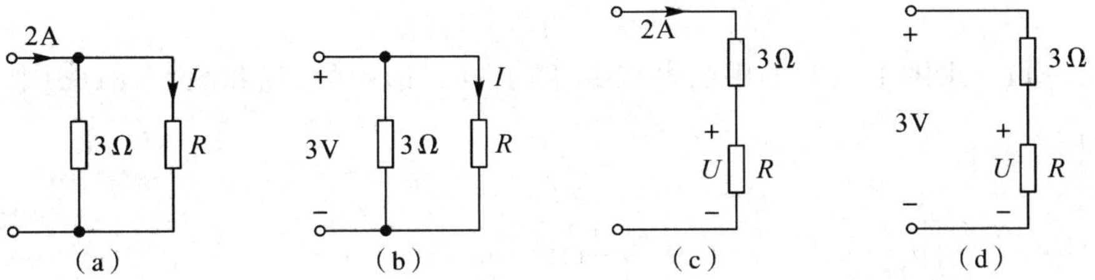

图 1 - 76　习题 1 - 6 图

1 - 7　常用的分压电路如图 1 - 77 所示，试求：

(1) 当开关 S 打开，负载 R_L 未接入电路时，分压器的输出电压 U_o；

(2) 开关 S 闭合，接入负载电阻 $R_L=150$ Ω 时，分压器的输出电压 U_o；

(3) 开关 S 闭合，接入负载电阻 $R_L=15$ kΩ 时，分压器的输出电压 U_o。

请根据计算结果得出一个结论。

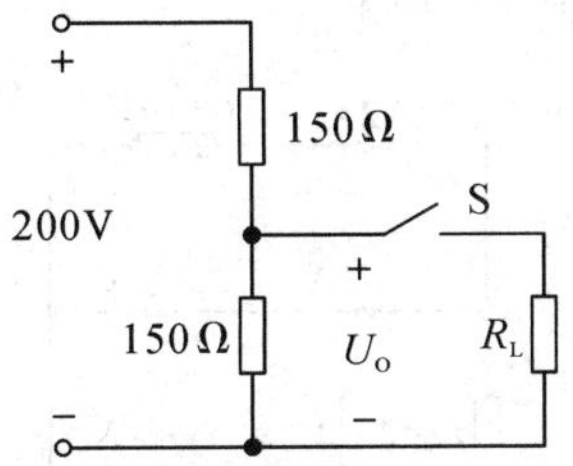

图 1 - 77　习题 1 - 7 图

1 - 8　分别求 S 打开与闭合时，图 1 - 78 所示电路中 a、b 两点的电位。

学习笔记

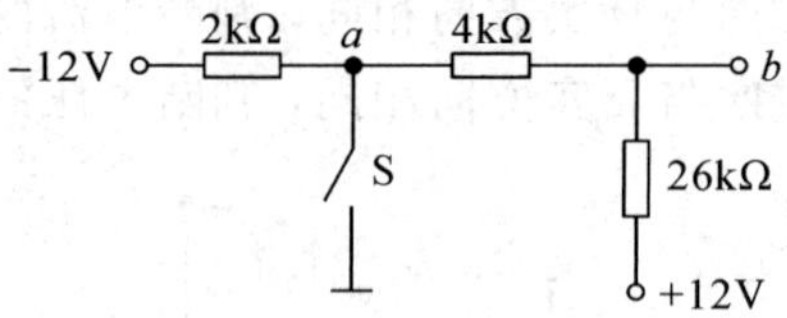

图 1-78 习题 1-8 图

1-9 求图 1-79(a)中 a、b 两点间电压，并计算图 1-79(b)中 c 点的电位。

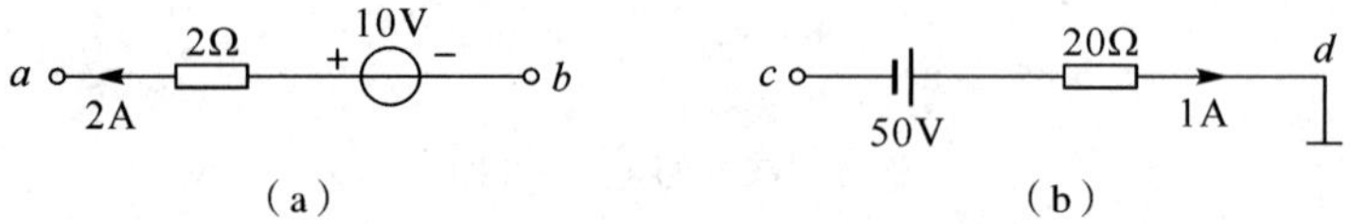

图 1-79 习题 1-9 图

1-10 计算图 1-80(a)、(b)中 a 点的电位。

图 1-80 习题 1-10 图

1-11 求图 1-81(a)中的电流 I，图 1-81(b)中的 U_{ab} 和图 1-81(c)中 a 点的电位。

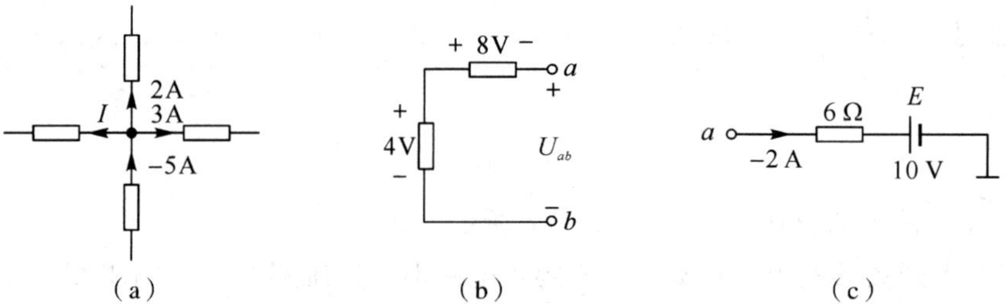

图 1-81 习题 1-11 图

1-12 图 1-82 所示电路中有多少个节点？多少条支路？多少个网孔？求出支路电流 I_3、I_4 和电压源 U_s 的值。

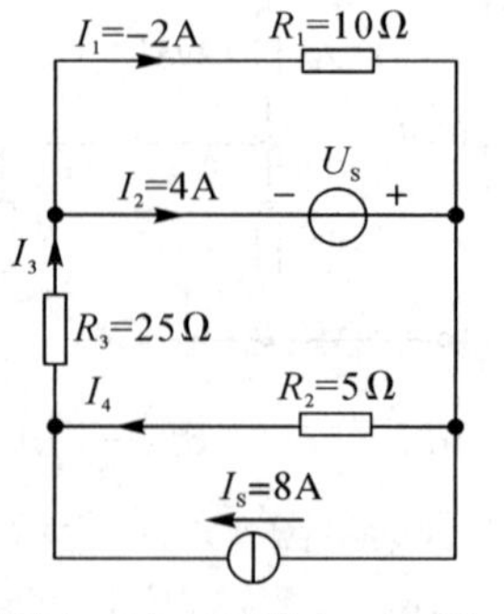

图 1-82 习题 1-12 图

1－13　电路如图 1－83 所示，求开关 S 打开和闭合时 a 点的电位 V_a。

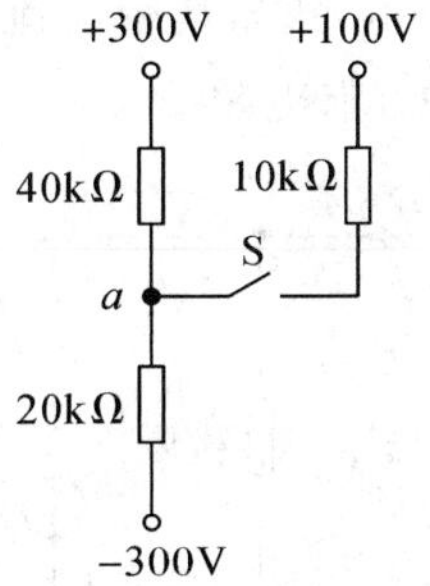

图 1－83　习题 1－13 图

1－14　图 1－84 所示电路中，电流 $I=10$ mA，$I_1=6$ mA，$R_1=3$ kΩ，$R_2=1$ kΩ，$R_3=2$ kΩ。求电流表 A_4 和 A_5 的读数。

1－15　如图 1－85 所示电路中，有几条支路和几个节点？U_{ab} 和 I 各等于多少？

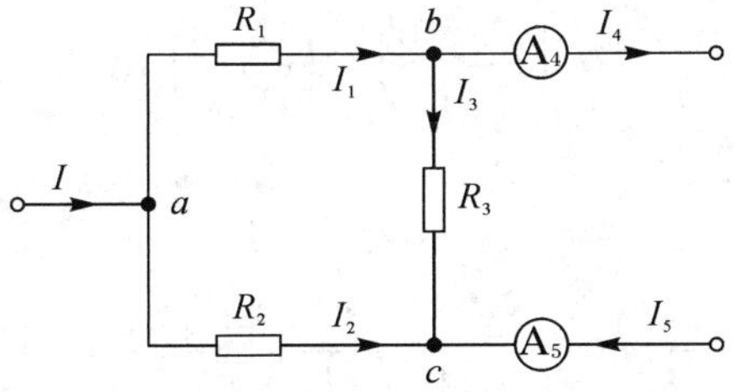

图 1－84　习题 1－14 图

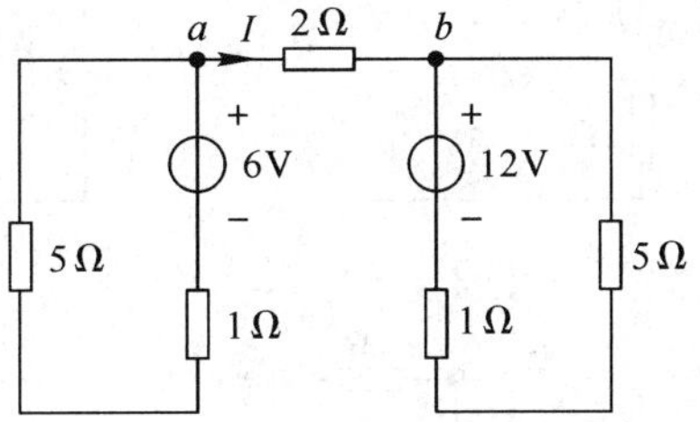

图 1－85　习题 1－15 图

1－16　电路如图 1－86 所示，求电流 I 和电压 U。

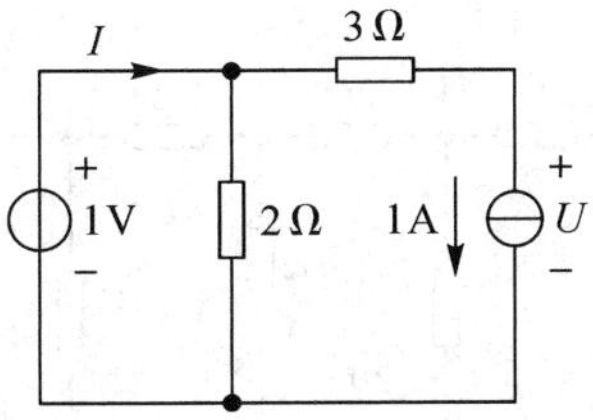

图 1－86　习题 1－16 图

1－17　图 1－87 所示电路中，已知 $U_s=6$ V，$I_s=3$ A，$R=4$ Ω。计算通过理想电压源的电流及理想电流源两端的电压，并根据两个电源功率的计算结果，

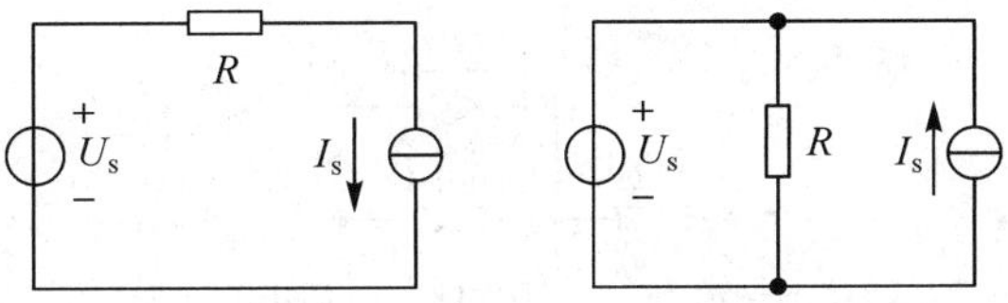

（a）　（b）

图 1－87　习题 1－17 图

说明它们是产生功率还是吸收功率。

1-18　电路如图 1-88 所示，已知其中电流 $I_1=-1$ A，$U_{s1}=20$ V，$U_{s2}=40$ V，电阻 $R_1=4$ Ω，$R_2=10$ Ω，求电阻 R_3。

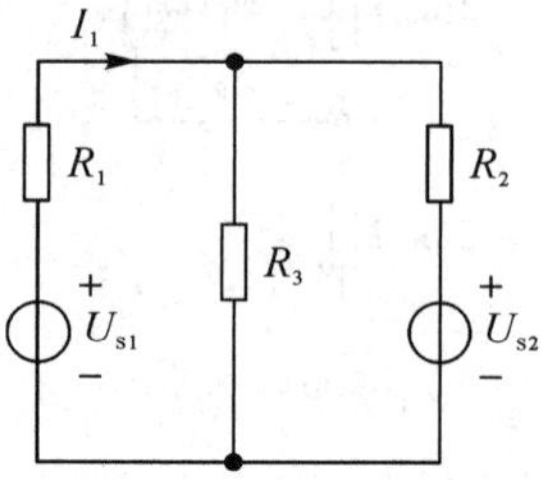

图 1-88　习题 1-18 图

1-19　电路如图 1-89(a)～(g)所示，请用电源等效变换的方法进行化简。

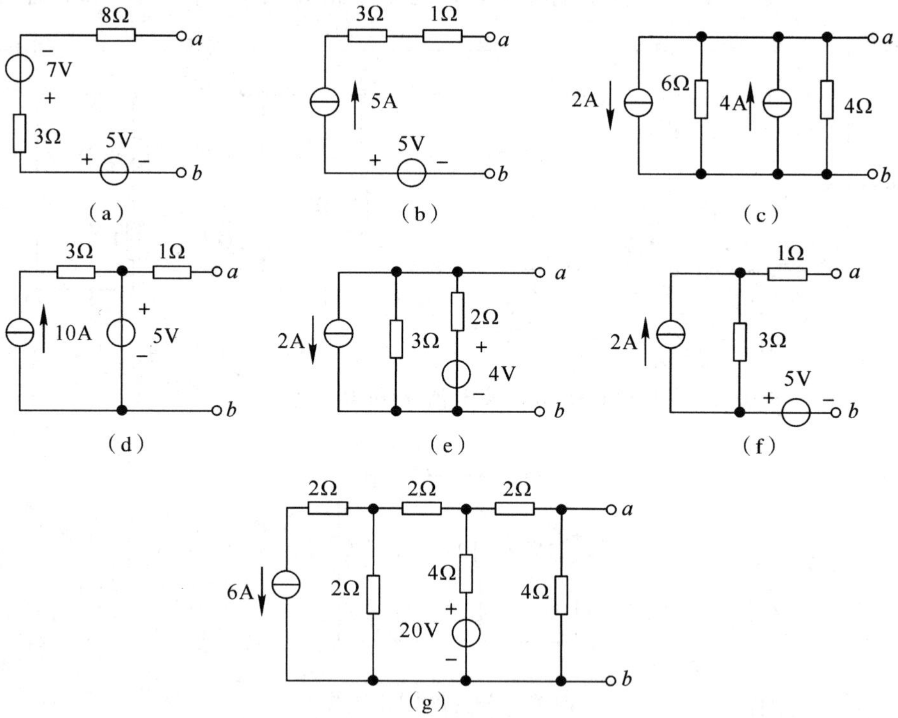

图 1-89　习题 1-19 图

1-20　求图 1-90 所示电路中的输入端电阻 R_i。

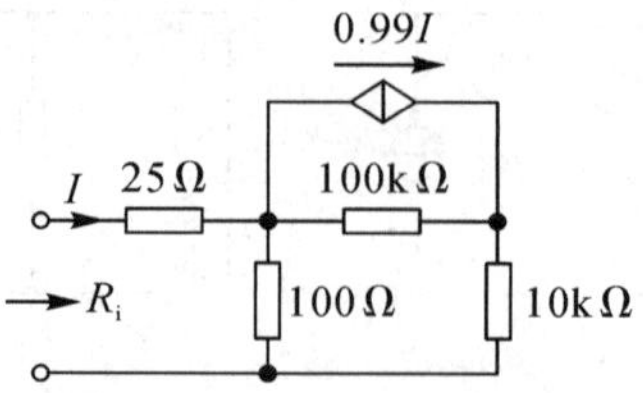

图 1-90　习题 1-20 图

学习笔记

1-21　判断以下说法是否正确。

(1) 导体中的电流由电子流形成，故电子流的方向就是电流的方向。(　　)

(2) 在直流电路中，电流的参考方向与实际方向总是相同的。(　　)

(3) 在直流电路中，电流的参考方向与实际方向可能关联，也可能非关联。(　　)

(4) 电路中某点电位的大小与参考点无关。(　　)

(5) 电路中某点的电位即为该点与参考点之间的电压。(　　)

(6) 在直流电路中，某点的电位具有绝对性，两点间的电压具有相对性。(　　)

(7) 在电工测量中，电压表应串联在被测电路中，而电流表应并联在被测元件的两端。(　　)

(8) 220 V、40 W 的灯泡接在 110 V 的电源上，消耗的功率是 20 W。(　　)

(9) 当电路处于通路状态时，外电路电阻上的电压等于电源电动势。(　　)

(10) 外电路的电阻越大，则电源的输出功率越大。(　　)

(11) 对外电路来说，任意一个有源二端网络都可以用一个电压源来代替。(　　)

(12) 理想电流源和理想电压源可以进行等效变换。(　　)

(13) 实际电压源和实际电流源等效变换时内阻保持不变。(　　)

学习笔记

第 2 章 电路的基本分析方法

电路的基本分析方法贯穿了全书，只是在激励和响应的形式不同时，电路基本分析方法的应用形式不同而已。本章以欧姆定律和基尔霍夫定律为基础，寻求不同的电路分析方法，其中支路电流法是最基本的、直接应用基尔霍夫定律求解电路的方法；回路电流法和节点电压法是建立在欧姆定律和基尔霍夫定律之上的、根据电路结构特点总结出来的以减少方程式数目为目的的电路基本分析方法。这些都是求解复杂电路问题的系统化方法。

基本概念

思考题 2.1

2.1 电路等效的基本概念

等效是电路分析中一个非常重要的概念，等效变换是电路分析中常用的一种方法。

只有两个端钮与其他电路相连接的网络，叫作二端网络或单口网络。如果单口网络内含有电源，称为含源单口网络；如果单口网络内不含电源，则称为无源单口网络。每一个二端元件便是无源单口网络的最简单形式。

图 2-1 给出了二端网络的一般符号。二端网络的端子电流 I、端子间电压 U 分别叫作端口电流、端口电压，图中 U、I 的参考方向对二端网络为关联参考方向。

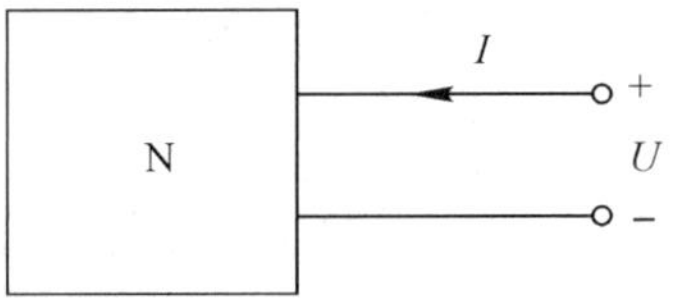

图 2-1 二端网络

如果两个二端网络的端口电压、电流关系相同，我们称这两个网络为等效网络。两个等效网络的内部结构虽然不同，但对外部而言，它们的影响完全相同。即等效网络互换后，它们的外部情况不变，故等效是指对外等效。

通过上述分析，可以得出以下结论。(1) 电路等效变换的条件：相互等效的两个网络具有完全相同的对外电压、电流关系。(2) 电路等效变换的对象：外电路中的电压、电流及功率。(3) 电路等效变换的目的：用一个简单的等效电路代替原来较复杂的网络，使对电路的分析计算更加简单。

思考与练习

2.1-1 试述“电路等效”的概念，试问当电路等效变换时，电压为零的支路可以去掉吗？为什么？

2.1-2 两个单口网络 N_1 和 N_2 的伏安特性曲线处处重合，这时两个单口

网络 N_1 和 N_2 是否等效？

2.1-3　两个单口网络 N_1 和 N_2 各接 100 Ω 负载时，流经负载的电流以及负载两端电压均相等，两个网络 N_1 和 N_2 是否等效？

学习笔记

2.2　电阻电路的等效

2.2.1　电阻的串联等效及应用

电阻的串联等效及应用

思考题 2.2.1

电路中若干个电阻首尾依次相连，各电阻流过同一电流（中间无分支）的电路连接方式称为电阻的串联。图 2-2(a)所示为 n 三个电阻串联的电路模型，串联的 n 个电阻可用一个等效电阻 R 表示，如图 2-2(b)所示。

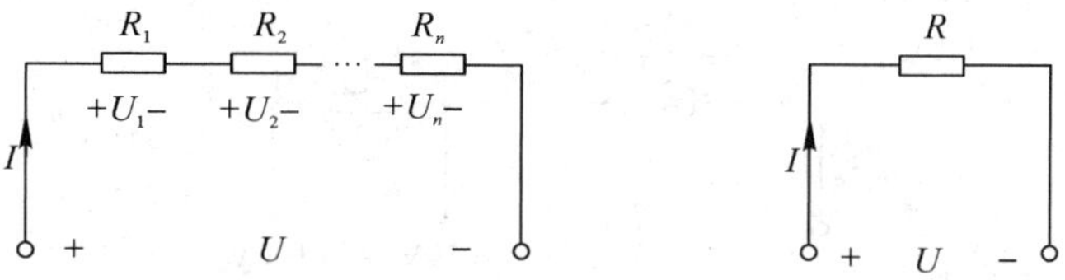

(a)　(b)

图 2-2　电阻的串联

因为流经各电阻的电流为同一电流 I。根据 KVL，外加总电压等于各个电阻上电压之和，即

$$\begin{aligned} U &= U_1 + U_2 + \cdots + U_n = IR_1 + IR_2 + \cdots + IR_n \\ &= I(R_1 + R_2 + \cdots + R_n) = IR \end{aligned} \tag{2-1}$$

因此

$$R = R_1 + R_2 + \cdots + R_n = \sum_{i=1}^{n} R_i \tag{2-2}$$

式(2-2)表明：电阻串联电路的等效电阻等于各串联电阻之和。

电阻串联电路中每个电阻上的电压分别为

$$\begin{cases} U_1 = I_1 R_1 = \dfrac{R_1}{R} U \\ U_2 = I_2 R_2 = \dfrac{R_2}{R} U \\ \vdots \\ U_n = I_n R_n = \dfrac{R_n}{R} U \end{cases} \tag{2-3}$$

式(2-3)表明：电阻串联电路具有分压作用。当外加电压一定时，各电阻端电压的大小与它的电阻值成正比，因此式(2-3)也称为分压公式。应用该式时，需考虑各电压的参考方向。

如将式(2-1)两端同乘以电流 I，则有

$$P = IU = I^2 R_1 + I^2 R_2 + \cdots + I^2 R_n = P_1 + P_2 + \cdots + P_n \tag{2-4}$$

式(2-4)表明：电阻串联电路中，总功率等于各个电阻吸收的功率之和；各个电

学习笔记

阻吸收的功率与它的电阻值成正比。

【例 2-1】 一个电流为 0.2 A，电压为 1.5 V 的小灯泡，接到 4.5 V 的电源上，应该串联多大的电阻，才能使小灯泡正常发光？

解

$$R=\frac{4.5-1.5}{0.2}=15\ \Omega$$

电阻串联的应用很多，例如，为了扩大电压表的量程，就可以通过与电压表(或电流表)串联一个适当的电阻来实现；当负载的额定电压低于电源电压时，可以通过串联一个电阻来分压；为了调节电路中的电流，通常可在电路中串联一个变阻器。

【例 2-2】 如图 2-3 所示，要将一个满刻度偏转电流 I_s 为 50 μA，电阻 R_g 为 2 kΩ 的电流表制成量程为 50 V/100 V 的直流电压表，应串联多大的附加电阻 R_1、R_2？

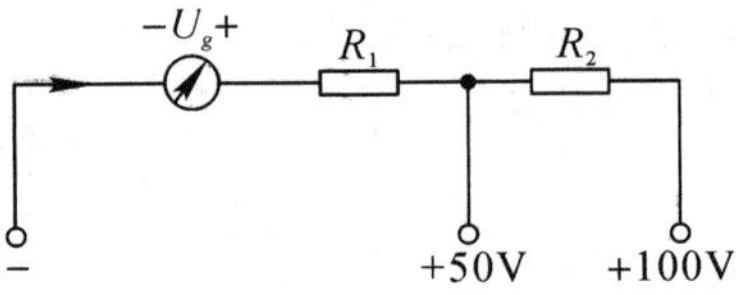

图 2-3　例 2-2 图

解　满刻度时，表头所承受的电压为

$$U_g=I_gR_g=50\times10^{-6}\times2\times10^3=0.1\ \text{V}$$

为了加大量程，必须串联上附加电阻来分压，可以列出以下方程

$$50=I_g(R_g+R_1)$$

$$100-50=I_gR_2$$

代入已知条件，可得

$$R_1=998\ \text{k}\Omega,\ R_2=1000\ \text{k}\Omega$$

2.2.2　电阻的并联等效及应用

电阻的并联等效及应用

思考题 2.2.2

电路中若干个电阻连接在两个公共点之间，各个电阻承受同一电压，这样的连接方式称为电阻的并联。图 2-4(a)所示为 n 个电阻并联的电路模型，并联的 n 个电阻可用一个等效电阻 R 表示，如图2-4(b)所示。

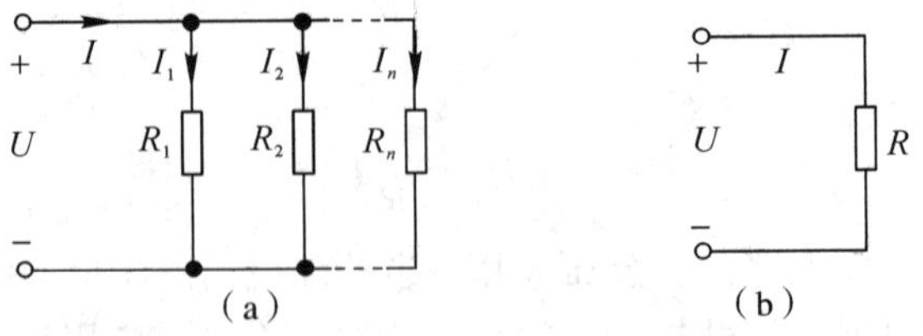

图 2-4　电阻的并联

因各个电阻的端电压均为外加电压 U，根据 KCL 可得，电阻并联，各电阻上流过的电流之和等于总电流，即

$$I = I_1 + I_2 + \cdots + I_n = \frac{U}{R_1} + \frac{U}{R_2} + \cdots + \frac{U}{R_n}$$
$$= U\left(\frac{1}{R_1} + \frac{1}{R_2} + \cdots + \frac{1}{R_n}\right) = \frac{U}{R} \tag{2-5}$$

如果只有两条电阻支路并联，还可表示为

$$\begin{cases} I_1 = \dfrac{R_2}{R_1 + R_2} I \\ I_2 = \dfrac{R_1}{R_1 + R_2} I \end{cases} \tag{2-6}$$

式(2-6)表明：电阻并联具有分流作用，阻值越大的电阻分配的电流越小，阻值越小的电阻分配的电流越大，因此式(2-6)也称为分流公式。

由式(2-5)还可得

$$\frac{1}{R} = \frac{1}{R_1} + \frac{1}{R_2} + \cdots + \frac{1}{R_n} = \sum_{i=1}^{n} \frac{1}{R_i} \tag{2-7}$$

式(2-7)表明：并联电阻的等效电阻的倒数等于各个并联电阻的倒数之和。

由电阻 R 与电导 G 的关系可得

$$G = G_1 + G_2 + \cdots + G_n = \sum_{i=1}^{n} G_i \tag{2-8}$$

式(2-8)表明：n 个电导并联，等效电导等于各个电导之和。

将式(2-5)两边同乘以电压 U，则有

$$P = UI = \frac{U^2}{R_1} + \frac{U^2}{R_2} + \cdots + \frac{U^2}{R_n} = P_1 + P_2 + \cdots + P_n \tag{2-9}$$

式(2-9)表明：n 个电阻并联的总功率等于各个电阻吸收的功率之和；各电阻上的功率与它的电阻值成反比，即电阻值越大，吸收功率越小；电阻值越小，吸收功率越大。

【例 2-3】　额定值为“220 V，100 W”和“220 V，40 W”的两个灯泡接到 220 V 的电源上使用。问：

(1) 串联时实际消耗的功率为多少？或者说哪个灯亮些？

(2) 并联时实际消耗的功率为多少？或者说哪个灯亮些？

解　分析：不管灯泡的端电压是多少，灯泡的电阻值是不会变化的，所以应先计算灯泡的电阻值

$$R_{100} = \frac{220^2}{100} = 484\ \Omega$$

$$R_{40} = \frac{220^2}{40} = 1210\ \Omega$$

(1) 串联时，灯泡消耗的功率与其阻值成正比，因此额定值为“220V，40W”的灯泡亮些。

$$P_{100} = I^2 R_{100} = \left(\frac{U}{R_{100} + R_{40}}\right)^2 R_{100} = \left(\frac{220}{484 + 1210}\right)^2 \times 484 = 8.2\ \text{W}$$

$$P_{40} = I^2 R_{40} = \left(\frac{U}{R_{100} + R_{40}}\right)^2 R_{40} = \left(\frac{220}{484 + 1210}\right)^2 \times 1210 = 20.4\ \text{W}$$

(2) 并联时，两个灯泡的电压都是额定值 220 V，所以实际消耗的功率等于

学习笔记

额定功率，即 $P_{100}=100\ \text{W}$，$P_{40}=40\ \text{W}$，因此额定值为“220 V，100 W”的灯泡亮些。

电阻并联电路的应用很多，下面以电流表扩大量程为例说明。

【例 2-4】 如图 2-5 所示，要将一个满刻度偏转电流 $I_g=50\ \mu\text{A}$，内阻 $R_g=2\ \text{k}\Omega$ 的表头制成量程为 50 mA 的直流电流表，并联分流电阻 R_s 应多大？

解 由并流电路分流作用可得

$$I_g=\frac{R_s}{R_s+R_g}I$$

分流电阻为

$$R_s=\frac{I_gR_g}{I-I_g}=\frac{50\times10^{-6}\times2\times10^{3}}{50\times10^{-3}-50\times10^{-6}}\ \Omega\approx2\ \Omega$$

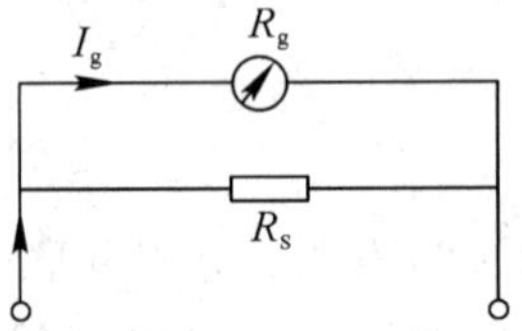

图 2-5 例 2-4 图

电阻的混联等效及应用

思考题 2.2.3

2.2.3 电阻的混联等效及应用

既含有串联，又含有并联的电路称为混联电路。这一类电路可以用串、并联公式化简，如图 2-6 所示就是一个电阻混联电路。

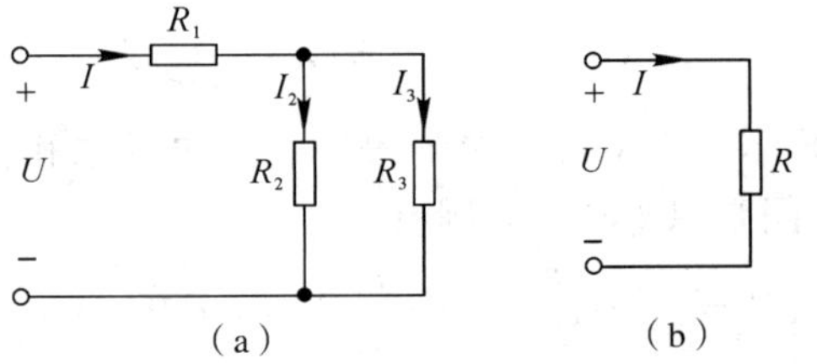

图 2-6 电阻的混联

经过化简，可得等效电阻为

$$R=R_1+\frac{R_2R_3}{R_2+R_3}$$

在计算串联、并联及混联电路的等效电阻时，关键在于识别各电阻的串、并联关系，可按如下步骤进行：

(1) 几个元件是串联还是并联，是根据串、并联的特点来判断的。串联电路所有元件流过同一电流；并联电路所有元件承受同一电压。

(2) 将所有无阻导线连接点用节点表示。

(3) 在不改变电路连接关系的前提下，可根据需要改画电路，以便更清楚地表示出各元件的串、并联关系。

(4) 对于等电位之间的电阻支路，由于必然没有电流通过，因此可看作开路。

(5) 采用逐步化简的方法，按照顺序简化电路，最后计算出等效电阻。

【例 2-5】 电路如图 2-7 所示，已知 $R_1=6\ \Omega$，$R_2=15\ \Omega$，$R_3=R_4=5\ \Omega$，试求 a、b 两端和 c、d 两端间的等效电阻。

解 a、b 端的等效电阻为

$$R_{ab}=R_1+[R_2/\!/(R_3+R_4)]=6+[15/\!/(5+5)]=6+\frac{15\times10}{15+10}=12\ \Omega$$

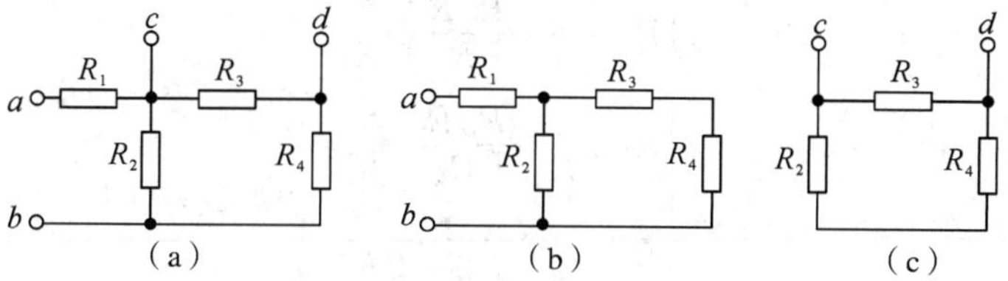

图 2-7　例 2-5 图

c、d 端的等效电阻为

$$R_{cd}=R_3 /\!/ (R_2+R_4)=5 /\!/ (15+5)=\frac{5\times 20}{5+20}=4\ \Omega$$

2.2.4　Y 形与△形电路的等效互换

Y 形与△形电路的等效互换

在分析电路时，将串联、并联、混联电阻化简为等效电阻的方法，解决了一大类电阻电路的问题。但是在一些电路中，常常会遇到三个电阻的一端连在同一点上，另一端分别接到三个不同端子上的情况，如图 2-8(a)所示，这种连接方式称为电阻的星形(Y 形)连接。如果将三个电阻分别接到每两个端子之间，如图 2-8(b)所示，称为电阻的三角形(△形)连接。

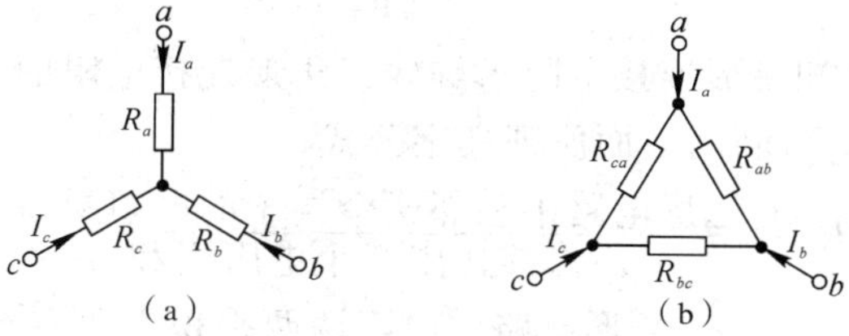

图 2-8　电阻的 Y 形连接与△形连接

这三个电阻既非串联、又非并联，不能用串、并联简化，但可以通过电阻的 Y-△等效变换来简化，若图 2-8 的(a)、(b)两个网络等效，则三个对应端 a、b、c 的电流 I_a、I_b、I_c 及三个对应端之间的电压 U_{ab}、U_{bc}、U_{ca} 应相等。

对星形连接和三角形连接的电阻，如令 a 端子断开，那么图 2-8(a)中 b、c 端子间的等效电阻应等于图 2-8(b)中 b、c 端子间的等效电阻，即

$$R_b+R_c=\frac{R_{bc}(R_{ab}+R_{ca})}{R_{ab}+R_{bc}+R_{ca}}$$

同时，分别令 b、c 端子对外断开，则另两端子间的等效电阻也应有

$$R_c+R_a=\frac{R_{ca}(R_{ab}+R_{bc})}{R_{ab}+R_{bc}+R_{ca}}$$

$$R_a+R_b=\frac{R_{ab}(R_{bc}+R_{ca})}{R_{ab}+R_{bc}+R_{ca}}$$

将上面三式相加，化简后可得

$$R_a+R_b+R_c=\frac{R_{ab}R_{bc}+R_{bc}R_{ca}+R_{ca}R_{ab}}{R_{ab}+R_{bc}+R_{ca}}$$

将以上各式化简可得

学习笔记

$$\begin{cases} R_a=\dfrac{R_{ca}R_{ab}}{R_{ab}+R_{bc}+R_{ca}} \\ R_b=\dfrac{R_{ab}R_{bc}}{R_{ab}+R_{bc}+R_{ca}} \\ R_c=\dfrac{R_{bc}R_{ca}}{R_{ab}+R_{bc}+R_{ca}} \end{cases} \tag{2-10}$$

式(2－10)为已知三角形连接电阻计算等效星形连接电阻的关系式。

如果已知星形连接电阻，那么将式(2－10)中各式两两相乘再相加，化简整理得

$$R_aR_b+R_bR_c+R_cR_a=\frac{R_{ab}R_{bc}R_{ca}}{R_{ab}+R_{bc}+R_{ca}} \tag{2-11}$$

将式(2－11)分别除以式(2－10)，可得

$$\begin{cases} R_{ab}=\dfrac{R_aR_b+R_bR_c+R_cR_a}{R_c} \\ R_{bc}=\dfrac{R_aR_b+R_bR_c+R_cR_a}{R_a} \\ R_{ca}=\dfrac{R_aR_b+R_bR_c+R_cR_a}{R_b} \end{cases} \tag{2-12}$$

式(2－12)就是从已知星形连接电阻求等效三角形连接电阻的关系式。

为了便于记忆，可利用下面所列文字公式：

$$R_{\mathrm{Y}}=\frac{\triangle\text{形电路中相邻两个端子的电阻乘积}}{\triangle\text{形连接中三个电阻之和}}$$

$$R_{\triangle}=\frac{\text{Y 形电路中电阻两两乘积之和}}{\text{Y 形连接中另一端所连电阻}}$$

当 $R_{ab}=R_{bc}=R_{ca}=R_{\triangle}$，称为对称三角形连接电阻，则等效星形连接的电阻也是对称的，有 $R_a=R_b=R_c=R_{\mathrm{Y}}=\frac{1}{3}R_{\triangle}$，反之 $R_{\triangle}=3R_{\mathrm{Y}}$。

由于画法不同，电阻星形连接有时又称作 T 形连接，电阻三角形连接也称作 Π 形连接。

【例 2－6】 已知图 2－9(a)所示电路中，$R_1=3\ \Omega$，$R_2=1\ \Omega$，$R_3=2\ \Omega$，$R_4=5\ \Omega$，$R_5=4\ \Omega$，试求 a、b 端的等效电阻 R_{ab}。

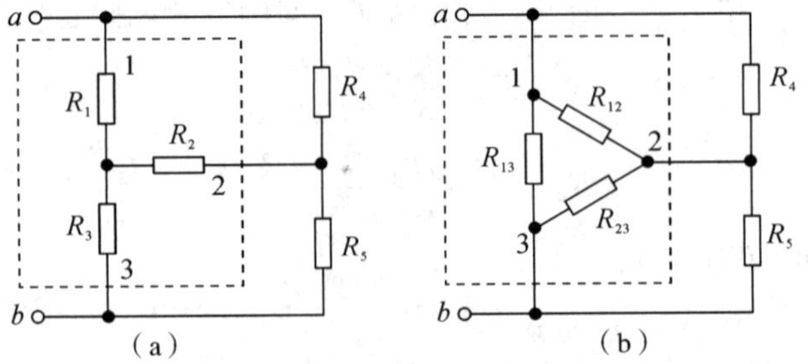

图 2－9　例 2－6 图

解　把 R_1、R_2、R_3 看作一个星形连接，将其等效成图 2－9(b)虚线框内的

学习笔记

电阻，则

$$R_{12}=\frac{R_1R_2+R_1R_3+R_2R_3}{R_3}=5.5\ \Omega$$

$$R_{13}=\frac{R_1R_2+R_1R_3+R_2R_3}{R_2}=11\ \Omega$$

$$R_{23}=\frac{R_1R_2+R_1R_3+R_2R_3}{R_1}=3.67\ \Omega$$

由图 2-9(b)得 R_{12} 与 R_4 并联、R_{23} 与 R_5 并联，然后二者再串联，最后与 R_{13} 并联，即

$$R_{ab}=(R_{12}/\!/R_4+R_{23}/\!/R_5)/\!/R_{13}=3.21\ \Omega$$

应用星形电路与三角形电路等效变换的目的是简化电路的分析。选择电路中的元件构成三角形或星形电路时，要仔细观察电路的连接关系，否则变换后可能使下一步的分析更复杂。

思考与练习

2.2-1　在串联电路中，等效电阻等于各电阻________。串联的电阻越多，等效电阻越________。

2.2-2　在串联电路中，流过各电阻的电流________，总电压等于各电阻电压________，各电阻上电压与其阻值成________。

2.2-3　利用串联电阻的________原理可以扩大电压表的量程。

2.2-4　在并联电路中，等效电阻的倒数等于各电阻倒数________。并联的电阻越多，等效电阻值越________。

2.2-5　利用并联电阻的________原理可以扩大电流表的量程。

2.2-6　三个电阻 $R_1=3\ \Omega$，$R_2=2\ \Omega$，$R_3=1\ \Omega$，串联后接到 $U=6$ V 的直流电源上，则总电阻 $R=$________ Ω，电路中电流 $I=$________ A。三个电阻上的压降分别为 $U_1=$________ V，$U_2=$________ V，$U_3=$________ V；如果将三个电阻并联，三个电阻上流过的电流分别为 $I_1=$________ A，$I_2=$________ A，$I_3=$________ A。

2.2-7　一只 220 V，15 W 的灯泡与一只 220 V，100 W 的灯泡串联后，接到 220 V 电源上，则________瓦灯泡较亮；如果将两个灯泡并联接到 110 V 电源上，则________瓦灯泡较亮。

2.2-8　凡是用电阻的串、并联和欧姆定律可以求解的电路统称为________电路，若用上述方法不能直接求解的电路，则称为________电路。

2.3　支路电流法

支路电流法

为了完成一定的电路功能，在一个实际电路中，总是将元件组合连接成一定的结构形式，当组成电路的元件不是很多，但又不能用串联和并联方法计算等效电阻时(这种电路称为复杂电路)，可采用电路方程法来实现电路参数的计算。

学习笔记

思考题 2.3

支路电流法是线性电路解题最基本的方法，它是以支路电流作为待求的变量，通过基尔霍夫电流定律(KCL)列写电流方程，通过基尔霍夫电压定律(KVL)列写电压方程，联立方程求解支路电流，再利用支路的伏安关系等来求解其他电量(如电压、功率、电位等)的一种方法。

下面以具体电路为例，说明支路电流法的求解过程。

【例 2-7】 如图 2-10 所示，已知 $R_1=10\ \Omega$，$R_2=5\ \Omega$，$R_3=5\ \Omega$，$U_{s1}=13\ \text{V}$，$U_{s2}=6\ \text{V}$，求各支路的电流及电压源 U_{s1} 发出的功率。

解 选定各支路的电流 I_1、I_2 和 I_3 的参考方向如图 2-10 所示；在电路的两个节点 a、b 中任选其中一个，由 KCL 列出节点电流方程。

对于节点 a

$$I_1+I_2-I_3=0$$

电路中有三个回路，各个回路的绕行方向如图 2-10 所示，只需要再列出两个回路电压方程，即可求出支路电路，一般选Ⅰ、Ⅱ这两个网孔。

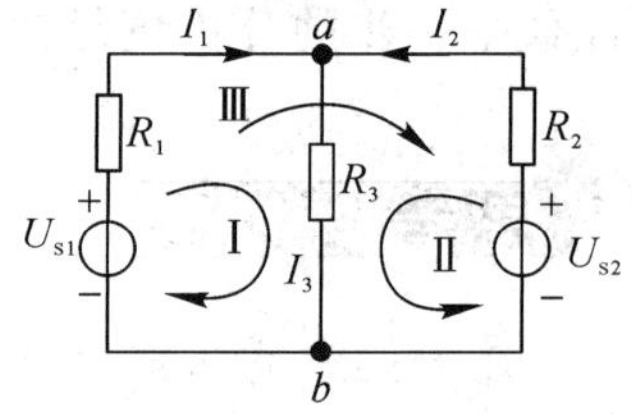

图 2-10　例 2-7 图

对于网孔Ⅰ

$$I_1R_1+I_3R_3-U_{s1}=0$$

对于网孔Ⅱ

$$I_3R_3+I_2R_2-U_{s2}=0$$

分别代入数据得

$$10R_1+5R_3-13=0$$

$$5I_3+5I_2-6=0$$

将上述 KCL 和 KVL 三式联立解得 $I_1=0.8\ \text{A}$，$I_2=0.2\ \text{A}$，$I_3=1\ \text{A}$。

由于电压源 U_{s1} 的电压与电流的参考方向为非关联参考方向，所以

$$P_{s1}=-U_{s1}I_1=-13\times0.8=-10.4\ \text{W}$$

即电压源 U_{s1} 发出的功率为 10.4 W。

结论：对于一个不含电流源(理想电流源和受控电流源)的平面电路，如该电路有 n 个节点，m 个网孔，b 条支路，需列出 $b=m+(n-1)$ 个方程联立求解。其中，KCL 独立方程 $n-1$ 个，KVL独立方程 m 个。

支路电流法的具体步骤如下：

(1) 选定各支路电流的参考方向。若已经给出则不必再选，未给出可任意选取。

(2) 应用 KCL 列出 $n-1$ 个独立的节点电流方程(n 为节点个数)。

(3) 选取 $m=b-(n-1)$ 个独立回路，设定这些回路的绕行方向，标明在电路图上，应用 KVL 列出回路电压方程(m 为网孔数，b 为支路数)。

(4) 联立求解以上列写的 b 个独立方程，求出待求的各支路电流。

(5) 利用伏安关系和功率公式等求解其他待求的电学物理量。

应当指出：$n-1$ 个独立节点的选取比较方便，而回路方程通常可按网孔列出，以便方程独立。

用支路电流法分析含有理想电流源的电路时，由于理想电流源所在支路的

学习笔记

电流已知，而电流源的端电压是未知的，在选择回路时应避开理想电流源支路。当需要求解电流源的电压或功率时，就必须将电流源的端电压列入回路电压方程，这样电路就增加了未知变量，应当补充相应的辅助方程。

【例 2-8】 电路如图 2-11 所示，已知 $U_{s1}=10$ V，$U_{s2}=8$ V，$R_1=6$ Ω，$R_2=4$ Ω，$I_s=3$ A，用支路电流法求解支路电流 I_1、I_2。

解 电路有三条支路，且其中一条支路含有电流源，即该支路的电流就等于电流源的电流值。因此，只有两个未知电流 I_1、I_2，只需列出两个方程求解即可。

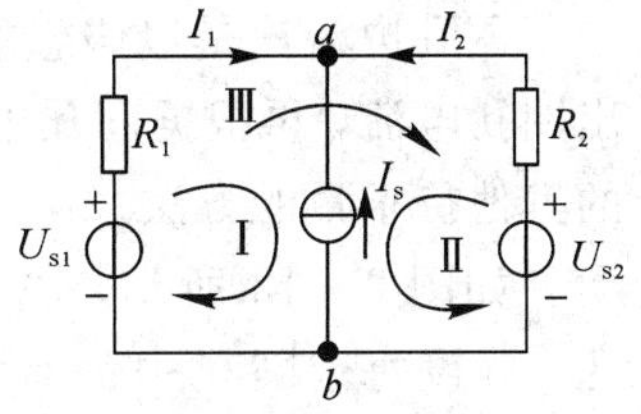

图 2-11　例 2-8 图

其中 KCL 独立方程：$n-1=1$ 个。

对于节点 a，有

$$I_1+I_2+I_s=0$$

代入数据得

$$I_1+I_2+3=0$$

KVL 独立方程：$b-k=1$ 个，由于两个网孔共用的支路中含有电流源，则另选大回路Ⅲ列 KVL 方程，绕行方向为顺时针方向。

$$I_1R_1-U_{s1}+U_{s2}-I_2R_2=0$$

代入数据得

$$6I_1-10+8-4I_2=0$$

将上述 KCL 和 KVL 两式联立解得 $I_1=-1$ A，$I_2=-2$ A。

结论： 对于含有电流源的支路，若电路中有 k 条含有电流源的支路，则列出 $b-k$ 个方程联立求解。其中 KCL 独立方程 $n-1$ 个，KVL 独立方程 $m-k$ 个（不列含有电流源支路的网孔，如遇到两个网孔共用的支路中含有电流源，则另选一回路列方程）。

思考与练习

2.3-1　所谓支路电流法就是以________为未知量，依据________列出方程式，然后解联立方程得到________的数值。

2.3-2　用支路电流法解复杂直流电路时，应先列出________个独立节点电流方程，然后再列出________个回路电压方程（假设电路有 x 条支路，y 个节点，且 $x>y$）。

2.3-3　根据支路电流法解得的电流为正值时，说明电流的参考方向与实际方向________；电流为负值时，说明电流的参考方向与实际方向________。

2.3-4　试简述支路电路法的解题步骤。

2.4　回路电流法

回路电流法

支路电流法是直接应用基尔霍夫定律求解复杂电路的基本分析方法，电路

学习笔记

思考题 2.4

有 b 条未知支路电流时，就需要列写 b 个方程求解，当支路数较多时，计算过程将会很烦琐，且极易出错。为了减少方程式的数目，简化计算，可以只应用 KVL 方程来分析电路，这种分析方法就是回路电流法，它是以一组独立回路电流作为变量列写回路电流方程来求解电路变量的方法。如果是平面电路，一般选择网孔作为独立回路来分析，则称为网孔电流法。

1. 网孔电流法

网孔电流法是以假想的网孔电流为未知量，通过列写网孔的回路电压方程求出网孔电流，再根据网孔电流与支路电流的关系求得各支路电流，进而求出电路中的其他待求量的方法。

如图 2-12 所示，电路中三条支路，两个网孔，假设每个网孔中都有一个网孔电流 I_A 和 I_B 沿着网孔绕行，方向如图 2-12 所示。由于网孔电流在流进、流出节点时并不发生变化，因此它们自动满足 KCL 定律。这样在分析电流时只需对网孔列出相应的 KVL 方程即可。

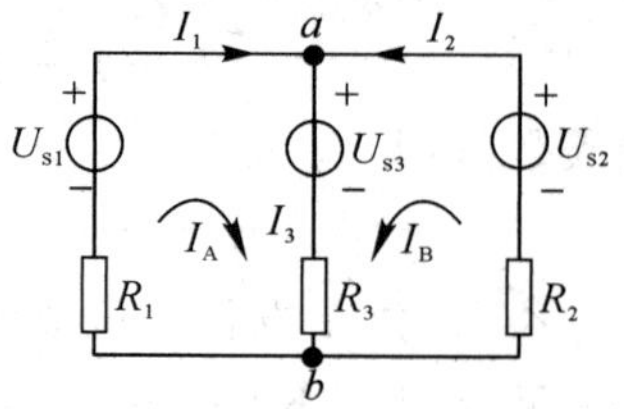

图 2-12　网孔电流法分析用图

需要指出的是，I_A 和 I_B 是假想的电流，电路中实际存在的电流仍然是支路电流 I_1、I_2、I_3，但是支路电流可以看成是网孔电流叠加的结果。由此可从图 2-12 中得到三个支路电流和两个网孔电流之间存在以下关系：

$$\begin{cases} I_1 = I_A \\ I_2 = I_B \\ I_3 = I_A + I_B \end{cases} \tag{2-13}$$

因此只要求出网孔电流 I_A、I_B，即可得到各支路电流。

对于节点 a 列 KCL 方程得

$$I_3 = I_1 + I_2 \tag{2-14}$$

选取网孔绕行方向与网孔电流参考方向一致，对于网孔 A、B 分别列 KVL 方程得

$$\begin{cases} I_1 R_1 + I_3 R_3 - U_{s1} + U_{s3} = 0 \\ I_2 R_2 + I_3 R_3 - U_{s2} + U_{s3} = 0 \end{cases} \tag{2-15}$$

将式(2-14)代入式(2-15)得

$$\begin{cases} I_1 R_1 + (I_1 + I_2) R_3 - U_{s1} + U_{s3} = 0 \\ I_2 R_2 + (I_1 + I_2) R_3 - U_{s2} + U_{s3} = 0 \end{cases}$$

整理后，得

$$\begin{cases} I_1 (R_1 + R_3) + I_2 R_3 - U_{s1} + U_{s3} = 0 \\ I_2 (R_2 + R_3) + I_1 R_3 - U_{s2} + U_{s3} = 0 \end{cases} \tag{2-16}$$

将式(2-13)代入式(2-16)，方程改写为

$$\begin{cases} I_A (R_1 + R_3) + I_B R_3 - U_{s1} + U_{s3} = 0 \\ I_B (R_2 + R_3) + I_A R_3 - U_{s2} + U_{s3} = 0 \end{cases} \tag{2-17}$$

解方程组(2-17)，求得网孔电流 I_A、I_B，再代入式(2-13)，即可求得各支路电流。

将方程组(2-17)整理为网孔电压方程式，得

$$\begin{cases} R_{11}I_A+R_{12}I_B+U_{s11}=0 \\ R_{22}I_B+R_{21}I_A+U_{s22}=0 \end{cases}$$

可以看出：

(1) $R_{11}=R_1+R_3$，是网孔 A 的两个电阻；$R_{22}=R_2+R_3$，是网孔 B 的两个电阻。把 R_{11} 和 R_{22} 称为网孔的自阻(自电阻)，它们分别是各网孔内全部电阻的总和。

(2) $R_{12}=R_{21}=R_3$，R_{12} 和 R_{21} 称为网孔的互阻(互电阻)，它们是两网孔公共支路上的电阻。

(3) $U_{s11}=-U_{s1}+U_{s3}$，是网孔 A 的两个电源；$U_{s22}=-U_{s2}+U_{s3}$，是网孔 B 的两个电源。因此 U_{s11} 和 U_{s22} 分别为各网孔中全部电压源的电压代数和。

根据以上分析，应用网孔电流法的分析步骤可归纳如下：

(1) 在电路图上标明 m 个网孔电流及其绕行方向。

(2) 列出 m 个网孔的电压方程：

$$I_{自网孔}\times R_{自阻}\pm\sum(I_{相邻网孔}\times R_{互阻})\pm\sum U_s=0$$

自电阻总为正；互电阻有正有负，当两网孔电流以相同方向流过公共电阻时，互电阻取正号；当两网孔电流以相反方向流过公共电阻时，互电阻取负号。若全部网孔电流方向均设为同一方向，则网孔方程的全部互电阻均取负号。

$\sum U_s$ 为该网孔中全部电压源的电压代数和，当电压源极性与网孔电流绕行方向相同时取正号，反之取负号。

(3) 联立网孔电压方程求解得各网孔电流。

(4) 根据支路电流与网孔电流的关系求得各支路电流。其中，公共支路上的电流=相邻网孔电流的代数和。方向相同时取正，方向相反时取负。

【例 2-9】 电路如图 2-13 所示，已知 $U_{s1}=7$ V，$U_{s2}=12$ V，用网孔电流法求解电路中各支路电流。

解　电路有三个网孔，设各网孔电流方向分别如图 2-13 所示。根据网孔电流法，分别对网孔 A、B、C 列写方程

$$\begin{cases} I_A(R_1+R_3)-I_CR_3-U_{s2}=0 \\ I_B(R_2+R_4)+I_CR_4-U_{s2}=0 \\ I_C(R_3+R_4)-I_AR_3+I_BR_4+U_{s1}=0 \end{cases}$$

代入数据并整理得

$$\begin{cases} 2I_A-I_C-2=0 \\ 4I_B+2I_C-3=0 \\ 14I_C-6I_A+8I_B+7=0 \end{cases}$$

解得 $I_C=-1$ A，$I_A=0.5$ A，$I_B=1.25$ A。

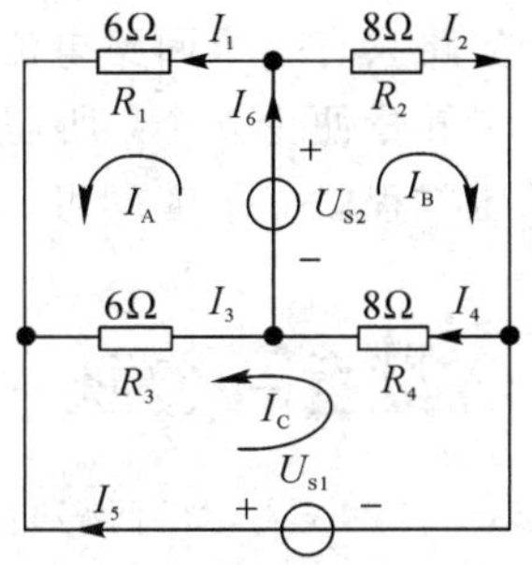

图 2-13　例 2-9 图

学习笔记

各支路电流的参考方向如图 2-13 所示，可得

$$I_1=I_A=0.5\ \text{A},\quad I_2=I_B=1.25\ \text{A},\quad I_3=I_A-I_C=1.5\ \text{A}$$

$$I_4=I_B+I_C=0.25\ \text{A},\quad I_5=-I_C=1\ \text{A},\quad I_6=I_A+I_B=1.75\ \text{A}$$

2. 回路电流法

网孔电流法仅适用于平面电路，而回路电流法既适用于平面电路，也适用于非平面电路，是网孔电流法的扩展应用。

在图 2-14 所示电路中，有一条支路含有电流源，在应用回路电流法分析电路时，可假设其中一个回路电流就等于该电流源的电流，如 $I_B=I_s$，这样就多了一个已知量，在列回路电流方程时可以少列一个，只列 $m-1$ 个即可。如果遇到两个网孔共用的支路中含有电流源，则设其中一个网孔电流为电流源的电流 I_s，然后另选一回路列回路电流方程。

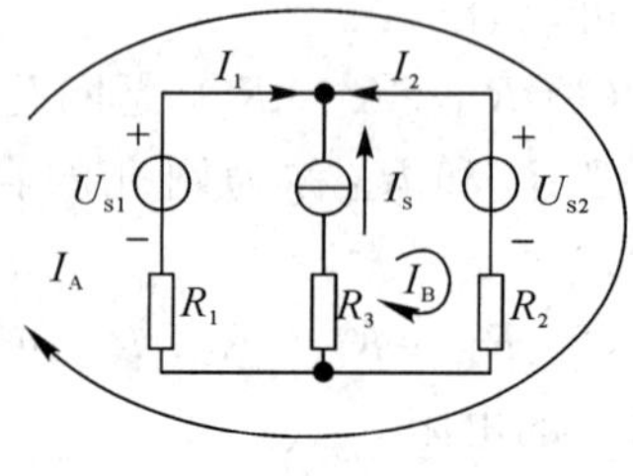

图 2-14　例 2-10 图

【例 2-10】 电路如图 2-14 所示，已知 $R_1=4\ \Omega$，$R_2=R_3=2\ \Omega$，$I_s=3$ A，$U_{s1}=6$ V，$U_{s2}=12$ V，用回路电流法求各支路电流。

解　电路中有三条支路，且含有一个电流源，则未知的支路电流只有 I_1 和 I_2。用回路电流法分析时设定回路电流绕行方向如图 2-14 所示，则网孔电流

$$I_B=I_s=3\ \text{A}$$

因为电流源在共用支路上，因此需另选一个回路电流 I_A，列写回路电压方程为

$$I_A(R_1+R_2)+I_BR_2-U_{s1}+U_{s2}=0$$

代入数据，计算得

$$I_A=-2\ \text{A}$$

则支路电流

$$I_1=I_A=-2\text{A},\ I_2=-(I_A+I_B)=-1\ \text{A}$$

结论： 当有 k 个理想电流源串联在支路中时，独立回路选取的原则是让每个理想电流源所在的支路在且仅在一个选取的独立回路中，这样每个理想电流源支路只有一个回路电流流过，该回路电流即为理想电流源的值，是已知的，因此未知量便少 k 个，所需列的 KVL 方程也可以少 k 个，只需列出 $m-k$ 个回路电压方程联立求解即可。

思考与练习

2.4-1　在回路电流分析法中，若在非公共支路上有已知电流源，可将其看作________________。

2.4-2　当复杂电路的支路数较多、回路数较少时，应用________法可以适当减少方程数目。在这种解题方法中，以________电流为未知量，直接应用________定律求解电路。

2.4-3　试述回路电流法求解电路的步骤。回路电流是否为电路的最终求解？

学习笔记

2.5　节点电位法

从数字运算上来看，回路电流法因联立求解的方程数少而优于支路电流法，但如果电路中回路数多而节点数少时，节点电位法将比回路电流法的分析更简单。而且在电路分析的计算机程序中，由于用回路电流法要先寻找一组独立回路，就更不如节点电位法方便了，因此本节将介绍节点电位法的分析方法。

节点电位法

在具有 n 个节点的电路中，可以选其中一个节点作为电位参考点或零电位点，其余 $n-1$ 个节点相对参考点的电压，称为各节点电位。由此可计算出支路两节点间的电压，就等于两点之间的电位差，支路电流也就很容易求得。

思考题 2.5

节点电位法就是以电路中各节点电位为未知量，通过列写节点电流方程，联立求解出各个节点电位的方法。

节点电流方程的列写以图 2-15 为例进行说明，电路中共有 6 条支路，3 个网孔，4 个节点，选 d 点为参考点，分别求 a、b、c 三个节点的电位 V_a、V_b、V_c，进而再计算各支路电流。

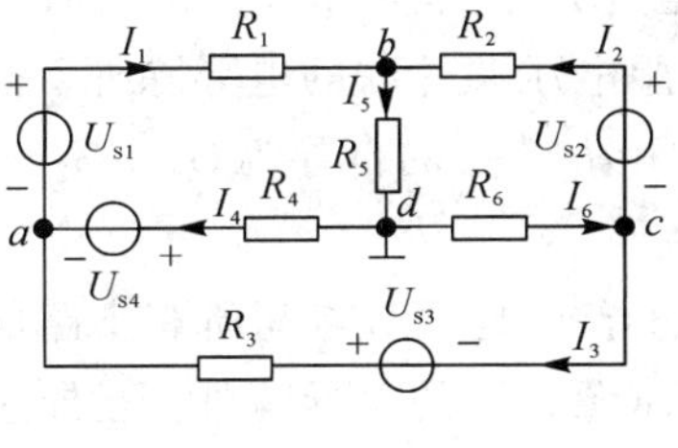

图 2-15　节点电位法分析用图

首先根据基尔霍夫电流定律，列出节点电流方程

$$\begin{cases} \text{对于节点 } a & I_1=I_3+I_4 \\ \text{对于节点 } b & I_1+I_2=I_5 \\ \text{对于节点 } c & I_6=I_2+I_3 \end{cases} \tag{2-18}$$

根据支路电压与电流关系，得

$$\begin{cases} I_1=\dfrac{U_{ab}+U_{s1}}{R_1}=\dfrac{V_a-V_b+U_{s1}}{R_1} \\ I_2=\dfrac{U_{cb}+U_{s2}}{R_2}=\dfrac{V_c-V_b+U_{s2}}{R_2} \\ I_3=\dfrac{U_{ca}+U_{s3}}{R_3}=\dfrac{V_c-V_a+U_{s3}}{R_3} \\ I_4=\dfrac{U_{da}-U_{s4}}{R_4}=\dfrac{V_d-V_a-U_{s4}}{R_4} \\ I_5=\dfrac{U_{bd}}{R_5}=\dfrac{V_b}{R_5}; \; I_6=\dfrac{U_{dc}}{R_6}=-\dfrac{V_c}{R_6} \end{cases} \tag{2-19}$$

将方程组(2-19)代入节点电流方程组(2-18)，整理后得

学习笔记

$$\begin{cases} V_a\left(\dfrac{1}{R_1}+\dfrac{1}{R_3}+\dfrac{1}{R_4}\right)-\dfrac{V_b}{R_1}-\dfrac{V_c}{R_3}=-\dfrac{U_{s1}}{R_1}+\dfrac{U_{s3}}{R_3}-\dfrac{U_{s4}}{R_4} \\ V_b\left(\dfrac{1}{R_1}+\dfrac{1}{R_2}+\dfrac{1}{R_5}\right)-\dfrac{V_a}{R_1}-\dfrac{V_c}{R_2}=\dfrac{U_{s1}}{R_1}+\dfrac{U_{s2}}{R_2} \\ V_c\left(\dfrac{1}{R_2}+\dfrac{1}{R_3}+\dfrac{1}{R_6}\right)-\dfrac{V_a}{R_3}-\dfrac{V_b}{R_2}=-\dfrac{U_{s2}}{R_2}-\dfrac{U_{s3}}{R_3} \end{cases} \tag{2-20}$$

解方程组(2-20)，求得 V_a、V_b、V_c，再代入方程组(2-19)，即可求得各支路电流。

此外，通过观察方程组(2-20)可知所有电阻都是倒数形式的，因此可将电阻变换成电导得到以下节点电流方程

$$\begin{cases} V_a(G_1+G_3+G_4)-V_bG_1-V_cG_3=-U_{s1}G_1+U_{s3}G_3-U_{s4}G_4 \\ V_b(G_1+G_2+G_5)-V_aG_1-V_cG_2=U_{s1}G_1+U_{s2}G_2 \\ V_c(G_2+G_3+G_6)-V_aG_3-V_bG_2=-U_{s2}G_2-U_{s3}G_3 \end{cases} \tag{2-21}$$

整理后得到节点电流方程的公式为

$$V_jG_{jj}-\sum V_kG_{jk}=\sum I_{sjj} \tag{2-22}$$

式(2-22)中的下标 j 表示第 j 个节点，k 表示与节点 j 有公共支路的相邻的第 k 个节点($j\neq k$)。关于节点电流方程(2-22)中的几点说明：

(1) G_{jj} 称为自导(自电导)，是经过 j 节点的所有支路的电导之和，但与理想电流源串联的电导和与理想电压源并联的电导除外。自导总是正值。图 2-15 中 a 节点的自导为 $G_1+G_3+G_4$，b 节点的自导为 $G_1+G_2+G_5$，c 节点的自导为 $G_2+G_3+G_6$。

(2) G_{jk} 称为互导(互电导)，是两节点间所有支路的电导之和，但与理想电流源串联的电导和与理想电压源并联的电导除外。互导总是负值。图 2-15 中 a、b 节点的互导为 G_1，a、c 节点的互导为 G_3，b、c 节点的互导为 G_2。

(3) $\sum I_{sjj}$ 表示流入节点 j 的电流源电流的代数和，流入节点 j 的电流取正号，流出节点 j 的电流取负号。对于含有实际电压源的支路则要先将其等效变换成实际电流源，即该支路电流的大小等于电压源的电压除以该支路的电阻。

根据以上分析，应用节点电位法的分析步骤可归纳如下：

(1) 选定参考节点，用“⊥”符号表示，并以 $n-1$ 个独立节点的节点电位作为电路变量。

(2) 以节点电位为未知量，列写 $n-1$ 个节点电流方程。

$$\text{节点电位}\times\text{该节点自导}-\sum\text{相邻节点电位}\times\text{两节点互导}$$
$$=\sum\text{流入该节点电流源的电流}$$

方程中的自导总为正，互导总为负，电流源电流流入节点时取“正”，流出节点时取“负”。

(3) 联立并求解方程组，求得各节点电位。

(4) 根据节点电位与支路电流的关系式，求出各支路电流或其他需求的电量。

学习笔记

【例 2-11】 电路如图 2-16 所示，用节点电位法求各支路的电流。

解 电路中有 a、b、c 三个节点，选 c 点为参考点，对节点 a、b 分别列写节点电流方程

$$\begin{cases} V_a\left(\dfrac{1}{R_1}+\dfrac{1}{R_2}\right)-\dfrac{V_b}{R_2}=I_{s1} \\ V_b\left(\dfrac{1}{R_2}+\dfrac{1}{R_3}\right)-\dfrac{V_a}{R_2}=I_{s2} \end{cases}$$

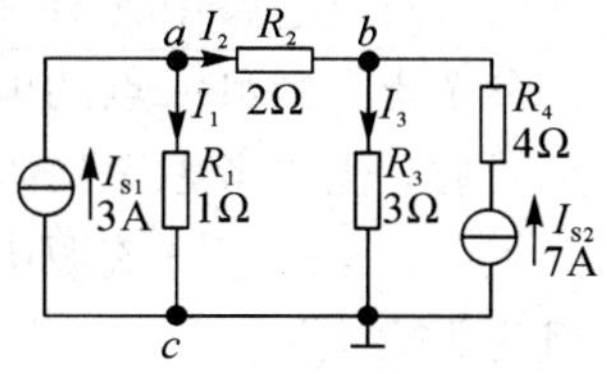

图 2-16　例 2-11 图

代入数据整理得

$$\begin{cases} \dfrac{3}{2}V_a-\dfrac{V_b}{2}=3 \\ \dfrac{5}{6}V_b-\dfrac{V_a}{2}=7 \end{cases}$$

联立方程求解得

$$V_a=6\ \text{V},\ V_b=12\ \text{V}$$

根据支路电流与节点电位的关系，有

$$\begin{cases} I_1=\dfrac{V_a}{R_1}=\dfrac{6}{1}=1\ \text{A} \\ I_2=\dfrac{V_a-V_b}{R_2}=\dfrac{6-12}{2}=-3\ \text{A} \\ I_3=\dfrac{V_b}{R_3}=\dfrac{12}{3}=4\ \text{A} \end{cases}$$

【例 2-12】 电路如图 2-17 所示，已知 $U_{s1}=6$ V，$U_{s2}=12$ V，$I_s=4$ A，$R_1=1\ \Omega$，$R_2=R_3=4\ \Omega$，用节点电位法求各支路的电流。

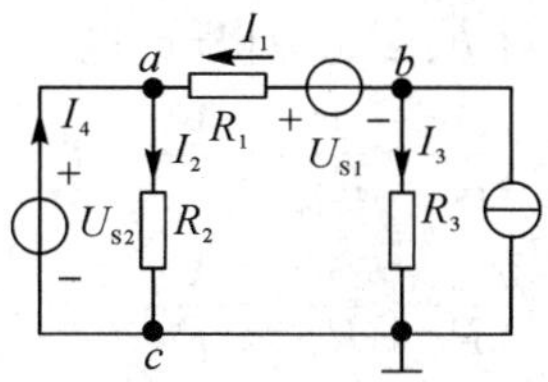

图 2-17　例 2-12 图

解 图 2-17 中 U_{s2} 是理想电压源，如果假设 c 点为参考点，则

$$V_a=12\ \text{V}$$

只需对 b 点列出节点电流方程

$$V_b\left(\frac{1}{R_1}+\frac{1}{R_3}\right)-\frac{V_a}{R_1}=I_s-\frac{U_{s1}}{R_1}$$

代入数据计算得 $V_b=8$ V。

根据支路电流与节点电位的关系，有

$$U_{ab}=V_a-V_b=-I_1R_1+U_{s1}\Rightarrow I_1=\frac{U_{s1}-(V_a-V_b)}{R_1}=\frac{6-(12-8)}{1}=2\ \text{A}$$

$$I_2=\frac{V_a}{R_2}=\frac{12}{4}=3\ \text{A},\ I_3=\frac{V_b}{R_3}=\frac{8}{4}=2\ \text{A},\ I_4=I_2-I_1=3-2=1\ \text{A}$$

学习笔记

综上所述，在应用节点电位法时要注意以下几个问题：

(1) 选择参考点时，其一，原则上选择任何一个节点均可以，但习惯上使参考点与尽量多的节点相邻，这样求出各个节点的电位后计算支路电流比较方便；其二，如果电路中含有理想电压源支路，应选择理想电压源所连的两个节点之一作参考点，则另一点的电位等于理想电压源的电压，使方程数减少，如果二者发生矛盾，优先考虑第二点。

(2) 与理想电流源串联的电阻不影响各个节点的电位(因为理想电流源的内阻为无穷大)。

(3) 与理想电压源并联的电阻两端电压恒定，对其他支路的电流和各节点的电位不产生任何影响。

(4) 对含有受控源的电路，在列节点方程时应将它与独立源同样对待，需要时再将控制量用节点电位表示。

【例 2-13】 电路如图 2-18 所示，已知 $U_{s1}=7$ V，$U_{s2}=12$ V，用节点电位法求解电路中各支路电流。

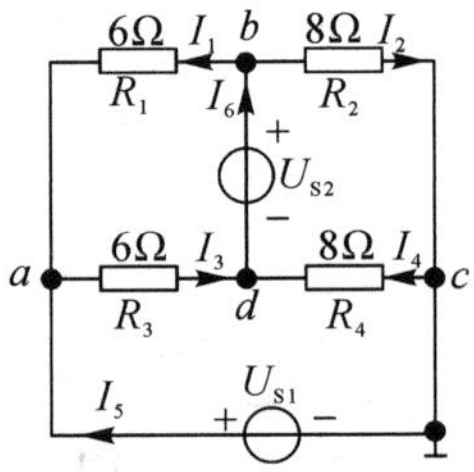

图 2-18　例 2-13 图

解　图 2-18 中 U_{s1} 和 U_{s2} 都是理想电压源，可以选择电路中的 c 或 d 点为参考点，这里假设 c 点为参考点，则

$$V_a=7\ \text{V}$$

此时，电路只剩下 b、d 点的电位未知，只需列写 2 个方程求解即可。但是，由于理想电压源 U_{s2} 的电阻为零，即该支路的电导为无穷大，无法直接写出 KCL 方程，因此要引入一个电流变量，设理想电压源 U_{s2} 的支路电流为 I_6 方向，如图 2-18 所示，对 b、d 点列节点电流方程

$$\begin{cases} V_b\left(\dfrac{1}{R_1}+\dfrac{1}{R_2}\right)-\dfrac{V_a}{R_1}=I_6 \\ V_d\left(\dfrac{1}{R_3}+\dfrac{1}{R_4}\right)-\dfrac{V_a}{R_3}=-I_6 \end{cases}$$

代入数据整理得

$$\begin{cases} \dfrac{7V_b}{24}-\dfrac{7}{6}=I_6 \\ \dfrac{7V_d}{24}-\dfrac{7}{6}=-I_6 \end{cases}$$

又因为

$$V_b-V_d=U_{s2}=12\ \text{V}$$

以上三式联立求解可得

$$V_b=10\ \text{V},\ V_d=-2\ \text{V},\ I_6=1.75\ \text{A}$$

对于各支路，由欧姆定律可得

$$I_1=\frac{V_b-V_a}{R_1}=\frac{10-7}{6}=0.5\ \text{A},\ I_2=\frac{V_b}{R_2}=\frac{10}{8}=1.25\ \text{A}$$

$$I_3=\frac{V_a-V_d}{R_3}=\frac{7-(-2)}{6}=1.5\ \text{A},\ I_4=\frac{V_c-V_d}{R_4}=\frac{0-(-2)}{8}=0.25\ \text{A}$$

$$I_5=I_3-I_1=1\ \text{A},\ I_6=1.75\ \text{A}$$

节点电位法和回路电流法都可以减少方程数，简化解题过程，规律性较强。对于同一个题究竟用哪种方法解答，要视情况而定。一般来说，节点数小于网孔数时，用节点电流法；反之，用回路电流法。但是，当电路中具有公共节点的理想电压源，且支路较多时，用节点电位法，如果电路中含有电流源支路较多时，用回路电流法。

思考与练习

2.5－1　当复杂电路的支路数较多、节点数较少时，应用________法可以适当减少方程数目。在这种解题方法中，以________为未知量，直接应用________定律求解电路。

2.5－2　在节点分析法中，与________串联的电阻或与________并联的电阻都不影响各个节点的电位，即对电路没有影响，因此列写节点电流方程时可以忽略不计。

2.5－3　列节点电流方程时，要把串联的电压源和电阻支路等效成________再列方程式。

本章小结

本章主要介绍了直流电阻电路的基本分析与计算方法，主要有等效变换法、支路电流法、网孔电流法、节点电位法等。

1. 等效变换法

等效网络：如果两个二端网络的端口电压电流关系相同时，其内部结构虽然不同，但对外部而言，它们的影响完全相同。我们称这两个网络为等效网络。

(1) 电阻串联电路的等效。

① 三个特点：等效电阻等于各电阻之和；电路中电流处处相同；电路端电压等于各电阻电压代数和。

② 两个性质：各电阻端电压的大小与它的电阻值成正比；总功率等于各个电阻吸收的功率之和；各个电阻吸收的功率与它的电阻值成正比。

(2) 电阻并联电路的等效。

① 三个特点：等效电阻的倒数等于各电阻倒数之和；各个电阻承受同一电压；电路总电流等于各支路电流代数和。

② 两个性质：各电阻流经电流的大小与它的电阻值成反比；总功率等于各个电阻吸收的功率之和；各个电阻吸收的功率与它的电阻值成反比。

(3) 电阻混联电路的等效可由电阻串、并联等效方法计算得出。

(4) 电阻 Y 形连接与△形连接可以等效变换，对称情况下等效变换条件是：$R_{\triangle}=3R_{Y}$。

2. 支路电流法

以支路电流作为待求的变量，通过基尔霍夫电流定律(KCL)列写电流方程，通过基尔霍夫电压定律(KVL)列写电压方程，联立方程求解支路电流的方法称为支路电流法。

支路电流法的分析步骤如下：

(1) 选定各支路电流的参考方向，若已经给出则不必再选，未给出可任意选取。

(2) 应用 KCL 列出 $n-1$ 个独立的节点电流方程(n 为节点数)。

(3) 选取 $m=b-(n-1)$ 个独立回路，设定这些回路的绕行方向，并标明在电路图上，应用 KVL 列出回路电压方程(m 为网孔数，b 为支路数)。

(4) 联立求解以上列写的 b 个独立方程，求出待求的各支路电流。

(5) 利用伏安关系和功率公式等求解其他待求的电学物理量。

3. 网孔电流法

以假想的网孔电流为未知量，通过列写网孔的回路电压方程求出网孔电流，再根据网孔电流与支路电流的关系求得各支路电流，进而求出电路中其他待求量的方法称为网孔电流法。回路电流法是网孔电流法的扩展应用。

网孔电流法的分析步骤如下：

(1) 在电路图上标明 m 个网孔电流及其绕行方向。

(2) 列出 m 个网孔电压方程。

$$I_{\text{自网孔}} \times R_{\text{自阻}} \pm \sum (I_{\text{相邻网孔}} \times R_{\text{互阻}}) \pm \sum U_{\text{s}} = 0$$

如果遇到两个网孔共用的支路中含有电流源，则设其中一个网孔电流为电流源的电流 I_{s}，然后另选一回路列回路电流方程。

(3) 联立网孔电流方程求解得各网孔电流。

(4) 根据支路电流与网孔电流的关系求得各支路电流。其中，公共支路上的电流=相邻网孔电流的代数和。方向相同时取正，方向相反时取负。

4. 节点电位法

以电路中各节点电位为未知量，通过列写节点电流方程，联立求解出各个节点电位，再根据节点电位与支路电流的关系求得各支路电流，进而求出电路中其他待求量的方法称为节点电位法。

节点电位法的分析步骤如下：

(1) 选定参考节点，用“⊥”符号表示，并以 $n-1$ 个独立节点的节点电位作为电路变量。

(2) 以节点电位为未知量，列写 $n-1$ 个节点电流方程。

$$\begin{aligned}&\text{节点电位} \times \text{该节点自导} - \sum \text{相邻节点电位} \times \text{两节点互导}\\&= \sum \text{流入该节点电流源的电流}\end{aligned}$$

此外，与理想电流源串联的电阻或者与理想电压源并联的电阻都不影响各个节点的电位，对其他支路的电流和各节点的电位不产生任何影响，可以不用等效成电导。

（3）联立并求解方程组，求得各节点电位。

（4）根据节点电位与支路电流的关系式，求出各支路电流或其他需求的电量。

阅读材料：电气图识读知识

1. 电气工程图的分类

按电气工程图表达的性质和功能，一般分为电气系统图、电气平面图、电路原理图、接线图、设备布置图等。

2. 工程图纸图号

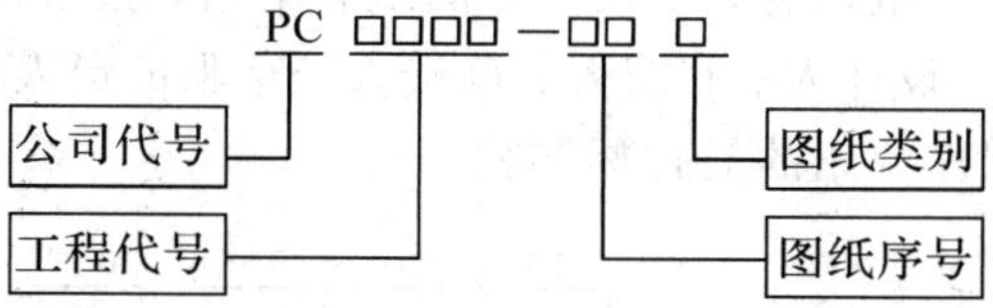

其中：工程代号由公司技术主管领导统一给出；图纸序号由各工程负责人员按本工程图纸序列安排自行决定。

为了统一编排图纸类别，特作如下规定：

TM——图样目录	SB——材料清单	ZH——组合图
B——部件图	D——端子图	J——接线图
L——零件图	Y——原理图	Z——装配图

注：符号牌、标示牌等均归属零件类。

3. 电气工程图的图面形式

1）图面构成

电气工程图的图面由边框线、图框栏、标题栏、会签栏等组成，如图 2－19 所示。其中，会签栏是供各专业相关的设计人员会审图样时签名和标注日期用的。

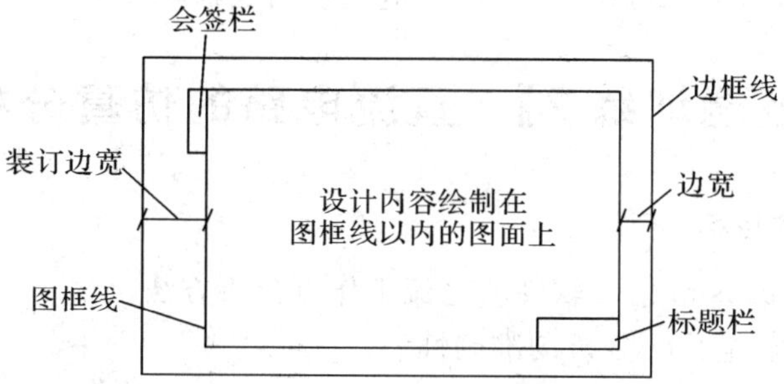

图 2－19　电气工程图的图面构成

2）幅面及尺寸

电气工程图的幅面代号及尺寸如表 2－1 所示。

表 2-1 幅面代号及尺寸

幅面代号	尺寸:长×宽/mm	留装订边的边宽/mm	不留装订边的边宽/mm	装订侧边宽/mm
A0	841×1189	10	20	25
A1	594×841	10	20	25
A2	420×594	10	10	25
A3	297×420	5	10	25
A4	210×297	5	10	25

注：A1、A2 号图纸一般不得加长，A3、A4 号图纸可根据需要沿短边加长。

3）标题栏

标题栏用于识别图纸信息，一般位于图纸右下角，通常包括图纸的名称、比例、图号、设计单位、设计人、制图人、审核人、专业负责人、完成日期等内容。图 2-20 为学校制图作业用的简化标题栏。

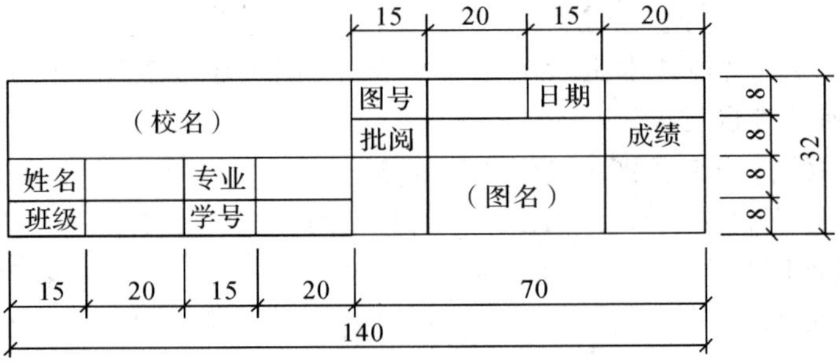

图 2-20 制图作业用的简化标题栏

4. 相关制图的国家标准

(1) GB/T4728.1～.13—2005　　电气图形符号

(2) GB/T5094—1985　　电气技术项目代号

(3) GB/T14665—1998　　机械制图规则

(4) GB/T18135—2000　　电气制图规则

【技能训练 2】 直流电路的仿真分析

1. 技能训练目标

(1) 掌握 Multisim 仿真软件的直流工作点分析方法。

(2) 验证节点电位法分析的准确性。

2. 使用器材

计算机与 Multisim 仿真软件。

学习笔记

3. 软件仿真操作步骤及数据记录

以例 2-13 的图 2-18 所示电路图作为分析对象，对比理论计算与软件分析结果，验证节点电位法分析的准确性。

（1）连接图 2-18 所示的仿真电路。

首先设置符号标准为“DIN”形式，点击菜单栏：选项→Global Preferences（全局偏好）→元器件→符号标准→DIN。连接例 2-13 仿真电路如图 2-21 所示，U_s 为直流电压源(DC_POWER)，电阻器为 Basic 基本元件组 Resistor 系列。

设置网络节点的名称分别为 a、b、c、d，其中 c 点为参考点，所以软件中默认为零电位点，如图 2-21 所示。设置方法：选中要改名的网络→右键选择“属性”→弹出“网络属性”设置面板，如图 2-22 所示，改名称，并勾选“显示网络名称”复选框。

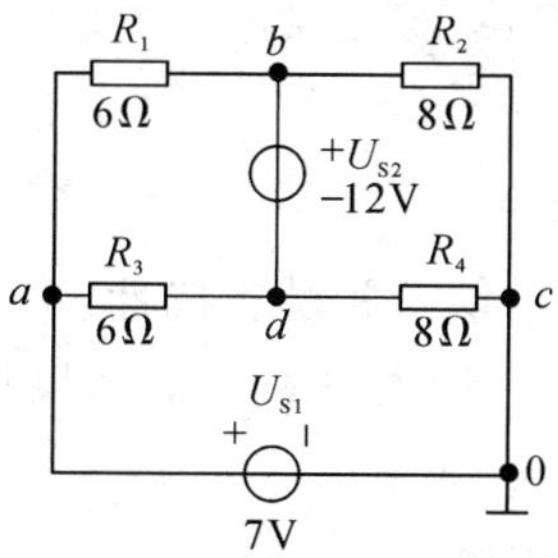

图 2-21　例 2-13 仿真电路图

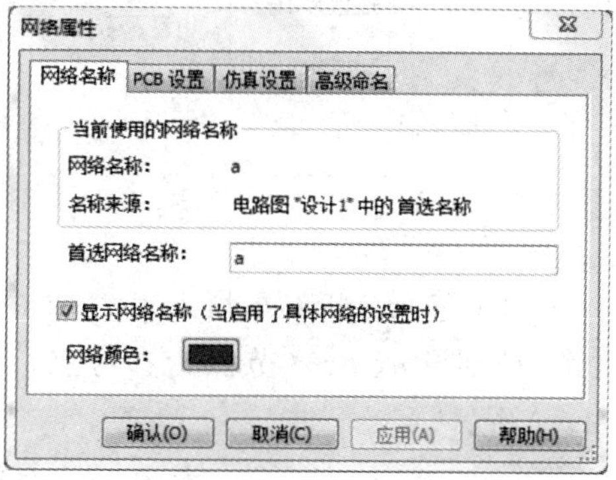

图 2-22　“网络属性”设置面板

（2）执行直流工作点分析，计算电路参数。

如图 2-23 所示，选择菜单栏命令：仿真(Simulation)→仿真与分析(Analyses and simulation)，打开“分析与仿真”对话框。

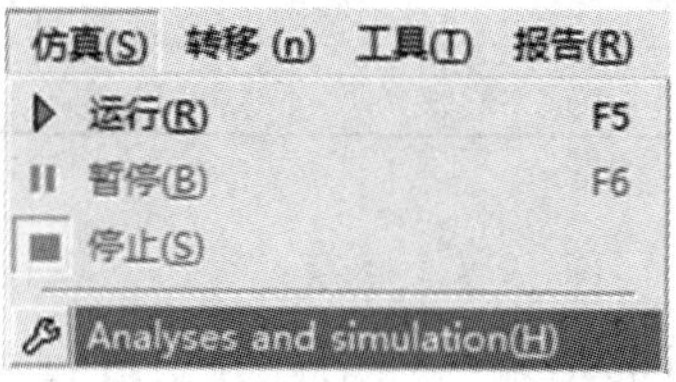

图 2-23　选择“分析与仿真”菜单栏

在“激活分析”面板中选择“直流工作点(DC Operating Point Analysis)”分析，在“输出(Output)”选项卡的“电路中的变量”选项区中选择 a、b、d 节点的电位（即 V_a、V_b、V_d）和 6 条支路的电流（即 I_{R1}、I_{R2}、I_{R3}、I_{R4}、I_{Us1}、I_{Us2}），点击“添加”按钮，将其添加到“已选定用于分析的变量”中，如图 2-24 所示。

点击“运行”按钮，即可执行直流工作点的分析，计算结果将在“图示仪视图”面板中显示。

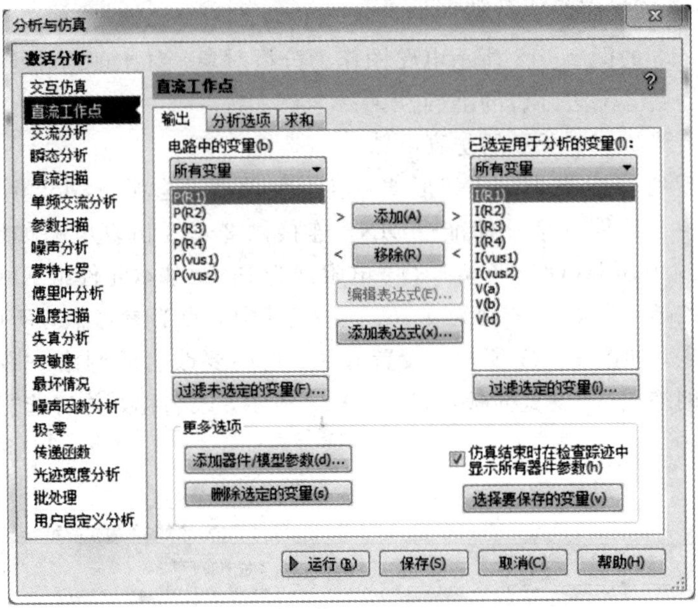

图 2-24 “分析与仿真”对话框

(3) 记录分析结果填入表 2-2 中，验证节点电位法分析的正确性。

分别设 a、b、d 节点为参考点，再次执行直流工作点分析，将结果填入表 2-2 中。

表 2-2 直流工作点分析结果

	参考点	V_a	V_b	V_c	V_d	I_{R1}	I_{R2}	I_{R3}	I_{R4}	I_{Us1}	I_{Us2}
计算值	c										
直流工作点分析结果	c										
	a										
	b										
	d										

4. 报告填写要求

(1) 根据软件仿真分析的结果与理论计算值进行对比，总结、归纳节点电位法分析的正确性。

(2) 应用 Multisim 软件的直流工作点分析法验算习题 2-12 结果的正确性。

习　题

2-1 在 8 个灯泡串联的电路中，除 4 号灯不亮外其他 7 个灯都亮。当把 4 号灯从灯座上取下后，剩下 7 个灯仍亮，问电路中有何故障？为什么？

2-2 额定电压相同、额定功率不等的两个白炽灯能否串联使用？那并联呢？

2-3　如图 2-25 所示，$R_1=1\ \Omega$，$R_2=5\ \Omega$，$U=6$ V。试求总电流 I 以及电阻 R_1、R_2 上的电压。

2-4　如图 2-26 所示，$R_1=3\ \Omega$，$R_2=6\ \Omega$，$U=6$ V。试求总电流 I 以及电阻 R_1、R_2 上的电流。

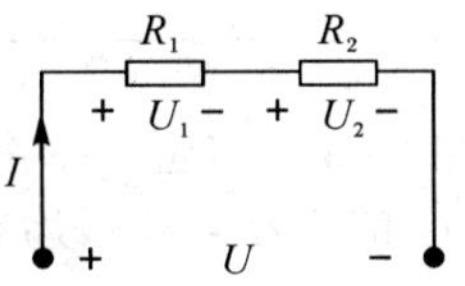

图 2-25　习题 2-3 图

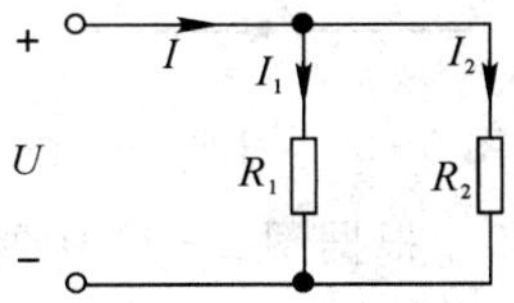

图 2-26　习题 2-4 图

2-5　电路如图 2-27(a)～(f)所示，求各电路中 a、b 间的等效电阻 R_{ab}。

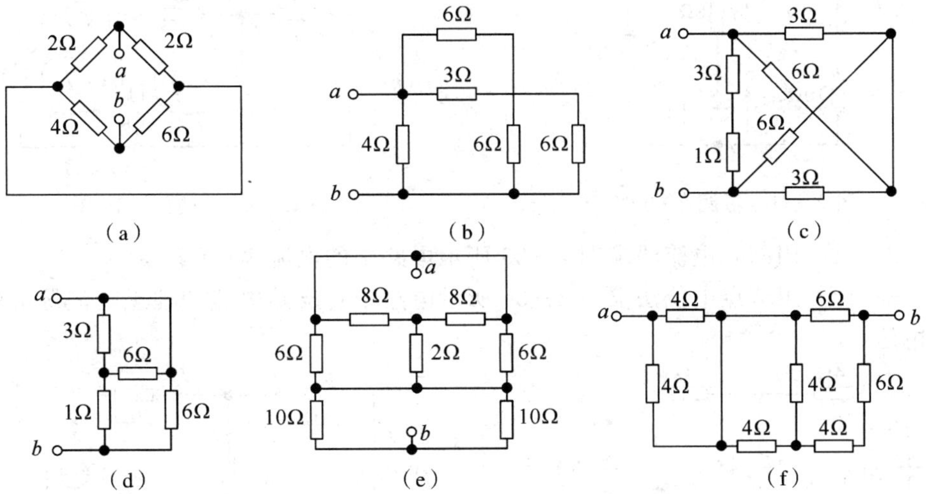

图 2-27　习题 2-5 图

2-6　求图 2-28 所示电路中的电流 I 和电压 U。

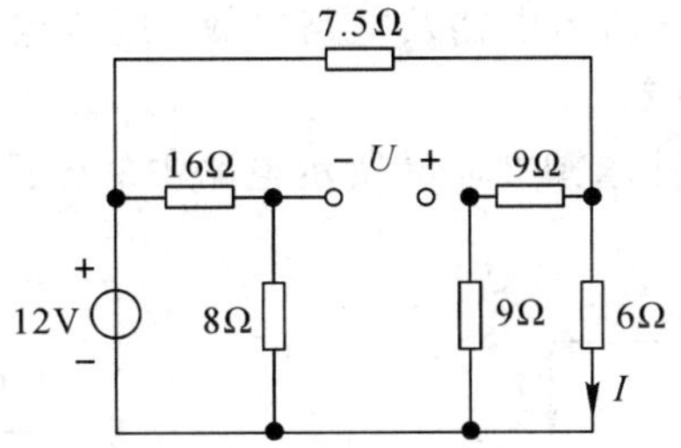

图 2-28　习题 2-6 电路图

2-7　图 2-29 所示电路中 $U_1=27$ V，$U_2=13.5$ V，$R_1=1\ \Omega$，$R_2=3\ \Omega$，$R_3=6\ \Omega$，请用支路电流法求解各支路电流。

2-8　如图 2-30 所示，$U_s=10$ V，$I_s=3$ A，$R_1=R_2=2\ \Omega$，$R_3=4\ \Omega$，根据图示电流、电压的参考方向和回路(回路电流)绕行方向，计算支路的电流 I_1、I_2

及 R_1、R_3 电阻上的电压 U_1、U_3。

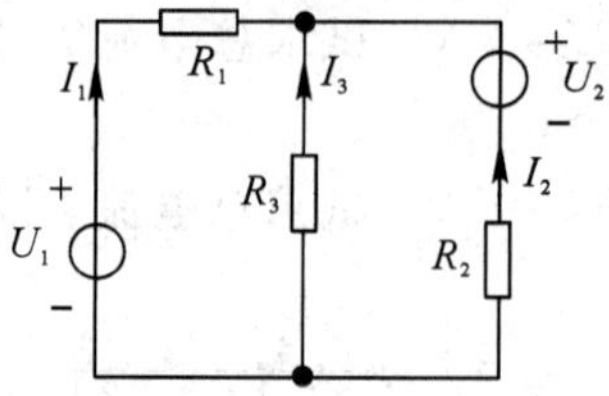

图 2-29　习题 2-7 图

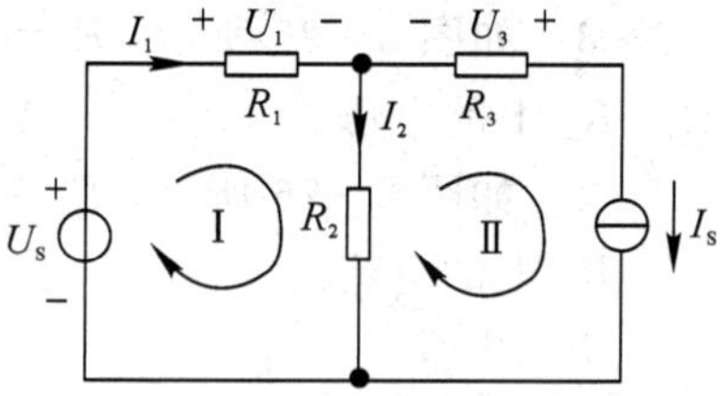

图 2-30　习题 2-8 图

2-9　根据图 2-31 中所给的电路参数计算 I_1、I_2 的大小，并指出电流的实际方向，说明 U_s 与 I_s 发出或吸收功率的情况。

2-10　用网孔电流法求图 2-32 所示电路中的电流 I_x。

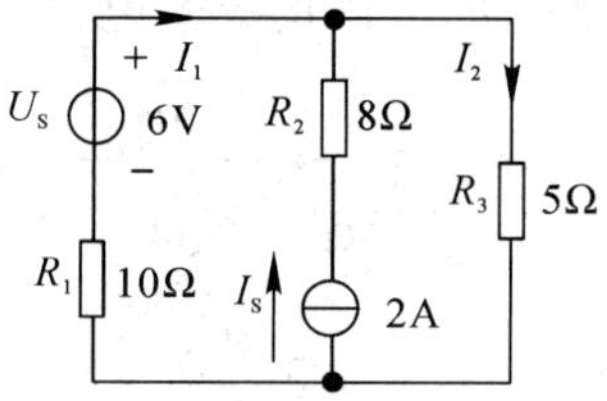

图 2-31　习题 2-9 图

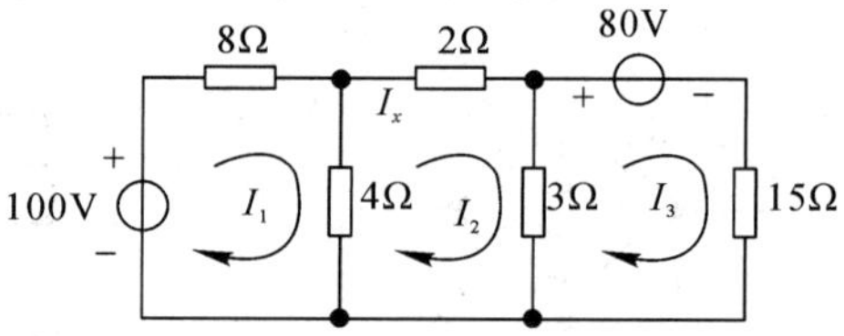

图 2-32　习题 2-10 图

2-11　用网孔电流法求图 2-33 所示电路中的电流 I_1、I_2。

2-12　用节点电位法求图 2-34 所示电路中各支路电流和理想电流源上的端电压。

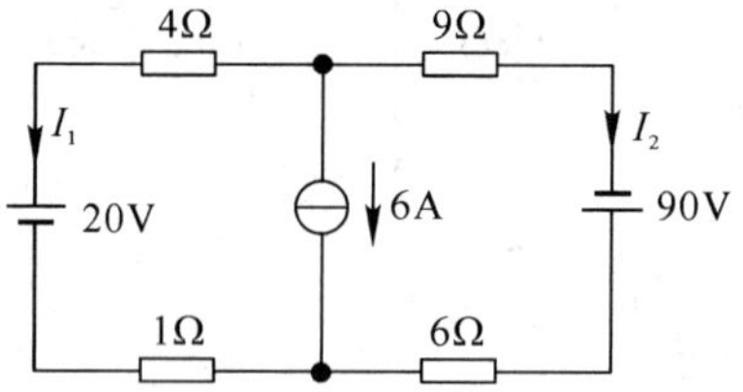

图 2-33　习题 2-11 图

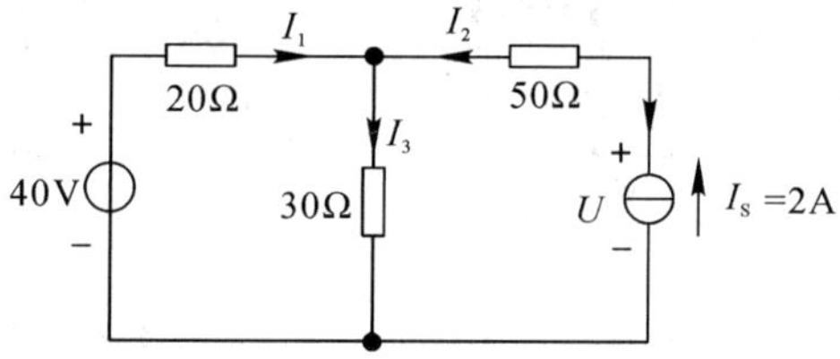

图 2-34　习题 2-12 图

2-13　根据图 2-35 所示电路及电路参数，用节点电位法计算支路电流 I_1、I_2 的大小及 U_{s1} 提供的功率。

2-14　用节点电位法求图 2-36 所示电路中的电压 U_0。

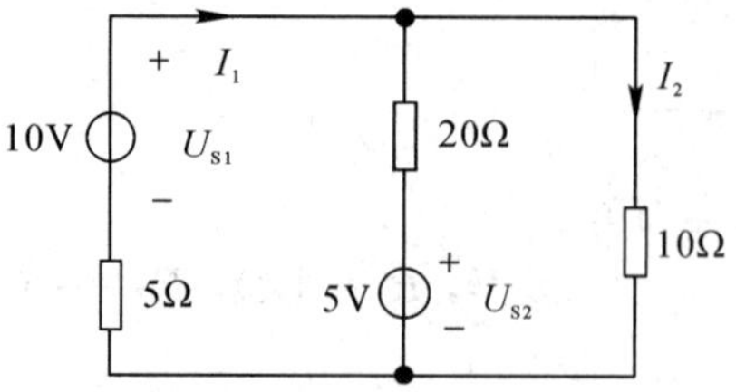

图 2-35　习题 2-13 图

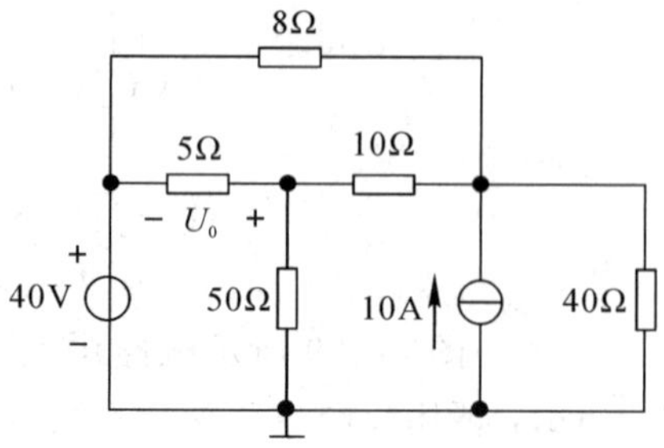

图 2-36　习题 2-14 图

学习笔记

第 3 章　电路分析中的常用定理

在第 2 章中，我们主要介绍了支路电流法、回路电流法和节点电位法，它们是电路的基本分析方法，适用于任何集成参数线性电路。电路的基本分析方法需要列一系列方程，解方程的过程比较烦琐，且容易出错。本章所介绍的电路分析中的常用定理，可使电路的分析过程更为简洁、明了。

3.1　叠加定理

叠加定理

思考题 3.1

叠加定理是线性电路中一条十分重要的定理，当电路中有多个激励时，它为研究响应与激励之间的内在关系提供了理论依据和方法。

如图 3-1(a)所示电路，有两个电源(激励源)同时作用于电路，我们用节点电位法(也可以用其他方法)来计算 R_3 支路的电流 I_3。

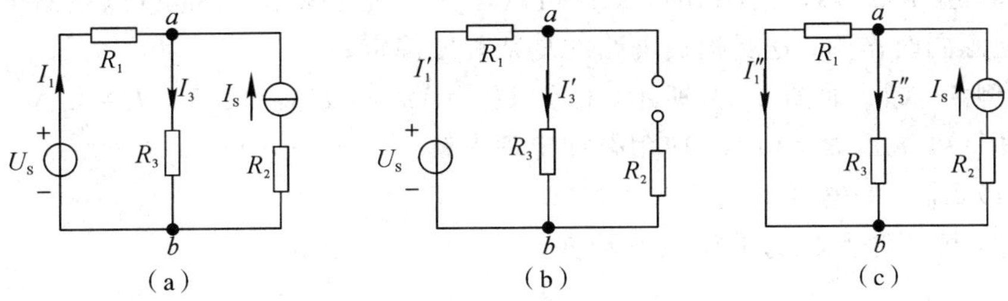

图 3-1　叠加定理

以 b 点为参考点，a 点的节点电位方程为

$$V_a\left(\frac{1}{R_1}+\frac{1}{R_3}\right)=\frac{U_s}{R_1}+I_s$$

解方程可得

$$V_a=\frac{U_s/R_1+I_s}{1/R_1+1/R_3}=\frac{R_3}{R_1+R_3}U_s+\frac{R_1R_3}{R_1+R_3}I_s$$

根据欧姆定律，可求出 R_3 支路电流为

$$I_3=\frac{V_a}{R_3}=\frac{1}{R_1+R_3}U_s+\frac{R_1}{R_1+R_3}I_s \qquad (3-1)$$

由式(3-1)可以看出，通过 R_3 的电流由两部分组成：一部分是只有 U_s 独立作用时，通过电阻 R_3 的电流 I'_3，这时 I_s 不起作用，即 $I_s=0$，以开路替代，如图 3-1(b)所示。此时，流过 R_3 的电流为

$$I'_3=\frac{1}{R_1+R_3}U_s$$

上式恰与式(3-1)的第一项相符。另一部分是当电压源 U_s 不作用，即 $U_s=0$ 时

学习笔记

通过电阻 R_3 的电流 I_3''，此时 U_s 以短路线替代，只有 I_s 独立作用，如图 3-1(c)所示。此时，通过电阻 R_3 的电流由分流公式得到

$$I_3''=\frac{R_1}{R_1+R_3}I_s$$

也恰好与式(3-1)的第二项相符。可得：$I_3=I_3'+I_3''$(即 I_3 为 U_s 独立作用时产生的分量与 I_s 独立作用时产生的分量之代数和)。

综上所述，叠加定理可以表述为：在线性电路中，有几个独立源(激励源)和受控源共同作用时，各支路的响应(电流或电压)等于各个独立源(激励源)单独作用时在该支路产生的响应(电流或电压)的代数和。

使用叠加定理时，应注意以下几点：

(1) 该定理只适用于线性电路。

(2)“独立源(激励源)单独作用”，是指当一个电源单独作用时，其他电源置零。其中，电压源置零，就是用短路线替代电压源的理想部分；电流源置零，就是把电流源的理想部分用开路替代。

(3) 叠加时要注意电流和电压的参考方向。各支路电流方向和电压极性由电路参考方向的选择而定。

(4) 受控源不是独立源，任何一个独立源单独作用时受控源都要保留。

(5) 不能叠加电路的功率和电能等二次函数关系的物理量。

(6) 叠加的方式是任意的，一次可以是一个独立源作用，也可以是两个或几个独立源同时作用，这要根据电路的复杂程度确定。

【例 3-1】 如图 3-2 所示，已知 $U_{s1}=12$ V，$U_{s2}=32$ V，$I_s=2$ A，$R_1=4\ \Omega$，$R_2=12\ \Omega$，$R_3=5\ \Omega$，应用叠加定理求解：

(1) R_1 上的电流 I_1；

(2) 恒流源上的电压 U 及其功率。

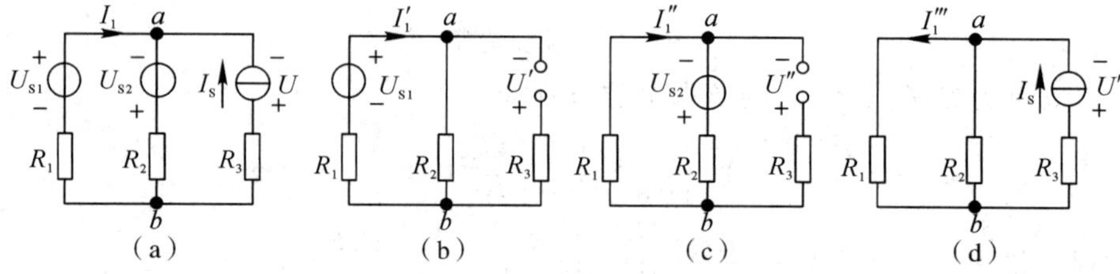

图 3-2 例 3-1 图

分析： 叠加定理只能对电流和电压进行叠加，而不能对功率叠加，功率的求解关键在于先确定电流和电压。对电流、电压进行叠加时，应根据各分电路中设定的参考方向求代数和。另外，除源方法要牢记：电压源短路、电流源开路。

解 (1) U_{s1} 单独作用时的等效电路如图 3-2(b)所示，由 KVL 可得

$$-U_{s1}+I_1'R_1+I_1'R_2=0$$

$$I_1'=\frac{U_{s1}}{R_1+R_2}=\frac{12}{4+12}=0.75\ \text{A}$$

$$U'=-R_2I_1'=-12\times0.75=-9\ \text{V}$$

(2) U_{s2} 单独作用时的等效电路如图 3－2(c)所示，由 KVL 可得

$$-U_{s2}+I_1''R_1+I_1''R_2=0$$

$$I_1''=\frac{U_{s2}}{R_1+R_2}=\frac{32}{4+12}=2\ \text{A}$$

$$U''=R_1I_1''=4\times2=8\ \text{V}$$

(3) I_s 单独作用时的等效电路如图 3－2(d)所示，由并联分流公式可得

$$I_1'''=\frac{R_2}{R_1+R_2}I_s=\frac{12}{4+12}\times2=1.5\ \text{A}$$

$$U'''=-(R_1I_1'''+R_3I_s)=-(4\times1.5+5\times2)=-16\ \text{V}$$

由叠加定理得到

$$I_1=I_1'+I_1''-I_1'''=0.75+2-1.5=1.25\ \text{A}$$

$$U=U'+U''+U'''=-9+8-16=-17\ \text{V}$$

恒流源的功率为

$$P_{I_s}=I_sU=2\times(-17)=-34\ \text{W}$$

【例 3－2】　如图 3－3(a)所示的电路中，$U_s=10$ V，$I_s=3$ A，$R_1=2\ \Omega$，$R_2=1\ \Omega$，试用叠加定理求解电压 U 和电流 I。

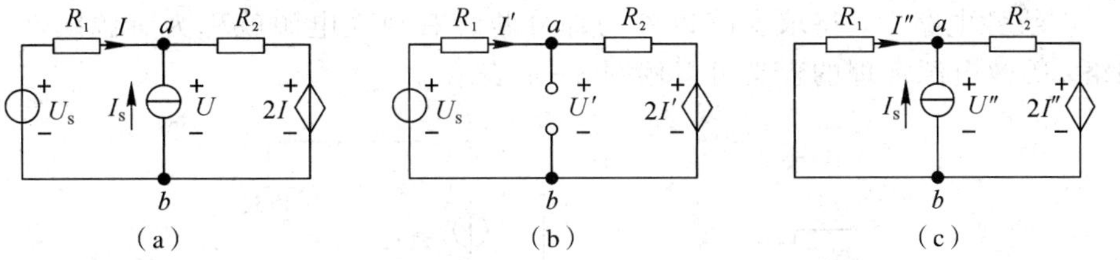

图 3－3　例 3－2 图

分析：该电路中含受控电压源，用叠加定理求解含受控源的电路时，当某一个独立源单独作用时，其余的独立源均应置零，即独立电压源应短路，独立电流源应开路，但所有的受控源均应保留，因为受控源不是激励源。

解　U_s 电压源单独作用时的电路如图 3－3(b)所示，由 KVL 可得

$$-U_s+I'(R_1+R_2)+2I'=0$$

$$I'=\frac{U_s}{2+R_1+R_2}=\frac{10}{2+2+1}=2\ \text{A}$$

$$U'=2I'+I'=3I'=6\ \text{V}$$

I_s 电流源单独作用时的电路如图 3－3(c)所示，对于大回路，由 KVL 可得

$$I''R_1+(I''+3)R_2+2I''=0$$

$$I''=-0.6\ \text{A}$$

$$U''=-R_1I''=-2\times(-0.6)=1.2\ \text{V}$$

根据叠加定理可得

$$U=U'+U''=6+1.2=7.2\ \text{V}$$

$$I=I'+I''=2+(-0.6)=1.4\ \text{A}$$

应用叠加定理分析电路且电路中的独立源较多时，虽然每个独立源单独作用时的分析过程比较简单，但整个过程较长，所以并不是最简单的分析方法，但是作为一个基本原理，具有普遍意义，因此必须掌握。

学习笔记

思考与练习

3.1-1　在多个电源共同作用的________电路中，任一支路的响应均可看作由各个激励单独作用下在该支路上所产生的响应的________，称为叠加定理。

3.1-2　叠加定理只适用________电路的分析。

3.1-3　在应用叠加定理分析时，各个独立电源单独作用时，其他独立电源置零，置零方法是电压源________，电流源________。

思考题 3.2

3.2　等效电源定理

在复杂电路的计算和分析中，往往只需要研究某一支路的电流和电压以及功率，而不必把所有支路的电流、电压都计算出来，为了简化计算过程，可以把待求支路以外包含电源的部分电路等效成一个实际电源模型，这种等效方法称为等效电源定理。如果等效成实际电压源模型，称为戴维南定理；等效成实际电流源模型，则称为诺顿定理。

在线性电路中，待求支路以外的部分若含有独立电源就称为有源线性二端网络，等效电源定理的含义可以用图 3-4 表示。

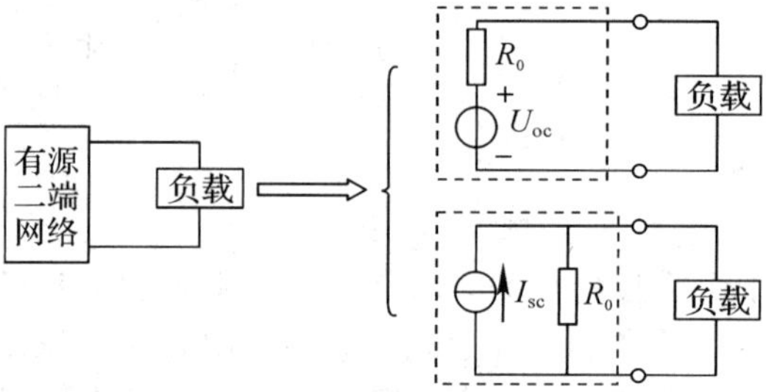

图 3-4　等效电源定理

3.2.1　戴维南定理

戴维南定理

我们通过分析图 3-5(a)所示的电路对戴维南定理应用的方法进行说明。

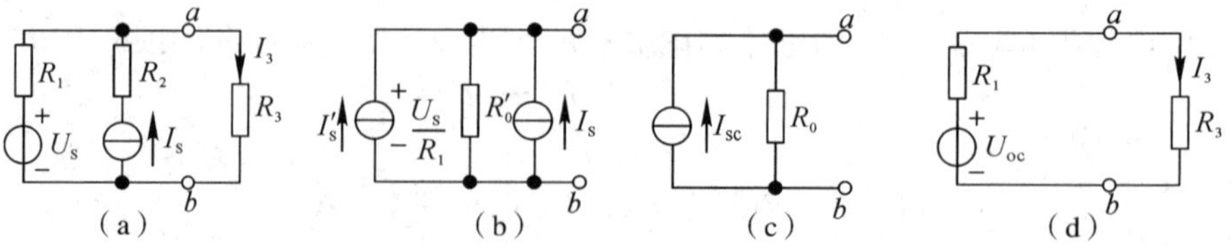

图 3-5　戴维南定理分析用图

应用戴维南定理求图 3-5(a)中的支路电流 I_3，首先要把待求的支路 R_3 移除，再对剩下的复杂有源二端网络进行化简。

在图 3-5(a)中，由 R_2 和 I_s 串联的支路，因为理想电流源的内阻为无穷大，所以在对外电路等效时 R_2 可以看作短路而忽略不计。由 R_1 和 U_s 串联构成的实

际电压源，与 I_s 支路并联等效，则应先将实际电压源等效为实际电流源，如图 3-5(b)所示，则

$$I'_s=\frac{U_s}{R_1},\quad R'_0=R_1$$

将两个电流源合并，可等效为如图 3-5(c)所示电路，则有

$$I_{sc}=I_s+\frac{U_s}{R_1},\ R_0=R_1$$

把实际电流源等效变换为实际电压源，如图 3-5(d)所示，则

$$\begin{cases}U_{oc}=I_{sc}R_0=U_s+I_sR_1\\ R_0=R_1\end{cases}$$

所以

$$I_3=\frac{U_{oc}}{R_0+R_3}=\frac{U_s+I_sR_1}{R_1+R_3}=\frac{1}{R_1+R_3}U_s+\frac{R_1}{R_1+R_3}I_s$$

计算结论与前面的结果是完全一样的，这样我们可以直接从图 3-5(a)得到图 3-5(d)，使计算过程简化。该方法是法国的电报工程师戴维南在 1883 年给出的，后来就以他的名字命名为戴维南定理(又译为戴维宁定理)，又称等效电压源定律。其内容为：任何一个有源二端线性网络，都可以等效成一个理想电压源和电阻串联而成的实际电压源模型，电压源的电压等于有源二端线性网络的开路电压 U_{oc}，电阻等于所有独立源置零以后从端口看进去的等效电阻 R_0。

戴维南定理的一个突出的优点是实用性强，其等效电路的参数 U_{oc} 和 R_0 可以直接测得，如图 3-6 所示。

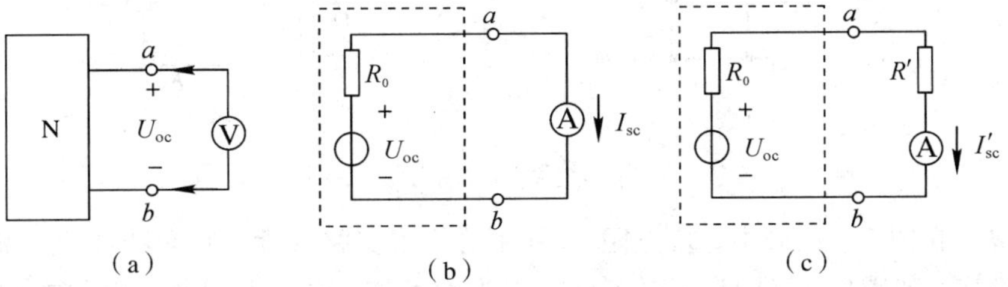

图 3-6　戴维南定理的测量方法图

从图 3-6(a)可以看出，有源二端网络的开路电压 U_{oc} 可以用电压表直接测得，然后用电流表测出短路电流 I_{sc}，见图 3-6(b)，可计算出等效电源的内阻 R_0，即

$$R_0=\frac{U_{oc}}{I_{sc}}$$

若此有源二端网络不能短路，如 R_0 极小而 I_{sc} 过大时，则可以外接一个保护电阻 R'，再测电流 I'_{sc}，如图 3-6(c)所示，此时

$$R_0=\frac{U_{oc}}{I'_{sc}}-R'$$

运用戴维南定理分析电路应注意以下两个问题：

(1) 计算待求支路断开以后的开路电压 U_{oc}，可用已学过的任何电路分析方法。

(2) 等效内阻 R_0 的计算通常有以下三种方法：

① 电源置零法：对于不含受控源的二端网络，将独立源置零以后，可以用电阻的串、并联方法计算等效内阻。

② 开路、短路法：即在求出开路电压 U_{oc} 以后，将二端网络端口短路，再计算短路电流 I_{sc}，则等效电阻为 $R_0=\dfrac{U_{oc}}{I_{sc}}$(特别提示：当 $I_{sc}=0$ 时不能使用)。

③ 外加电源法：就是将网络内所有独立源置零以后，在网络端口外加电压源 U'_s(或电流源 I'_s)，求出电压源输出给网络的电流 I(或电流源加给网络的电压 U)，则 $R_0=\dfrac{U'_s}{I}\left(\text{或 } R_0=\dfrac{U}{I'_s}\right)$。

特别提示：无论网络内部是否有受控源均可采用后两种方法。

【例 3-3】 电路如图 3-7 所示，用戴维南定理求电阻 R 中流过的电流 I 和端电压 U。

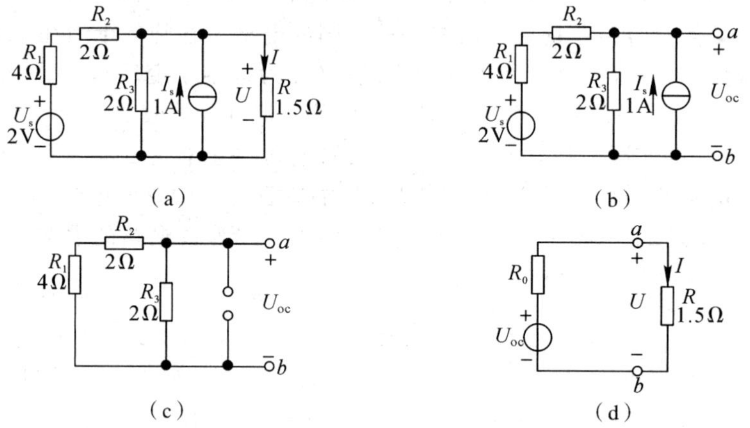

图 3-7　例 3-3 图

解　在图 3-7(a)中，将电阻 R 所在的待求支路移除以后可以得到有源线性二端网络，如图 3-7(b)所示，若选 b 点为参考点，对 a 点列节点电位方程，即

$$V_a\left(\frac{1}{R_1+R_2}+\frac{1}{R_3}\right)=\frac{U_s}{R_1+R_2}+I_s$$

代入数据

$$V_a\left(\frac{1}{4+2}+\frac{1}{2}\right)=\frac{2}{4+2}+1$$

可求得

$$V_a=2\ \text{V}$$

因为开路电压就等于 a 点电位，所以 $U_{oc}=V_a=2$ V。

将 3-7(b)中的独立源置零以后，等效电路如图 3-7(c)所示，其等效内阻为

$$R_0=R_{ab}=(R_1+R_2)\,/\!/\,R_3=(4+2)\,/\!/\,2=1.5\ \Omega$$

由此得到如图 3-7(d)所示的戴维南等效电路，再把待求支路电阻 R 接上，由欧姆定律可求得流过 R 的电流和端电压为

学习笔记

$$I=\frac{U_{oc}}{R_0+R}=\frac{2}{1.5+1.5}=\frac{2}{3}\text{ A}$$

$$U=IR=\frac{2}{3}\times 1.5=1\text{ V}$$

【例 3-4】 图 3-8(a)所示的电路中，求流过电阻 R 中的电流 I。

解　(1) 先移去待求支路的电阻 R，得到一个有源二端网络，如图 3-8(b)所示，则有

$$U_{oc}=2I_1'-I_1'R_1+U_s=2I_1'-2I_1'+6=6\text{ V}$$

(2) 将图 3-8(b)中的独立源置零以后，外加电流源 I_0，如图 3-8(c)所示，由 KVL 可得

$$-U+2I_1''+4I_0-I_1''R_1=0$$

$$U=2I_1''+4I_0-I_1''R_1=2I_1''+4I_0-2I_1''=4I_0$$

根据欧姆定律可求得内阻为

$$R_0=\frac{U}{I_0}=\frac{4I_0}{I_0}=4\ \Omega$$

由戴维南定理得到的等效电路如图 3-8(d)所示，所以 R 中流过的电流为

$$I=\frac{U_{oc}}{R_0+R}=\frac{6}{4+4}=0.75\text{ A}$$

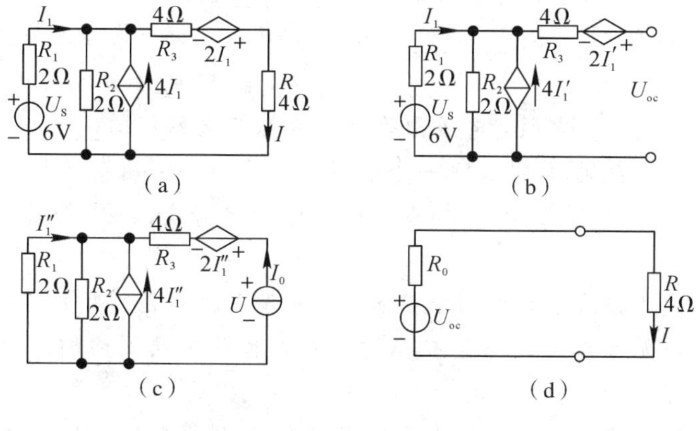

图 3-8　例 3-4 图

综上所述，应用戴维南定理求解某一支路的电流和电压的步骤如下：

(1) 把复杂电路分成待求支路和有源二端网络两个部分；

(2) 把待求支路断开，求出有源二端网络两端的开路电压 U_{oc}；

(3) 把网络内部的独立电压源短路，独立电流源开路，求出无源二端网络两端钮间的等效电阻 R_0；

(4) 画出戴维南等效电路，其电压源电压为 U_{oc}，内阻为 R_0，并与待求支路接通形成简化电路，运用合适的电路分析方法求解支路的电流和电压。

3.2.2　诺顿定理

既然一个有源线性二端网络可以等效成一个实际电压源模型，那么必然也可以等效成一个电流源模型，在戴维南定理提出 50 年之后，诺顿提出了这一个

诺顿定理

学习笔记

理念，被称为诺顿定理，如图 3－9 所示。

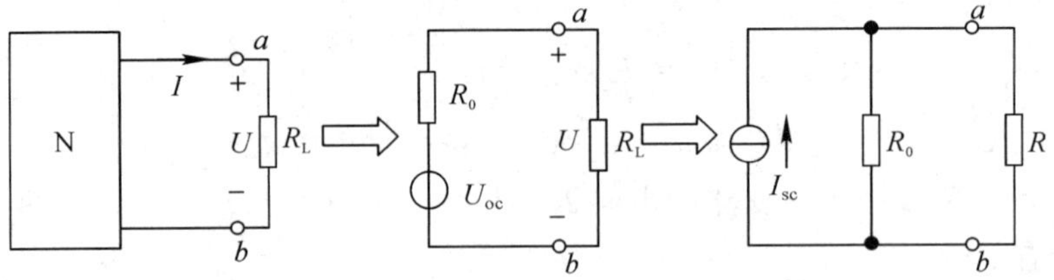

图 3－9　诺顿定理等效电路图

诺顿定理内容可表述为：任何一个有源线性二端网络 N，都可以等效成一个理想电流源和电阻并联的实际电流源模型，电流源的电流等于该网络端口短路时的短路电流 I_{sc}；电阻等于所有独立源置零以后从端口看进去的等效电阻 R_0。

应用诺顿定理分析电路时，分析方法与戴维南定理基本一致，这里不再赘述。

思考与练习

3.2－1　具有两个引出端钮的电路称为________网络，其内部含有电源的称为________网络，内部不包含电源的称为________网络。

3.2－2　“等效”是指对________电路作用效果相同。戴维南等效电路是指一个电阻和一个理想电压源的________联组合，其中电阻等于原有源二端网络________后的________电阻，电压源等于原有源二端网络的________电压。

3.2－3　诺顿定理说明任何一个有源线性二端网络，都可以用一个理想电流源和电阻________联组合来代替，电流源的电流等于网络端口的________电流。

3.2－4　试述戴维南定理的求解步骤。求解等效电阻时，如何把一个有源二端网络化为一个无源二端网络？在此过程中，有源二端网络内部的电压源和电流源应如何处理？

3.2－5　实际应用中，我们用高内阻电压表测得某直流电源的开路电压为 25 V，用足够量程的电流表测得该直流电源的短路电流为 5 A，试画出这一直流电源的戴维南等效电路。

3.3　最大功率传输定理

最大功率传输定理

思考题 3.3

在工程实践中，往往希望负载能够获得最大功率，那么电子电气设备负载和电源(或激励源)之间应满足什么关系时，才能使负载从电源获得最大功率呢？

3.3.1　电压、功率与电流之间的关系

如图 3－10(a)所示，一有源线性二端网络 N，负载为纯电阻 R_L。根据戴维南定理，图3－10(a)所示电路可以等效成图 3－10(b)所示电路，而 U_{oc} 和 R_0 恒

定不变，R_L 为可调电阻。

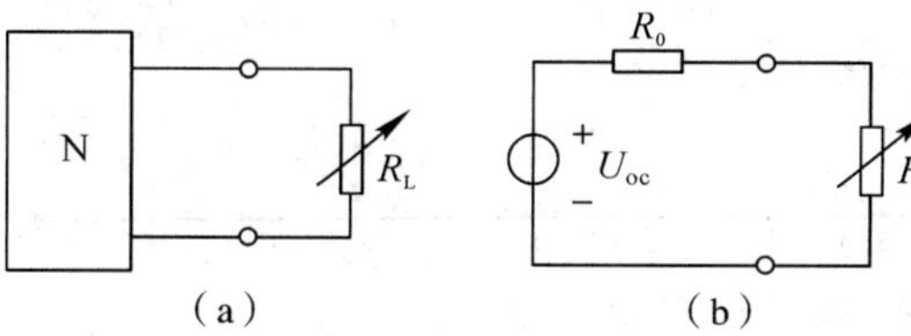

图 3-10　戴维南等效电路图

负载 R_L 上的电压 u_L 与电流 i 之间的关系为

$$u_L = iR_L = U_{oc} - u_0 = U_{oc} - iR_0 \tag{3-2}$$

根据式(3-2)可在坐标系中绘制一条斜率为 $-R_0$ 的直线。如图 3-11 中的直线①所示，当 $i=0$ 时，$u_L=U_{oc}$；当 $i=I_{sc}=\dfrac{U_{oc}}{R_0}$时，$u_L=0$。

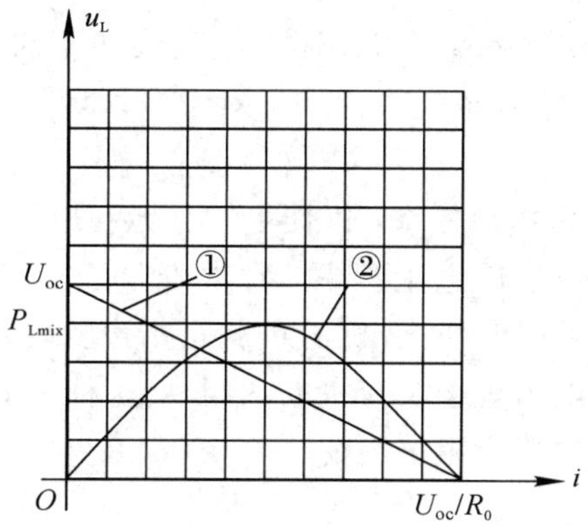

图 3-11　u_L、i 关系曲线图

负载 R_L 获得的功率 p_L 与电流 i 的关系为

$$p_L = iu_L = p_s - p_0 = U_{oc}i - i^2R_0 \tag{3-3}$$

式(3-3)说明，p_L 与 i 呈平方关系。当 $i=0$ 时，$p_L=0$；当 $i=I_{sc}$时，$p_L=0$。所以，这是一条经过原点、开口向下的抛物线，如图 3-11 中的曲线②所示。

3.3.2　负载获得最大功率的条件及其最大功率

1. 负载最大功率的条件

如图 3-10(a)所示，网络 N 表示供给负载能量的有源线性二端网络，它可用戴维南等效电路来代替，如图 3-10(b)所示。电阻 R_L 表示获得能量的负载，此处要讨论的问题是电阻 R_L 为何值时，可以从二端网络获得最大功率。

首先根据功率计算的基本公式写出负载 R_L 吸收功率的表达式

$$p_L = i^2R_L = \frac{U_{oc}^2R_L}{R_0+R_L}$$

欲求 p_L 的最大值，应满足$\dfrac{\mathrm{d}p_L}{\mathrm{d}R_L}=0$，即

学习笔记

$$\frac{\mathrm{d}p_L}{\mathrm{d}R_L}=\frac{(R_0+R_L)^2U_{oc}^2-2R_L(R_0+R_L)U_{oc}^2}{(R_0+R_L)^4}=\frac{R_0-R_L}{(R_0+R_L)^3}U_{oc}^2=0$$

由此式求得 p_L 为极大值的条件是

$$R_L=R_0 \tag{3-4}$$

即当负载电阻 R_L 与等效电阻 R_0 相等时，负载电阻可以从有源线性二端网络获得最大的功率。此时的最大功率为

$$P_{Lmax}=\frac{U_{oc}^2}{4R_0}$$

最大功率传输定理可表述为：有源线性二端网络($R_0>0$)向可变电阻负载 R_L 传输最大功率的条件是，负载电阻 R_L 与戴维南等效电路的电阻 R_0 相等。满足 $R_L=R_0$ 条件时，称为最大功率匹配，此时负载电阻 R_L 获得的最大功率为

$$P_{Lmax}=\frac{U_{oc}^2}{4R_0} \tag{3-5}$$

满足最大功率匹配条件($R_L=R_0$)时，R_0 吸收功率与 R_L 吸收功率相等，对电压源 U_{oc} 而言，功率传输效率仅为 50%，对于二端网络 N 中的独立电源而言，效率可能更低。

电力系统要求尽可能提高效率，以便更充分地利用能源，不能采用功率匹配条件。但是在测量、电子与信息工程中，常常着眼于从微弱信号中获得最大功率，而不看重效率的高低(例如扩音机的负载是扬声器，如果希望扬声器的功率最大，应选择扬声器的电阻等于扩音机的内阻)，这种负载电阻等于电路的输出电阻的状态，工程实际中称为阻抗匹配。

2. 电压调整率

负载端电压 U_L 随负载电流 I_L 的增大而下降。工程实际中把 U_L 下降百分比称为电压调整率，用符号 ε 表示，即

$$\varepsilon=\frac{U_{oc}-U_L}{U_L}\times 100\% \tag{3-6}$$

在电力系统中，用户的电气设备都有一个额定电压，负载的实际端电压与额定电压不能相差太大，否则，电气设备不能正常工作。为了保证用户在满载时获得额定电压，电源的额定电压必须高于用电设备的额定电压；输电线上的电压降在满载时应不大于额定电压的 5%。因此，输电线横截面积的选择除了考虑安全载流量外，还应满足上述要求。

3. 传输率

电路输出功率与电源功率的百分比称为传输率，用符号 η 表示，即

$$\eta=\frac{P_L}{P_s}\times 100\% \tag{3-7}$$

在信号传输电路中，要求 η 和 P_L 要大，不强调 ε 的大小；在能量传输电路中，要求 η 要高而 ε 要小，不强调 P_L 是否等于 P_{Lmax}。

【例 3-5】 如图 3-12(a)所示的电路中，当 R_L 为何值时获得最大功率？并计算 P_{Lmax}。

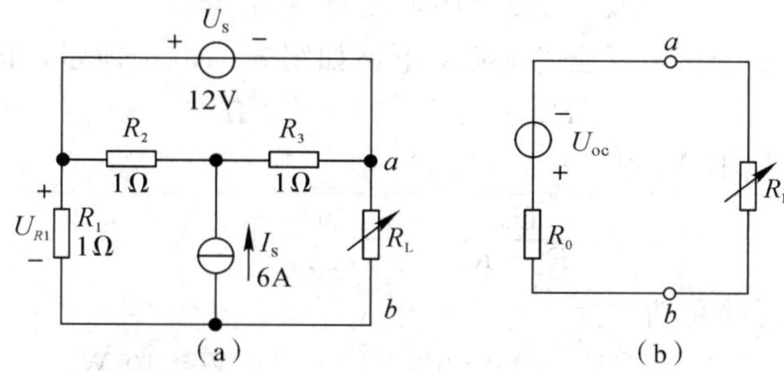

图 3-12　例 3-5 图

解　由戴维南定理可知，当 R_L 开路时，R_1 上通过的电流就是电流源的电流，大小为 6 A，则

$$U_{R1}=6R_1=6\times1=6\ \text{V}$$

$$U_{ab}=-U_s+U_{R1}=-12+6=-6\ \text{V}$$

$$U_{oc}=-U_{ab}=6\ \text{V}$$

各个独立源置零以后的等效电阻为

$$R_0=R_1=1\ \Omega$$

得到的戴维南等效电路如图 3-12(b)所示。

根据最大功率传输定理，当 $R_L=R_0=1\Omega$ 时，负载可以获得最大功率，其值为

$$P_{Lmax}=\frac{U_{oc}^2}{4R_0}=\frac{36}{4}=9\ \text{W}$$

【例 3-6】　有一台最大输出功率为 40 W 的扩音机，其输出电阻为 8 Ω，现有 8 Ω、10 W的低音扬声器两个，16 Ω、20 W 的高音扬声器一个，问应该如何连接？为什么不能像电灯那样全部并联？

解　(1) 应将两只 8 Ω 的扬声器串联后，再与 16 Ω 的扬声器并联，如图 3-13(a)所示，其负载的等效电阻为

$$R_L=\frac{(8+8)\times16}{(8+8)+16}=8\ \Omega$$

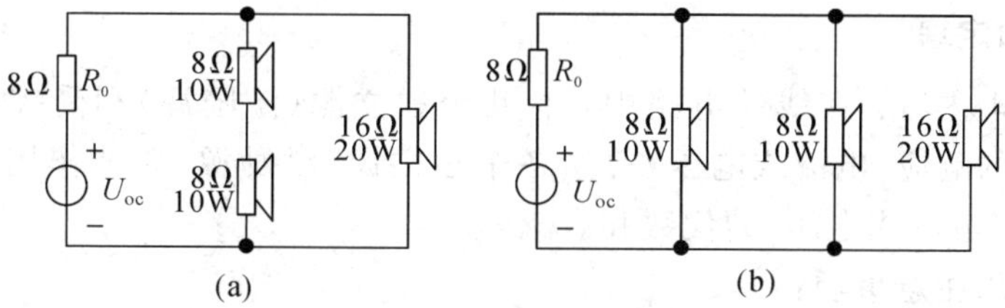

图 3-13　例 3-6 图

满足 $R_L=R_0$ 时，扬声器可以获得最大功率，且各扬声器获得的功率与额定功率相等，由此可以得到

$$P_L=I^2R_L\Rightarrow I=\sqrt{\frac{P_L}{R_L}}=\sqrt{\frac{40}{8}}=2.24\ \text{A}$$

学习笔记

$$U_{oc}=16I=16\times2.24=35.84\ \text{V}$$

(2) 如果将三个扬声器全部并联，电路如图 3-13(b)所示，此时等效电阻为

$$R_L=8/\!/8/\!/16=3.2\ \Omega$$

因 $R_L<R_0$，若 U_{oc}不变，则

$$I=\frac{U_{oc}}{R_0+R_L}=\frac{35.84}{8+3.2}=3.2\ \text{A}$$

负载 R_L 获得的总功率为

$$P_L=I^2R_L=3.2^2\times3.2=32.77\ \text{W}<40\ \text{W}$$

即小于扩音机能够输出的最大功率，负载两端的电压为

$$U_L=U_{oc}-IR_0=35.84-3.2\times8=10.24\ \text{V}$$

每个 8 Ω 扬声器获得的功率为

$$P_{8\Omega}=\frac{U_L^2}{8}=13.1\ \text{W}>10\ \text{W}$$

即 8Ω 扬声器过载，可能被烧坏。由此可见，电阻不匹配造成的后果是很严重的(若 R_0 消耗的功率大于电阻匹配时消耗的功率，也会造成扩音机被烧坏)。

思考与练习

3.3-1 最大功率传输定理说明，当电源电压 U_s 和其串联的内阻 R_0 不变时，负载 R_L 可变，则 R_L ________ R_0 时(即 ________ 匹配)，R_L 可获得最大功率为 $P_{Lmax}=$ ________，称为 ________。

3.3-2 负载上获得最大功率时，电源的利用率是多少？

本章小结

本章主要介绍了针对直流线性电阻电路进行电路分析、参数计算的网络定理和最大功率传输定理。

1. 叠加定理

(1) 定理内容：在线性电路中，有几个独立源(激励源)和受控源共同作用时，各支路的响应(电流或电压)等于各个独立源(激励源)单独作用时在该支路产生的响应(电流或电压)的代数和。

(2) 使用注意事项：

① 叠加定理只适用于线性电路。

② 定理中“独立源(激励源)单独作用”，是指当一个电源单独作用时，其他电源置零，即理想电压源短路，理想电流源开路。

③ 叠加时要注意电流和电压的参考方向。各支路电流方向和电压极性由电路的参考方向的选择而定。

学习笔记

2. 等效电源定理

1）戴维南定理

（1）定理内容：任何一个有源线性二端网络 N，都可以等效成一个理想电压源和电阻串联而成的实际电压源模型，电压源的电压等于有源线性二端网络的开路电压 U_{oc}，电阻等于所有独立源置零以后从端口看进去的等效电阻 R_0。

（2）解题步骤：

① 把复杂电路分成待求支路和有源二端网络两个部分。

② 把待求支路断开，求出有源二端网络两端的开路电压 U_{oc}。

③ 把网络内部的独立电压源短路，独立电流源开路，求出无源二端网络两端钮间的等效电阻 R_0。

④ 画出等效电路图，其电压源电压为 U_{oc}，内阻为 R_0，并与待求支路接通形成简化电路，运用合适的电路分析方法求解支路的电流和电压。

2）诺顿定理

任何一个有源线性二端网络 N，都可以等效成一个理想电流源和电阻并联的实际电流源模型，电流源的电流等于该网络端口短路时的短路电流 I_{sc}，电阻等于所有独立源置零后从端口看进去的等效电阻 R_0。

3. 最大功率传输定理

有源线性二端网络($R_0>0$)向可变电阻负载 R_L 传输最大功率的条件是：负载电阻 R_L 与戴维南等效电路的电阻 R_0 相等。满足 $R_L=R_0$ 条件时，称为最大功率匹配，此时负载电阻 R_L 获得的最大功率为 $P_{Lmax}=\dfrac{U_{oc}^2}{4R_0}$。

阅读材料：常用电路定理人物简介

1. 乔治·西蒙·欧姆

乔治·西蒙·欧姆(Georg Simon Ohm，1787—1854)，德国物理学家。他对物理学的主要贡献是发现了后来以他的名字命名的欧姆定律。

1787 年 3 月 16 日欧姆生于德国埃尔兰根城，16 岁时进入埃尔兰根大学研究数学、物理与哲学，由于经济困难，中途辍学，到 1813 年才完成博士学业。欧姆是一个很有天赋和科学抱负的人。他长期担任中学教师，由于缺少资料和仪器，给他的研究工作带来不少困难，但他在孤独与困难的环境中始终坚持不懈地进行科学研究，自己动手制作仪器。

欧姆对导线中的电流进行了研究。他从傅立叶发现的热传导规律(导热杆中两点间的热流正比于这两点间的温度差)中受到启发。欧姆认为，电流现象与此相似，猜想导线中两点之间的电流也许正比于它们之间的某种驱动力，即现在所称的电动势。欧姆花了很大的精力进行这方面的研究。开始他用伏打电堆作电源，但是由于电流不稳定，效果不好。后来他接受别人的建议改用温差电池作电源，从而保证了电流的稳定性。但是如何测量电流的大小，这在当时还是一个没

学习笔记

有解决的难题。开始，欧姆利用电流的热效应，用热胀冷缩的方法来测量电流，但这种方法难以得到精确的结果。后来他把奥斯特关于电流磁效应的发现和库仑扭秤结合起来，巧妙地设计了一个电流扭秤，如图 3-15 所示，用一根扭丝悬挂一磁针，让通电导线和磁针都沿子午线方向平行放置；再用铋和铜温差电池，一端浸在沸水中，另一端浸在碎冰中，并用两个水银槽作电极，与铜线相连。当导线中通过电流时，磁针的偏转角与导线中的电流成正比。他经过了大量的实验、推理、计算，最终于 1826 年确定了欧姆定律。

图 3-14　乔治·西蒙·欧姆

图 3-15　欧姆设计的电流扭秤

1841 年英国皇家学会授予他最高荣誉的科普利金牌。1881 年国际电学大会将电阻的单位定为欧姆(Ω)。

2. 古斯塔夫·罗伯特·基尔霍夫

古斯塔夫·罗伯特·基尔霍夫(Gustav Robert Kirchhoff，1824—1887)，德国物理学家。1824 年 3 月 12 日，基尔霍夫出生于德国东普鲁士首府柯尼斯堡(今俄罗斯的加里宁格勒)。基尔霍夫在柯尼斯堡大学读物理，1847 年毕业后去柏林大学任教，3 年后去布雷斯劳做临时教授。1854 年由化学家本生推荐任海德堡大学教授。1875 年到柏林大学做理论物理教授，直到逝世。

图 3-16　古斯塔夫·罗伯特·基尔霍夫

1845 年，年仅 21 岁，还是大学生的基尔霍夫在法国数学-物理学派思想(代表人物欧姆)的影响下，发表了他人生中第一篇论文，提出并建立了物理学上意义重大的两大电路定律：基尔霍夫电流定律(KCL)和基尔霍夫电压定律(KVL)。这两大定律都是基于电路中电的流动和分布的研究，解决了电器设计中电路方面的难题，具有广泛意义，至今仍应用于电路的分析和设计上。这也成为他之后博士论文的主要组成部分。

后来他又研究了电路中电的流动和分布，从而阐明了电路中两点间的电势差和静电学的电势，这两个物理量在量纲和单位上的一致，使基尔霍夫电路定律具有更广泛的意义。基尔霍夫电路定律是解决复杂电路问题的重要工具，基尔霍夫也被称为“电路求解大师”。

基尔霍夫不仅是物理学家，还是天文学家、化学家，辐射元素铯和铷的共同发现者。除了电路中以他名字命名的 Kirchoff's law，还有包括热化学、热辐射、光学积分、光谱等在内的定理和定律。他曾获得诸多奖项和名誉：

1861 年，当选为柏林科学院通讯院士；

1862 年，当选为彼得堡科学院通讯院士；

1870 年，成为巴黎科学院通讯院士；

1877 年，因为对光谱的分析和发现与本生同时获得第一届戴维奖章；

1884 年，成为荷兰皇家艺术与科学学院外籍成员。

基尔霍夫的一生，在光学、电学、化学、天文学等各方面都贡献斐然。

3. 莱昂·夏尔·戴维南

莱昂·夏尔·戴维南(Leon Charles Thevenin，1857—1926)，出生在法国莫城(Meaux)，1876 年毕业于 Ecole Polytechnique (现法国巴黎综合理工大学)，法国电信工程师。

图 3-17　莱昂·夏尔·戴维南

1878 年，戴维南加入了电信工程军团(即法国 PTT 的前身)，最初的任务为架设地底远距离的电报线。1882 年成为综合高等学院的讲师，让他对电路测量问题有了浓厚的兴趣。在研究了基尔霍夫电路定律以及欧姆定律后，他发现了著名的戴维南定理，用于计算更为复杂电路上的电流。

此外，在担任综合高等学院电信学院的院长后，他也常在校外教授其他学科，例如在国立巴黎农学院教机械学。1896 年他被聘为电信工程学校的校长，随后在 1901 年成为电信工坊的首席工程师。戴维南对通信电路和系统分析很感兴趣，这种兴趣促使了戴维南定理的提出。

他在 1883 年提出戴维南等效公式，并于 1883 年 12 月发表在法国科学院的刊物上。由于 1853 年德国人亥姆霍兹也曾提出过，因而又称为亥姆霍兹-戴维南定理。戴维南定理与叠加定理共同构成了电路分析的基本工具。

学习笔记

技能训练 3.1

【技能训练 3.1】 叠加定理的验证

1. 技能训练目标

(1) 验证线性电路叠加原理的正确性。

(2) 加深对叠加定理内容及适用范围的理解。

2. 使用器材

双路直流稳压电源、万用表、电阻器(510 Ω×3、1 kΩ、330 Ω)、叠加定理实验电路板、直流毫安表、直流电压表等。

3. 训练内容与方法

叠加定理：在任何一个由多个独立源共同作用的线性电路中，任一支路的电流(或电压)等于各个独立源单独作用时，在该支路中所得电流(或电压)的叠加。

验证叠加定理的方法是，将电路中的所有独立源分别单独作用，而其他独立源均置零，即将电压源 U_s 短路、电流源 I_s 开路，测得各支路的电流或电压，然后将其所有结果叠加。叠加的结果应与多个独立源共同作用的电路所得的电流或电压一致。

叠加定理实验箱电路如图 3-18 所示。当开关 S_1、S_2 都扳向外时，两路电源共同作用；当开关扳向内时则稳压电源被短路，不起作用，因此通过控制开关 S_1、S_2 可使相应的稳压电源工作或者置零。

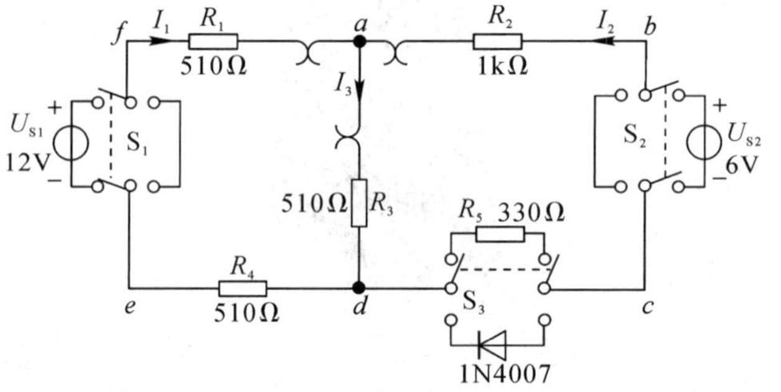

图 3-18　叠加定理实验箱电路

图 3-18 电路中，开关 S_3 向上将 R_5 线性电阻接入电路，开关 S_3 向下则将非线性元件二极管接入电路，由此可以验证叠加定理的适用范围。

若有条件，也可使用分立元件自行搭接电路完成叠加定理的验证。

注意：

(1) 叠加定理只适用于线性电路，不适用于非线性电路。

(2) 代入数值和叠加时，电流、电压参考方向应与原电路保持一致。

(3) 叠加定理只能用于计算电流、电压，不能计算功率。

学习笔记

4. 操作步骤及数据记录

（1）将 U_{s1} 调至 12 V，U_{s2} 调至 6 V（需用万用表准确测量），断开电源开关待用。

（2）当 U_{s1} 单独作用时，按图 3－19(a)连接电路。如没有图示的电阻也可使用其他阻值接近的电阻，如 680 Ω 或 1.5 kΩ 等。用直流电压表和毫安表（接电流插头）分别测量各电阻元件两端的电压和各支路电流，记录测量数据填入表 3－1 中。

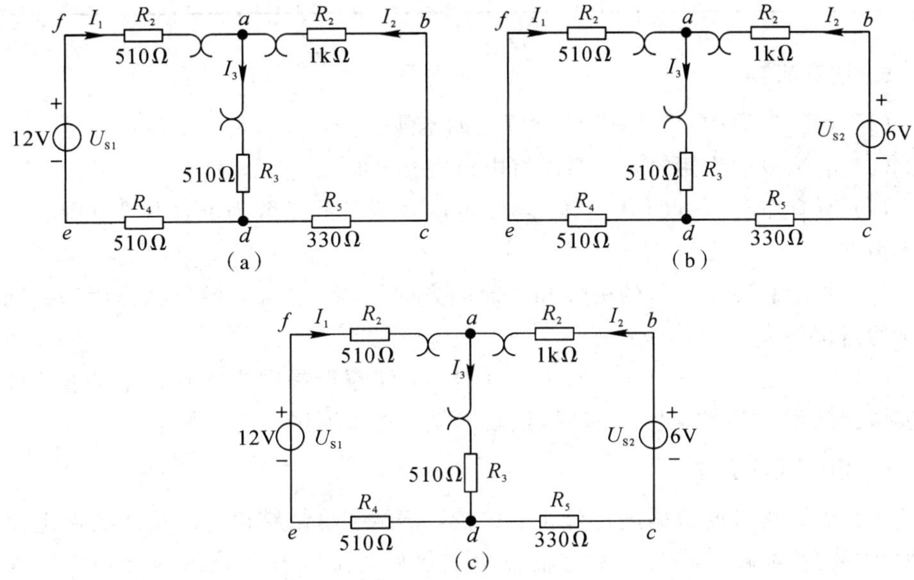

图 3－19　叠加定理验证电路

（3）当 U_{s2} 单独作用时，按图 3－19(b)接线，记录测量数据填入表 3－1 中。

（4）当 U_{s1}、U_{s2} 共同作用时，按图 3－19(c)接线，记录测量数据填入表 3－1 中。

表 3－1　线性电路叠加定理验证测量数据

测试条件	测量参数									
	U_{s1}	U_{s2}	U_{ab}	U_{cd}	U_{ad}	U_{de}	U_{fa}	I_1	I_2	I_3
U_{s1} 单独作用										
U_{s2} 单独作用										
U_{s1}、U_{s2} 共同作用										

★(5) 非线性电路的叠加验证。若用实验箱，可将图 3－18 中的开关 S_1、S_2、S_3 分别向左、右、上、下拨动，完成电源（U_{s1}、U_{s2}）和元器件（R_5 与二极管 1N4007）切换。

若采用分立元件连接电路，则将图 3－19 中的线性电阻 R_5 换成二极管 1N4007。重复步骤(2)～(4)的测量过程，数据填入表 3－2 中。

学习笔记

表 3-2 非线性电路叠加定理验证测量数据

测试条件	测量参数									
	U_{s1}	U_{s2}	U_{ab}	U_{cd}	U_{ad}	U_{de}	U_{fa}	I_1	I_2	I_3
U_{s1}单独作用										
U_{s2}单独作用										
U_{s1}、U_{s2}共同作用										

5. 注意事项

(1) 实验过程中，要保持U_{s1}和U_{s2}的电压不变。

(2) 电源单独作用时，不要误将电源短接。

(3) 所有需要测量的电压值，均以电压表测量的读数为准，不以电源表盘指示值为准。

(4) 要特别注意电压的极性和电流的方向问题。在独立源单独作用和共同作用时均需保持参考方向一致。

(5) 用万用表测量电流、电压的过程中，注意选择适当量程进行测量。如遇电表指针反偏，需调换红、黑表笔重新测量，并在测试数据前加上负号。

6. 报告填写要求

(1) 根据测量的数据进行分析、比较，归纳、总结结论，即验证线性电路的叠加性。实验电路中将一个电阻器改为二极管，试问叠加定理的叠加性还成立吗？为什么？

(2) 各电阻器所消耗的功率能否用叠加原理计算得出？试用上述实验数据进行计算并作结论。

(3) 思考：叠加定理中独立源(U_{s1}、U_{s2})分别单独作用，在实验中应如何操作？可否直接将不作用的电源(U_{s1}或U_{s2})置零(短接)？

【技能训练 3.2】 戴维南定理的验证及负载功率曲线的测绘与仿真

技能训练 3.2

1. 技能训练目标

(1) 验证戴维南定理的正确性，加深对该定理的理解。

(2) 掌握测量有源二端网络等效参数的方法，以及负载功率曲线的绘制。

2. 使用器材

直流稳压电源、直流电流源、万用表、直流数字电压表、直流数字电流表、电阻等元器件，戴维南定理实验电路板、Multisim 仿真软件。

3. 训练内容与方法

戴维南定理：任何一个线性有源网络，都可以用一个理想电压源与一个电阻串联的实际电压源模型来等效代替，如图 3－20 所示。

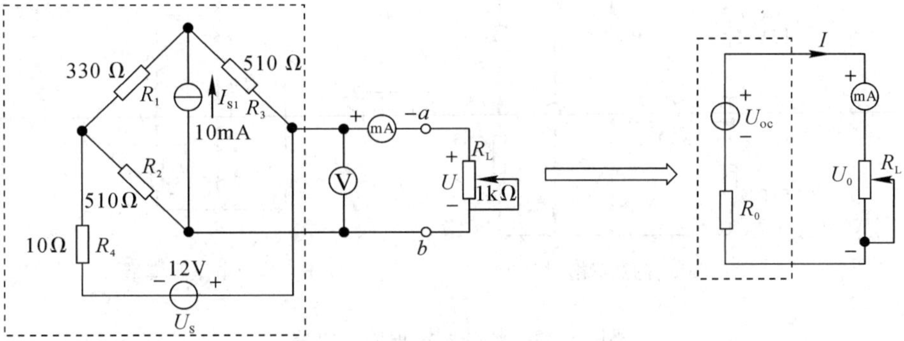

（a）有源二端网络　　　　　　（b）等效电压源模型

图 3－20　戴维南定理验证实验箱电路

等效电压源的电动势等于有源二端网络的开路电压 U_{oc}，其等效内阻等于该网络中所有独立源均置零(理想电压源视为短路，理想电流源视为开路)时的等效电阻 R_0。等效前后的电路外特性应一致，因此只需测量这两个电路的负载电压与电流进行对比，即可验证戴维南定理的正确性。

当电路满足最大功率匹配的条件，即负载电阻 R_L 与戴维南等效电路的电阻 R_0 相等时，有源线性二端网络可向负载电阻 R_L 传输的最大功率为

$$P_{Lmax}=\frac{U_{oc}^2}{4R_0}$$

因此根据测量得到的负载电压与电流可以计算出负载的功率，并绘制出 p_L-R_L 曲线，该曲线应该是一条开口向下的抛物线，最大功率所对应的负载电阻值就是二端网络的等效电阻，如图 3－21 所示。

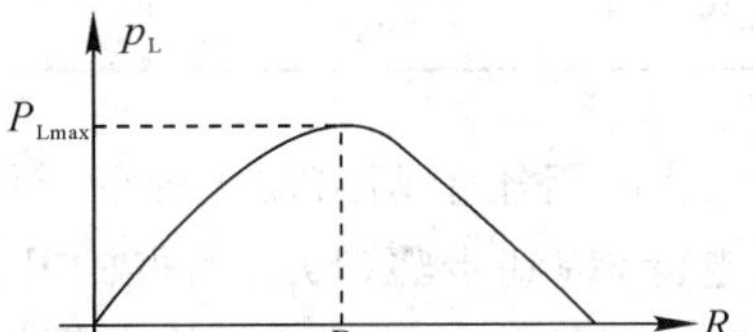

图 3－21　负载功率 p_L-R_L 曲线

4. 操作步骤及数据记录

(1) 用开路电压、短路电流法测定等效电路的 U_{oc}、I_{sc}，并计算出 R_0。按图 3－20(a)所示实验箱电路接线。若没有理想电流源也可以用 6V 电压源来替代图 3－20 中的 I_s，变成图 3－22(a)所示电路。但要注意这两个电路的等效电压源模型的参数是不同的。

将负载电阻 R_L 断开，测出有源二端网络开路电压 U_{oc}＝________ V。

将负载电阻 R_L 短接，测出有源二端网络短路电流 I_{sc}＝________ mA。

学习笔记

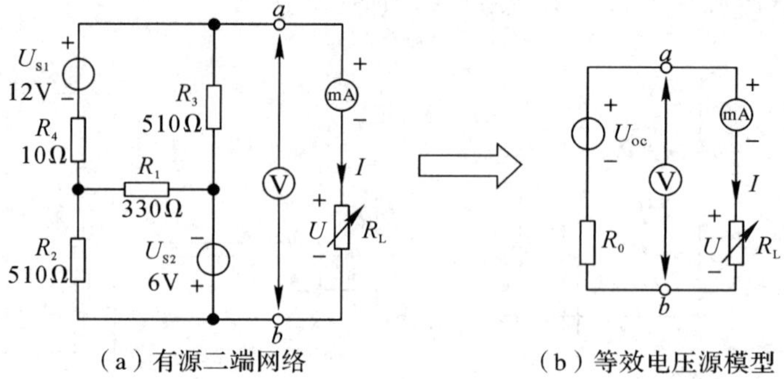

图 3-22 戴维南定理验证电路

根据测量参数计算戴维南等效电压源模型的电阻 $R_0=\frac{U_{oc}}{I_{sc}}=$ ________ Ω。

(2) 测量有源二端网络的外特性曲线。给图 3-22(a)所示电路分别接入不同的负载电阻 R_L，参数如表 3-3 所示，测量有源二端网络的外特性参数电压与电流，填入表 3-3 中。

表 3-3 戴维南验证电路的外特性参数

R_L/Ω		51	100	150	330	1k
有源二端网络	U/V					
	I/mA					
	P/mW					
等效电压源	U/V					
	I/mA					
	P/mW					

(3) 验证戴维南定理。从电阻箱上调出按步骤(1)计算所得的等效电阻 R_0 之值，然后令其与直流稳压电源(调到步骤(1)所测得的开路电压 U_{oc}之值)相串联，如图 3-22(b)所示，仿照步骤(2)测其外特性，将数据填入表 3-3 中。通过比对步骤(2)与(3)的参数结果对戴维南定理进行验证。

(4) 绘制功率曲线验证最大功率传输定理。根据步骤(2)与(3)所测得的数据计算出负载功率的大小，填入表 3-3 中，绘制出对应的功率曲线图，并验证最大功率传输定理的正确性。

5. 软件仿真操作步骤及数据记录

(1) 用开路电压、短路电流法测定等效电路的 U_{oc}、I_{sc}，并计算出 R_0。按图 3-23 搭接有源二端网络仿真电路，设置符号标准为“DIN”形式，其中 S_1 为单刀四掷开关(4POS_ROTARY)，U_s 为恒压源(DC_POWER)，I_s 为恒流源(DC_CURRENT)，A_1 为直流电流表(AMMETER_H)，V_1 为直流电压表(VOLTMETER_V)。

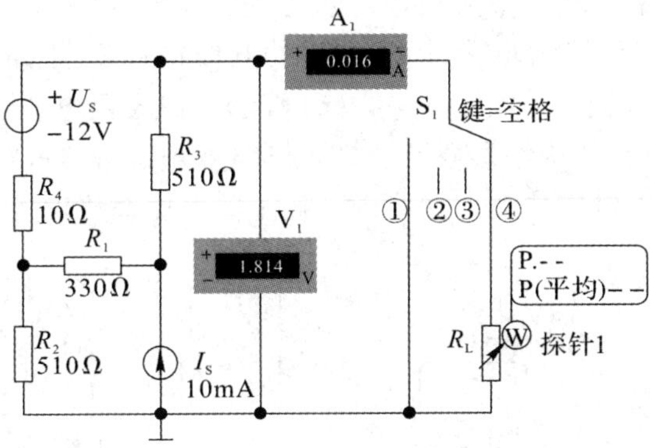

图 3－23　有源二端网络仿真测量电路

测量有源二端网络短路电流 $I_{sc}=$________ mA。方法：将开关 S_1 置①端，使负载端短接。

测量有源二端网络开路电压 $U_{oc}=$________ V。方法：将开关 S_1 置②或③端，使负载端开路。

根据测量参数计算戴维南等效电压源模型的电阻 $R_0=\dfrac{U_{oc}}{I_{sc}}=$________ Ω。

（2）测量有源二端网络的外特性曲线及功率曲线。如图 3－23 所示在负载电阻上放置一个功率探针，探针工具栏如图 3－24 所示。将开关 S_1 置④端，按表 3－4 中的 R_L 参数为电路接入相应的负载电阻，测量出有源二端网络的外特性参数及功率值，将数据填入表 3－4，并绘制出对应的功率曲线图。

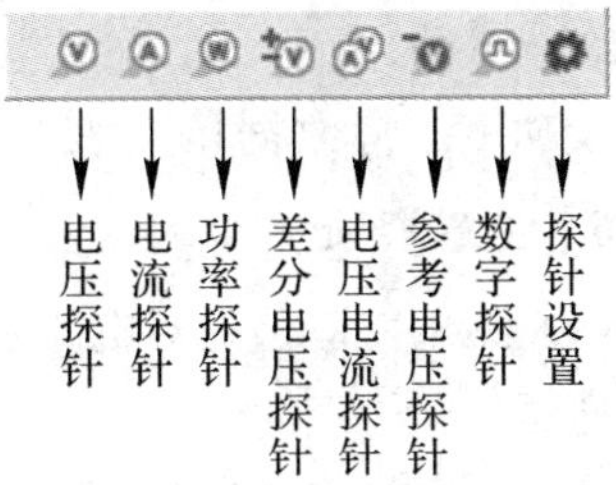

图 3－24　Multisim 的探针工具栏

表 3－4　等效电路的外特性参数及功率测量

R_L/Ω		100	240	510	1k	3k
有源二端网络	U/V					
	I/mA					
	P/mW					
戴维南电压源模型	U/V					
	I/mA					
	P/mW					
★诺顿电流源模型	U/V					
	I/mA					
	P/mW					

学习笔记

(3) 验证戴维南定理及最大功率传输定理。取步骤(1)计算所得的等效电阻 R_0 之值，与恒压源(设置为步骤(1)所测得的开路电压 U_{oc} 之值)相串联，得到戴维南定理等效电压源模型，如图 3-25(a)所示，并放置电压电流探针和功率探针。仿照步骤(2)测其外特性参数及功率，将数据填入表 3-4，然后对戴维南定理进行验证。绘制出对应的功率曲线图，验证最大功率传输定理的正确性。

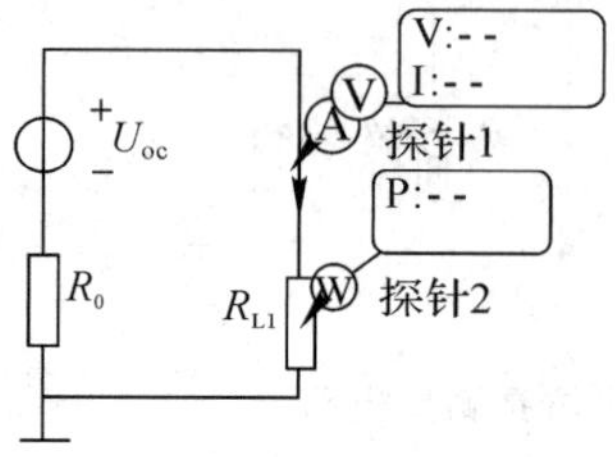

(a) 戴维南等效电压源模型

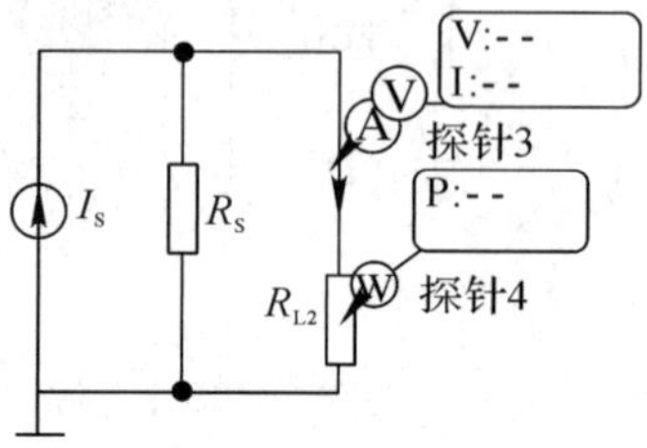

(b) 诺顿等效电流源模型

图 3-25 等效电源模型

★(4) 验证诺顿定理。取按步骤(1)所得的等效电阻 R_0 之值，与恒流源(设置为步骤(1)所测得的短路电流 I_{sc} 之值)相并联，得到诺顿定理等效电流源模型，如图 3-25(b)所示，并放置电压电流探针和功率探针。仿照步骤(2)测其外特性参数及功率，将数据填入表 3-4，然后对诺顿定理进行验证。

6. 注意事项

(1) 测量前请预先对电路参数进行计算，以便测量时可准确地选取、变换合适的电表量程。

(2) 对实物电路的内阻 R_0 进行测量时，网络内的独立源必须先置零(但是不可将稳压源短接)，以免损坏万用表。其次，用万用表直接测量内阻时，欧姆挡必须调零后再进行测量。

(3) 改接线路时，要关掉电源。

7. 报告填写要求

(1) 根据操作步骤(2)、(3)、(4)测量的数据分别绘出外特性曲线及功率曲线(可通过 Excel 表格输出曲线)，验证戴维南定理和诺顿定理的正确性。

(2) 对比有源二端网络和两种电源等效模型的外特性参数，分析说明其实验验证结果。

(3) 思考：在本实验中可否直接做负载短路实验？

习　题

3-1　电路如图 3-26 所示。

(1) 用叠加定理求各支路电流。

(2) 求两个电源的功率。

3-2　用叠加定理求如图 3-27 所示电路中的电压 U。

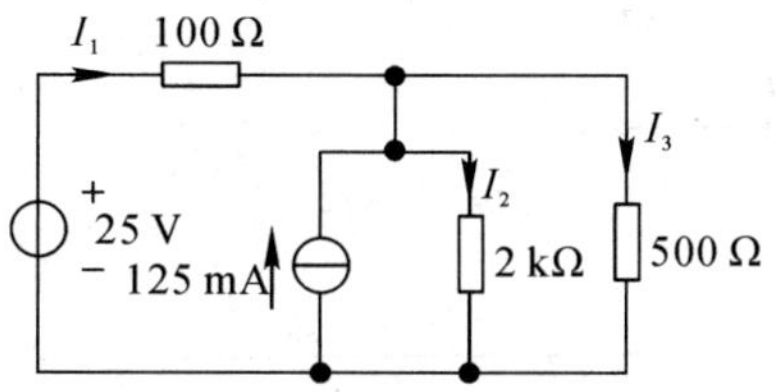

图 3－26　习题 3－1 图

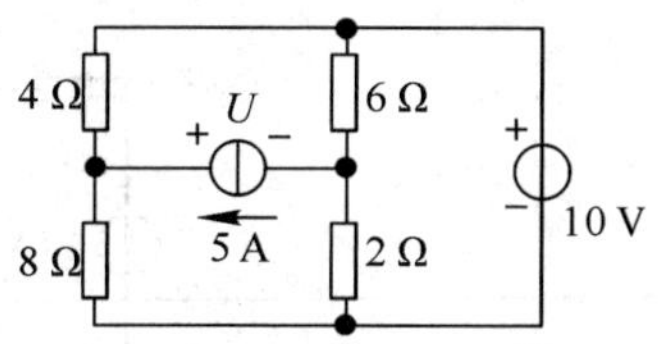

图 3－27　习题 3－2 图

3－3　试用叠加定理计算图 3－28 所示电路中 $U_{s2}=2$ V 时，电压 U_4 的大小。若 U_{s1} 的大小不变，要使 $U_4=0$，则 U_{s2} 应等于多少？

3－4　如图 3－29 所示无源网络 N 外接 $U_s=2$ V，$I_s=2$ A 时，响应 $I=10$ A。当 $U_s=2$ V，$I_s=0$ A 时，响应 $I=5$ A。现若 $U_s=4$ V，$I_s=2$ A 时，则响应 I 为多少？

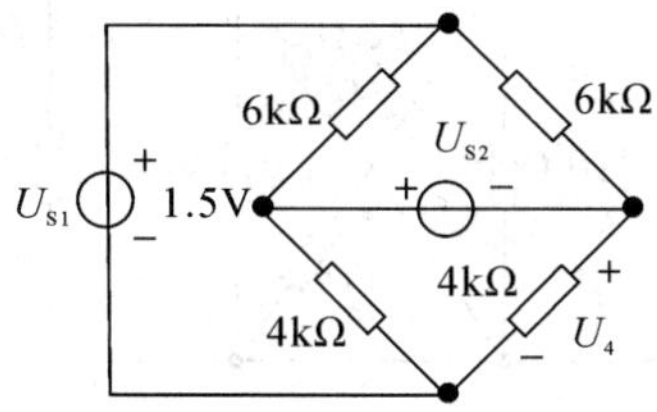

图 3－28　习题 3－3 图

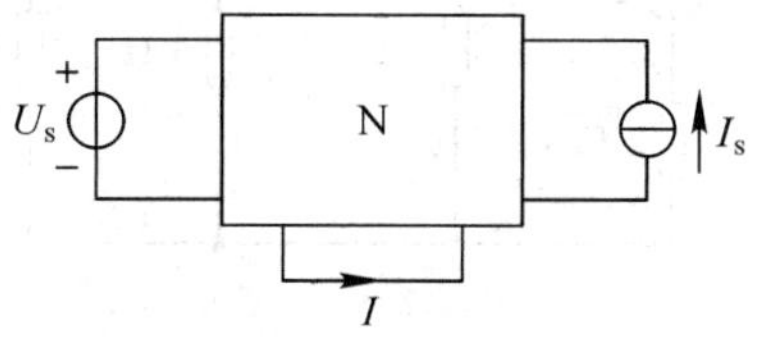

图 3－29　习题 3－4 图

3－5　用叠加定理求解图 3－30 所示电路中的电压 U。

3－6　求图 3－31 所示电路中的电压 U 和电流 I。

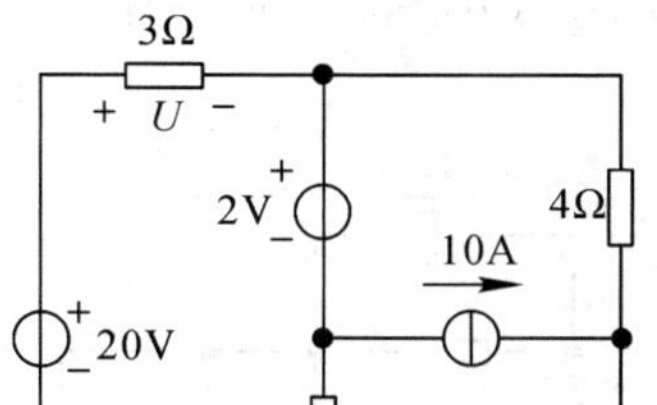

图 3－30　习题 3－5 图

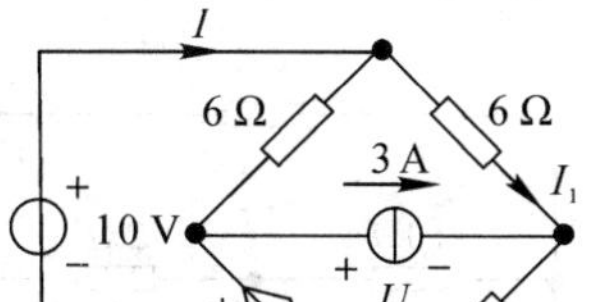

图 3－31　习题 3－6 图

3－7　求如图 3－32 所示电路的戴维南等效电路。

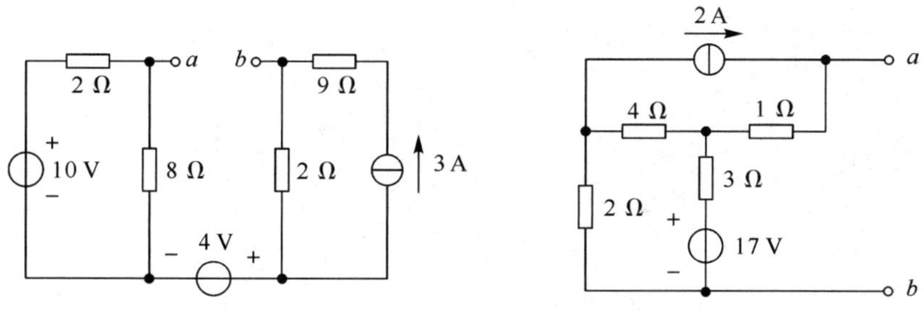

（a）　　　　（b）

学习笔记

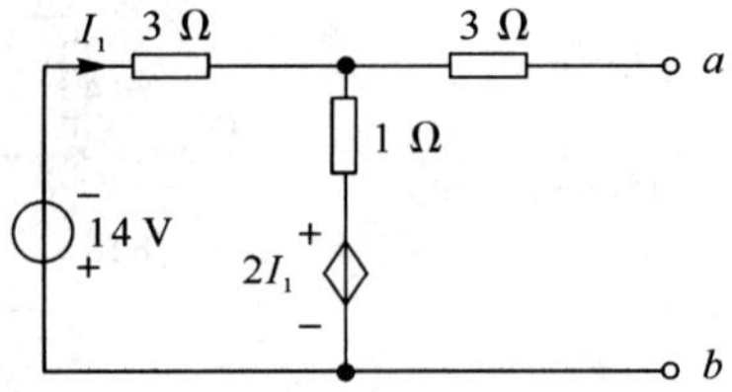

(c)

图 3-32 习题 3-7 图

3-8 用戴维南定理求图 3-33 所示电路中的电流 I。

3-9 用诺顿定理求图 3-34 所示电路中的电流 I。

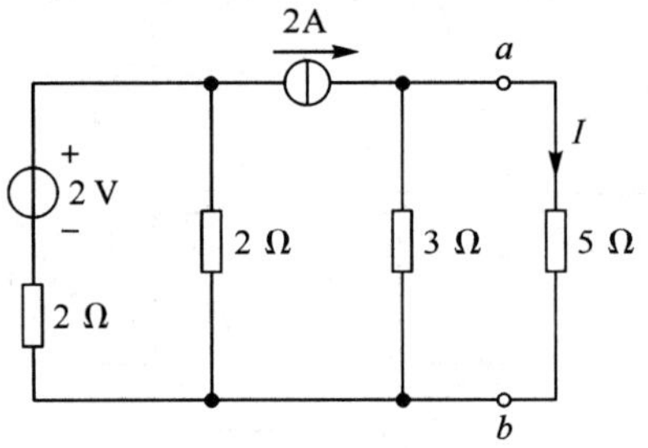

图 3-33 习题 3-8 图

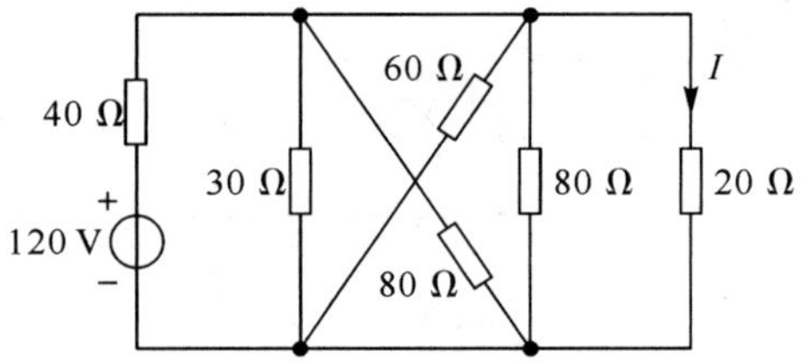

图 3-34 习题 3-9 图

3-10 电路如图 3-35 所示。求 R_L 为何值时，R_L 消耗的功率最大？最大功率为多少？

3-11 如图 3-36 所示电路中，电阻 R_L 可调，当 $R_L = 2\ \Omega$ 时，有最大功率 $P_{Lmax} = 4.5\text{W}$，求 R=？U_s=？

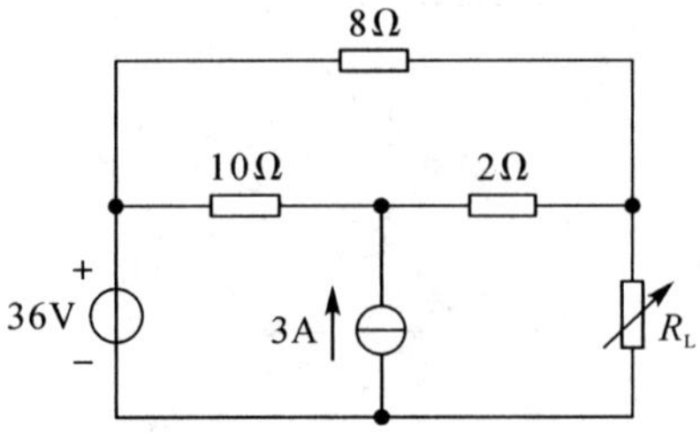

图 3-35 习题 3-10 图

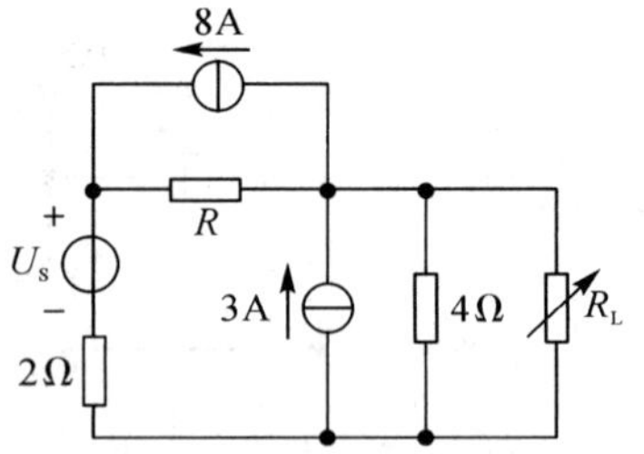

图 3-36 习题 3-11 图

第 4 章　直流激励下的一阶动态电路

在前面三章中，讨论了由电阻元件和电源构成的电路，实际上，电路中除了电阻元件以外，常用的还有电容元件和电感元件。由于电容元件和电感元件的伏安关系为微分或积分关系，故称为动态元件，只含有一个动态元件的电路称为一阶电路。本章介绍了直流电源作用于一阶动态电路的响应，重点讲述了如何用三要素法求解一阶电路。

4.1　电容元件

电容元件

4.1.1　电容元件的定义

电容元件是电路模型中的一个基本元件，是一种表征电路元件储存电荷特性的理想元件。

电容元件的定义是：如果一个二端元件在任一时刻，其所存储的电荷 q 与端电压 u 之间的关系由 $u-q$ 平面上一条曲线所确定，则称此二端元件为电容元件，如图 4－1 所示。

(a)　　(b)

图 4－1　电容元件的 $u-q$ 特性曲线

电量与电压大小成正比关系的电容元件，如果它的 $u-q$ 曲线是一条通过坐标原点的直线，如图 4－1(a)所示，则称为线性电容元件；否则，称为非线性电容元件，如图 4－1(b)所示。今后所说的电容元件，如无特别说明，都是指线性电容元件，电容元件符号如图 4－2 所示。

(a) 无极性电容　　(b) 有极性电容

图 4－2　电容元件的符号

电容元件的原始模型为由两块金属极板中间用绝缘介质隔开的平板电容器。

学习笔记

当在两极板上加上电压后，两极板就分别积累了等量的正、负电荷，即对电容器进行了充电，每个极板所带电量的绝对值，叫作电容器所带的电荷量。同时，在两个极板间建立了电场，储存电场能量。聚积的电荷愈多，所形成的电场就愈强，电容元件所储存的电场能量也就愈大。当电容器两极板聚积的电荷量改变时，就形成电流。

电容元件每个极板所带电荷量的多少与两极板间电压的大小有关，其关系式为

$$C=\frac{q}{u} \tag{4-1}$$

式(4－1)反映了电容元件容纳电荷的本领。我们把电荷量 q 与电压 u 的比值称为电容元件的电容量，简称电容，用 C 表示，在数值上等于单位电压加在电容元件两端时储存的电荷量。在国际单位制中，电容的单位是法拉，简称法(F)。在实际应用中，法拉这个单位太大，常用较小的单位微法(μF)和皮法(pF)，它们和 F(法拉)的换算关系是

$$1\ \mu\text{F}=10^{-6}\ \text{F},\ 1\ \text{pF}=10^{-12}\ \text{F}$$

如果电容元件的电容为常量，不随它所带电荷量的变化而变化，这样的电容元件即为线性电容元件，它的电容量只与其本身的几何尺寸以及内部的介质情况有关。

习惯上常把电容元件和电容器简称为电容，所以“电容”一词有双重含义，一是指电容元件(电容器)本身，同时也指电容元件的参数(电容量)。

电容具有隔直流、通交流、通高频、阻低频的特性。主要用于隔断直流的电容叫作隔直电容，把高频信号与低频信号分开的电容叫旁路电容，作为级间耦合的电容叫耦合电容。

当加在一个实际电容两端的电压超过某一个限度时，两极板间的绝缘介质将被击穿而导电，形成短路，故电容均有一定的耐压值，又称为电容的额定直流工作电压。它是电容在电路中长期(不少于 1 万小时)可靠工作所能承受的最高直流电压。

4.1.2　电容元件的伏安关系

思考题 4.1.2

电容元件两端的电压发生变化时，两极板积累的电荷也要发生变化，电路中出现了电荷的移动，便形成电流。

如图 4－3 所示，当电容上的电压 u 和电流 i 为关联参考方向时，根据电流的定义，得

$$i=\frac{\mathrm{d}q}{\mathrm{d}t} \tag{4-2}$$

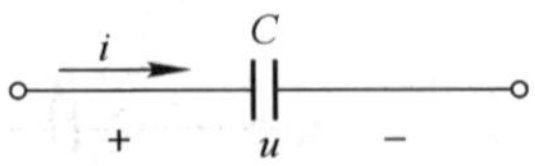

图 4－3　电容元件电压、电流方向

由 $C=\frac{q}{u}$ 得 $q=Cu$，代入上式得

$$i=C\frac{\mathrm{d}u}{\mathrm{d}t} \tag{4-3}$$

这就是关联参考方向下电容元件的伏安关系。式(4－3)表明，流过电容的电流与电容两端电压的变化率成正比。也就是说，电容元件任一瞬间电流的大小并不取决于这一瞬间电压的大小，而是取决于这一瞬间电压变化率的大小。电压变化越快，电流越大；电压变化越慢，电流越小。如果电容两端电压保持不变，则通过它的电流为零，因此直流电路中电容元件相当于开路。

由于电容电流只取决于它两端电压的变化率，所以电容元件又叫动态元件。

学习笔记

4.1.3　电容元件的储能

电容器两极板间只要有电压，介质中就有电场，并储存电场能量。因此，电容元件是一种储能元件。

当电容元件的电压、电流为关联参考方向时，电容元件的瞬时功率为

$$p=ui=uC\frac{\mathrm{d}u}{\mathrm{d}t} \tag{4-4}$$

若 $p>0$ 时，说明电容吸收能量(功率)，处于充电状态；若 $p<0$，则电容处于放电状态，向外释放能量(功率)。这说明电容能在一段时间内吸收外部供给的能量并储存起来，在另一段时间内又把能量释放回电路，它本身并不消耗能量。

设 $t=0$ 瞬间电容元件的电压为零，经过时间 t 后电压升高至 u，则电容 C 从 0 到 t 时间内储存的电场能量为

$$W_C=\int_0^t p\mathrm{d}t=\int_0^t Cu\frac{\mathrm{d}u}{\mathrm{d}t}\mathrm{d}t=\int_0^t Cu\mathrm{d}u=\frac{1}{2}Cu^2 \tag{4-5}$$

若 C、u 的单位分别为法拉(F)、伏特(V)，则 W_C 的单位为焦耳(J)。

式(4－5)表明，电容元件在某一时刻的储能只与这一时刻的电压有关，与达到 u 的过程、电流的大小及有无电流无关。也就是说，只要电容两端有电压，就存在储能。

4.1.4　电容元件的串、并联等效

在实际工作中，选用电容时必须考虑它的电容量和耐压能力。当遇到电容的大小不合适或耐压能力不够的问题时，就可以把几个电容串联、并联或混联使用。

电容元件的串、并联等效

1. 电容的串联

把几个电容各极板首尾相接，顺序连成一个无分支电路的连接方式叫作电容的串联。如图 4－4 所示为三个电容串联的电路。当一个电容的耐压不能满足电路要求，而它的容量又足够大时，通常可将几个电容串联起来使用。

思考题 4.1.4

电容串联时，与电源相连的两个极板充有等量异号的电荷量 q，中间各极板因静电感应而出现等量异号的感应电荷。显然，各个电容的电荷量均为 q，总的电荷量也为 q。

因此，串联电容组中的每一个电容都带有相等的电荷量，即

$$q=q_1=q_2=q_3$$

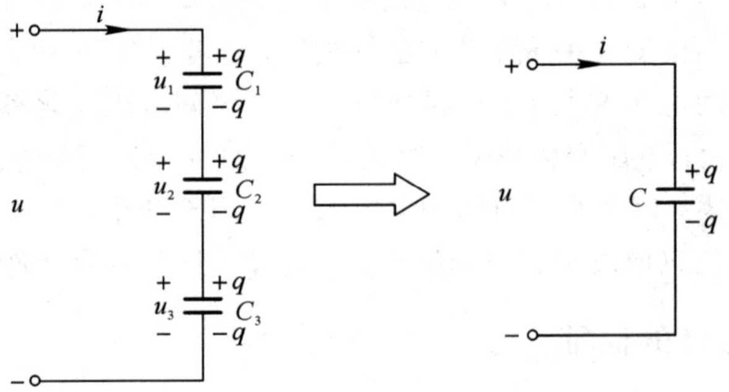

图 4-4　电容器的串联

根据电容的定义式 $C=\dfrac{q}{u}$，则每个电容两端的电压分别为

$$u_1=\frac{q}{C_1},\ u_2=\frac{q}{C_2},\ u_3=\frac{q}{C_3} \tag{4-6}$$

由 KVL 列出回路电压方程 $u=u_1+u_2+u_3$，代入式(4-6)得

$$u=\frac{q}{C_1}+\frac{q}{C_2}+\frac{q}{C_3}=q\left(\frac{1}{C_1}+\frac{1}{C_2}+\frac{1}{C_3}\right) \tag{4-7}$$

对等效电容 C 而言，它两端电压是 u，所带电荷量是 q，应有关系式

$$u=\frac{q}{C} \tag{4-8}$$

比较式(4-7)、式(4-8)得

$$\frac{1}{C}=\frac{1}{C_1}+\frac{1}{C_2}+\frac{1}{C_3} \tag{4-9}$$

式(4-9)说明，串联电容的等效电容的倒数等于各个电容的倒数之和。

如果只有两个电容串联，其等效电容为

$$C=\frac{C_1C_2}{C_1+C_2}$$

如果有 n 个电容串联，可推广为

$$\frac{1}{C}=\frac{1}{C_1}+\frac{1}{C_2}+\cdots+\frac{1}{C_n}$$

当 n 个电容的电容相等，均为 C_0 时，等效电容 C 为

$$C=\frac{C_0}{n}$$

等效电容 C 比每个电容的电容都小，这相当于加大了电容两极板间的距离 d，因而电容减小；每个电容的电压都小于端口电压，故当电容的耐压不够时，可将电容串联使用，需注意的是电容小的分得的电压反而大。

2. 电容的并联

把几只电容并联接到两个节点之间的连接方式叫作电容的并联。如图 4-5 所示为三个电容并联的电路。

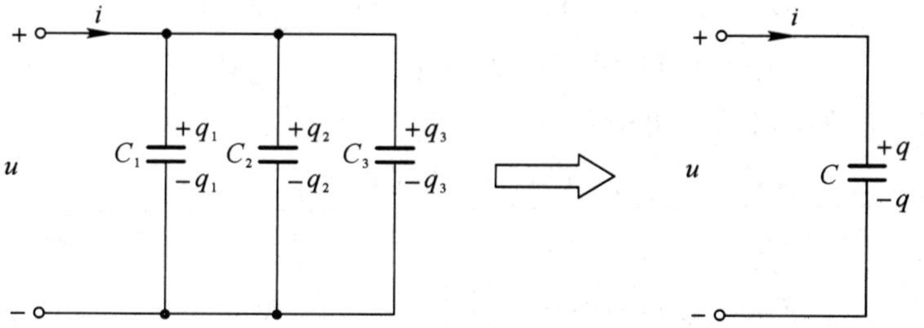

图 4－5　电容的并联

电容并联时，各电容电压相等，都等于端口电压 u，它们所带的电荷量分别为

$$q_1=C_1u,\ q_2=C_2u,\ q_3=C_3u$$

所以，三个电容的总电荷量为

$$q=q_1+q_2+q_3=C_1u+C_2u+C_3u=(C_1+C_2+C_3)u$$

并联电容的等效电容为

$$C=\frac{q}{u}=C_1+C_2+C_3 \tag{4-10}$$

式(4－10)说明，当几个电容并联时，其等效电容等于各并联电容之和。

如果有 n 个电容并联，可推广为

$$C=C_1+C_2+\cdots+C_n$$

当 n 个电容的电容相等，均为 C_0 时，则等效电容为

$$C=nC_0$$

电容并联时，工作电压不得超过它们中的最低耐压。否则，一只电容被击穿，整个并联电路就会被短接，这样会对电路造成危害。

当电容的耐压足够但电容量不够时，可将几个电容并联使用，以得到所需的电容量。当电容量和耐压都不够时，可将一些电容混联使用，即有些并联，有些串联。

【例 4－1】　两个电容 C_1 和 C_2，其中 $C_1=200\ \mu F$，耐压 $U_1=100$ V；$C_2=50\ \mu F$，耐压 $U_2=500$ V。

(1) 计算两电容并联使用时的等效电容和耐压；

(2) 计算两电容串联使用时的等效电容和耐压。

解　(1) 将两电容并联使用时，等效电容为

$$C=C_1+C_2=200+50=250\ \mu F$$

耐压为

$$U=U_1=100\ V$$

(2) 两电容串联时，等效电容为

$$C=\frac{C_1C_2}{C_1+C_2}=\frac{200\times50}{200+50}=40\ \mu F$$

因为

$$q_1=C_1U_1=200\times10^{-6}\times100=20\times10^{-3}\,\text{C}$$

$$q_2=C_2U_2=50\times10^{-6}\times500=25\times10^{-3}\,\text{C}$$

显然，$q_1<q_2$，故串联后的电荷量

$$q=C_1U_1=20\times10^{-3}\,\text{C}$$

耐压为

$$U=\frac{q}{C}=\frac{20\times10^{-3}}{40\times10^{-6}}=500\ \text{V}$$

【例 4-2】 电容同为 50 μF，耐压同为 50 V 的三只电容连接如图 4-6 所示，求电路的等效电容和耐压。

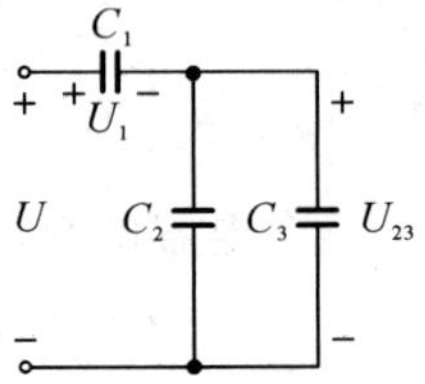

图 4-6　例 4-2 图

解　C_2 和 C_3 并联，等效电容为

$$C_{23}=C_2+C_3=50+50=100\ \mu\text{F}$$

电路的等效电容，即 C_1 与 C_{23} 串联的等效电容为

$$C=\frac{C_1C_{23}}{C_1+C_{23}}=\frac{50\times100}{50+100}=33.3\ \mu\text{F}$$

由于 C_1 小于 C_{23}，故 U_1 必大于 U_{23}，因此需保证 U_1 不超过其耐压 50 V。

当 $U_1=50$ V 时，有

$$U_{23}=\frac{q}{C_{23}}=\frac{C_1U_1}{C_{23}}=\frac{50\times50}{100}=25\ \text{V}$$

耐压 $U=U_1+U_{23}=50+25=75$ V，即端口电压不能超过 75 V。

【例 4-3】 在图 4-7(a)所示电路中，$C_1=C_2=C_3=0.2\ \mu\text{F}$，$C_4=C_5=0.1\ \mu\text{F}$，求等效电容 C。

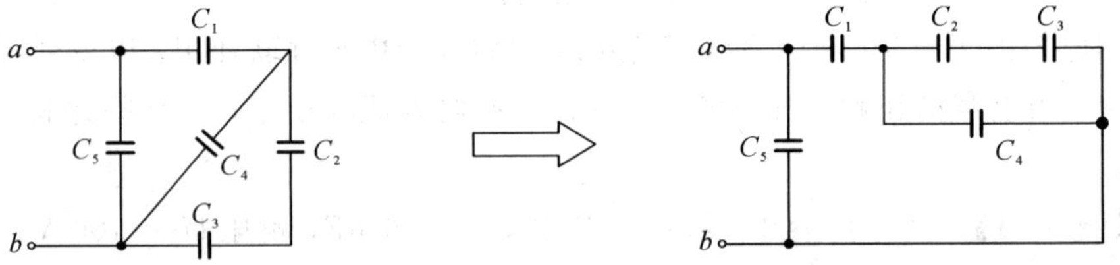

(a)　　(b)

图 4-7　例 4-3 图

解　为便于观察连接方式，将图 4-7(a)整理得图 4-7(b)，C_4 与 C_2、C_3 并联，其等效电容 C_{234} 为

$$C_{234}=\frac{1}{\dfrac{1}{C_2}+\dfrac{1}{C_3}}+C_4=0.1+0.1=0.2\ \mu\text{F}$$

C_1 与 C_{234} 串联，其等效电容 C_{1234} 为

$$C_{1234}=\frac{C_1C_{234}}{C_1\times C_{234}}=\frac{0.2\times0.2}{0.2+0.2}=0.1\ \mu\text{F}$$

C_5 与 C_{1234} 并联，电路等效电容 C 为

$$C=C_5+C_{1234}=0.1+0.1=0.2\ \mu\text{F}$$

学习笔记

思考与练习

4.1-1　某电容元件的电容 $C=2\ \mu F$，当极板上带电量为零，两极板间电压也为零时，该电容元件的电容为多大？

4.1-2　当电容元件电压、电流选择非关联参考方向时，电压、电流关系如何？

4.1-3　电容元件储存的能量与什么因素有关？为什么？

4.1-4　有人认为电容串联时各电容的电压与其电容成反比，因此计算电容串联电路的耐压时，首先应保证小电容的电压不超过其耐压。只要小电容是安全的，大电容就一定安全。这种看法对吗？

4.2　电感元件

电感元件

思考题 4.2

4.2.1　自感现象

任何通有电流的导体，和磁体一样，都可以在其周围产生磁场，这一现象称为电流的磁效应，是丹麦科学家奥斯特在 1820 年发现的。当导体中的电流发生变化时，它周围的磁场也会随着变化。

通常将导线绕制成螺旋状线圈，称为电感线圈，当电流通过线圈时，线圈周围激发的磁场与其电流 i 成正比。若穿过单匝线圈的磁感应线的多少用磁通 Φ 表示，对于一个有 N 匝且均匀紧密绕制的线圈，其总磁通 $N\Phi$ 称为自感磁链，简称磁链，用 Ψ 表示，即

$$\Psi=N\Phi$$

当线圈中间和周围没有铁磁物质时，线圈的磁链 Ψ 也与产生它的电流 i 成正比，即

$$\Psi=Li=N\Phi$$

上式中的比例系数 L 称为电感线圈的自感系数，简称自感或电感。电感 L 的定义为

$$L=\frac{\Psi}{i} \tag{4-11}$$

电感的大小与电流无关，取决于线圈的大小、形状、匝数以及周围(特别是线圈内部)磁介质的磁导率(铁芯电感还与通过的电流 i 有关)。线圈匝数越多，横截面积越大，其电感也越大。有铁芯的线圈比无铁芯的线圈电感 L 大得多。对于相同的电流变化率，L 越大，自感电动势越大，即自感作用越强。

在国际单位制中，电感的单位为亨利，简称亨(H)，还有较小的单位毫亨(mH)和微亨(μH)，它们之间的换算关系为

$$1\ \text{mH}=10^{-3}\ \text{H},\ 1\ \mu\text{H}=10^{-6}\ \text{H}$$

绕制线圈的导线总存在一定的电阻，所以当有电流 i 通过电感线圈时，除了在其周围产生磁场，储存一定的磁场能量外，电感线圈也要消耗能量。实际电感线圈消耗的能量很小，一般忽略不计，可用一个只代表储存磁场能量的理想化的二端元件——电感元件表示，其电路符号如图 4－8 所示。

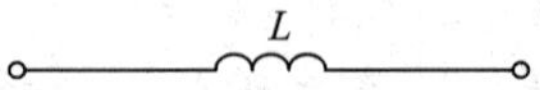

图 4－8　电感元件

若电感元件的电感量为常数，不随产生磁链的电流 i 的变化而变化，称为线性电感元件；否则，为非线性电感元件。今后如无特殊说明，均指线性电感元件。

“电感”一词有双重含义，既表示一个电感元件，又表示电感线圈的参数(电感值) L。

实际的电感线圈均标明电感值和额定工作电流两个参数，使用时要防止通过电感线圈的电流超过它的额定工作电流，否则会使线圈过热而损坏。

当电感中通过直流电流时，其周围只呈现固定的磁感应线，不随时间而变化；但当线圈中通过交流电流时，即电感元件的电流发生变化时，磁链就随之变化，变化的磁链使线圈中产生感应电动势，这一现象称为自感现象。这种由于线圈本身电流发生变化而产生的感应电动势，称为自感电动势。

4.2.2　电感元件的伏安关系

由法拉第电磁感应定律可知：电路中感应电动势的大小与穿过这一电路磁通量的变化率成正比。若磁链 Ψ 的参考方向与产生它的电流 i 的参考方向满足右手螺旋定则，并且自感电动势的参考方向与电流的参考方向一致时，如图 4－9(a)所示，电磁感应定律可表示为

$$e=-L\frac{\mathrm{d}i}{\mathrm{d}t}$$

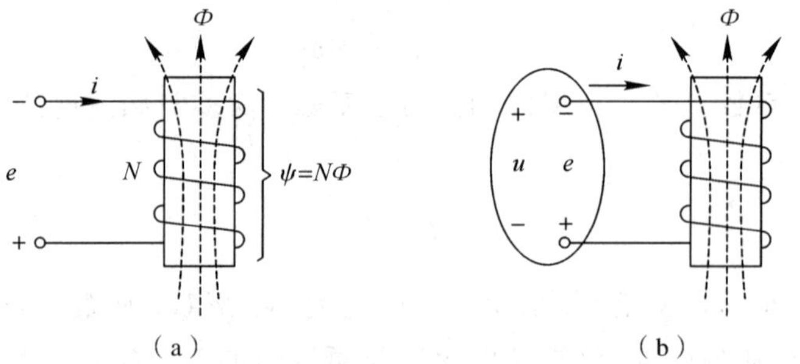

图 4－9　电感元件的电压电流关系

当选取线圈的电流 i、电压 u 的参考方向为关联方向时，如图 4－9(b)所示，则有

$$u=-e=L\frac{\mathrm{d}i}{\mathrm{d}t} \tag{4-12}$$

此即为电感元件的伏安关系。式(4－12)表明，某一时刻电感元件两端的电压的大小取决于该时刻电流对时间的变化率，与该时刻电流的大小无关。只有当电流变化时，其两端才会有电压。电感电流变化越快，电压越高；电感电流变化越慢，电压越低。因此，电感元件也叫动态元件。如果电感元件的电流不随时间变化(比如直流电)，即磁通没有变化，电感元件两端就不产生感应电压，故在直流电路中，电感元件相当于短路。

4.2.3　电感元件的储能

电感元件是一种储能元件。由前面分析已知电感两端的电压为

$$u=L\frac{\mathrm{d}i}{\mathrm{d}t}$$

当选取电感电压与电流的参考方向一致时，电感吸收的瞬时功率为

$$p=ui=Li\frac{\mathrm{d}i}{\mathrm{d}t}$$

若 $p>0$，表明电感从电路中吸收能量，储存在磁场中；若 $p<0$，表示电感释放能量。

电感元件从 0 到 t 时间内储存的磁场能量为

$$W_L=\int_0^t p\mathrm{d}t=\int_0^t Li\frac{\mathrm{d}i}{\mathrm{d}t}\mathrm{d}t=\int_0^t Li\mathrm{d}i=\frac{1}{2}Li^2 \tag{4-13}$$

若 L 的单位为亨利(H)，电流的单位为安培(A)，则 W_L 的单位为焦耳(J)。

式(4－13)表明：电感元件某一时刻所储存的磁场储能，只与该时刻电流的瞬时值有关，与电感的电压无关。只要电感中有电流，就储存有能量。

思考与练习

4.2－1　电感元件的电感值与什么因素有关？与通过的电流是否有关？

4.2－2　电感元件的电压、电流选择非关联参考方向时，电压、电流关系如何？

4.2－3　一个 2H 的电感，求下列电流作用下的电压：

(1) $i=100$ mA；　(2) $i=0.1t$ A；

(3) $i=2\sin(314t+30°)$ A；　(4) $i=2\mathrm{e}^{-3t}+3$ A。

4.3　换路定律

换路定律

4.3.1　电路的动态过程及换路定律

自然界中的各种事物，其运动过程都存在着稳定状态和过渡状态。例如火车在启动前速度为零，这是一种稳定状态，启动后速度由零逐渐上升，直至达到某

学习笔记

一速度后匀速行驶，又进入另一种稳定状态。此外，热水器烧水从加热到保温时温度的变化，行驶中的汽车从刹车减速到完全停止，都经历了从一种稳定状态过渡到另一种稳定状态的过程。电路也是如此，在含有储能元件——电容、电感的电路中，当电路的结构或元件的参数发生改变时，电路从一种稳定状态变化到另一种稳定状态，需要有一个动态变化的中间过程，称为电路的过渡过程(也称动态过程)。

在这个状态变化的过程中，无论是直流电路还是交流电路，在电路连接方式和元件参数不变的条件下，只要电源输出信号的幅值、波形和频率恒定，各支路电流和各部分电压也必将稳定在一定数值上，这种状态称为电路的稳定状态，简称稳态。

在图 4－10 所示电路中，R、L、C 分别串联一只同样的灯泡，并联连接在直流电源上。当开关 S 接通时，发现 R 支路的灯泡立即点亮，而且亮度始终不变；L 支路的灯泡由不亮逐渐变亮，最后亮度达到稳定；C 支路的灯泡由亮变暗，最后熄灭。这说明电阻支路在开关闭合后没有经历过渡过程，立即进入稳定状态，而电感支路和电容支路在开关闭合后需要经历一段过渡过程。

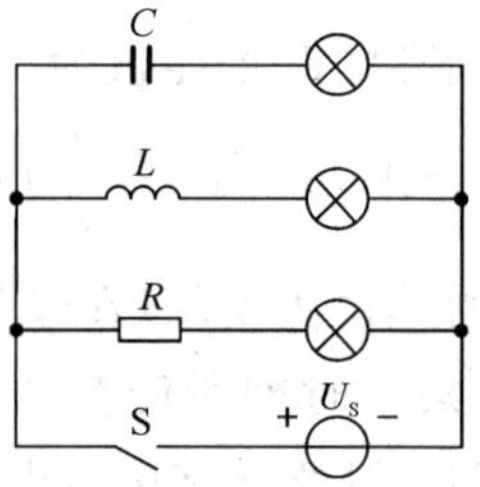

图 4－10　过渡过程演示电路

由以上现象可知，电路产生过渡过程(动态过程)有内、外两种原因，内因是电路中存在储能元件 L 或 C；外因是电路的结构或参数发生改变，如电路的接通或断开、电路参数或电源的突然变化等，一般称为换路。通常规定换路是瞬间完成的。

电感、电容是储能元件，任意时刻电容元件所储存的电场能量为 $W_C=\frac{1}{2}Cu^2$，电感元件所储存的磁场能量为 $W_L=\frac{1}{2}Li^2$，但能量变化是个渐变的过程，不能突变(跃变)，否则与其对应的功率 $p=\frac{\mathrm{d}W}{\mathrm{d}t}$ 将趋于无限大，这实际上是不可能的。也就是说，储能元件在换路瞬间的能量应保持不变，其中，电容元件所储存的电场能量不能跃变，反映在电容上的电压 u_C 不能跃变；电感元件所储存的磁场能量不能跃变，反映在通过电感线圈中的电流 i_L 不能跃变。

设 $t=0$ 为换路瞬间，用 $t=0_-$ 表示换路前一瞬间，$t=0_+$ 表示换路后一瞬间，换路的时间间隔为零。从 $t=0_-$ 到 $t=0_+$ 瞬间，电容元件上的电压和电感元件中的电流不能跃变，用公式可表示为

$$\left.\begin{aligned} u_C(0_+)=u_C(0_-) \\ i_L(0_+)=i_L(0_-) \end{aligned}\right\} \tag{4-14}$$

式(4－14)即称为换路定律。

应当指出，除了电容电压 u_C 和电感电流 i_L 不能跃变外，其他的量，如电容电流 i_C、电感电压 u_L、电阻的电压 u_R 和电流 i_R 均可以跃变，不受此限制。

4.3.2　电路初始值的计算

换路后最初瞬间的电流 $i(0_+)$和电压 $u(0_+)$的数值称为初始值。过渡过程中，电路中电压和电流的变化开始于换路后瞬间的初始值，终止于达到新稳态时的稳态值。稳态值可用前面学过的知识求解，初始值的确定是根据换路定律进行的，其步骤如下：

(1) 先求出换路前一瞬间的 $u_C(0_-)$或 $i_L(0_-)$。

(2) 根据换路定律确定 $u_C(0_+)$和 $i_L(0_+)$

(3) 画出 $t=0_+$时的等效电路图，若 $u_C(0_+)=0$，电容相当于短路，用短路替代；若 $i_L(0_+)=0$，电感相当于开路，则用开路替代。而若 $u_C(0_+)=U_0$，电容元件等效为电压源；$i_L(0_+)=I_0$，则电感元件等效为电流源。

(4) 利用欧姆定律和基尔霍夫定律，确定电路中其他电压、电流在 $t=0_+$时的初始值。

【例 4－4】　图 4－11 所示电路中，已知 $U_s=10$ V，$R_1=2$ kΩ，$R_2=5$ kΩ，开关 S 闭合前，电容两端电压为零，求开关 S 闭合后各元件电压和各支路电流的初始值。

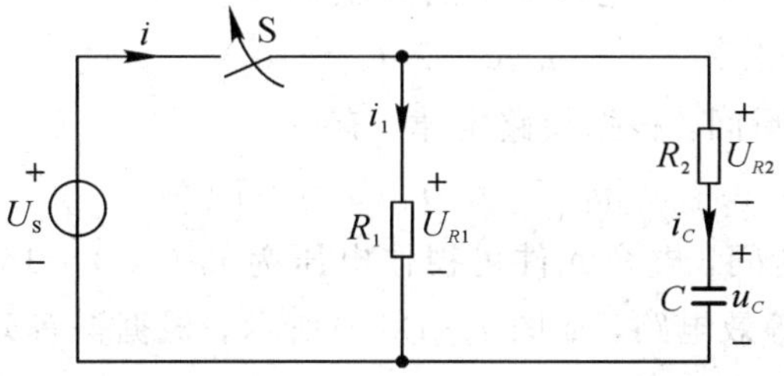

图 4－11　例 4－4 图

解　选定有关电流和电压的参考方向，如图 4－11 所示，开关 S 闭合前，有

$$u_C(0_-)=0$$

开关闭合后，根据换路定律，有

$$u_C(0_+)=u_C(0_-)=0$$

在 $t=0_+$时刻，根据基尔霍夫定律，有

$$u_{R1}(0_+)=U_s=10\text{ V}$$

$$u_{R2}(0_+)+u_C(0_+)=U_s$$

由于

$$u_C(0_+)=0$$

学习笔记

故

$$u_{R2}(0_+)=10\ \text{V}$$

根据以上电压值求得电流如下

$$i_1(0_+)=\frac{u_{R1}(0_+)}{R_1}=\frac{10}{2\times10^3}=5\ \text{mA}$$

$$i_C(0_+)=\frac{u_{R2}(0_+)}{R_2}=\frac{10}{5\times10^3}=2\ \text{mA}$$

$$i(0_+)=i_C(0_+)+i_1(0_+)=7\ \text{mA}$$

【例 4-5】 如图 4-12(a)所示电路原处于稳态，$t=0$ 时开关 S 闭合，$U_s=10$ V，$R_1=10\ \Omega$，$R_2=5\ \Omega$。求初始值 $u_C(0_+)$、$i_1(0_+)$、$i_2(0_+)$和 $i_C(0_+)$。

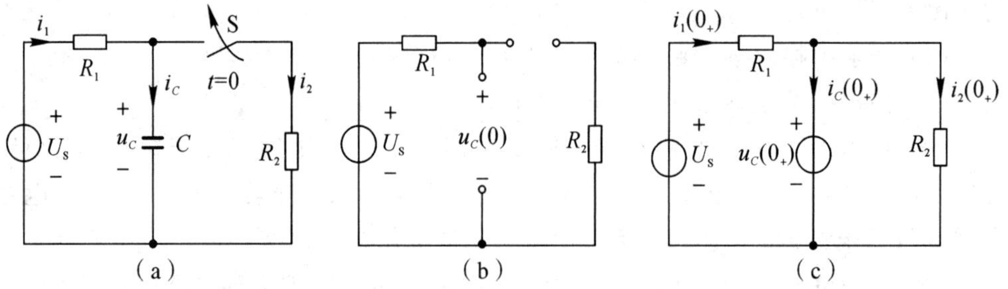

图 4-12 例 4-5 图

解 (1) 开关 S 闭合前电路已处于稳态，电容电压 u_C 不再变化，故 $i_C=C\dfrac{du_C}{dt}=0$，电容 C 可视为开路，由此可画出 $t=0_-$ 时的等效电路，如图 4-12(b)所示，按图可求得 $t=0_-$ 时电容两端的电压为

$$u_C(0_-)=U_s=10\ \text{V}$$

在开关 S 闭合瞬间，根据换路定律，有

$$u_C(0_+)=u_C(0_-)=10\ \text{V}$$

(2) 在 $t=0_+$ 瞬间，电容元件可视作电压为 $u_C(0_+)=10$ V 的恒压源，由此可画出 $t=0_+$ 时的等效电路，如图 4-12(c)所示。根据该等效电路，运用直流电路的分析方法可求出各电流的初始值为

$$i_1(0_+)=\frac{U_s-u_C(0_+)}{R_1}=\frac{10-10}{10}=0\ \text{A}$$

$$i_2(0_+)=\frac{u_C(0_+)}{R_2}=\frac{10}{5}=2\ \text{A}$$

$$i_C(0_+)=i_1(0_+)-i_2(0_+)=0-2=-2\ \text{A}$$

由图 4-12(b)可知，换路前 $i_1(0_-)=i_2(0_-)=i_C(0_-)=0$。电路换路后，电流 i_2 和 i_C 发生了突变。

【例 4-6】 如图 4-13(a)所示电路原处于稳态，$t=0$ 时开关 S 闭合，$U_s=12$ V，$R_1=4\ \Omega$，$R_2=2\ \Omega$，$R_3=6\ \Omega$。求初始值 $u_C(0_+)$、$i_L(0_+)$、$i(0_+)$和$u(0_+)$。

解 (1) 首先求出开关 S 闭合前的电容电压 $u_C(0_-)$和电感电流 $i_L(0_-)$。

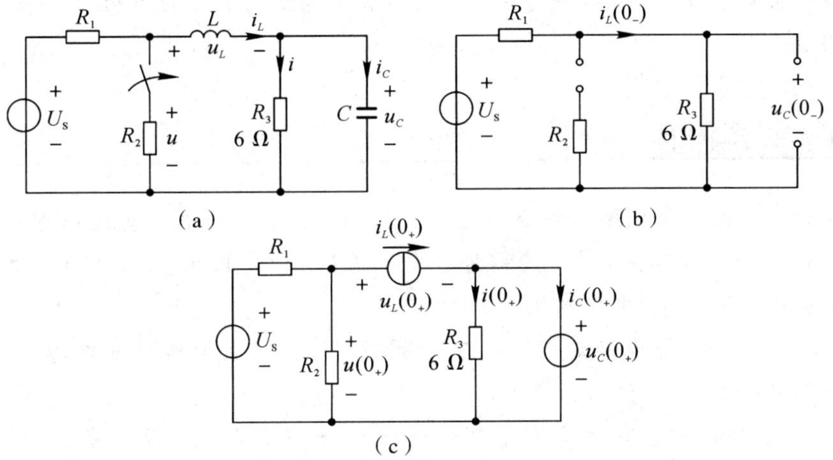

图 4-13　例 4-6 图

由于 $t=0_-$ 时电路处于稳态，电路中各处电流及电压都是常数，因此电感两端的电压 $u_L=L\dfrac{\mathrm{d}i_L}{\mathrm{d}t}=0$，电感 L 可看作短路，电容中的电流 $i_C=C\dfrac{\mathrm{d}u_C}{\mathrm{d}t}=0$，电容 C 可看作开路。由此可画出 $t=0_-$ 时的等效电路，如图 4-13(b)所示。由图 4-13(b)可求得 $t=0_-$ 时的电感电流和电容电压分别为

$$i_L(0_-)=\frac{U_s}{R_1+R_3}=\frac{12}{4+6}=1.2\ \mathrm{A}$$

$$u_C(0_-)=i_L(0_-)R_3=1.2\times 6=7.2\ \mathrm{V}$$

(2) 开关 S 闭合瞬间，根据换路定律，有

$$i_L(0_+)=i_L(0_-)=1.2\ \mathrm{A}$$

$$u_C(0_+)=u_C(0_-)=7.2\ \mathrm{V}$$

在 $t=0_+$ 瞬间，电容元件可视为电压为 $u_C(0_+)=7.2\ \mathrm{V}$ 的恒压源，电感元件可视作电流为 $i_L(0_+)=1.2\ \mathrm{A}$ 的恒流源，由此可画出 $t=0_+$ 时的等效电路，如图 4-13(c)所示。

由图可知

$$i(0_+)=\frac{u_C(0_+)}{R_3}=\frac{7.2}{6}=1.2\ \mathrm{A}$$

$$i_C(0_+)=i_L(0_+)-i(0_+)=1.2-1.2=0\ \mathrm{A}$$

$u(0_+)$ 可用节点电位法由 $t=0_+$ 时的等效电路求出，即

$$u(0_+)=\frac{\dfrac{U_s}{R_1}-i_L(0_+)}{\dfrac{1}{R_1}+\dfrac{1}{R_2}}=\frac{\dfrac{12}{4}-1.2}{\dfrac{1}{4}+\dfrac{1}{2}}=2.4\ \mathrm{V}$$

通过以上例题，可归纳出求初值的简单步骤如下：

(1) 画出 $t=0_-$ 时的等效电路，求出 $u_C(0_-)$ 和 $i_L(0_-)$；

(2) 根据换路定律，画出 $t=0_+$ 时的等效电路；

学习笔记

(3) 根据 $t=0_+$ 时的等效电路，运用直流电路的分析方法求出各电流、电压的初始值。

思考与练习

4.3-1 什么是电路的动态过程(过渡过程)？动态过程产生的原因是什么？

4.3-2 下列各变量中，哪些可能发生跃变：(1) 电容电压；(2) 电感电流；(3) 电容电荷量；(4) 电感电压。

4.3-3 什么是换路定律？一般情况下，为什么在换路瞬间电容电压和电感电流不能跃变？

4.3-4 如果电容两端有电压，电容中就会有电流，这种说法对吗？为什么？

4.3-5 如果电感线圈两端电压为零，它储存的磁场能也一定为零，这种说法对吗？为什么？

4.3-6 图 4-14 所示电路中，已知 S 闭合前电感和电容均无储能。$U_s=12$ V，$R_1=R_2=8$ Ω，$R=4$ Ω。若 $t=0$ 时，S 闭合，则 $u_C(0_+)=$________，$i_L(0_+)=$________，$i_1(0_+)=$________，$i_2(0_+)=$________，$i(0_+)=$________。

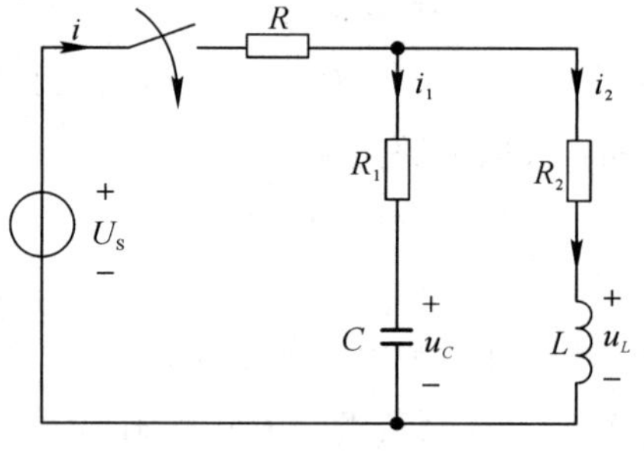

图 4-14　题 4.3-6 图

4.4　一阶电路的响应

在电路分析中，“激励”与“响应”这两个词经常被提到。通常，电源(包括信号源)提供给电路的输入信号统称为激励，简单地说，施加于电路的信号就是激励。对激励作出的反应称为响应，即电路在激励作用下所产生的电压和电流。

在动态电路中，只含有一个独立动态元件(储能元件)的电路称为一阶电路。通常有 RC 一阶电路和 RL 一阶电路两大类。

所谓一阶电路响应，就是只含有一种储能元件的电路在激励后所产生的反应。

一阶电路响应可归纳为零输入响应、零状态响应和全响应三种情况。

学习笔记

一阶电路的零输入响应

4.4.1　一阶电路的零输入响应

一阶电路通常有 RC 电路和 RL 电路两大类。

若输入激励信号为零，仅由储能元件的初始储能所激发的响应，称为零输入响应。

1. *RC* 电路的零输入响应

RC 电路的零输入响应，实质上是指具有一定原始能量的电容元件在放电过程中，电路中电压和电流的变化规律。根据换路定律，当电容元件原来已经充有一定能量，电路发生换路时，电容元件的极间电压是不会发生跃变的，必须由原来的电压值开始连续地增加或减少，而电容元件中的充、放电电流是可以跃变的。

如图 4－15(a)所示 RC 放电电路。开关 S 在位置 1 时电容 C 被充电，充电完毕后电路处于稳态。$t=0$ 时换路，开关 S 由位置 1 迅速扳向位置 2，放电过程开始。

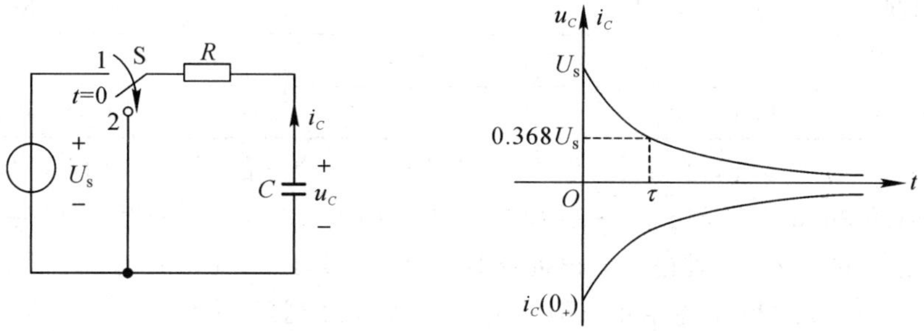

（a）RC 零输入电路　　（b）RC 零输入响应波形图

图 4－15　RC 零输入电路及波形图

放电开始一瞬间，根据换路定律可得 $u_C(0_+)=u_C(0_-)=U_s$。此时电路中的电容元件与 R 串联后经位置 2 构成放电回路，由 KVL 可得

$$u_C-i_CR=0 \tag{4-15}$$

由于 $i_C=-C\dfrac{du_C}{dt}$，代入式(4－15)中得

$$RC\frac{du_C}{dt}+u_C=0$$

这是一个一阶线性常系数齐次微分方程，对其求解可得

$$u_C=U_s e^{-\frac{t}{RC}}=u_C(0_+)e^{-\frac{t}{\tau}} \tag{4-16}$$

式中，U_s 是过渡过程开始时电容电压的初始值 $u_C(0_+)$；$\tau=RC$ 称为电路的时间常数，它是影响一阶电路电压、电流衰减或增加速度的参数。

不论 R、C 及 U_s 的值如何，RC 一阶电路中的响应都是按指数规律变化的，如图 4－15(b)所示。由此可推论：RC 一阶电路的零输入响应规律是指数规律。电容元件的放电电流在横轴下方，说明电流是负值，因为它与电压为非关联

学习笔记

方向。

RC 一阶电路放电速度的快慢则取决于时间常数 τ。实验证明：τ 越大，放电过程进行得越慢；τ 越小，放电过程进行得越快，如图 4-16 所示。显然，时间常数 $\tau=RC$ 是反映过渡过程进行快慢程度的物理量。

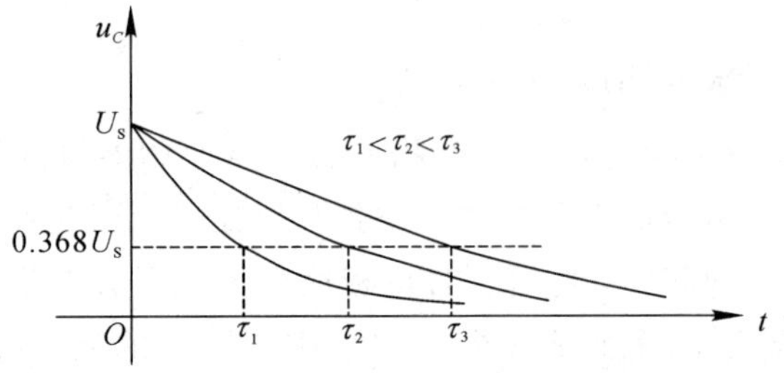

图 4-16　不同 τ 值情况下的 u_C 变化曲线

令式(4-16)中的 t 值分别等于 1τ、2τ、3τ、4τ、5τ，可得出 u_C 随时间的衰减表。时间常数 τ 的物理意义可由表 4-1 进一步说明。

表 4-1　电容电压随时间衰减表

时间 t	1τ	2τ	3τ	4τ	5τ
$e^{-t/\tau}$值	e^{-1}	e^{-2}	e^{-3}	e^{-4}	e^{-5}
$u_C(t)$值	$0.368U_s$	$0.135U_s$	$0.050U_s$	$0.018U_s$	$0.007U_s$

由表 4-1 中数据可知，当放电过程经历了一个 τ 的时间，电容电压就衰减为初始值的 36.8%，经历了 2τ 后衰减为初始值的 13.5%……经历了 5τ 后则衰减为初始值的 0.7%。理论上，根据指数规律，必须经过无限长时间，电压 u_C 才衰减到零，过渡过程才能结束。但实际上，过渡过程经历了 $(3\sim5)\tau$ 的时间后，剩下的电容电压已经很小了，因此，在工程上一般可认为此时电路已经进入稳态。

由此也可得出：时间常数 τ 是过渡过程经历了总变化量的 63.2% 所需要的时间，其单位为秒(s)。

2. *RL* 电路的零输入响应

RL 串联电路的零输入响应和 *RC* 电路一样，也是指输入信号或激励为零时电路中电压和电流的变化规律。

电路如图 4-17(a)所示，$t<0$ 时，通过电感 L 中的电流为 I_0。设在 $t=0$ 时开关 S 闭合，根据换路定律，电感中仍有初始电流 I_0，即 $i_L(0_+)=I_0$，此电流将在 *RL* 回路中逐渐衰减，最后变为零。在这一过程中，电感元件在初始时刻的原始能量 $W_L=\frac{1}{2}LI_0^2$ 逐渐被电阻消耗，转化为热能。

根据图 4-17(a)电路中电压和电流的参考方向及元件的伏安关系，应用 KVL 可得

$$Ri_L+u_L=0 \tag{4-17}$$

由于 $u_L=L\frac{di_L}{dt}$，代入式(4-17)中得

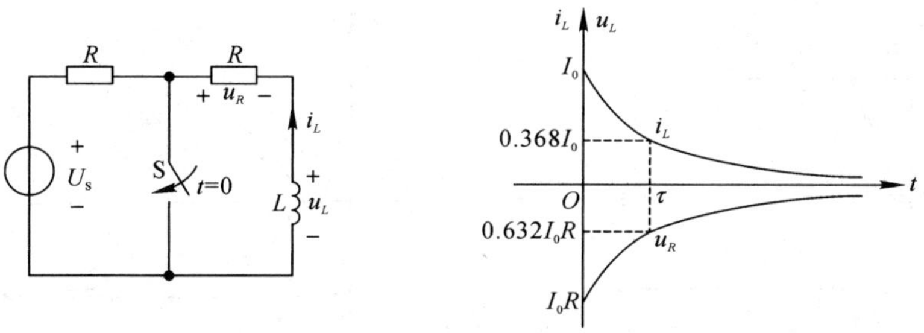

（a）RL零输入电路　　（b）RL零输入响应波形图

图 4-17　RL 零输入电路及波形图

$$Ri_L+L\frac{\mathrm{d}i}{\mathrm{d}t}=0\quad(t\geqslant 0)$$

若以储能元件 L 上的电流 i_L 作为待求响应，则可解得

$$i_L=I_0\mathrm{e}^{-\frac{R}{L}t}=i_L(0_+)\mathrm{e}^{-\frac{t}{\tau}}\tag{4-18}$$

式中 $\tau=\dfrac{L}{R}$，是 RL 一阶电路的时间常数，其单位也是秒(s)。显然，在 RL 一阶电路中，L 值越小、R 值越大时，过渡过程进行得越快，反之越慢。

当 $t\geqslant 0$ 时，电阻元件两端的电压为

$$u_R=Ri_L=RI_0\mathrm{e}^{-\frac{t}{\tau}}$$

由式(4-17)可得电感元件两端的电压为

$$u_L=-u_R=-RI_0\mathrm{e}^{-\frac{t}{\tau}}$$

电路中响应的波形如图 4-17(b)所示，显然它们也是随时间按指数规律衰减的曲线。

由以上分析可知：

(1) 一阶电路的零输入响应都是随时间按指数规律衰减到零的，这实际上反映了在没有电源作用的条件下，储能元件的原始能量逐渐被电阻消耗掉的物理过程。

(2) 零输入响应取决于电路的原始能量和电路的特性，RC 电路中电容放电时的电容电压 u_C 和 RL 电路中电感与电源断开后的电感电流 i_L 的响应可用式 $f(t)=f(0_+)\mathrm{e}^{-\frac{t}{\tau}}$ 统一表达。

(3) 原始能量增大 A 倍，则零输入响应将相应增大 A 倍，这种原始能量与零输入响应的线性关系称为零输入线性。

4.4.2　一阶电路的零状态响应

所谓零状态响应，是指储能元件的初始能量等于零，仅在外激励作用下引起的电路响应(电压和电流)。

一阶电路的零状态响应

1. RC 电路的零状态响应

电容的初始能量为零时称为零状态。实际上，零状态响应研究的是 RC 电路充电过程中响应的变化规律，其电路如图 4-18(a)所示。

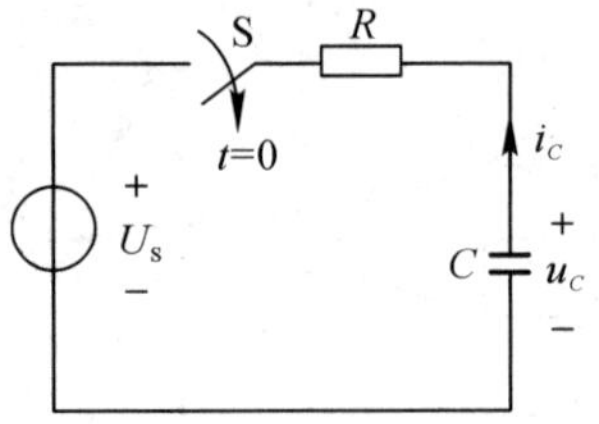

（a）RC 零状态电路

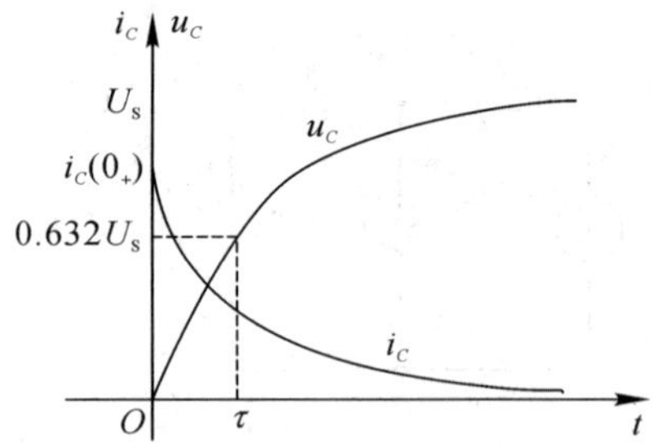

（b）RC 零状态响应波形图

图 4-18　RC 零状态电路及波形图

开关 S 未闭合时，电容的初始储能为零，即 $u_C(0_-)=0$。开关 S 闭合后，电源通过电阻对电容器进行充电。

根据 KVL，可列出方程

$$RC\frac{\mathrm{d}u_C}{\mathrm{d}t}+u_C=U_s$$

这是一个一阶线性非齐次方程，对此方程求解可得到方程的解为

$$u_C=u_C(\infty)(1-\mathrm{e}^{-\frac{t}{RC}})=U_s(1-\mathrm{e}^{-\frac{t}{RC}})\tag{4-19}$$

式(4-19)中的 $u_C(\infty)$是充电过程结束时电容电压的稳态值，数值上等于电源电压值。

显然，一阶电路的零状态响应规律也符合指数规律，如图 4-18(b)所示。充电开始前，$u_C(0_-)=0$，由于电容电压不能跃变，故充电开始时，$u_C(0_+)=u_C(0_-)=0$；随着充电过程的进行，电容电压按指数规律增长，经过$(3\sim5)\tau$ 时间后，过渡过程基本结束，电容电压$u_C(\infty)=U_s$，电路达到稳态。从理论上讲，当开关 S 闭合后，经过足够长的一段时间，电容的充电电压才能等于电源电压 U_s，充电过程才结束，充电电流 i_C 也才能衰减到零。

由于电容的基本工作方式是充、放电，因此电容支路的电流不是放电电流就是充电电流，即电容电流只存在于过渡过程中，只要电路达到稳态，i_C 必定等于零，故在电容充电过程中，i_C 仍按指数规律衰减。由于充电过程中电压、电流为关联方向，故 i_C 曲线在横轴上方。

2. *RL* 电路的零状态响应

电路如图 4-19(a)所示，在 $t=0$ 时开关闭合。换路前电感中的电流为零，根据换路定律，换路后 $t=0_+$ 瞬间 $i_L(0_+)=i_L(0_-)=0$。由于此时电流为零，因此电阻上的电压 $u_R=0$，由 KVL 可知，此时电感元件两端的电压 $u_L(0_+)=U_s$。当电路达到稳态后，自感电压 u_L 一定为零，电路中电流将由零增至 U_s/R 后保持恒定。

图 4-19(a)电路中，根据 KVL 及欧姆定律，可列出方程

$$u_R+u_L=U_s$$

$$i_LR+u_L=U_s\tag{4-20}$$

将 $u_L=L\frac{\mathrm{d}i_L}{\mathrm{d}t}$代入式(4-20)中，并将等式两边同除以 R 得

学习笔记

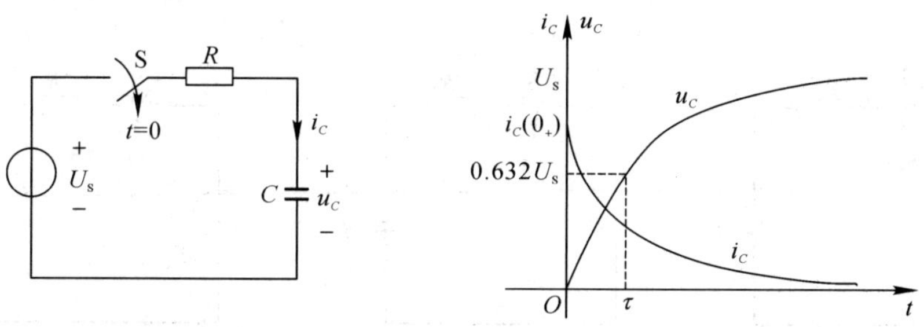

（a）*RC* 零状态电路　　（b）*RC* 零状态响应波形图

图 4－19　*RL* 零状态电路及波形图

$$\frac{L}{R}\frac{\mathrm{d}i_L}{\mathrm{d}t}+i_L=\frac{U_s}{R} \tag{4-21}$$

式(4－21)是一个包含有变量 i_L 的一阶线性常系数非齐次微分方程，方程的形式和求解与 *RC* 串联电路完全相似，即对此方程求解可得到方程的解为

$$i_L(t)=\frac{U_s}{R}(1-\mathrm{e}^{-\frac{t}{\tau}}) \tag{4-22}$$

根据式(4－22)可得电阻电压为

$$u_R=Ri_L=U_s(1-\mathrm{e}^{-\frac{t}{\tau}})$$

电感电压为

$$u_L=L\frac{\mathrm{d}i_L}{\mathrm{d}t}=U_s\mathrm{e}^{-\frac{t}{\tau}}\quad 或\quad u_L=U_s-u_R=U_s\mathrm{e}^{-\frac{t}{\tau}}$$

显然，在过渡过程中，自感电压 u_L 是按指数规律衰减的，而电流 i_L 则是按指数规律上升的，电阻两端电压 u_R 始终与电流成正比，从零增至 U_s。图 4－19(b) 即为 i_L、u_L、u_R 随时间变化的曲线。

由以上分析可知：*RC* 电路中电容充电时的电容电压 u_C，以及 *RL* 电路中电感接通电源后电感电流 i_L 的响应规律为

$$f(t)=f(\infty)(1-\mathrm{e}^{-\frac{t}{\tau}})\quad (t\geqslant 0) \tag{4-23}$$

式(4－23)是零状态响应规律表达式，即零状态响应的 u_C 和 i_L 是按指数规律增加的。

4.4.3　一阶电路的全响应

一阶电路的全响应

以上讨论了零输入响应和零状态响应。若电路中动态元件为非零初始状态，且又有外输入激励，在二者的共同作用下所引起的电路响应称为一阶电路的全响应。

对于线性电路，从电路换路后的能量来源推知：电路的全响应必然是其零输入响应与零状态响应的叠加。下面以 *RC* 电路为例加以分析。

在图 4－20(a)所示电路中，设电容的初始值电压为 $u_C(0)=U_0$，开关 S 在 $t=0$ 时闭合而接通直流电压 U_s。不难看出，换路后该电路可看成零输入条件下的电容放电过程和零初始条件下的电容充电过程的叠加，如图 4－20(b)、(c)

学习笔记

所示。

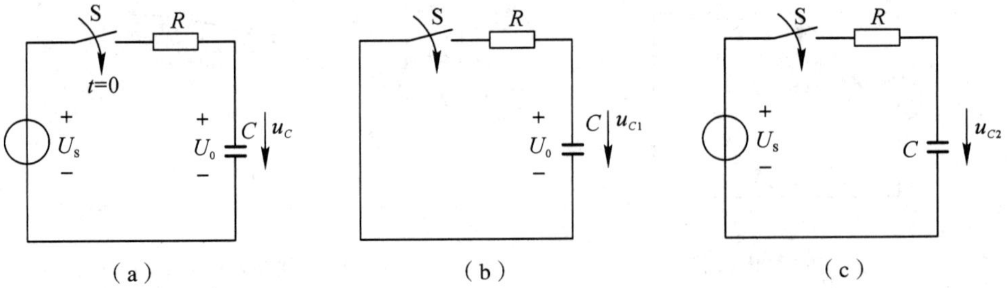

图 4-20　RC 全响应电路

在图 4-20(b)中，零输入响应为

$$u_{C1}=U_0\mathrm{e}^{-\frac{t}{\tau}}$$

在图 4-20(c)中，零状态响应为

$$u_{C2}=U_s(1-\mathrm{e}^{-\frac{t}{\tau}})$$

将上述二者叠加即得全响应为

$$u_C=u_{C1}+u_{C2}=U_0\mathrm{e}^{-\frac{t}{\tau}}+U_s(1-\mathrm{e}^{-\frac{t}{\tau}}) \tag{4-24}$$

由以上分析可推知：无论对于 RC 电路还是 RL 电路，一阶电路的全响应 $f(t)$均为零输入响应加零状态响应，即

$$f(t)=f(0_+)\mathrm{e}^{-\frac{t}{\tau}}+f(\infty)(1-\mathrm{e}^{-\frac{t}{\tau}})\quad (t\geqslant 0) \tag{4-25}$$

其中，$f(0_+)$为所求响应的初始值，$f(\infty)$为响应的稳态值，它表示在直流电源作用下，$t\to\infty$时的响应值。

整理式(4-25)后得

$$f(t)=f(\infty)+[f(0_+)-f(\infty)]\mathrm{e}^{-\frac{t}{\tau}}\quad (t\geqslant 0) \tag{4-26}$$

【例 4-7】 如图 4-21 所示电路，在 $t=0$ 时 S 闭合。已知 $U_s=9$ V，$u_C(0_-)=12$ V，$C=1$ mF，$R_1=1$ kΩ，$R_2=2$ kΩ。试求 $t\geqslant 0$ 时的 u_C 和 i_C。

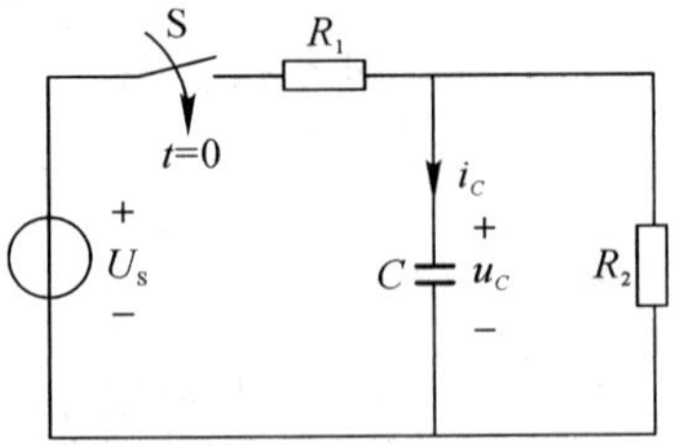

图 4-21　例 4-7 图

解　由于全响应是由零输入响应和零状态响应两部分构成的，故分别进行求解。

(1) 首先求零输入响应 u_{C1}。当输入为零时，u_C 将从其初始值 12 V 开始按指数规律衰减，根据式(4-16)可求得零输入响应为

$$u_{C1}=12\mathrm{e}^{-\frac{t}{\tau}}\ \mathrm{V}$$

学习笔记

其中，

$$\tau=RC=\frac{R_1\times R_2}{R_1+R_2}C=\frac{1\times 2}{1+2}\times 10^3\times 1\times 10^{-3}=\frac{2}{3}\ \text{s}$$

(2) 再求零状态响应 u_{C2}。电容初始状态为零时，在 9 V 电源的作用下引起的电路响应可由式(4-19)求得

$$u_{C2}=9\,(1-e^{-\frac{t}{\tau}})\ \text{V}\qquad(其中的时间常数与零输入响应相同)$$

因此全响应为

$$\begin{aligned}u_C&=u_{C1}+u_{C2}=12e^{-1.5t}+9-9e^{-1.5t}\\&=9+(12-9)e^{-1.5t}\\&=9+3e^{-1.5t}\ \text{V}\end{aligned}$$

其中，第一项是常数 9，它等于电容电压的稳态值 $u_C(\infty)$，因此也称为全响应的稳态分量，而第二项是按指数规律衰减的，只存在于暂态过程中，因此称为全响应的暂态分量，由此也可把全响应写为

$$全响应=暂态分量+稳态分量$$

电容支路的电流为

$$i_C(t)=C\frac{du_C}{dt}=1\times 10^{-3}\times\frac{d(9+3e^{-1.5t})}{dt}=-4.5e^{-1.5t}\ \text{mA}$$

4.4.4　一阶动态电路的三要素法

一阶动态电路的三要素法

一阶电路的全响应可表述为零输入响应和零状态响应之和，也可表述为稳态分量和暂态分量之和，其中响应的初始值、换路后的稳态值和时间常数称为一阶电路的三要素，也就是式(4-25)中的 $f(0_+)$、$f(\infty)$和 τ。

下面我们介绍用三要素法求一阶电路的全响应。

在式(4-25)中，$f(t)$表示全响应，只要知道 $f(0_+)$、$f(\infty)$和 τ 这三个要素，就可以简单地求出一阶电路在外加电源作用下的全响应了。

一阶电路响应的初始值 $u_C(0_+)$和 $i_L(0_+)$必须在换路前 $t=0_-$ 的等效电路中进行求解，然后根据换路定律(两者不能跃变)得出；如果是其他各量的初始值，则应根据 $t=0_+$ 的等效电路进行求解。

一阶电路响应的稳态值均应根据换路后重新达到稳态时的等效电路进行求解。

一阶电路的时间常数 τ 应在换路后 $t\geqslant 0$ 时的等效电路中求解。求解时首先将 $t\geqslant 0$ 时的等效电路除源(所有的电压源短路，所有的电流源开路处理)，然后让动态元件断开，并把断开处看作无源二端网络的两个对外引出端，对此无源二端网络求出其入端电阻 R_0。若为 RC 一阶电路，则时间常数 $\tau=R_0C$；若为 RL 一阶电路，则 $\tau=L/R_0$。

将上述求得的三要素代入式(4-26)，即可求得一阶电路的任意响应。故式(4-26)称为一阶电路任意响应的三要素法的一般表达式，应用此式可方便地求出一阶电路中的任意响应。

【例 4-8】　一阶电路如图 4-22 所示，求开关 S 打开时电路的时间常数。

学习笔记

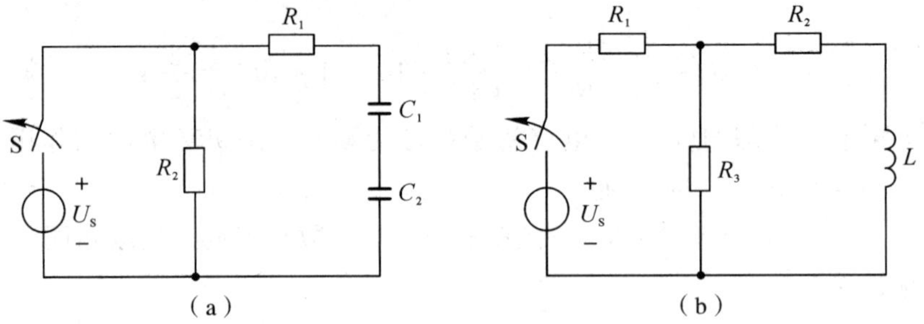

图 4-22 例 4-8 题

解 (1)图 4-22(a)中，在开关动作后的电路中 C_1 与 C_2 串联，则等效电容 $C=\dfrac{C_1C_2}{C_1+C_2}$；而将电容断开，从端口看进去的等效电阻为 R_1 与 R_2 串联，其值为 $R=R_1+R_2$。所以，该 RC 电路的时间常数为

$$\tau=RC=(R_1+R_2)\frac{C_1C_2}{C_1+C_2}$$

(2) 图 4-22(b)中，开关动作后将电感 L 断开，从端口看进去的端电阻为 R_2 与 R_3 串联，即等效电阻 $R=R_2+R_3$，所以，该 RC 电路的时间常数为

$$\tau=\frac{L}{R}=\frac{L}{R_2+R_3}$$

【例 4-9】 电路如图 4-23 所示，开关闭合前电路已达稳定，$t=0$ 时，求开关闭合后的电压 $u_C(t)$。

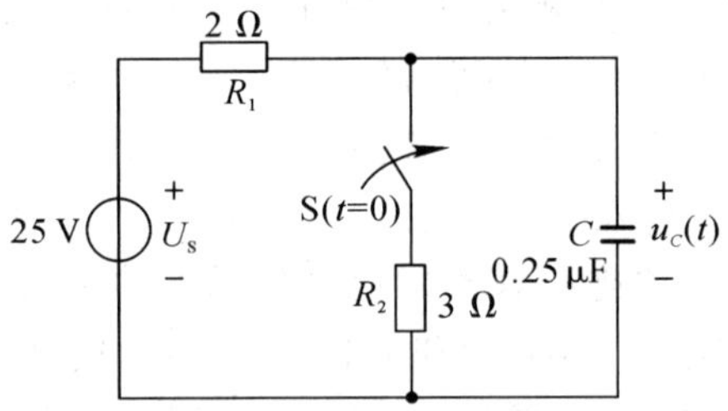

图 4-23 例 4-9 图

解 开关 S 闭合前电路已经达到稳态，其 $u_C(0_-)=25$ V，根据换路定律

$$u_C(0_+)=u_C(0_-)=25\ \text{V}$$

电路在开关闭合后，即 $t=\infty$时，有

$$u_C(\infty)=\frac{R_2}{R_1+R_2}U_s=\frac{3}{5}\times25=15\ \text{V}$$

断开电容 C，利用戴维南等效定理，从端口看进去的等效电阻为 R_1 与 R_2 并联，即

$$R=\frac{R_1\times R_2}{R_1+R_2}=\frac{2\times3}{2+3}=\frac{6}{5}=1.2\ \Omega$$

时间常数

$$\tau=RC=1.2\times0.25\times10^{-6}=0.3\times10^{-6}\ \text{s}$$

将以上求得的三要素代入式(4－26)得开关闭合后的电压为

$$u_C(t)=15+10e^{-3.33\times10^6 t}\ \text{V}$$

思考与练习

4.4－1　什么是激励？什么是响应？一阶电路如何构成？什么是一阶电路的零输入响应、零状态响应和全响应？

4.4－2　一阶电路的时间常数 τ 由什么来决定？其物理意义是什么？对于 RC 电路和 RL 电路，时间常数 τ 的定义分别如何？

4.4－3　一阶电路响应的规律是什么？电容元件上通过的电流和电感元件两端的电压有无稳态值？为什么？

4.4－4　一阶电路中的 0、0_-、0_+ 这三个时刻有何区别？$t=\infty$ 是个什么概念？它们的实质各是什么？在具体分析时如何取值？

4.4－5　试绘出 $\tau_1<\tau_2<\tau_3$ 情况下 RC 充电电路的电压响应曲线。

4.4－6　一阶电路如图 4－24 所示，求开关 S 闭合后电路的时间常数。

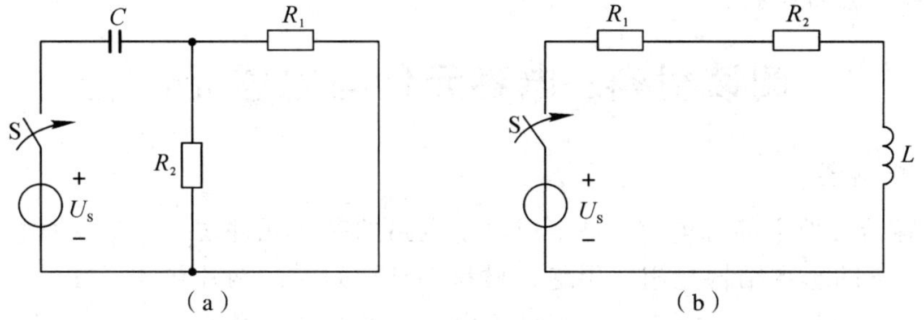

图 4－24　题 4.4－6 图

本章小结

电压、电流取关联参考方向时，电容元件的伏安关系为 $i_C=C\dfrac{du_C}{dt}$，电感元件的伏安关系为 $u_L=L\dfrac{di_L}{dt}$，由于电容、电感上的电压和电流是微分关系，因此将它们称为动态元件，又叫储能元件。电容元件储存的电场能量是 $W_C=\int_0^t p\,dt=\int_0^t Cu\dfrac{du}{dt}dt=\int_0^t Cu\,du=\dfrac{1}{2}Cu^2$，电感元件储存的磁场能量为 $W_L=\int_0^t p\,dt=\int_0^t Li\dfrac{di}{dt}dt=\int_0^t Li\,di=\dfrac{1}{2}Li^2$。

电路从一种稳定状态变化到另一种稳定状态所经历的中间过程叫过渡过程。产生过渡过程的根本原因是电路能量不能突变。

过渡过程进行的快慢取决于电路的时间常数 τ，与初始状态无关。对于 RC

一阶电路，$\tau=RC$；对于 RL 一阶电路，$\tau=\dfrac{L}{R}$，同一电路中只有一个时间常数。式中的 R 等于从动态元件两端看进去的戴维南等效电路中的等效电阻，时间常数 τ 的取值取决于电路的结构和参数。

引起过渡过程的电路变化称为换路。含有动态元件的一阶电路发生换路时，电容元件两端的电压不能突变，电感中的电流也不能突变，这个规律叫作换路定律，即 $u_C(0_+)=u_C(0_-)$，$i_L(0_+)=i_L(0_-)$。

一阶电路的响应规律可以归纳为零输入响应、零状态响应和全响应三种情况。所谓零输入响应是输入激励信号为零，仅由储能元件的初始储能所激发的响应；零状态响应是电路的初始储能为零，电路仅由外加电源作用产生的响应；而初始状态和输入都不为零的一阶电路的响应就称为一阶电路的全响应。

一阶电路的全响应可以用三要素法来求解，一般表达式为 $f(t)=f(\infty)+[f(0_+)-f(\infty)]e^{-\frac{t}{\tau}}$。式中 $f(t)$为待求全响应，只要知道了初始值 $f(0_+)$、稳态值 $f(\infty)$和电路的时间常数 τ，便可根据上式直接写出待求变量在换路后的全响应，不必列写微分方程求解。三要素法使直流激励下的一阶电路的求解过程大大简化，应该熟练掌握。

阅读材料：电容元件与电感元件

1. 电容器

电容器习惯上简称电容，是组成电子电路的基本元件之一，在各种电路中必不可少。它的基本结构是用一层绝缘材料(介质)间隔的两片导体。当在两片导体电极间加上电压以后，电极上就能储存电荷，所以电容器是一种储能元件，可以储存电场能。电容器在电子电路中起到耦合、滤波、隔直流和调谐等作用。

1) 电容器的种类

电容器按结构可分为固定电容器、可变电容器和微调电容器；按绝缘介质可分为空气介质电容器、云母电容器、瓷介电容器、涤纶电容器、聚苯烯电容器、金属化纸介质电容器、电解电容器、玻璃釉电容器、独石电容器等；按极性可分为有极性电容器和无极性电容器。常用电容器的外形及特点见表 4-2。

表 4-2 常用电容器的外形及特点

名　称	外　　形	特　点
金属化纸介质电容器(CJ)		耐压高(几十伏至 1000 伏)、容量大、具有“自愈”能力
涤纶电容器(CL)		体积小、容量大、耐热耐湿性好、寄生电感小
云母电容器(CY)	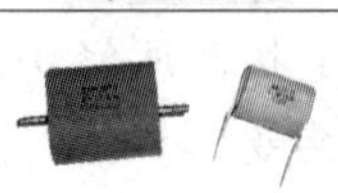	精确度高、耐高温、耐腐蚀、介质损耗小。 缺点是容量较小

续表

名　称	外　　形	特　点
独石电容器		容量大、体积特别小、耐高温、可靠性好、成本低
瓷介电容器 高频(CC) 低频(CT)		体积小、性能稳定、耐腐蚀、耐热性好、损耗小、绝缘电阻高，用于低损耗及高频电路中。缺点是机械强度低、易碎易裂
铝电解 电容器 (CD)		电容量特别大、体积小、容量偏差大、漏电大、介质损耗大、价格低廉

2) 电容器的电路符号

各类电容器的常用电路符号如图 4－25 所示。

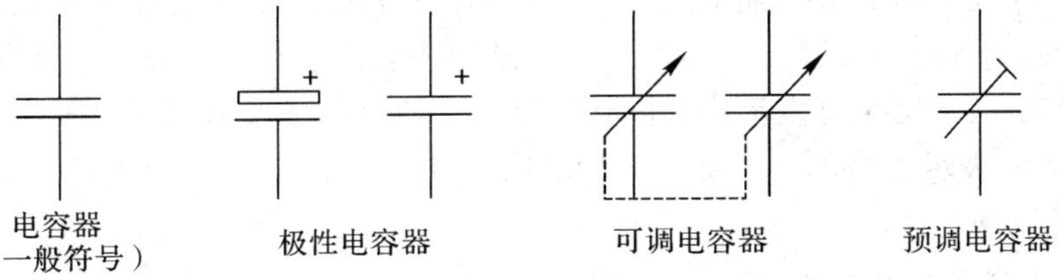

图 4－25　电容器的常用电路符号

3) 电容器的标志方法

(1) 直标法。直标法是指在电容体表面直接标注主要技术指标的方法，主要用在体积较大的电容上。标注的内容有多有少，一般有标称容量、额定电压及允许偏差这三项参数，当然也有体积太小(如小容量瓷介电容器等)的电容仅标注容量一项(通常连 pF 单位也省略)。标注较完整的电容通常有标称容量、额定电压、允许偏差、电容型号、商标、工作温度及制造日期等。

电容单位有 F(法拉)、μF(微法)、nF(纳法)、pF(皮法或微微法)，换算关系如下：

$$1\ \text{F}=10^6\ \mu\text{F}=10^9\ \text{nF}=10^{12}\ \text{pF}$$

例如：4n7 表示 4.7 nF 或 4700 pF，0.22 表示 0.22 μF，51 表示 51 pF。

有时用大于 1 的两位以上的数字表示单位为 pF 的电容，例如 101 表示 100 pF (前 2 位代表有效值，第 3 位代表 10 的几次方)；用小于 1 的数字表示单位为 μF 的电容，例如 0.1 表示 0.1 μF。

(2) 文字符号法。文字符号法是指在电容体表面上，用阿拉伯数字和字母符号有规律的组合来表示标称容量的方法，有时也用在电路图的标注上。标注时应遵循以下规则：

① 不带小数点的数值，若无标注单位，则表示单位为皮法。例如 2200 表示

2200 pF。

② 凡带小数点的数值，若无标注单位，则表示单位为微法。例如 0.56 表示 0.56 μF。

(3) 数码表示法。在一些瓷片电容器上，常用三位数表示电容的标称容量。其中第一、二位为标称值的有效数字，第三位表示有效数字后面零的个数，即位率，单位为 pF。

例如：203 表示容量为 20×10^3 pF＝0.02 μF；103 表示容量为 10×10^3 pF＝0.01 μF；334 表示容量为 33×10^4 pF＝0.33 μF。

又如：223J 代表 22×10^3 pF＝22 000 pF＝0.22 μF，允许误差为±5%；479K 代表 47×10^{-1} pF，允许误差为±10%。这种表示方法最为常见。

(4) 色码表示法。电容器的色标法与电阻器的色标法基本相似，标志的颜色符号与电阻器采用的相同，其单位是 pF。

将不同颜色涂于电容器的一端或从顶端向引线排列。色码一般只有三种颜色，前两环为有效数字，第三环为位率，单位为 pF。有时色环较宽，如红红橙，两个红色环涂成一个宽的，表示 22 000 pF。

另外，电容器的误差标注方法有三种，一是将允许误差直接标注在电容体上，例如：±5%，±10%，±20%等；二是用相应的罗马数字表示，定为Ⅰ级、Ⅱ级、Ⅲ级；三是用字母表示：G 表示±2%，J 表示±5%，K 表示±10%，M 表示±20%，N 表示±30%，P 表示＋100%、－10%，S 表示＋50%、－20%，Z 表示＋80%、－20%。

4) 电容器的额定电压

额定电压通常也称耐压，是指在允许的环境温度范围内，电容器在电路中长期(不少于 1 万小时)可靠工作所能承受的最高直流电压，又称为电容器的额定直流工作电压。工作时交流电压的峰值不得超过电容器的额定电压，否则电容器介质会被击穿而造成电容器的损坏。通常外加电压取额定工作电压的三分之二以下。

常用固定电容器的额定直流工作电压有：1.6 V，4 V，6.3 V，10 V，16 V，25 V，32* V，40 V，50 V，63 V，100 V，125* V，160 V，250 V，300* V，400 V，450* V，500 V，630 V，1000 V 等(标 * 者只限于电解电容器使用)。

5) 电容器质量的判断与检测

用普通的指针式万用表能初步判断电容器的质量及电解电容器的极性，并能定性比较电容器容量的大小。

(1) 质量判定。用万用表 R×1 k 挡，将表笔接触电容器(1 μF 以上的容量)的两引脚，接通瞬间，表头指针应向顺时针方向偏转，然后逐渐逆时针返回，如果不能返回，则稳定后的读数就是电容器的漏电电阻，阻值越大表示电容器的绝缘性能越好；若在上述的检测过程中表头指针不摆动，说明电容器开路；若表头指针向右摆动的角度大且不返回，说明电容器已击穿或严重漏电；若表头指针保持在 0 Ω 附近，说明该电容器内部短路。

对于电容量小于 1 μF 的电容器，由于电容充、放电现象不明显，检测时表头指针偏转幅度很小或根本无法看清，但并不说明电容器质量有问题。

(2) 容量判定。检测过程同上，表头指针向右摆动的角度越大，说明电容器的容量愈大，反之则说明容量愈小。

(3) 极性判定。根据电解电容器正接时漏电流小、漏电阻大，反接时漏电流大、漏电阻小的特点可判断其极性。将万用表打在 Ω 挡的 R×10 k 挡，先测一下电解电容器的漏电阻值，而后将两表笔对调，再测一次漏电阻值。两次测试中，漏电阻值大的一次，黑表笔接的是电解电容器的正极，红表笔接的是电解电容器的负极。

(4) 可变电容器碰片检测。万用表置于 R×1 k 挡，将两表笔固定接在可变电容器的定、动片端子上，慢慢转动可变电容器的转轴，如表头指针发生摆动说明有碰片，否则说明是正常的。使用时动片应接地，防止调整时人体静电通过转轴引入噪声。

2. 电感器

1) 电感器的分类

常用的电感器有固定电感器、微调电感器、色环电感器等。变压器、阻流圈、振荡线圈、偏转线圈、天线线圈、中周(中频变压器)、继电器以及延迟线和磁头等，都属于电感器。常见电感器外形如图 4-26 所示。

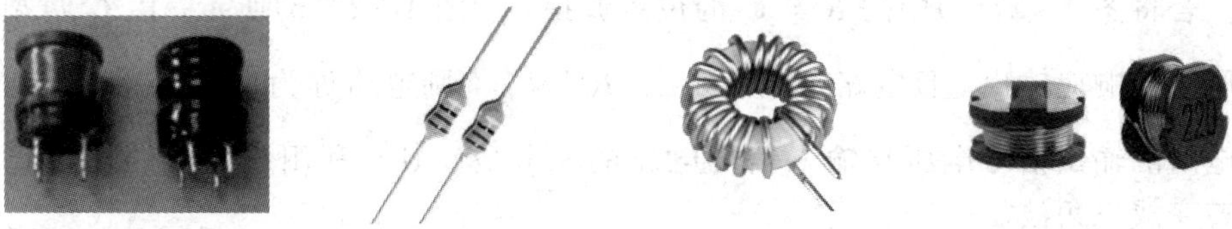

(a) 固定电感器　(b) 色环电感器　(c) 磁环电感器　(d) 贴片电感器

图 4-26　常见电感器外形

2) 电感器的主要技术指标

(1) 电感量：在没有非线性导磁物质存在的条件下，一个载流线圈的磁通量与线圈中的电流成正比，其比例常数称为自感系数，用 L 表示，简称为电感。

(2) 固有电容：线圈各层、各匝之间，绕组与底板之间都存在着分布电容，统称为电感器的固有电容。

(3) 品质因数：是指电感器在某一频率的交流电压下工作时所呈现的感抗与其等效损耗电阻之比，是衡量电感器品质的主要参数。

(4) 额定电流：线圈中允许通过的最大电流。

(5) 线圈的损耗电阻：线圈的直流损耗电阻。

3) 电感器电感量的标志方法

(1) 直标法。直标法单位为 H(亨利)、mH(毫亨)、μH(微亨)。

(2) 数码表示法：方法与电容器的表示方法相同。

(3) 色码表示法：这种表示法也与电阻器的色标法相似。色码一般有四种颜色；前两种颜色为有效数字；第三种颜色为倍率，单位为 μH；第四种颜色是误差位。

学习笔记

【技能训练 4】 一阶 RC 电路的暂态响应分析

1. 技能训练目标

(1) 观察 RC 一阶电路的零输入响应、零状态响应及全响应。

(2) 观察电路时间常数对过渡过程快慢的影响。

(3) 理解有关微分电路、积分电路的概念。

2. 使用器材

函数信号发生器、双踪示波器、电阻器、电容器等。仿真实验使用 Multisim 仿真软件。

3. 训练内容与方法

微分电路和积分电路是 RC 一阶电路中较典型的电路，它对电路元件参数和输入信号的周期有着特定的要求。一个简单的 RC 串联电路，在方波序列脉冲的重复激励下，当满足 $\tau=RC\ll T/2$(T 为方波序列脉冲的重复周期)时，且由 R 两端的电压作为响应输出，则该电路就是一个微分电路，因为此时电路的输出电压与输入信号电压的微分成正比。如图 4-27(a)所示，利用微分电路可以将方波转变为尖脉冲。

若将图 4-27(a)中的 R 与 C 的位置调换，如图 4-27(b)所示，由 C 两端的电压作为响应输出，且电路参数满足 $\tau=RC\gg\frac{T}{2}$，则电路称为积分电路，因为此时电路的输出信号电压与输入信号电压的积分成正比。利用积分电路可以将方波转变成三角波。

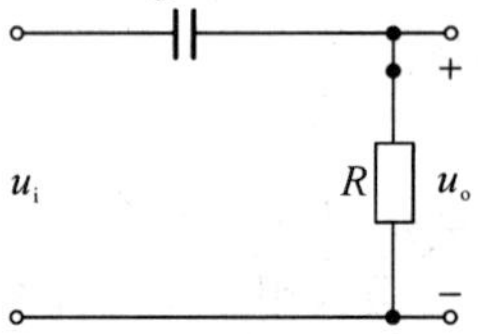

(a) 微分电路

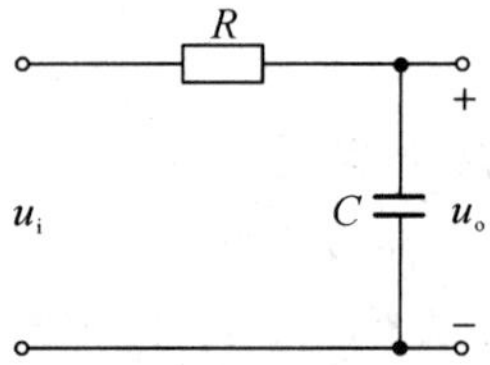

(b) 积分电路

图 4-27 RC 一阶电路

从输入、输出波形来看，微分电路和积分电路均起着波形变换的作用，请在实验过程中仔细观察并记录。

动态网络的暂态过程是十分短暂的单次变化过程，要用普通示波器观察暂态过程，必须使这种单次的变化过程重复出现。为此，可以利用信号发生器输出方波信号来模拟阶跃激励信号，即利用方波输出的上升沿作为零状态响应的正阶跃激励信号；利用方波的下降沿作为零输入响应的负阶跃激励信号。只要选择方波的重复周期远大于电路的时间常数，那么电路在这样的方波序列脉冲信号的激励下，它的响应就和直流电接通与断开的暂态过程基本相同。

学习笔记

4. 操作步骤及数据记录

(1) 从实验电路板上选 $R=10\ \text{k}\Omega$，$C=1000\ \text{pF}$ 组成如图 4-27(b)所示的积分电路。u_i 为脉冲信号发生器输出的 $U_m=3\ \text{V}$、$f=1\ \text{kHz}$ 的方波电压信号，将激励源 u_i 和响应 u_o 的信号分别连至示波器的两个输入端口 CH1 和 CH2，这时可在示波器的屏幕上观察到激励与响应的变化规律，请测算出时间常数 τ，并描绘波形。

(2) 令 $R=10\ \text{k}\Omega$，$C=0.1\ \mu\text{F}$，观察并描绘相应的波形，继续增大 C 值，定性观察电路参数变化对响应的影响。

(3) 令 $C=0.01\ \mu\text{F}$，$R=100\ \Omega$，组成如图 4-27(a)所示的微分电路，在同样的方波激励信号($U_m=3\ \text{V}$，$f=1\ \text{kHz}$)作用下，观测并描绘激励与响应的波形。

增减 R 值，定性观察电路参数变化对响应的影响，并作记录。当 R 增至 $1\ \text{M}\Omega$ 时，输入、输出波形有何本质上的区别？

5. 软件仿真操作步骤及数据记录

1) 积分电路观测

(1) 观测激励与响应波形。从元件库中选取电阻、电容，从仪器库中选出函数发生器 XFG1、双踪示波器 XSC1，创建如图 4-28 所示电路。设置函数发生器输出波形为方波，频率为 20 Hz，振幅为 12 V，如图 4-29 所示。运行仿真开关，在示波器显示屏上观察电容的充、放电曲线，观测并描绘激励与响应的波形。

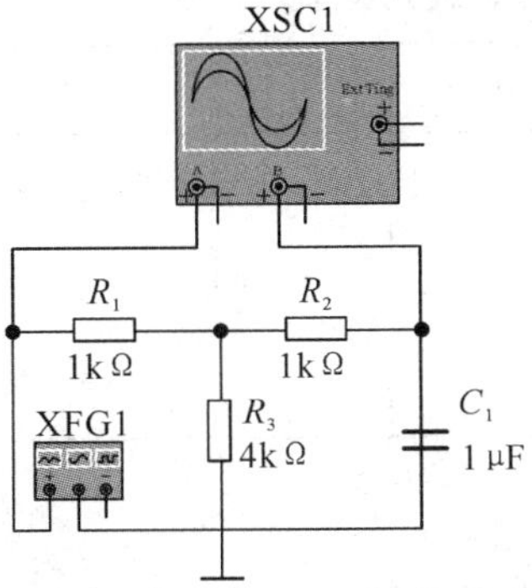

图 4-28　积分仿真电路

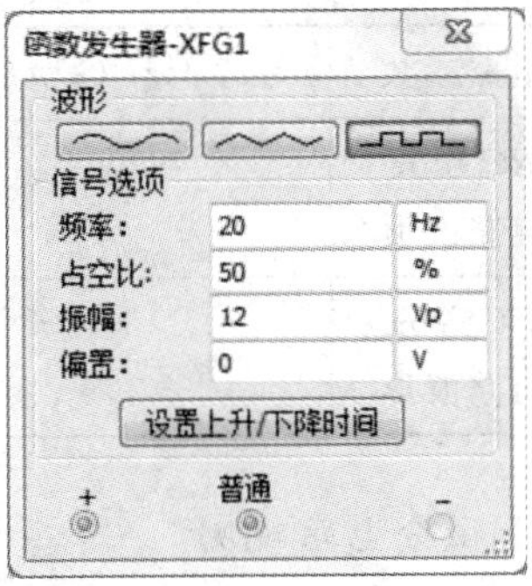

图 4-29　函数发生器设置面板

(2) 测试充电时间常数 τ_1。理论上，电容两端电压由 0 开始上升至稳态值(最后充至的峰值稳定电压 U)的 63.2%所经历的时间近似等于 τ_1。用鼠标拖动游标到对应的位置，使游标 1 置于波形的响应起点，游标 2 置于通道 B 的 T2-T1 读数等于或接近于 $0.632U$ 处，则示波器面板中时间的 T2-T1 读数即为充电时间常数 τ_1 的值，如图 4-30 所示，记录测量参数并填入表 4-3 中。

(3) 测试放电时间常数 τ_2。测试方法同步骤(2)。理论上，电容两端电压由最后充至的稳态电压 U 下降到电压 U 的 36.8%所经历的时间近似等于 τ_2。

表 4-3　一阶 RC 积分电路参数

C_1	稳态值 U	计算 $0.632U$	τ_1	计算 $0.368U$	τ_2
$1\mu\text{F}$					

学习笔记

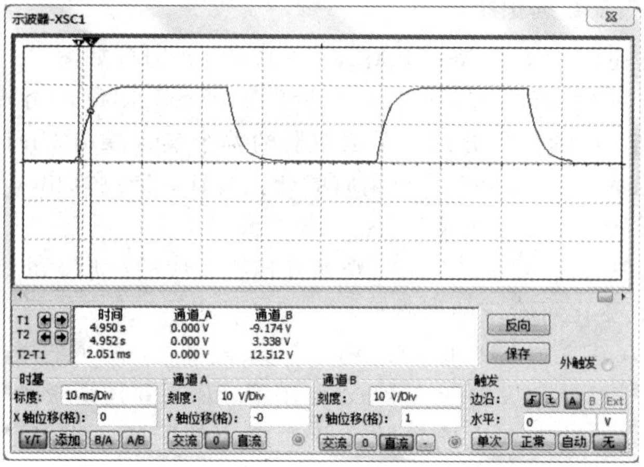

图 4－30　示波器中观测的电压波形

(4) 暂停电路运行，改变 C_1 的大小使其为 10 μF，再运行仿真开关，在示波器显示屏上观测电容的充、放电曲线，与 C_1 为 1 μF 时的充、放电曲线相比较，并描绘激励与响应的波形填入表 4－4 中。

(5) 暂停电路运行，令 C_1 为 1 μF，函数发生器的频率改为 200 Hz，再次观测对比激励与响应的波形并填入表 4－4 中。

表 4－4　一阶电路激励与响应的波形对比

电路参数	f=20 Hz，C_1=1 μF	f=20 Hz，C_1=10 μF	f=200 Hz，C_1=1 μF
RC 积分电路波形			
RC 微分电路波形			

2) 微分电路观测

将图 4－28 中的 R_2 与 C_1 的位置调换，变为微分电路，设置函数发生器的频率分别20 Hz和 200 Hz，同样观测并描绘激励与响应的波形填入表 4－4 中。

6. 注意事项

(1) 示波器的辉度不要过亮。调节仪器旋钮时，动作不要过快、过猛。

(2) 调节示波器时，要注意触发开关和电平调节旋钮的配合使用，以使显示的波形稳定。

(3) 进行定量测定时，“t/div”和“V/div”的微调旋钮应旋至“标准”位置。

(4) 为防止外界干扰，信号发生器的接地端与示波器的接地端要相连(称为共地)。

7. 报告填写要求

(1) 根据观测结果，绘出 *RC* 一阶电路充、放电时 u_C 的变化曲线，由曲线测得 τ 值，并与参数值的计算结果作比较，分析误差原因。

(2) 根据观测结果，归纳、总结积分电路和微分电路的形成条件，阐明波形变换的特征。

习　题

4-1　已知电容 $C=0.5\ \mu F$，加在其两端的电压 $u=100\sqrt{2}\sin 314t$ V，求电容的电流 i，并画出其波形图。

4-2　一个 $C=10\ \mu F$ 的电容，求在下列电压作用下的电流：

(1) $u(t)=10$ V；　(2) $u(t)=3t+4$ V；

(3) $u(t)=6\sin(314t+30°)$ V；　(4) $u(t)=9e^{-2t}+3$ V。

4-3　电路如图 4-31 所示，分别求 S 打开和闭合时 a、b 间的等效电容。已知 $C_1=C_4=2\ \mu F$，$C_2=C_3=4\ \mu F$。

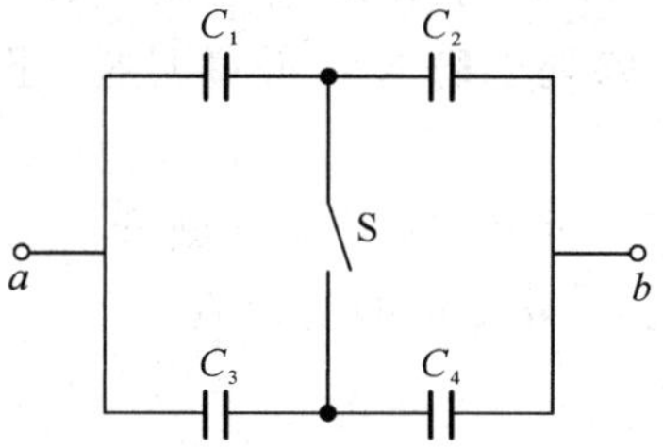

图 4-31　习题 4-3 图

4-4　已知电容 $C_1=4\ \mu F$，耐压 $U_1=150$ V；电容 $C_2=12\ \mu F$，耐压 $U_2=360$ V，试求：

(1) 将两只电容并联使用的等效电容和最大耐压；

(2) 将两只电容串联使用的等效电容和最大耐压。

4-5　电路如图 4-32 所示，已知 $U=18$ V，$C_1=C_2=6\ \mu F$，$C_3=3\ \mu F$，求等效电容 C 及 U_1、U_2、U_3。

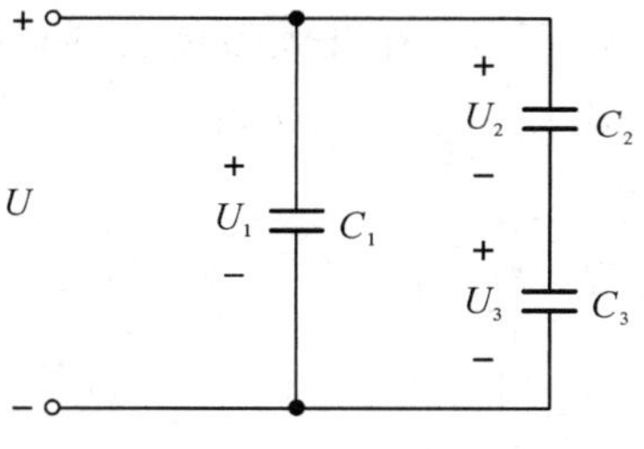

图 4-32　习题 4-5 图

4-6　电路如图 4-33 所示，已知 $C_1=C_2=C_3=30\ \mu F$，$U_1=100$ V。求：

(1) 等效电容 C；

(2) 外加电压 U。

4-7　电路如图 4-34 所示，已知 $C_1=200\ \mu F$，其耐压为 200 V，$C_2=300\ \mu F$，其耐压为 300 V，若在 a、b 两端加 500 V 的直流电压，问电路是否安全？

学习笔记

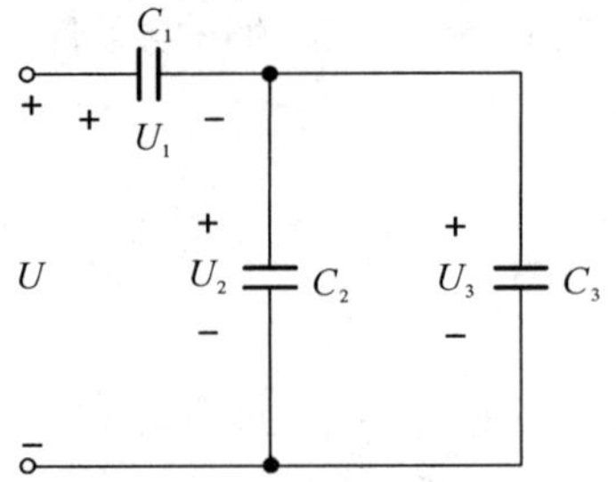

图 4-33　习题 4-6 图

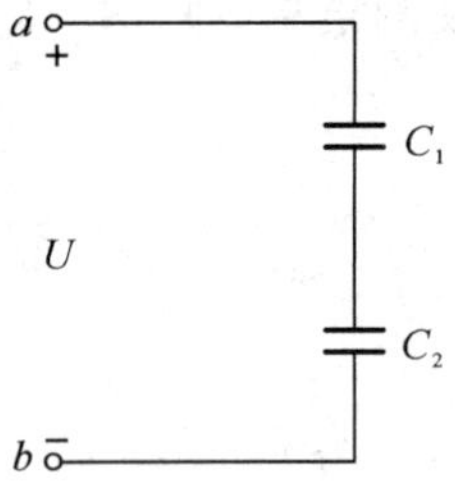

图 4-34　习题 4-7 图

4-8　一个 2H 的电感，求下列电路作用下的电压：

(1) $i=100$ A；　　(2) $i=0.1t$ A；

(3) $i=2\sin(314t+30°)$ A；　(4) $i=2e^{-3t}+3$ A。

4-9　在图 4-35 所示电路中，已知电感线圈的内阻 $R=2\ \Omega$，电压表的内阻为2.5 kΩ，电源电压 $U_s=4$ V，其串联电阻 $R_0=18\ \Omega$。试求开关 S 断开瞬间电压表两端的电压(换路前电路处于稳态)，并说明这样操作电压表是否安全？要想安全断电，应怎样处理？

4-10　电路如图 4-36 所示，在开关 S 断开前已处于稳态，试求开关 S 断开后瞬间的电压 u_C 和电流 i_C、i_1、i_2 的初始值。

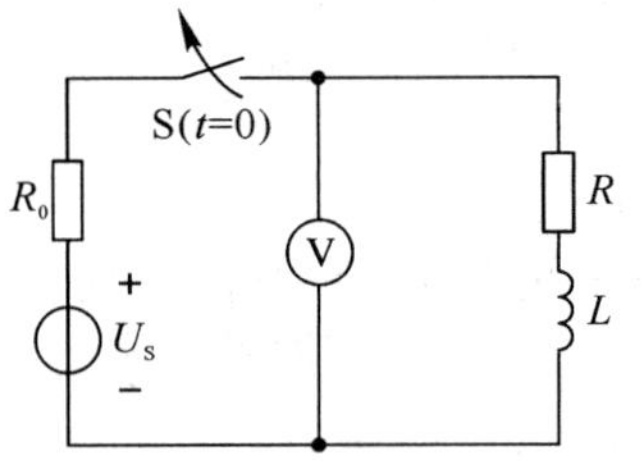

图 4-35　习题 4-9 图

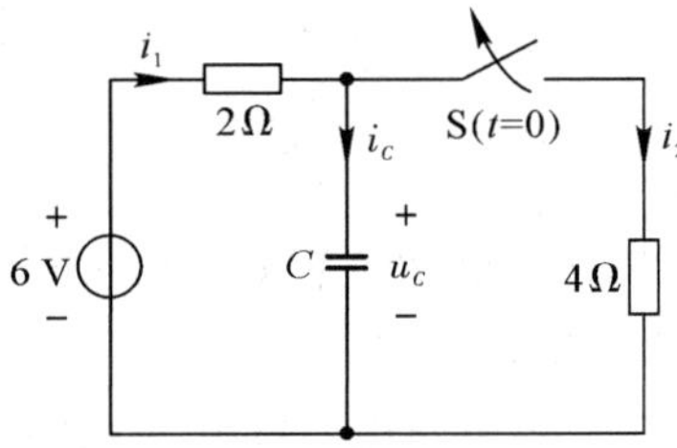

图 4-36　习题 4-10 图

4-11　电路如图 4-37 所示，在开关 S 闭合前已处于稳态，试求开关 S 闭合瞬间的电压 u_L、i_L、i_1、i_2 的初始值。

4-12　电路如图 4-38 所示，在开关 S 闭合前已处于稳态，试求开关 S 闭合瞬间的电压 u_C、u_L 和电流 i_C、i_L、i 的初始值。

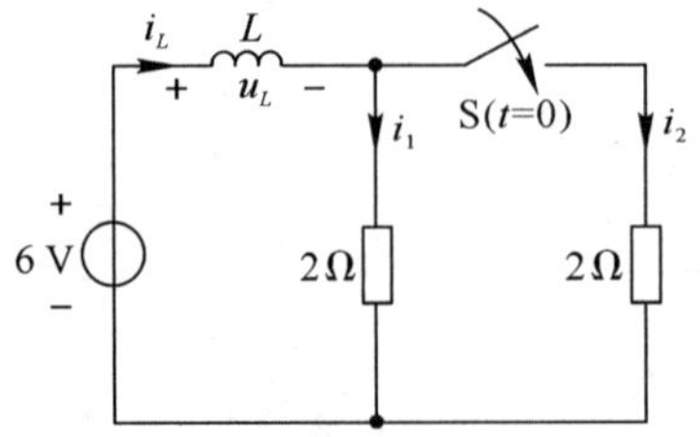

图 4-37　习题 4-11 图

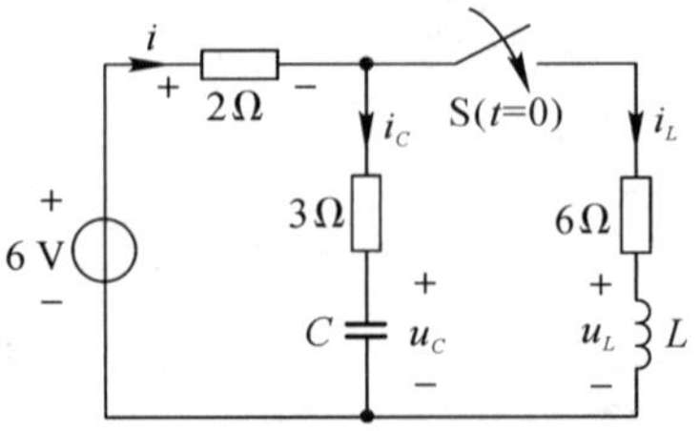

图 4-38　习题 4-12 图

4-13　如图 4-39 所示电路，在开关 S 闭合前已处于稳态，试求开关 S 闭合后瞬间的电压 u_C、u_L 和电流 i_C、i_L、i 的初始值。

4-14　如图 4-40 所示电路，已知 $I_s=2$ mA，$R_1=200\ \Omega$，$R_2=300\ \Omega$，$C=$

2 μF。

（1）将电路中除电容元件以外的部分用戴维南定理或诺顿定理化简。

（2）求电路的时间常数。

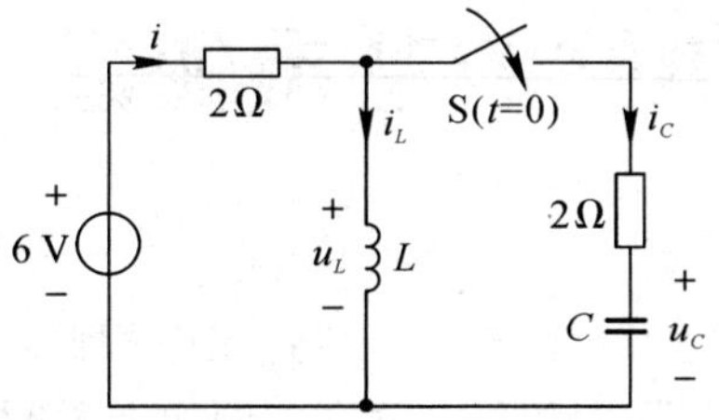

图 4-39　习题 4-13 图

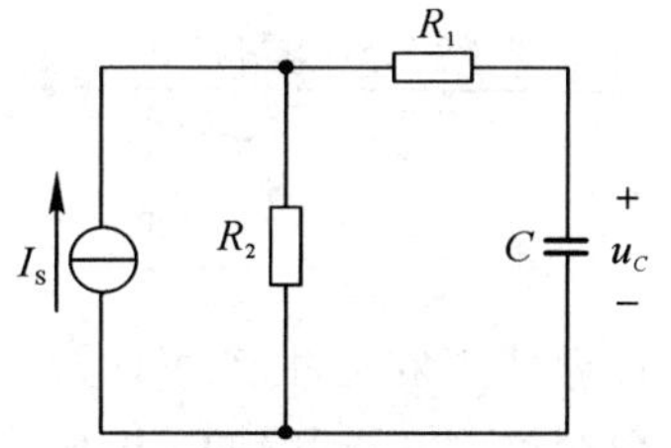

图 4-40　习题 4-14 图

4-15　图 4-41 所示电路中，已知 $I_s=20$ mA，$U_1=6$ V，$R_1=300$ Ω，$R_2=150$ Ω，$L=1$ H。

（1）将电路中除电感元件以外的部分用戴维南定理或诺顿定理化简。

（2）求电路的时间常数。

4-16　电路如图 4-42 所示，开关闭合前电路已经处于稳态，在 $t=0$ 时开关闭合，试列出求电感电流 i_L 的微分方程，并求出开关闭合后的 i_L 和 u_L。

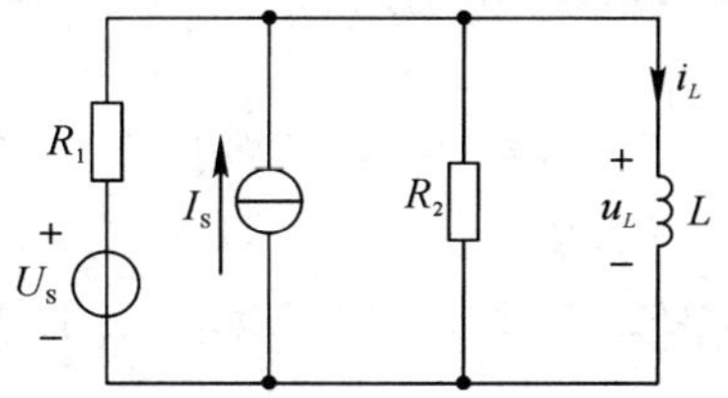

图 4-41　习题 4-15 图

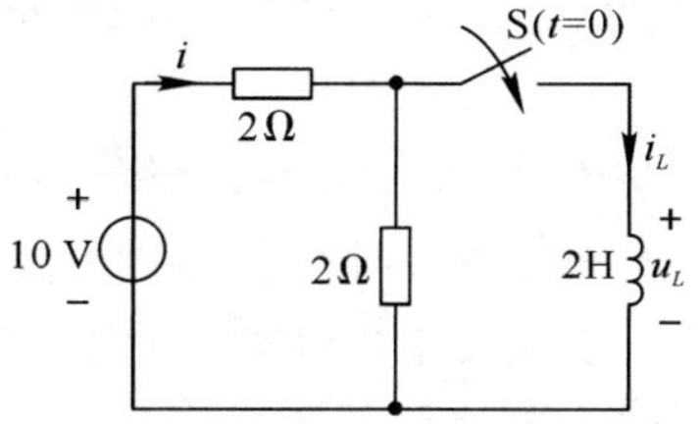

图 4-42　习题 4-16 图

第 5 章　正弦交流电路的基本概念

在现代工农业生产和日常生活中，广泛地使用着交流电。与直流电相比，交流电在产生、输送和使用方面具有明显的优点和重大的经济意义。例如在远距离输电时，采用高电压、小电流可以减少线路上的损失。对于用户来说，采用较低的电压既安全，又可降低电器设备的绝缘要求。这种电压的升高和降低，在交流供电系统中可以很方便而又经济地由变压器来实现。此外，在一些非用直流电不可的场合，如工业上的电解和电镀等，也可利用整流设备将交流电转化为直流电。

本章主要介绍正弦交流电的基本概念，正弦交流电的几种表示方法，以及单一参数的电路元件 R、L、C 在交流电路中的电压、电流关系及其功率计算。

5.1　正弦交流电的基本参数

交流电(Alternating Current)也称“交变电流”，简称 AC，一般指大小和方向随时间作周期性变化的电压或电流。交流电可以有效传输电力，其最基本的形式是正弦交流电，但实际上还有其他的波形，例如三角形波、正方形波。生活中使用的市电就是具有正弦波形的交流电。

正弦交流电量的三要素

5.1.1　正弦交流电量的三要素

大小与方向均随时间按正弦规律作周期性变化的电流、电压、电动势分别称为正弦交流电流、电压、电动势。在某一时刻 t 的瞬时值可用三角函数式(解析式)来表示，即

$$\left.\begin{aligned} i(t)&=I_m\sin(\omega t+\varphi_i)\\ u(t)&=U_m\sin(\omega t+\varphi_u)\\ e(t)&=E_m\sin(\omega t+\varphi_e)\end{aligned}\right\}\tag{5-1}$$

思考题 5.1.1

式(5-1)中，u、i、e 分别为电压、电流和电动势的瞬时值；I_m、U_m、E_m 分别叫作交流电流、电压、电动势的最大值(也叫作峰值或振幅)；ω 叫作交流电的角频率；φ_i、φ_u、φ_e 分别叫作电流、电压、电动势的初相位或初相。以电流为例，其波形如图 5-1 所示。由于角频率、最大值和初相可决定一个正弦量，因此将它们称为正弦量的三要素。

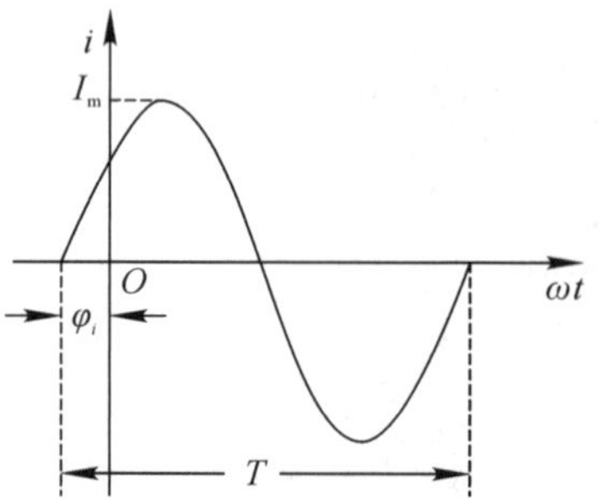

图 5-1　正弦量波形示意图

1. 最大值和有效值

正弦交流电量瞬时值中的最大值称为振幅或峰值。它表明了正弦量振动的幅度。在公式中分别用 I_m(单位：A)、U_m、E_m(单位：V)表示。

正弦量的瞬时值大小是随时间变化的，这给计算正弦量的大小带来了困难。电路的一个重要作用是电能转换，正弦量的瞬时值不能确切反映电路在转换能量方面的效果，为此，我们引入正弦交流电有效值的概念，它是根据热效应定义的。

有效值的定义为：让正弦交流电流 i 和直流电流 I 分别通过两个阻值相等的电阻 R，如果在相同的时间 T 内，两个电阻消耗的能量相等，则称该直流电流 I 的值为正弦交流电流 i 的有效值。有效值用大写字母表示，如 I、U 等。

由此可知，在相同时间 T 内电阻 R 消耗的能量为

$$W = I^2RT = \int_0^T i^2 R\,\mathrm{d}t$$

即交流电流的有效值为

$$I = \sqrt{\frac{1}{T}\int_0^T i^2\,\mathrm{d}t}$$

将正弦交流电流的瞬时值表达式代入上式，可得

$$I = \sqrt{\frac{1}{T}\int_0^T I_m^2\sin^2(\omega t+\varphi_i)\,\mathrm{d}t} = \sqrt{\frac{I_m^2}{T}\int_0^T \frac{1-\cos 2(\omega t+\varphi_i)}{2}\mathrm{d}t}$$

$$= \sqrt{\frac{I_m^2}{2T}\left[\int_0^T \mathrm{d}t - \int_0^T \cos 2(\omega t+\varphi_i)\,\mathrm{d}t\right]} = \sqrt{\frac{I_m^2}{2T}(T-0)} = \frac{I_m}{\sqrt{2}} \approx 0.707I_m$$

由此得出有效值和最大值关系为

$$I=\frac{I_m}{\sqrt{2}}=0.707I_m \tag{5-2}$$

$$U=\frac{U_m}{\sqrt{2}}=0.707U_m \tag{5-3}$$

【例 5-1】 日常所说的照明电压为 220V，其最大值是多少？

解　$U_m=\sqrt{2}U=220\sqrt{2}\ \mathrm{V}=311\mathrm{V}$

在日常生活和生产中常提到的 220 V、380 V 电压指的是交流电的有效值，用于测量交流电压和交流电流的各种仪表所指示的数字以及电气设备铭牌上的额定值也是有效值。应当注意，并非在所有场合中都用有效值来表征正弦交流电的大小。例如，在确定各种交流电气设备的耐压值时，就应考虑电压的最大值。

【例 5-2】 一个电容器的耐压值为 250 V，能否用在 220 V 的单相交流电源上？

解　因为 220 V 的单相交流电源为正弦电压，其振幅值为 311 V，大于电容器的耐压值 250 V，电容可能被击穿，所以不能接在 220 V 的单相交流电源上。

注意：各种电气元件和电气设备的绝缘水平(耐压值)要按最大值考虑。

学习笔记

2. 角频率、周期与频率

角频率：表征正弦电量每秒内变化的电角度，用 ω 表示，单位为弧度/秒(rad/s)。

周期：正弦电量变化一周所需的时间称为周期，通常用 T 表示，单位为秒(s)。常用单位有毫秒(ms)、微秒(μs)、纳秒(ns)。

频率：正弦电量每秒钟变化的周期数称为频率，用 f 表示，单位为赫兹(Hz)。周期和频率互成倒数，即

$$f=\frac{1}{T} \tag{5-4}$$

我国和世界上大多数国家一样，电力工业的标准频率即所谓的“工频”是 50 Hz，其周期为 0.02 s，少数国家(如美国、日本)的工频为 60 Hz。在其他技术领域中也要用到各种不同的频率，例如：声音信号频率约为 20～20 000 Hz，广播中波段载波频率为 535～1605 Hz，电视用的频率以 MHz 计。

ω、T、f 三者都反映了正弦量变化的快慢。在一个周期 T 内，正弦量所经历的电角度为 2π 弧度，如图 5-2 所示。由角频率的定义可知，角频率与频率、周期间的关系为

$$\omega=2\pi f=\frac{2\pi}{T} \tag{5-5}$$

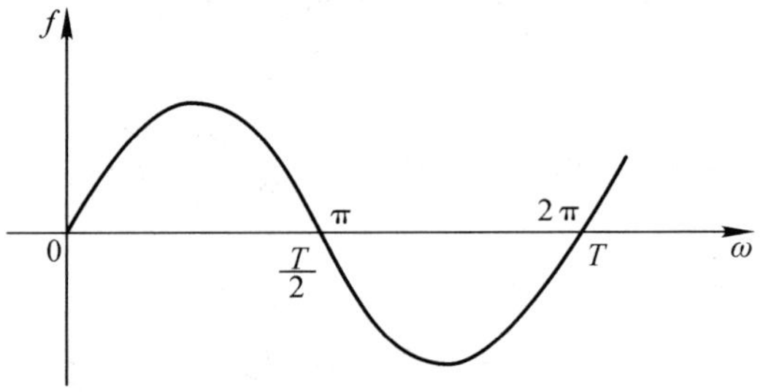

图 5-2　角频率与周期及频率间的关系

因此，我国使用的工频交流电的频率 $f=50$ Hz，周期 $T=\frac{1}{f}=0.02$ s，则其角频率 $\omega=2\pi f=100\pi$ rad/s，或表示成整数为 314 rad/s。

3. 初相及相位

相位是反映正弦交流电任一时刻状态的物理量。正弦交流电的大小和方向是随时间变化的，它的表达式是 $i(t)=I_m\sin(\omega t+\varphi_i)$，其中的 $\omega t+\varphi_i$ 相当于角度，它反映了交流电任一时刻所处的状态是在增大还是在减小，是正的还是负的等，因此把 $\omega t+\varphi_i$ 叫作相位，或者相位角。

初相位指 $t=0$ 时所对应的相位角 φ_0，它反映了计时起点的状态，取值范围为 $-180°\sim+180°$。图 5-3 给出了几种不同计时起点的正弦电流的解析式和波形图。由波形图可以看出：

(1) 若正弦量波形起点就在坐标原点，则初相 $\varphi_i=0$，如图 5-3(a)所示。

(2) 若正弦量波形起点在坐标原点左侧，则初相 $\varphi_i>0$，如图 5-3(b)所示。

(3) 若正弦量波形起点在坐标原点右侧，则初相 $\varphi_i<0$，如图 5－3(c)所示。

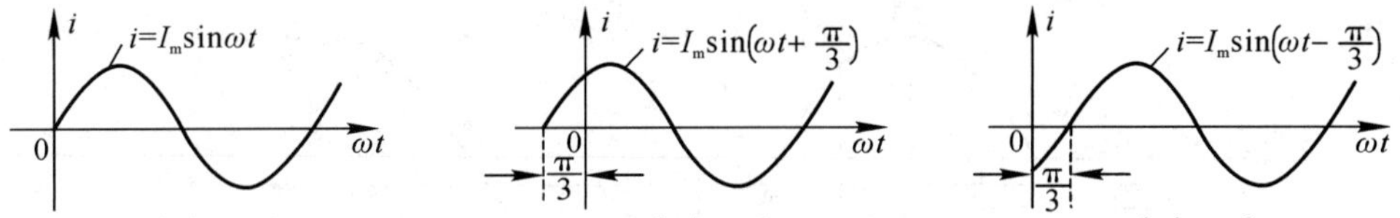

(a) $\varphi_i=0$　(b) $\varphi_i>0$　(a) $\varphi_i<0$

图 5－3　初相不同时的正弦电流波形

【例 5－3】 已知一个正弦电压 $u=220\sqrt{2}\sin\left(314t+\dfrac{\pi}{2}\right)$V。

(1) 计算其三要素和周期、频率；

(2) 画出波形图；

(3) 计算 $t=0.01$ s 时的瞬时值。

解　(1) 三要素：最大值 $U_m=220\sqrt{2}$ V，角频率 $\omega=314$ rad/s，初相位 $\varphi_0=\dfrac{\pi}{2}$，周期 $T=\dfrac{2\pi}{\omega}=0.02$ s，频率 $f=\dfrac{1}{T}=50$ Hz。

(2) 波形图如图 5－4 所示。

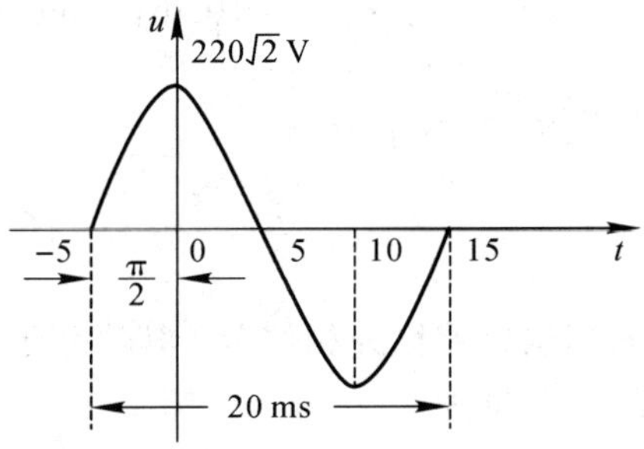

图 5－4　例 5－3 波形图

(3) $t=0.01$ s 时，正弦电压瞬时值为

$$u=220\sqrt{2}\sin\left(100\pi\times0.01+\frac{\pi}{2}\right)=220\sqrt{2}\times\sin\frac{3\pi}{2}$$

$$=220\sqrt{2}\times(-1)=-220\sqrt{2}\text{V}$$

【例 5－4】 已知一个电阻元件上的电压波形如图 5－5 所示，时间 t 单位为 ms。

(1) 试写出该正弦量的三要素；

(2) 写出电压的瞬时值表达式；

(3) 若参考方向与图中参考方向相反，请重新写出该电压的表达式。

解　(1) 从波形图可知：周期 $T=16$ ms，则角频率

$$\omega=\frac{2\pi}{T}=\frac{2\pi}{16\times10^{-3}}=125\pi\ \text{rad/s}$$

初相位

$$\varphi_0=\omega t=125\pi\times6\times10^{-3}=\frac{3}{4}\pi$$

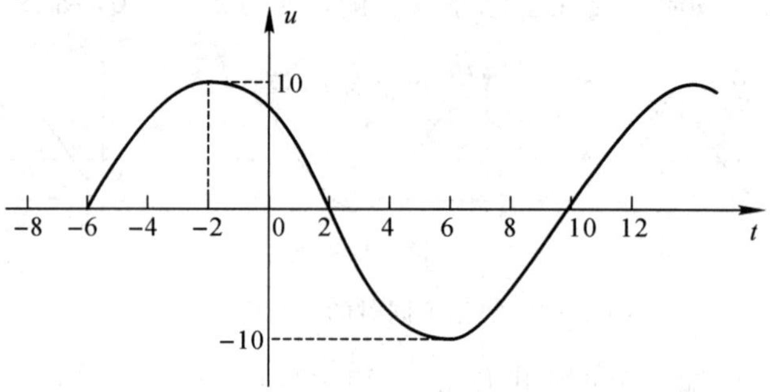

图 5-5　例 5-4 波形图

最大值

$$U_m = 10\ \text{V}$$

(2) 电压的瞬时值表达式为

$$u = 10\sin\left(125\pi t + \frac{3}{4}\pi\right)\ \text{V}$$

(3) 当参考方向与图中电压方向相反时，其电压表达式可写成

$$u = -10\sin\left(125\pi t + \frac{3}{4}\pi\right)\ \text{V} = 10\sin\left(125\pi t + \frac{3}{4}\pi - \pi\right)\ \text{V}$$

$$= 10\sin\left(125\pi t - \frac{1}{4}\pi\right)\ \text{V}$$

相位差

思考题 5.1.2

5.1.2　相位差

两个同频率正弦量的相位之差称为相位差，其值等于它们的初相之差。

设任意两个同频率的正弦量为

$$u_1 = U_{1m}\sin(\omega t + \varphi_1)$$

$$u_2 = U_{2m}\sin(\omega t + \varphi_2)$$

则 u_1 与 u_2 的相位差为

$$\phi_{12} = (\omega t + \varphi_1) - (\omega t + \varphi_2) = \varphi_1 - \varphi_2 \tag{5-6}$$

规定相位差 ϕ 的取值范围为 $-\pi \sim \pi$。相位差决定了两个正弦量的相位关系，如图 5-6 所示。

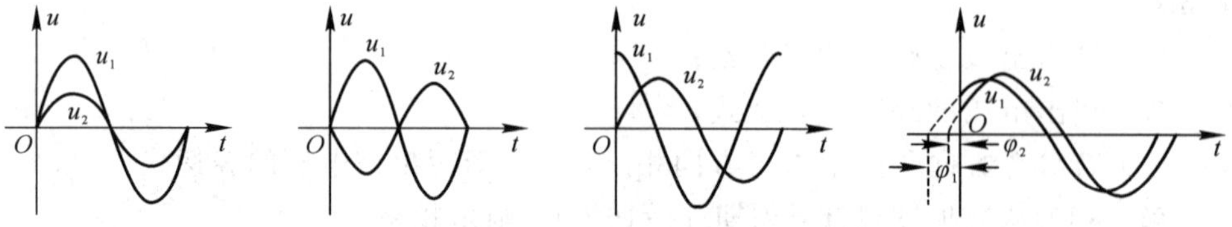

(a) 同相关系　(b) 反相关系　(c) 正交关系　(d) 超前滞后关系

图 5-6　同频率正弦量的几种相位关系

下面分别对这几种相位关系加以讨论：

(1) 同相：$\phi_{12} = \varphi_1 - \varphi_2 = 0$，称这两个正弦量同相，如图 5-6(a)所示。

(2) 反相：$\phi_{12}=\varphi_1-\varphi_2=\pm\pi$，称这两个正弦量反相，如图 5 - 6(b)所示。

(3) 正交：$\phi_{12}=\varphi_1-\varphi_2=\pm\frac{\pi}{2}$，称这两个正弦量正交，如图 5 - 6(c) 所示。

(4) 超前或滞后：当 $\phi_{12}=\varphi_1-\varphi_2>0$，且 $\phi_{12}<\pi$，如图 5 - 6(d)所示，当 u_1 达到零值或振幅值后，u_2 需经过一段时间才能到达零值或振幅值。因此，u_1 超前于 u_2 的角度为 ϕ_{12}，或称 u_2 滞后于 u_1。

【例 5 - 5】 已知两个正弦波 $u_1=-5\sin(6t+10°)$ V 和 $u_2=4\cos(6t+70°)$ V，计算其相位差，并说明哪个超前。

解 这两个表达式都不是正弦交流电的标准式，因此不能直接比较，需要先改写成正弦函数形式

$$u_1=-5\sin(6t+10°)\ \text{V}=5\sin(6t+10°+180°)\ \text{V}$$
$$=5\sin(6t+190°)\ \text{V}$$
$$u_2=4\cos(6t+70°)\ \text{V}=4\sin(6t+70°+90°)\ \text{V}$$
$$=4\sin(6t+160°)\ \text{V}$$

故相位差为

$$\phi_{12}=\varphi_1-\varphi_2=190°-160°=30°>0$$

因此，这两个正弦量的相位关系为 u_1 超前 u_2 30°，或者 u_2 滞后 u_1 30°。

【例 5 - 6】 分别写出图 5 - 7 中各电流 i_1、i_2 的相位差，并说明 i_1 与 i_2 的相位关系。

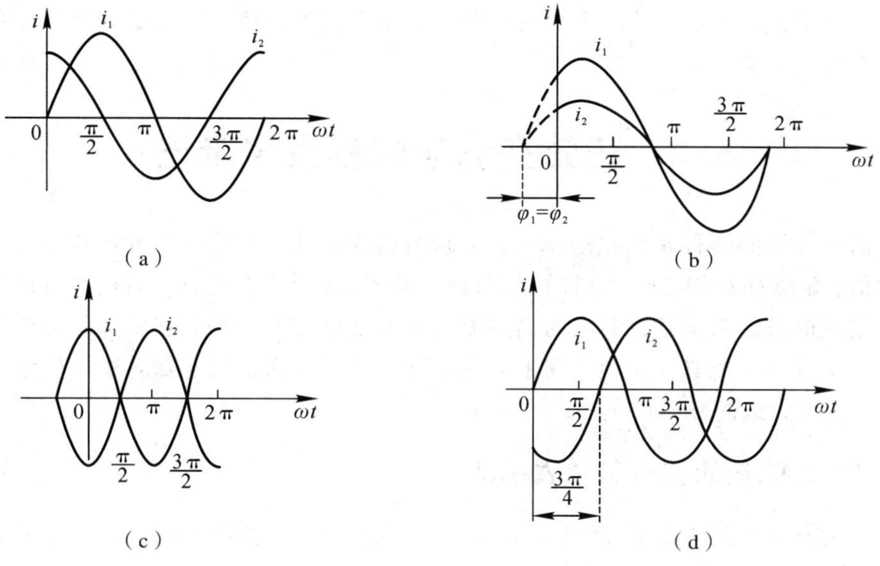

图 5 - 7　例 5 - 6 波形图

解 (1) 由图 5 - 7(a)可知 $\varphi_1=0$，$\varphi_2=\frac{\pi}{2}$，$\phi_{12}=\varphi_1-\varphi_2=-\frac{\pi}{2}<0$，表明二者为正交。

(2) 由图 5 - 7(b)可知 $\varphi_1=\varphi_2$，$\phi_{12}=\varphi_1-\varphi_2=0$，表明二者同相。

(3) 由图 5-7(c)可知 $\phi_{12}=\varphi_1-\varphi_2=\pi$，表明二者反相。

(4) 由图 5-7(d)可知 $\varphi_1=0$，$\varphi_2=-\dfrac{3\pi}{4}$，$\phi_{12}=\varphi_1-\varphi_2=\dfrac{3\pi}{4}>0$，表明 i_1 超前于 i_2 $\dfrac{3\pi}{4}$。

思考与练习

5.1-1　正弦交流电的三要素是指正弦量的__________、__________和__________。

5.1-2　已知一正弦量 $i=7.07\sin(314t-30°)$ A，则该正弦电流的最大值是______ A；有效值是________ A；角频率是________ rad/s；频率是________ Hz；周期是________ s；随时间的变化进程相位是________；初相位是________；合________弧度。

5.1-3　两个同频正弦量的表达式分别为：$u=-100\sin(6\pi t+10°)$ V，$i=5\cos(6\pi t-10°)$ A，则 u 超前 i 相位角度是________。

5.1-4　判断下列说法是否正确。

(1) 正弦量的三要素是指它的最大值、角频率和相位。（　　）

(2) $u_1=220\sqrt{2}\sin314t$ V 超前 $u_2=311\sin(628t-45°)$ V 的角度为 45°。（　　）

(3) 反映正弦量随时间变化快慢程度的量是频率；确定正弦量计时初始位置的是初相。（　　）

5.2　正弦交流电的相量表示法

前面介绍的两种正弦量表示方法：瞬时值表达式及波形图表示法中，都具有最大值、角频率及初相位(也称初相角或初相)这三个主要特征，而这些特征量还可以用其他方法来描述。不同的描述方法之间能够相互转换，它们都是分析与计算正弦交流电路的必要工具。其中，用复数形式表示的正弦电量，称为相量表示法，可以大大地简化电路的分析与计算。

5.2.1　正弦量的旋转矢量表示法

正弦量的旋转矢量表示法

假设有一个正弦电流 $i=I_m\sin(\omega t-\varphi_i)$，用旋转矢量表示该正弦电流的方法如下：在一个直角坐标系中，过原点作一条有向线段，它与横轴的夹角等于正弦量的初相位 φ_i，线段的长度等于正弦量的最大值 I_m，并以角速度 ω 逆时针旋转，旋转中的线段在纵轴的投影与正弦量在该时刻的瞬时值保持一一相等的对应关系，如图 5-8 所示。像这样旋转的有向线段，称为旋转矢量，它不仅表示了正弦量的瞬时值，还表示了正弦量的三要素。

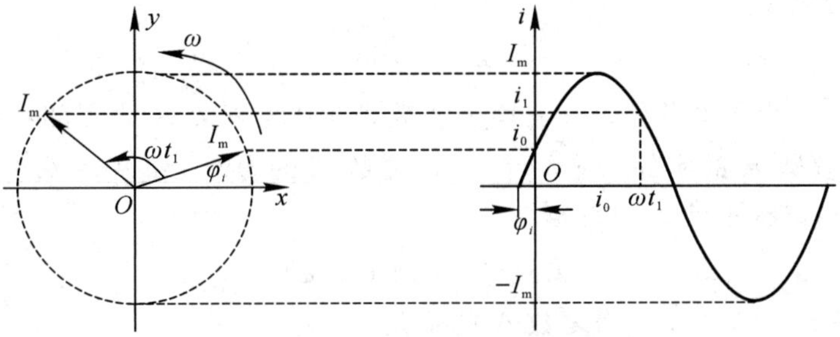

图 5－8　旋转矢量示意图

对于任意时刻 t，各旋转矢量之间的相对位置不变。这样，即可用一个长度等于正弦量最大值与横轴夹角为初相角的静止矢量来表示正弦量。这种静止在 $t=0$ 时刻的旋转矢量称为相量，相量的表示方法为在大写的字母上方加一个“·”。图 5－8 所示的旋转矢量对应的相量如图 5－9 所示。

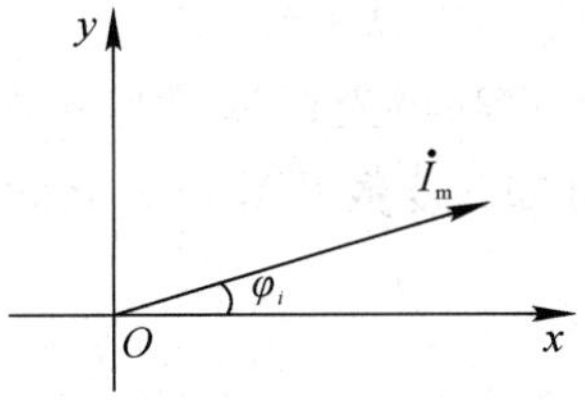

图 5－9　相量图

正弦量的相量是用复数来表示正弦量的最大值和初相位的，因此学习相量法之前，应首先复习复数的概念及其运算法则。

5.2.2　复数及复数运算

复数及复数运算

思考题 5.2.2

一个复数是由实部和虚部组成的。设 A 为一复数，a 和 b 分别为其实部和虚部，则

$$A=a+\mathrm{j}b$$

取一直角坐标系，其横轴称为实轴，以 $+1$ 为单位；纵轴称为虚轴，单位是 $\mathrm{j}=\sqrt{-1}$（在数学中虚轴单位用 i 表示，这里为了与电流符号 i 相区别而用 j 表示）。这两个坐标轴所在的平面称为复平面。每一个复数都可以在复平面上用一有向线段来表示，如图 5－10 所示。图中原点指向 A 的有向线段长度称为复数 A 的模，用 r 表示；模 r 与正向实轴的夹角称为复数 A 的辐角，用 φ 表示。模 r 与辐角 φ 的大小决定了该复数的唯一性。

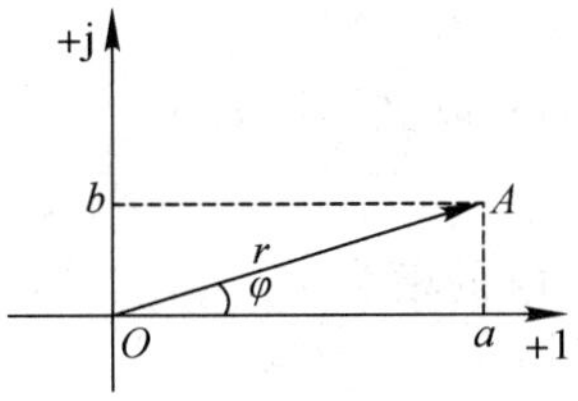

图 5－10　用矢量表示复数

复数 A 在实轴上的投影是它的实部数值 a；复数 A 在虚轴上的投影是它的虚部数值 b。

1. 复数的表示

复数有代数形式、三角函数形式、指数形式及极坐标形式四种表示形式。

(1) 代数形式：

$$A=a+\mathrm{j}b$$

式中：$\mathrm{j}=\sqrt{-1}$为虚部单位；a、b 均为实数，分别为复数 A 的实部和虚部，用符号表示为取复数 A 的实部 $\mathrm{Re}[A]=a$，取复数 A 的虚部 $\mathrm{Im}[A]=b$。

(2) 三角函数形式：

$$A=r(\cos\varphi+\mathrm{j}\ \sin\varphi)$$

式中，r 为复数 A 的模，φ 为复数 A 的辐角。

(3) 指数形式：

$$A=r\mathrm{e}^{\mathrm{j}\varphi}$$

指数形式是将三角函数形式用数学中的欧拉公式 $\mathrm{e}^{\mathrm{j}\varphi}=\cos\varphi+\mathrm{j}\sin\varphi$ 替代得来的。

(4) 极坐标形式：

$$A=r\angle\varphi$$

在以后的运算中，代数形式和极坐标形式是最常用的，因此应对它们之间的换算十分熟练。由图 5-10 可知，复数几种形式之间的相互转换关系为

实部 $a=r\ \cos\varphi$；

虚部 $b=r\ \sin\varphi$；

复数的模 $r=\sqrt{a^2+b^2}$；

复数的辐角 $\varphi=\arctan\dfrac{b}{a}$。

【例 5-7】 写出复数 $A_1=4-\mathrm{j}3$，$A_2=-3+\mathrm{j}4$ 的极坐标形式。

解 A_1 的模为

$$r_1=\sqrt{4^2+(-3)^2}=5$$

辐角为

$$\varphi_1=\arctan\frac{-3}{4}=-37^\circ(\text{在第四象限})$$

则 A_1 的极坐标形式为

$$A_1=5\angle-37^\circ$$

A_2 的模为

$$r_2=\sqrt{(-3)^2+4^2}=5$$

辐角为

$$\varphi_2=\arctan\frac{4}{-3}=127^\circ(\text{在第二象限})$$

则 A_2 的极坐标形式为

$$A_2=5\angle127^\circ$$

【例 5-8】 写出复数 $A=100\angle120^\circ$的三角函数形式和代数形式。

解 三角函数形式为

$$A=100(\cos120^\circ+\mathrm{j}\ \sin120^\circ)$$

学习笔记

代数形式为

$$A=100(\cos 120^{\circ}+\mathrm{j}\ \sin 120^{\circ})=-50+\mathrm{j}50\ \sqrt{3}$$

2. 复数的四则运算

设有两个复数：

$$A_1=a_1+\mathrm{j}b_1=r_1\angle\varphi_1,\qquad A_2=a_2+\mathrm{j}b_2=r_2\angle\varphi_2$$

(1) 复数的加减运算，应用代数形式计算较为方便，有

$$A=A_1\pm A_2=(a_1+\mathrm{j}b_1)\pm(a_2+\mathrm{j}b_2)=(a_1\pm a_2)+\mathrm{j}(b_1\pm b_2) \qquad (5-7)$$

也可通过图像法来求解，如图 5-11 所示，分别应用平行四边形法实现复数的加减运算。

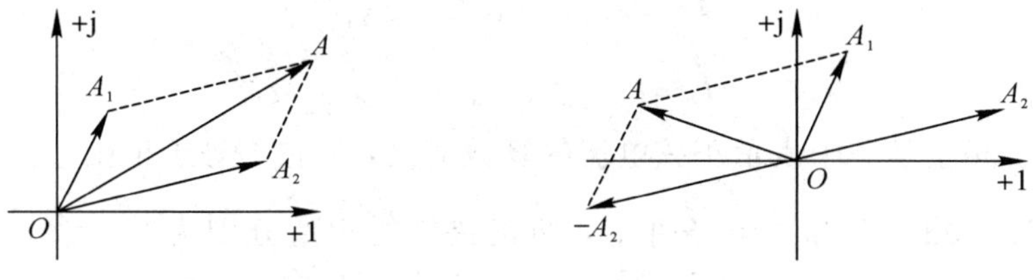

(a) 求和 $A=A_1+A_2$　　(b) 求差 $A=A_1-A_2$

图 5-11　用平行四边形法求和、差的方法

(2) 复数的乘除法，应用极坐标形式计算较为方便，有

$$A=A_1\times A_2=r_1\times r_2\angle(\varphi_1+\varphi_2) \qquad (5-8)$$

$$A=\frac{A_1}{A_2}=\frac{r_1}{r_2}\angle(\varphi_1-\varphi_2) \qquad (5-9)$$

【例 5-9】 已知复数 $A_1=5\angle 53^{\circ}$，$A_2=3$，求 A_1+A_2 和 A_1-A_2，并在复平面内画出矢量图。

解

$$A_1=5\angle 53^{\circ}=3+\mathrm{j}4$$

$$A_1+A_2=3+\mathrm{j}4+3=6+\mathrm{j}4=6.3\angle 33.7^{\circ}$$

$$A_1-A_2=3+\mathrm{j}4-3=4\angle 90^{\circ}$$

矢量图如图 5-12 所示。

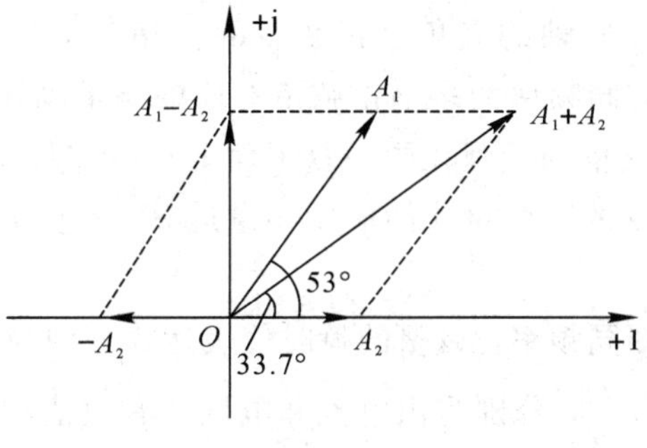

图 5-12　例 5-9 图

学习笔记

正弦量的相量表示

思考题 5.2.3

5.2.3 正弦量的相量表示法

1. 正弦量的相量表示

与正弦量相对应的复数形式的电压和电流称为相量。如正弦交流电流 i、电压 u 的瞬时值表达式分别为

$$i=I_{\mathrm{m}}\sin(\omega t+\varphi_i)=\sqrt{2}I\sin(\omega t+\varphi_i)$$

$$u=U_{\mathrm{m}}\sin(\omega t+\varphi_u)=\sqrt{2}U\sin(\omega t+\varphi_u)$$

它们的有效值、最大值相量分别表示为 $\dot{I}$、$\dot{I}_{\mathrm{m}}$ 和 $\dot{U}$、$\dot{U}_{\mathrm{m}}$，即

$$\begin{cases}\dot{I}=I\angle\varphi_i,\ \dot{I}_{\mathrm{m}}=I_{\mathrm{m}}\angle\varphi_i\\ \dot{U}=U\angle\varphi_u,\ \dot{U}_{\mathrm{m}}=U_{\mathrm{m}}\angle\varphi_u\end{cases}$$

注意: 相量是一个表示正弦电流的复数形式，但它不等于正弦量。

【例 5-10】 已知工频条件下，两正弦量的相量分别为 $\dot{U}_1=220\angle 60°$ V，$\dot{U}_2=20\sqrt{2}\angle -30°$ V，试求这两个正弦电压的瞬时值表达式。

解 由题可知，频率 $f=50$ Hz，则角频率为

$$\omega=2\pi f=2\pi\times 50=100\pi\ \mathrm{rad/s}$$

两个正弦量的最大值分别为

$$U_{1\mathrm{m}}=220\sqrt{2}\ \mathrm{V},\ U_{2\mathrm{m}}=20\sqrt{2}\times\sqrt{2}=40\ \mathrm{V}$$

初相分别为

$$\varphi_1=60°,\ \varphi_2=-30°$$

所以两个正弦电压的瞬时值表达式分别为

$$u_1=220\sqrt{2}\sin(100\pi t+60°)\ \mathrm{V}$$

$$u_2=40\sin(100\pi t-30°)\ \mathrm{V}$$

2. 相量图及相量的运算

正弦量的相量和复数一样，可以在复平面上用矢量表示，相量的长度是正弦量的有效值，相量与正实轴的夹角是正弦量的初相 φ_0，这种表示相量的图形称为相量图。但是，只有同频率的多个正弦量对应的相量画在同一复平面上才有意义，把不同频率的正弦量相量画在同一复平面上是没有意义的。

因此，只有同频率的正弦量才能应用相量运算，运算方法可按复数的运算规则进行。

【例 5-11】 已知同频率正弦量的瞬时值表达式分别为 $i=10\sin(\omega t+30°)$A，$u=220\sqrt{2}\sin(\omega t-45°)$ V，分别写出电流和电压的有效值相量，并绘出相量图。

解 由瞬时值表达式可得

$$\dot{I}=\frac{I_{\mathrm{m}}}{\sqrt{2}}\angle\varphi_i=\frac{10}{\sqrt{2}}\angle 30°\ \mathrm{A}=5\sqrt{2}\angle 30°\ \mathrm{A}$$

学习笔记

$$\dot{U}=\frac{U_m}{\sqrt{2}}\angle\varphi_u=220\angle-45^\circ\ \text{V}$$

相量图如图 5-13 所示。

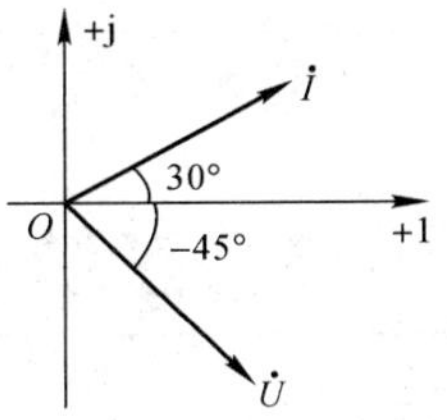

图 5-13　例 5-11 相量图

【例 5-12】 如图 5-14 所示，已知 i_1、i_2 分别为

$$i_1=5\sin(\omega t+37^\circ)\ \text{A}$$

$$i_2=10\sin(\omega t-53^\circ)\ \text{A}$$

试求电流 i，并绘出相量图。

解　将 i_1、i_2 用相量表示为

$$\dot{I}_{1m}=5\angle 37^\circ\ \text{A}=(4+\text{j}3)\ \text{A}$$

$$\dot{I}_{2m}=10\angle-53^\circ\ \text{A}=(6-\text{j}8)\ \text{A}$$

根据 KCL，有

$$i=i_1+i_2,\ \dot{I}_m=\dot{I}_{1m}+\dot{I}_{2m}$$

则

$$\dot{I}_m=\dot{I}_{1m}+\dot{I}_{2m}=(4+\text{j}3)+(6-\text{j}8)=10-\text{j}5=11.8\angle-26.6^\circ\text{A}$$

所以电流 $i=11.8\sin(\omega t-26.6^\circ)$A，相量图见图 5-15。

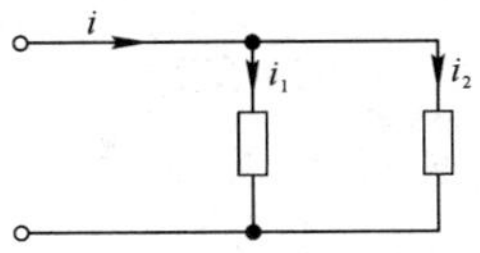

图 5-14　例 5-12 图

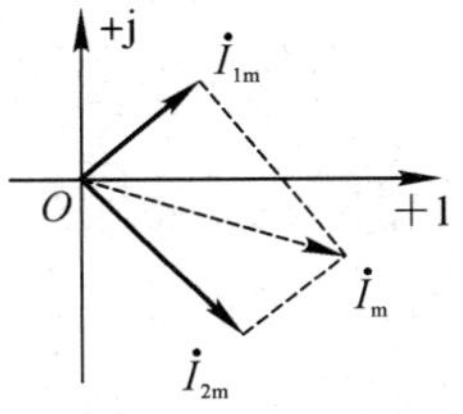

图 5-15　例 5-12 相量图

思考与练习

5.2-1　将下列代数形式和极坐标形式的复数进行相互转换，并画出其矢量图。

(1) $A_1=6+\text{j}8$；　(2) $A_2=-5$；　(3) $A_3=-\sqrt{3}-\text{j}$；

(4) $A_4=4\angle 135^\circ$；　(5) $A_5=10\angle-37^\circ$；　(6) $A_6=10\angle 270^\circ$。

5.2-2　分别计算下列复数 A_1、A_2 的和、差、积和商。

(1) $A_1=\text{j}15\sqrt{2}$，$A_2=20\sqrt{2}\angle 0^\circ$；

(2) $A_1=10\sqrt{3}+\text{j}10$，$A_2=12\angle-150^\circ$。

5.2-3　判断以下说法是否正确。

(1) 正弦量可以用相量表示，相量也就是正弦量。　(　　)

(2) 只要是正弦量就可以用相量法进行运算。　(　　)

5.2-4　与正弦量具有一一对应关系的电压、电流的复数形式称为

________。________________的模对应于正弦量的最大值，________的模对应于正弦量的有效值，它们的辐角对应于正弦量的________。

5.3 正弦交流电路中的电阻、电感和电容

在正弦交流电路中，由电阻、电感和电容中任一个元件组成的电路称为单一参数正弦交流电路。工程实际中的一些电路可以认为是由单一电路元件组成的交流电路，因此，单一参数的电压、电流关系是分析交流电路的基础。

5.3.1 电阻元件

电阻元件

思考题 5.3.1

纯电阻交流电路由交流电源和电阻元件组成，是最简单的交流电路。人们平时使用的电灯、电炉、电热器、电烙铁等都属于电阻性负载，它们与交流电源连接构成纯电阻电路。

1. 电阻元件的伏安关系

如图 5-16(a)所示，当线性电阻 R 两端加上正弦电压 u_R 时，电阻中便有电流 i_R 通过。

(a) 时域模型　　(b) 相量模型

图 5-16　纯电阻电路模型

如图 5-16(a)所示，电阻元件上的电压和电流为关联参考方向时，在任一瞬间，电压 u_R 和电流 i_R 的瞬时值仍服从欧姆定律，即

$$i_R=\frac{u_R}{R} \tag{5-10}$$

设电压的瞬时值表达式为 $u_R=U_m\sin(\omega t+\varphi_u)$，代入式(5-10)得

$$i_R=\frac{u_R}{R}=\frac{U_m}{R}\sin(\omega t+\varphi_u)$$

将上式与电流的瞬时值表达式 $i_R=I_m\sin(\omega t+\varphi_i)$ 相对比，可知它们具有如下关系。

(1) 数值关系。电压与电流的最大值关系为

$$I_m=\frac{U_m}{R}$$

两边同除以$\sqrt{2}$，可得有效值关系为

$$I=\frac{U}{R} \tag{5-11}$$

这说明电阻元件的电压、电流最大值和有效值与瞬时值一样，都遵循欧姆定律。

(2) 相位关系。根据推导的电流瞬时值的结果，有电压与电流的相位关系为

$\omega t+\varphi_u=\omega t+\varphi_i$，即

$$\varphi_u=\varphi_i \tag{5-12}$$

式(5－12)说明电阻元件的电流和电压之间为同频、同相关系。相应的波形图如图 5－17(a)所示。

(3) 相量关系。由瞬时值表达式 $i=I_m\sin(\omega t+\varphi_i)=\sqrt{2}I(\omega t+\varphi_i)$，得电流有效值相量为

$$\dot{I}=I\angle\varphi_i$$

将式(5－11)和式(5－12)代入上式，可得

$$\dot{I}=I\angle\varphi_i=\frac{U}{R}\angle\varphi_u=\frac{\dot{U}}{R} \quad 或 \quad \dot{I}_m=\frac{\dot{U}_m}{R} \tag{5-13}$$

式(5－13)同时表示了电压与电流之间的数值与相位关系，称为电阻元件欧姆定律的相量形式，相应的相量图如图 5－17(b)所示。

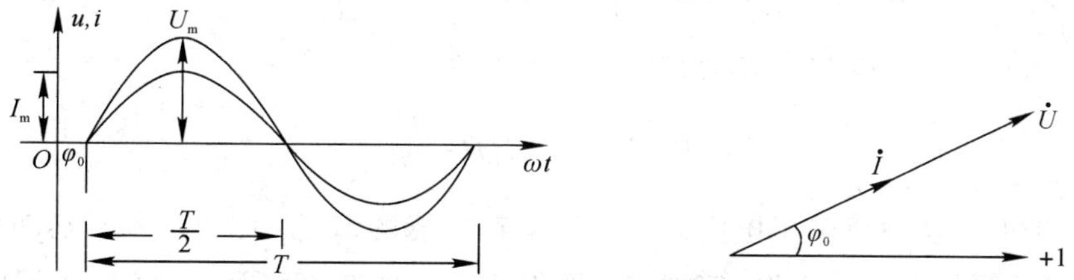

(a) 波形图　　(b) 相量图

图 5－17　纯电阻电路电压电流波形图及相量图

2. 纯电阻电路的功率

1) 瞬时功率

电阻在任一瞬间所吸收的功率，等于电阻元件上电压的瞬时值与电流的瞬时值的乘积。瞬时功率用小写字母 p 表示，即 $p=ui$。

电阻元件通过正弦交流电时，在关联参考方向下，瞬时功率为

$$p_R=u_Ri_R=U_{Rm}\sin\omega t\cdot I_{Rm}\sin\omega t=U_{Rm}I_{Rm}\sin^2\omega t=\frac{U_{Rm}I_{Rm}}{2}(1-\cos2\omega t)$$
$$=U_RI_R(1-\cos2\omega t)\geqslant0$$

图 5－18 画出了电阻元件的瞬时功率曲线。由上式和功率曲线可知，电阻元

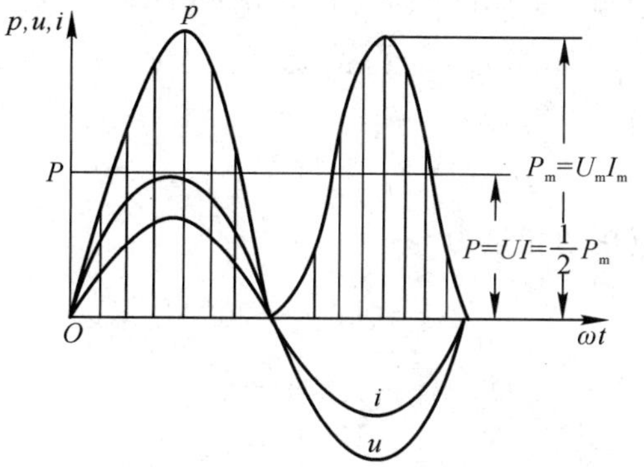

图 5－18　电阻瞬时功率波形图

学习笔记

件的瞬时功率是随时间变化的正弦函数，其频率为电源频率的两倍。电压和电流为关联参考方向时，在任一瞬间，电压与电流同方向，所以瞬时功率恒为正值，即 $p\geqslant 0$，说明电阻元件在每一瞬间都消耗电能，所以电阻元件是耗能元件。

2) 平均功率 P(或称有功功率)

电阻元件消耗功率的大小在工程上都用平均功率来表示，用大写字母 P 表示，单位为瓦(W)，也常用千瓦(kW)表示。正弦交流电路中元件的平均功率就是其瞬时功率在一个周期内的平均值，即

$$P=\frac{1}{T}\int_0^T p\mathrm{d}t$$

正弦交流电路中电阻元件的平均功率为

$$\begin{aligned}P&=\frac{1}{T}\int_0^T p\mathrm{d}t=\frac{1}{T}\int_0^T U_R I_R(1-\cos 2\omega t)\mathrm{d}t\\&=\frac{U_R I_R}{T}\left(\int_0^T 1\mathrm{d}t-\int_0^T\cos 2\omega t\,\mathrm{d}t\right)=\frac{U_R I_R}{T}(T-0)=U_R I_R\end{aligned}$$

因 $I_R=U_R/R$ 或 $U_R=I_R R$，代入上式可得

$$P=U_R I_R=I_R^2 R=\frac{U_R^2}{R} \tag{5-14}$$

由于平均功率反映了电阻元件实际消耗电能的情况，因此又称有功功率。习惯上常把“平均”或“有功”二字省略，简称功率。例如，60 W 的灯泡，1 kW 的电炉等，瓦数都是指平均功率。

【例 5-13】 电阻 $R=100\ \Omega$，其两端的电压 $u_R=100\sqrt{2}\sin(\omega t-30^\circ)$ V。试求：

(1) 通过电阻 R 的电流 I_R 和 i_R；

(2) 电阻 R 的有功功率 P_R；

(3) 作 $\dot{U}_R$、$\dot{I}_R$ 的相量图。

解 (1) 根据有效值的欧姆定律可知

$$I_R=\frac{U_R}{R}=\frac{100}{100}=1\ \text{A}$$

因为纯电阻的电流、电压同频率、同相位，所以

$$i_R=\sqrt{2}\sin(\omega t-30^\circ)\ \text{A}$$

(2) 有功功率为

$$P_R=U_R I_R=100\times 1=100\ \text{W}$$

(3) 由题意知电压的相量为

$$\dot{U}_R=100\angle-30^\circ\ \text{V}$$

$$\dot{I}_R=\frac{\dot{U}_R}{R}=\frac{100\angle-30^\circ}{100}=1\angle-30^\circ\ \text{A}$$

相量图如图 5-19 所示。

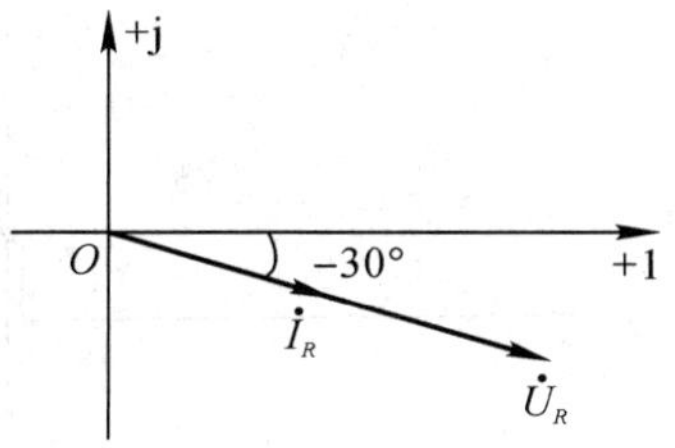

图 5－19　例 5－13 图

【例 5－14】　一个额定电压为 220 V、额定功率为 100 W 的电烙铁，误接在 380 V 的交流电源上，问此时它消耗的功率为多少？是否安全？若接到 110 V 的交流电源上，它的功率又为多少？

解　由电烙铁的额定值可求出电烙铁的等效电阻为

$$R=\frac{U_R^2}{P}=\frac{220^2}{100}=484\ \Omega$$

当电源电压为 380 V 时，电烙铁消耗的功率为

$$P=\frac{U_R^2}{R}=\frac{380^2}{484}\approx 298\ \text{W}>100\ \text{W}$$

实际消耗功率大于额定功率，电烙铁将被烧坏。

当接到 110 V 的交流电源上时，电烙铁消耗的功率为

$$P=\frac{U_R^2}{R}=\frac{110^2}{484}=25\ \text{W}<100\ \text{W}$$

5.3.2　电感元件

第 4 章介绍过电感元件的一些基本知识，如电感的伏安关系与储能特点，本节主要介绍电感元件在交流电路中电压、电流的大小关系、相位关系和相量关系，以及功率的计算。

电感元件

1. 电感元件的伏安关系

思考题 5.3.2

在图 5－20(a)所示的电路中，设电感的电压与电流为关联参考方向，则

$$u_L=L\frac{\mathrm{d}i_L}{\mathrm{d}t} \tag{5－15}$$

式(5－15)是电感元件上电压和电流的瞬时关系式，二者是微分关系，而不是正比关系。

若设 $i_L=I_{Lm}\sin(\omega t+\varphi_i)$，代入式(5－15)可得

$$\begin{aligned}u_L&=L\frac{\mathrm{d}I_{Lm}\sin(\omega t+\varphi_i)}{\mathrm{d}t}=I_{Lm}\omega L\cos(\omega t+\varphi_i)\\&=I_{Lm}\omega L\sin\left(\omega t+\frac{\pi}{2}+\varphi_i\right)=U_{Lm}\sin\left(\omega t+\frac{\pi}{2}+\varphi_i\right)\end{aligned} \tag{5－16}$$

如设电流初相 $\varphi_i=0$，可绘出电压、电流波形图如图 5－20(c)所示。

将式(5－16)与电压瞬时值表达式 $u_C=U_{Cm}\sin(\omega t+\varphi_u)$相对比，可知它们具有如下关系。

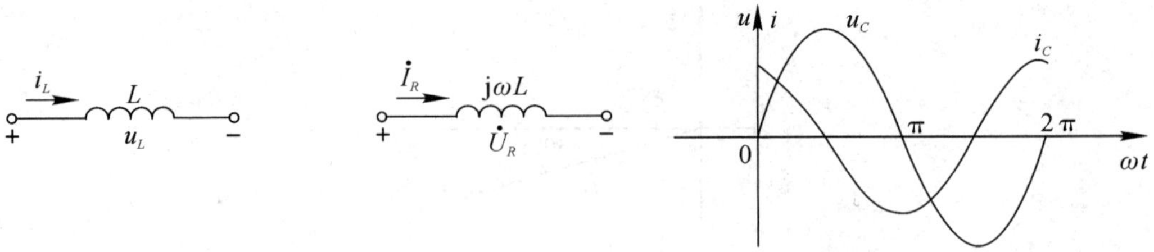

(a) 时域模型 (b) 相量模型 (c) 电压、电流波形图

图 5-20 纯电感电路模型及波形图

(1) 数值关系。电感元件的电压与电流最大值的关系为

$$U_{Lm}=I_{Lm}\omega L=I_{Lm}X_L$$

有效值关系为

$$U_L=I_L\omega L=I_LX_L \quad 或 \quad I_L=\frac{U_L}{\omega L}=\frac{U_L}{X_L} \tag{5-17}$$

式(5-17)中，ωL 称为电感元件的感抗，表示电感线圈对电流的阻碍作用，用 X_L 表示，单位为欧姆(Ω)，即

$$X_L=\omega L=2\pi fL=\frac{U_L}{I_L} \tag{5-18}$$

由式(5-18)可看出，感抗 X_L 与电感值 L、电源的频率 f 成正比，即电源频率越高，感抗越大，表示电感对电流的阻碍作用越大；反之，频率越低，线圈的感抗也就越小。对直流电来说，频率 $f=0$，感抗也就为零，说明电感元件在直流电路中相当于短路。对高频交流电来说，频率 $f\to\infty$，即 $X_L\to\infty$，说明电感元件在高频交流电路中相当于开路。因此，电感元件具有“通直流、阻交流，通低频、阻高频”的性质。

(2) 相位关系。电感元件的电压和电流之间的相位关系为正交，即电压超前电流 90°，或电流滞后于电压 90°，即

$$\varphi_u=\varphi_i+\frac{\pi}{2} \tag{5-19}$$

图 5-20(c)给出了电流和电压的波形图。

(3) 相量关系。在关联参考方向下，通过电感的电流为

$$i_L=\sqrt{2}I_L\sin(\omega t+\varphi_i)$$

其相量为

$$\dot{I}_L=I_L\angle\varphi_i$$

则电感两端的电压为

$$u_L=\sqrt{2}U_L\sin\left(\omega t+\varphi_i+\frac{\pi}{2}\right)$$

其相量形式为

$$\dot{U}_L=U_L\angle\left(\varphi_i+\frac{\pi}{2}\right)=I_LX_L\angle\left(\varphi_i+\frac{\pi}{2}\right)=\frac{U_L}{X_L}\angle\left(\varphi_i+\frac{\pi}{2}\right)$$

即

$$\dot{U}_L = jX_L\dot{I}_L \quad 或 \quad \dot{I}_L = \frac{\dot{U}_L}{jX_L} \tag{5-20}$$

相量图如图 5-21 所示。

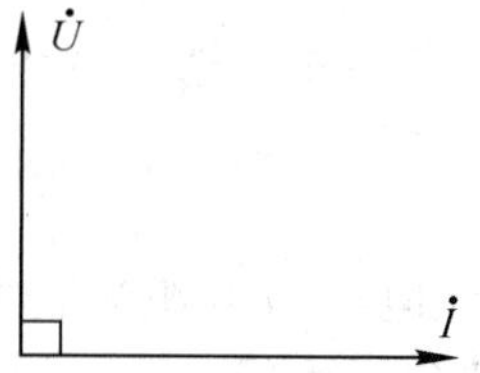

图 5-21　电感元件相量图

2. 电感元件的功率

1）瞬时功率

电感元件的瞬时功率等于电感元件上电压瞬时值与电流瞬时值的乘积。设电流初相为零，则

$$i_L = I_{Lm}\sin\omega t$$

$$u_L = U_{Lm}\sin\left(\omega t + \frac{\pi}{2}\right)$$

$$p_L = u_L i_L = U_{Lm}\sin\left(\omega t + \frac{\pi}{2}\right) \cdot I_{Lm}\sin\omega t$$

$$= \frac{1}{2}I_{Lm}U_{Lm}\sin 2\omega t = I_L U_L \sin 2\omega t$$

由上式可知，电感元件上的瞬时功率是随时间而变化的正弦函数，其频率为电流频率的两倍，图 5-22 给出了功率曲线图。由图可知电感元件在不断地与电源交换电能，所以电感元件是储能元件。

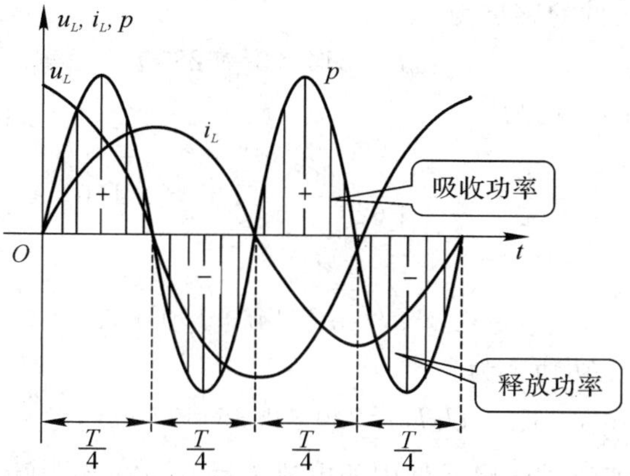

图 5-22　电感元件的功率波形图

2）有功功率 P_L（平均功率）

电感元件瞬时功率在一个周期内的平均值为

学习笔记

$$P_L = \frac{1}{T}\int_0^T p_L \mathrm{d}t = \frac{1}{T}\int_0^T U_L I_L \sin 2\omega t \mathrm{d}t = 0$$

上式表明电感元件是不消耗能量的。由图 5 - 22 也可以看出：电感的瞬时功率不为零，在第一及第三个 1/4 周期内，瞬时功率为正值，电感元件从电源吸收能量；在第二及第四个 1/4 周期内，瞬时功率为负值，电感元件释放能量。在一个周期内，吸收和释放的能量是相等的，即平均功率为零，这说明电感元件不是耗能元件，而是储能元件。

3）无功功率 Q_L

电感虽然不消耗有功功率，但要与电源进行能量交换，这种能量交换的规模，即能量交换的最大速率，我们用电感元件上电压有效值和电流有效值的乘积来衡量，叫作电感元件的无功功率，用 Q_L 表示，即

$$Q_L = U_L I_L = I_L^2 X_L = \frac{U_L^2}{X_L} \tag{5-21}$$

无功功率的单位为“乏”(var)，工程中也常用“千乏”(kvar)。1 kvar=1000 var。储能元件(L 或 C)虽然本身不消耗能量，但需占用电源容量并与之进行能量交换，对电源也是一种负担。

4）电感元件储存的能量

电感线圈储存的能量为磁场能，用 W_L 表示，单位为焦耳(J)，即

$$W_L = \frac{1}{2} L I_L^2 \tag{5-22}$$

【例 5 - 15】 已知一个电感 $L=2$ H，接在 $u_L = 220\sqrt{2}\sin(314t-60^\circ)$ V 的电源上。求：

(1) 感抗 X_L；

(2) 通过电感的电流 i_L；

(3) 电感上的无功功率 Q_L。

解 (1)电感元件的感抗为

$$X_L = \omega L = 314\times 2 = 628\ \Omega$$

(2) 通过电感的电流为

$$\dot{I}_L = \frac{\dot{U}_L}{\mathrm{j}X_L} = \frac{220\angle -60^\circ}{\mathrm{j}\,628} = 0.35\angle -150^\circ\ \mathrm{A}$$

则

$$i_L = 0.35\sqrt{2}\sin(314t-150^\circ)\ \mathrm{A}$$

(3) 电感上的无功功率为

$$Q_L = U_L I_L = 220\times 0.35 = 77\ \mathrm{var}$$

【例 5 - 16】 若流过电感元件中的电流 $i_L = 10\sqrt{2}\sin(100t+30^\circ)$ A，无功功率 $Q_L = 500$ var。求：

(1) 电感元件的感抗 X_L 和 L；

(2) 电感元件中储存的最大磁场能量 W_{Lm}。

解 (1) 电感元件的感抗为

学习笔记

$$X_L=\frac{Q}{I_L^2}=\frac{500}{10^2}=5\ \Omega$$

电感量为

$$L=\frac{X_L}{\omega}=\frac{5}{100}=50\ \text{mH}$$

（2）电感元件中储存的最大磁场能量为

$$W_{Lm}=\frac{1}{2}LI_{Lm}^2=\frac{1}{2}\times 0.05\times(10\sqrt{2})^2=5\ \text{J}$$

5.3.3　电容元件

第 4 章介绍过电容元件的一些基本知识，如电容的伏安关系、储能特点及串、并联的等效方法等，本节主要介绍电容元件在交流电路中电压、电流的大小关系、相位关系和相量关系，以及功率的计算。

电容元件

思考题 5.3.3

1. 电容元件的伏安关系

在图 5－23(a)所示电路中，设电容的电压与电流为关联参考方向，则电流表示为

$$i_C=C\frac{\mathrm{d}u_C}{\mathrm{d}t} \tag{5-23}$$

若设 $u_C=U_{Cm}\sin(\omega t+\varphi_u)$，代入式(5－23)可得

$$i_C=C\frac{\mathrm{d}u_C}{\mathrm{d}t}=\omega CU_{Cm}\cos(\omega t+\varphi_u)=\omega CU_{Cm}\sin\left(\omega t+\varphi_u+\frac{\pi}{2}\right) \tag{5-24}$$

如设电压初相 $\varphi_u=0$，可绘出电压、电流波形图如图 5－23(c)所示。

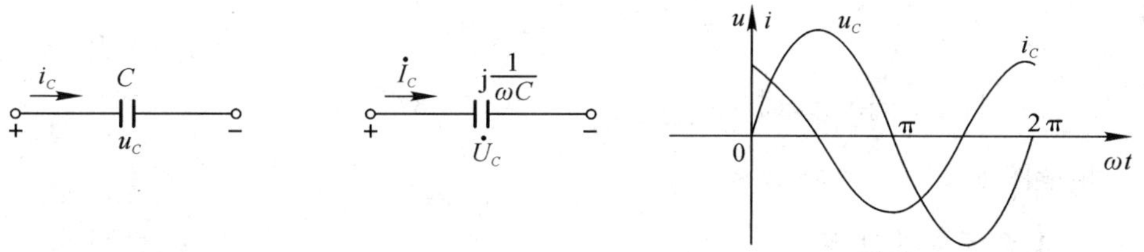

（a）时域模型　（b）相量模型　（c）电压、电流波形图

图 5－23　纯电容电路模型及波形图

将式(5－24)与电流瞬时值表达式 $i_C=I_{Cm}\sin(\omega t+\varphi_i)$相对比，可知它们具有如下关系。

（1）数值关系。电容元件的电压与电流最大值的关系为

$$I_{Cm}=\omega CU_{Cm}\quad 或\quad U_{Cm}=\frac{1}{\omega C}I_{Cm}=X_C I_{Cm}$$

有效值关系为

$$I_C=\omega CU_C\quad 或\quad U_C=\frac{1}{\omega C}I_C=X_C I_C \tag{5-25}$$

式(5－25)中，$\frac{1}{\omega C}$称为电容元件的容抗，表示电容对电流的阻碍作用，用 X_C 表示，单位为欧姆(Ω)，即

$$X_C=\frac{1}{\omega C}=\frac{1}{2\pi fC}=\frac{U_C}{I_C}=\frac{U_{Cm}}{I_{Cm}} \tag{5-26}$$

由式(5－26)可看出，容抗 X_C 与电容值 C、电源的频率(角频率 ω)成反比，在直流电路中，$\omega=0$，容抗 X_C 趋于无穷大，相当于开路。对高频交流电来说，频率 $f\to\infty$，即 $X_C=0$，说明电容元件在高频交流电路中相当于短路。因此，电容元件具有“通交流、隔直流，通高频、阻低频”的性质。

(2) 相位关系。电容元件的电压和电流之间的相位关系为正交，即电流超前电压 90°，或电压滞后于电流 90°，即

$$\varphi_i=\varphi_u+\frac{\pi}{2} \tag{5-27}$$

图 5－23(c)给出了电流和电压的波形图。

(3) 相量关系。在关联参考方向下，电容两端的电压为

$$u_C=\sqrt{2}U_C\sin(\omega t+\varphi_u)$$

其相量为

$$\dot{U}_C=U_C\angle\varphi_u$$

通过电容的电流为

$$i_C=\sqrt{2}I_C\sin\left(\omega t+\varphi_u+\frac{\pi}{2}\right)$$

其相量形式为

$$\dot{I}_C=I_C\angle\left(\varphi_u+\frac{\pi}{2}\right)=\frac{U_C}{X_C}\angle\left(\varphi_u+\frac{\pi}{2}\right)=\omega CU_C\angle\left(\varphi_u+\frac{\pi}{2}\right)$$

即

$$\dot{U}_C=-\mathrm{j}X_C\dot{I}_C \text{或} \dot{I}_C=\frac{\dot{U}_C}{-\mathrm{j}X_C} \tag{5-28}$$

相量图如图 5－24 所示。

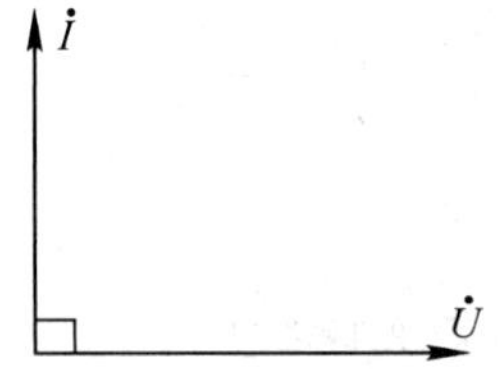

图 5－24 电容元件相量图

2. 电容元件的功率

1) 瞬时功率

电容元件的瞬时功率为电容元件上电压瞬时值与电流瞬时值的乘积。设电压初相为零，则

$$u_C=U_{Cm}\sin\omega t$$

$$i_C=I_{Cm}\sin\left(\omega t+\frac{\pi}{2}\right)$$

$$p_C=u_Ci_C=U_{Cm}\sin\omega t\cdot I_{Cm}\sin\left(\omega t+\frac{\pi}{2}\right)=U_CI_C\sin 2\omega t$$

由上式可知，电容元件上的瞬时功率也是随时间而变化的正弦函数，其频率为电流频率的两倍，图 5－25 给出了功率曲线图。由图可知电容元件在不断地与电源交换电能，所以电容元件是储能元件。

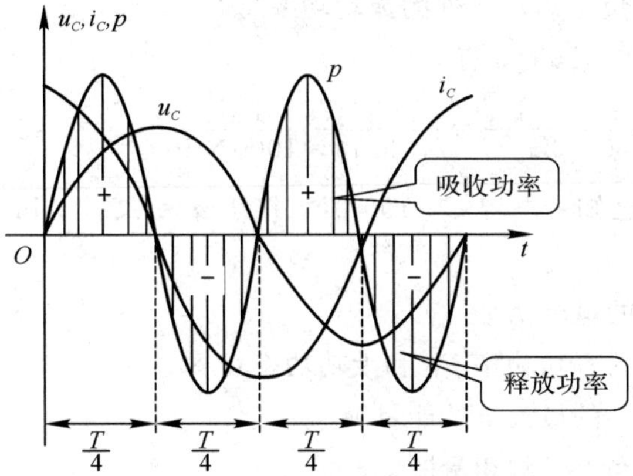

图 5－25　电容元件的功率波形图

2）有功功率 P（平均功率）

电容元件瞬时功率在一个周期内的平均值为

$$P_C=\frac{1}{T}\int_0^T p_C\mathrm{d}t=\frac{1}{T}\int_0^T U_C I_C \sin 2\omega t\,\mathrm{d}t=0$$

与电感元件一样，电容元件也不是耗能元件，而是储能元件，即 $P=0$。

3）无功功率 Q_C

无功功率指瞬时功率的最大值，即能量交换的最大速率，等于电容元件上电压的有效值和电流有效值的乘积，用 Q_C 表示，即

$$Q_C=U_C I_C=I_C^2 X_C=\frac{U_C^2}{X_C} \tag{5-29}$$

4）电容元件储存的能量

电容元件储存的能量为电场能，用 W_C 表示，单位为焦耳(J)，即

$$W_C=\frac{1}{2}CU_C^2=\frac{1}{2}qU_C=\frac{q^2}{2C} \tag{5-30}$$

【例 5－17】 已知一电容 $C=50\ \mu\text{F}$，接到 220V、50Hz 的正弦交流电源上。求：

（1）电容元件的容抗 X_C；

（2）电路中的电流 I_C 和无功功率 Q_C；

（3）电源频率变为 1000Hz 时的容抗。

解　(1)电容元件的容抗为

$$X_C=\frac{1}{\omega C}=\frac{1}{2\pi fC}=\frac{1}{2\times 3.14\times 50\times 10^{-6}\times 50}=63.7\ \Omega$$

（2）通过电容元件的电流为

$$I_C=\frac{U_C}{X_C}=\frac{220}{63.7}=3.45\ \text{A}$$

无功功率为

$$Q_C=-U_C I_C=-220\times 3.45=-759\ \text{var}$$

学习笔记

无功功率前加负号表示元件的无功功率呈容性。

(3) 当 $f=1000$ Hz 时，有

$$X_C=\frac{1}{\omega C}=\frac{1}{2\pi fC}=\frac{1}{2\times 3.14\times 1000\times 50\times 10^{-6}}=3.18\ \Omega$$

【例 5-18】 已知一电容 $C=100\ \mu\text{F}$，接于 $u_C=220\sqrt{2}\sin(1000t-45°)$ V 的电源上。求：

(1) 流过电容的电流 I_C；

(2) 电容元件的有功功率 P_C 和无功功率 Q_C；

(3) 电容中储存的最大电场能量 W_{Cm}；

(4) 绘出电流和电压的相量图。

解　(1)电容元件的容抗为

$$X_C=\frac{1}{\omega C}=\frac{1}{1000\times 100\times 10^{-6}}=10\ \Omega$$

电容上的电压为

$$\dot{U}_C=220\angle -45°\ \text{V}$$

所以流过电容的电流为

$$\dot{I}_C=\frac{\dot{U}_C}{-\text{j}X_C}=\frac{220\angle -45°}{10\angle -90°}=22\angle 45°\ \text{A}$$

(2) 有功功率为

$$P_C=0$$

无功功率为

$$Q_C=-U_CI_C=-220\times 22=-4840\ \text{var}$$

(3) 电容元件中储存的最大电场能量为

$$W_{Cm}=\frac{1}{2}CU_{Cm}^2=\frac{1}{2}\times 100\times 10^{-6}\times(220\sqrt{2})^2=4.84\ \text{J}$$

(4) 相量图如图 5-26 所示。

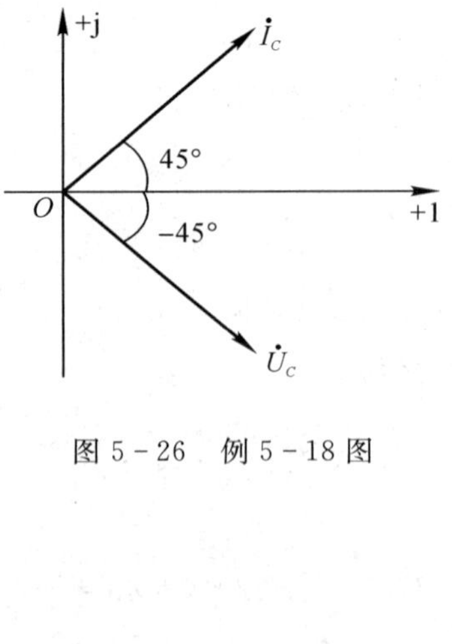

图 5-26　例 5-18 图

学习笔记

思考与练习

5.3-1　电阻元件上的电压、电流在相位上是________关系；电感元件上的电压、电流相位存在________关系，且电压________电流；电容元件上的电压、电流相位存在________关系，且电压________电流。

5.3-2　能量转换中过程不可逆的功率称________功功率，能量转换中过程可逆的功率称________功功率。能量转换过程不可逆的功率意味着能量只________不________；能量转换过程可逆的功率则意味着能量只________不________。

5.3-3　若有一只白炽灯，额定值为 220 V、60 W，如果把它接到 110 V 的电源上，则其实际消耗的功率为________。

5.3-4　判断下列说法是否正确，并加以说明。

(1) 电阻元件上只消耗有功功率，不产生无功功率。　(　　)

(2) 从电压、电流瞬时值关系式来看，电感元件属于动态元件。　(　　)

(3) 无功功率的概念可以理解为这部分功率在电路中不起任何作用。　(　　)

本章小结

1. 正弦交流电量的三要素

(1) 最大值：正弦电量瞬时值中的最大数值，如 I_m、U_m、E_m 等。

(2) 角频率：单位时间内正弦电量变化的弧度数，数学表达式为 $\omega=\frac{2\pi}{T}=2\pi f$。

(3) 初相位：$t=0$ 时的相位 φ_0，取值范围在 $-\pi\sim\pi$。

2. 相位差

定义：两个同频率正弦量的相位之差(初相之差)。

相位关系：

(1) 同相：$\phi=\varphi_1-\varphi_2=0$；

(2) 反相：$\phi=\varphi_1-\varphi_2=\pm\pi$；

(3) 正交：$\phi=\varphi_1-\varphi_2=\pm\frac{\pi}{2}$；

(4) 超前或滞后：$\phi=\varphi_1-\varphi_2>0$。

3. 正弦量的表示法

(1) 瞬时值表达式：如 $i=I_m\sin(\omega t+\varphi_0)$。

(2) 相量表示法：如 $\dot{I}=I\angle\varphi_i$。

学习笔记

4. 正弦交流电路中单个元件的电压、电流及功率关系(如表 5-1 所示)

表 5-1 单个元件的电压、电流及功率关系

元件名称	电阻元件	电感元件	电容元件
伏安关系	$i_R=\dfrac{u_R}{R}$	$u_L=L\dfrac{\mathrm{d}i_L}{\mathrm{d}t}$	$i_C=C\dfrac{\mathrm{d}u_C}{\mathrm{d}t}$
对电流的阻碍作用	R	$X_L=\omega L=2\pi fL$	$X_C=\dfrac{1}{\omega C}=\dfrac{1}{2\pi fC}$
数值关系	$I_R=\dfrac{U_R}{R}$	$I_L=\dfrac{U_L}{X_L}$	$I_C=\dfrac{U_C}{X_C}$
相位关系	$\varphi_u=\varphi_i$	$\varphi_u=\varphi_i+\dfrac{\pi}{2}$	$\varphi_u=\varphi_i-\dfrac{\pi}{2}$
相量关系	$\dot{U}_R=\dot{I}_R R$	$\dot{U}_L=\mathrm{j}X_L\dot{I}_L$	$\dot{U}_C=-\mathrm{j}X_C\dot{I}_C$
有功功率	$P_R=U_RI_R=I_R^2R=\dfrac{U_R^2}{R}$	$P_L=0$	$P_C=0$
无功功率	$Q_R=0$	$Q_L=U_LI_L=I_L^2X_L$	$Q_C=U_CI_C=I_C^2X_C$

阅读材料:示波器简介

电子示波器(简称示波器)能够简便地显示各种电信号的波形,一切可以转化为电压的电学量和非电学量及它们随时间作周期性变化的过程都可以用示波器来观测,它是一种用途十分广泛的测量仪器。

示波器的主要部分有示波管、带衰减器的 X 轴和 Y 轴放大器、扫描发生器(锯齿波发生器)、触发同步和电源等。

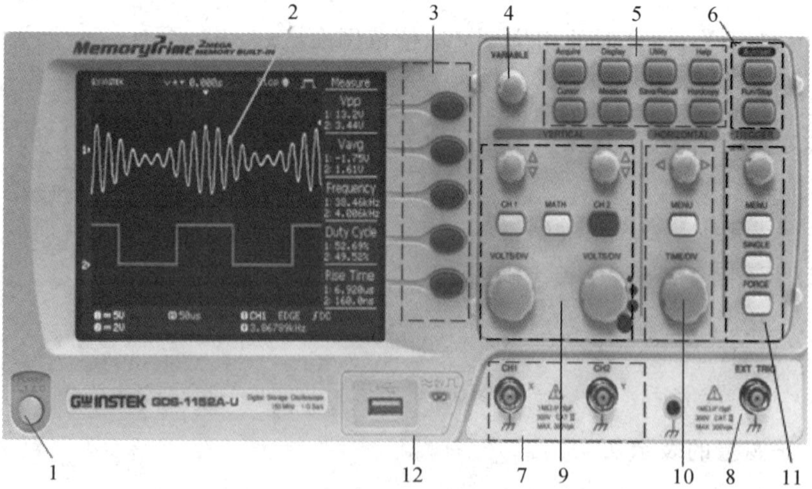

图 5-27 GDS-1000-U 系列示波器面板

1. GDS-1000-U 系列示波器(如图 5-27 所示)各旋钮作用的简介

(1) 电源开关(Power 键)：用于接通和关闭仪器的电源，按入为接通，弹出为关闭。

(2) LCD 显示屏：320×234 分辨率，宽视角 LCD 彩色显示屏。

(3) 功能调节区(Function 键)。

(4) 变量旋钮(Variable 旋钮)：增大或减小数值，移至下一个或上一个参数。配合功能调节键，可改变频率范围为 1～100 kHz，占空比范围为5%～95%。

(5) 常用菜单控制区。

Acquire 键：设置获取模式。

Display 键：设置屏幕设置。

Utility 键：设置 Hardcopy 功能，显示系统状态，选择菜单语言，运行自我校准，设置探棒补偿信号，以及选择 USBhost 类型。

Help 键：显示帮助内容。

Cursor 键：运行光标测量。

Measure 键：设置和运行自动测量。

Save/Recall 键：存储和调取图像，波形或面板设置。

Hardcopy 键：将图像、波形或面板设置存储至 USB，或从 PictBridge 兼容打印机直接打印屏幕图像。

(6) 运行控制区。

Autoset 键：根据输入信号自动进行水平、垂直以及触发设置。

Run/Stop 键：运行或停止触发。

(7) 模拟信号输入接口。

CH_1：加到 CH_1 输入连接器的信号是触发信号源，可以接收输入阻抗为(1±2%) MΩ 的信号。

CH_2：加到 CH_2 输入连接器的信号是触发信号源，可以接收输入阻抗为(1±2%) MΩ 的信号。

(8) 外触发输入接口(EXT Trac 接口)：接收外部触发信号；含连接 DUT 接地导线，是仪器测量常用的接地端子。

(9) 垂直控制区(VERTICAL)：共七个开关按键，用来选择垂直放大系统的工作方式。

CH_1 键：显示通道 CH_1 输入信号。

CH_2 键：显示通道 CH_2 输入信号。

MATH 键：数学运算显示 CH_1、CH_2 输入信号的叠加。

垂直位移旋钮：控制显示迹线在显示屏上 Y 轴方向的位置，向上或向下移动波形。

VOLTS/DIV 旋钮：幅值灵敏度旋钮，选择垂直挡位 2 mV/Div～10 V/Div，顺时针方向幅值变大，逆时针方向幅值变小。

(10) 水平控制区(HORIZONTAL)。

水平位移旋钮：控制光迹在显示屏 X 方向的位置，在 X-Y 方向用作水平位

学习笔记

移，向左或向右移动波形。

TIME/DIV 旋钮：时间灵敏度开关，可选择时基挡位 1 ns/Div～50 s/Div，顺时针方向时间变快，逆时针方向时间变慢。

(11) 触发控制区(TRIGGER)：共有四个按钮开关，用于设置示波器捕获波形的触发条件。

LEVEL—触发电平调节：调节和确定扫描触发点在触发信号上的位置，电平电位器顺时针方向旋足并接通开关为锁定位置，此时触发点将自动处于被测波形中心电平附近。

MENU—触发设置，可选择触发类型，如边沿触发等。

SINGLE—单次触发模式。

FORCE—强制触发。无论此时触发条件如何，获取一次触发信号。

(12) 探头补偿信号输出端口和 USB 接口。

探头补偿信号输出端口：输出探极校准信号 $U_{p\text{-}p}$ 为 2 V 的方波信号。

USB 接口：用于传输波形数据、屏幕图像和面板设置。

2. 简单介绍示波器测量电压波形的操作方法

如果采用单通道输入方式，信号从 CH1 接入，首先按下垂直控制区 CH1 键及运行控制区 Run/Stop 键，然后调节垂直位移旋钮，确保在显示屏中观察到波形。

如果波形幅值不明显(太小)，则逆时针调节 VOLTS/DIV 旋钮，适当减小 V/Div 值以放大显示屏中的波形。

如果波形间隔太密，不方便观测，则调节 TIME/DIV 旋钮，适当减小 T/Div 值以延伸显示屏中的波形。

最终调节完后可以在显示屏中观测到 1～3 个完整波形，即可通过读取显示屏下方的 VOLTS/DIV 和 TIME/DIV 参数进行波形测量，或者按下 Measure 键设置和运行自动测量直接得到测量参数。

技能训练 5

【技能训练 5】 正弦交流电的测量与仿真

1. 技能训练目标

(1) 掌握函数发生器各旋钮、开关的作用及其使用方法。

(2) 初步掌握用示波器观察波形，定量测出正弦信号和脉冲信号的波形。

(3) 掌握交流毫伏表的使用。

2. 使用器材

函数发生器、双踪示波器、交流毫伏表、频率计，Multisim 仿真软件。

3. 训练内容与方法

(1) 正弦交流信号和方波脉冲信号是常用的电激励信号，可由低频信号发生器提供。正弦信号的波形参数是幅值 U_m、周期 T(或频率 f)和初相；脉冲信号的波形参数是幅值 U_m、周期 T 及脉宽 t_k，如图 5－28 所示。

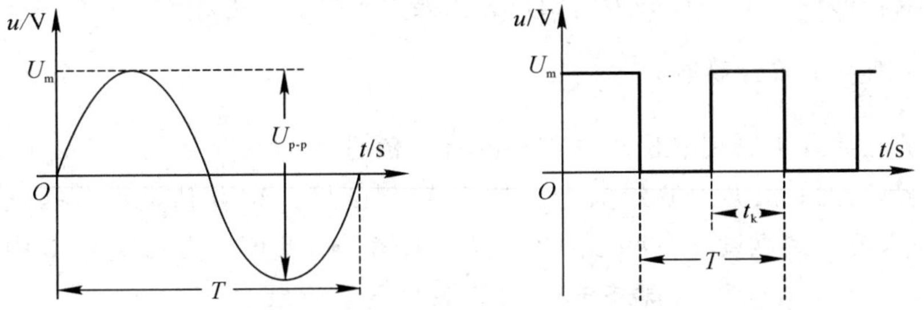

（a）正弦交流信号　　　（b）方波脉冲信号

图 5-28　正弦交流信号和方波脉冲信号波形

（2）双踪示波器是一种信号图形观测仪器，可以同时观察和测量两个信号的波形和参数。为了完成对各种不同波形、不同要求的观察和测量，它还有一些其他的调节和控制旋钮，希望在测量中加以摸索和掌握。

4. 操作步骤及数据记录

1）双踪示波器的自检

（1）将示波器面板上的“标准信号”插口，通过示波器专用同轴电缆接至双踪示波器的输入端 CH1 或 CH2，然后开启示波器电源，指示灯亮。

（2）协调地调节示波器面板上的“自动测量”“X 轴位移”“Y 轴位移”等旋钮，使荧光屏的中心部分显示出线条细而清晰、亮度适中的方波波形。

（3）通过选择幅度和扫描速度，并将它们的微调旋钮旋至“校准”位置，从荧光屏上读出该“标准信号”的幅值与频率，并与标称值(1 V，1 kHz)作比较，如相差较大，请指导老师给予校准。

2）正弦波信号的观测

（1）设置函数发生器的输出波形为正弦波，输出频率分别为 100 Hz、1 kHz 和 20 kHz。将函数发生器的输出端通过电缆线与示波器的输入端 CH1 或 CH2 相连。

（2）频率测量：调节示波器 Y 轴的偏转灵敏度至合适的位置，从荧光屏的 X 轴刻度尺并结合其量程分挡(时间扫描速度 t/Div 挡位值)选择开关，使得示波器屏幕出现 1.5～2 个完整波形。测量出波形的周期，填入表 5-2 中。

表 5-2　频率测量记录

所测项目	频率计读数		
	100 Hz	1 kHz	20 kHz
示波器“t/Div”旋钮位置			
一个周期占有的格数			
信号周期 T/s			
计算所得频率 f/Hz			

（3）峰峰值测量：一个正弦波在一个周期内有两次分别到达正、负最大值，

学习笔记

而正弦波正的最大值和负的最大值之差就是其峰峰值。电压的峰峰值通常用$U_{p\text{-}p}$来表示，则电压的有效值$U=\dfrac{U_{p\text{-}p}}{2\sqrt{2}}$。

调节函数发生器使输出正弦信号的有效值分别为0.5 V、1 V、2 V(先由交流毫伏表读得)；根据示波器荧光屏的Y轴刻度尺并结合其量程分挡选择开关(Y轴输入电压灵敏度V/Div挡位值)读得电信号的幅值，填入表5-3中。

表5-3 波形幅值测量记录

所测项目	毫伏表读数		
	0.5V	1V	2V
示波器"V/Div"位置			
峰峰值波形格数			
峰峰值			
计算所得电压有效值			

3) 方波脉冲信号的观测

设置函数发生器的输出波形为方波，其信号的频率为1 kHz，幅值为2 V，占空比为50%。调节示波器相应的旋钮及其量程读得幅值及周期，记录测量数据如下：

峰峰值$U_{p\text{-}p}$=________；周期T=________；脉宽t_k=________。

计算幅值U_m=________；频率f=________；占空比q=________。

5. 软件仿真操作步骤及数据记录

1) 正弦波信号的观测

(1) 按图5-29所示搭接仿真电路。其中XSC1为双踪示波器，XFG1是函数发生器，双击该符号，打开如图5-30所示的参数设置面板，设置函数发生器的输出波形为正弦波，幅值为1 V，频率分别为100 Hz、1 kHz和20 kHz。

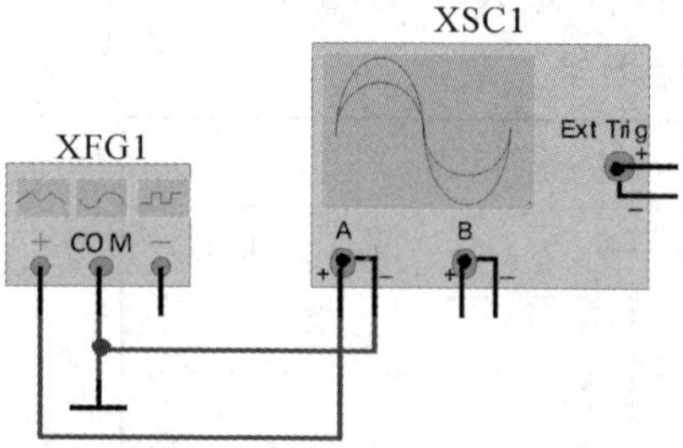

图5-29 仿真电路

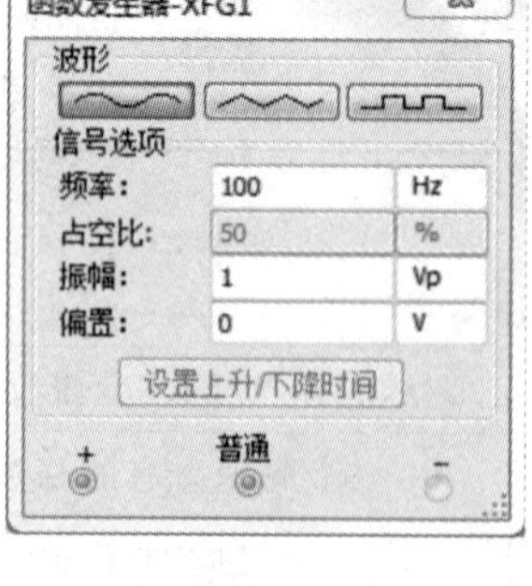

图5-30 函数发生器参数设置面板

(2) 周期测量：双击双踪示波器XSC1符号，打开示波器面板如图5-31所示，打开仿真开关，等待出现多个波形后按下暂停仿真按钮，使波形停止。调节示波器 X 轴及 Y 轴的刻度，使示波器屏幕中显示出 1.5～2 个大小适中的完整波形，然后分别拖动两个游标到一个波形的开始和结束位置，即刚好为一个周期的间距，读出示波器面板中测量数据显示区的时间 T2 - T1 参数即为一个周期的时间，将测量数据记入表 5 - 2 中。

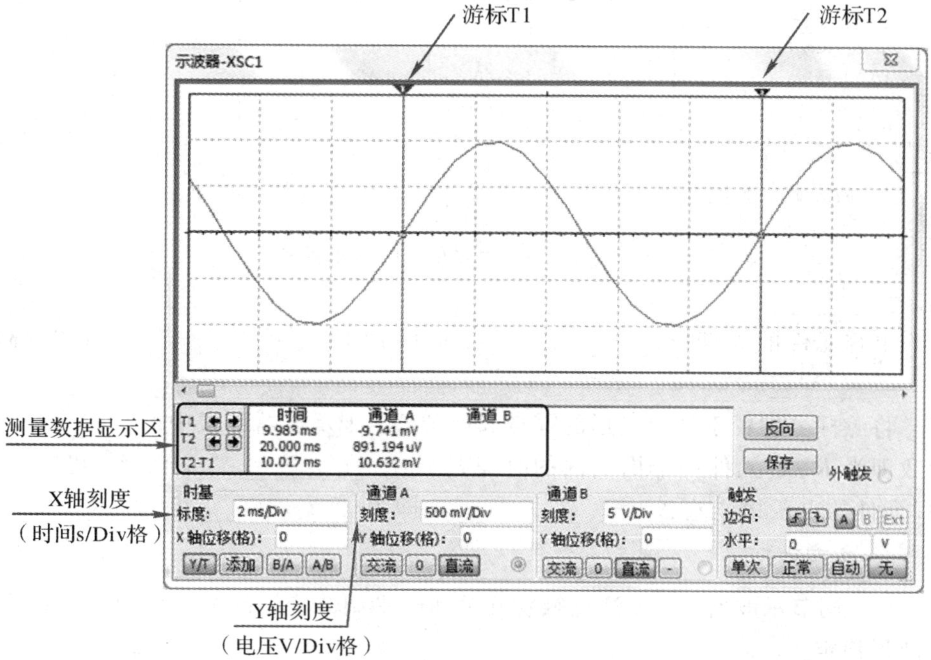

图 5 - 31　示波器观察测量仪器面板

（3）峰峰值 U_{p-p} 测量：设置函数发生器输出为正弦信号，频率为 1 kHz，振幅分别为0.5 V、1 V、2 V。调节示波器使波形大小合适地显示，然后分别拖动游标至波峰和波谷位置，读出示波器面板中测量数据显示区的通道 A 的 T2 - T1 参数即为波形峰峰值，将测量数据记入表 5 - 3 中。

2）方波脉冲信号的观测

设置函数发生器输出为正波信号，频率为 500 Hz，振幅为 5 V，占空比 40%。调节示波器使波形大小合适显示，然后拖动游标位置，读出电信号的幅值、周期及脉冲宽度，记录如下：

峰峰值 U_{p-p}=________；周期 T=________；脉宽 t_k=________。

计算幅值 U_m=________；频率 f=________；占空比 q=________。

3）同时观测两个信号

如图 5 - 32(a)所示连接一个 RC 串联仿真电路，其中 I_s 为交流电流源(AC_CURRENT)，输出幅值为 10 mA、频率为 1 kHz 的正弦交流电。用示波器同时观测电阻、电容上的电压波形。为更直观、方便地观测波形，可先设置示波器 A、B 通道的输入导线为不同颜色，使波形显示为对应的颜色，如图 5 - 32(b)所示。

拖动游标位置，分别测量并记录以下参数：

电阻元件的周期 T_R=__________；峰峰值 U_{Rp-p}=__________；计算幅值

学习笔记

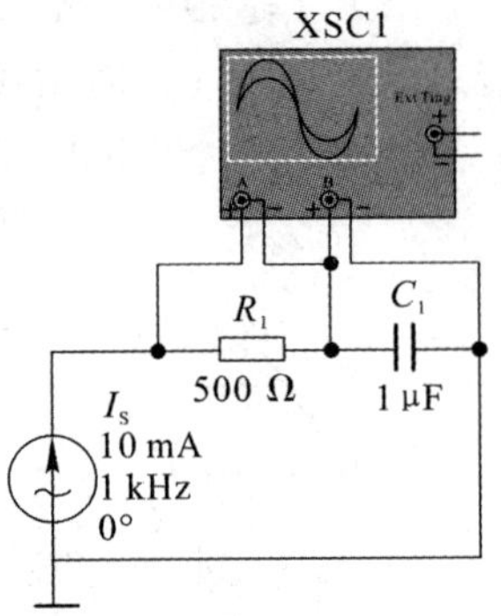

(a) *RC*串联仿真电路

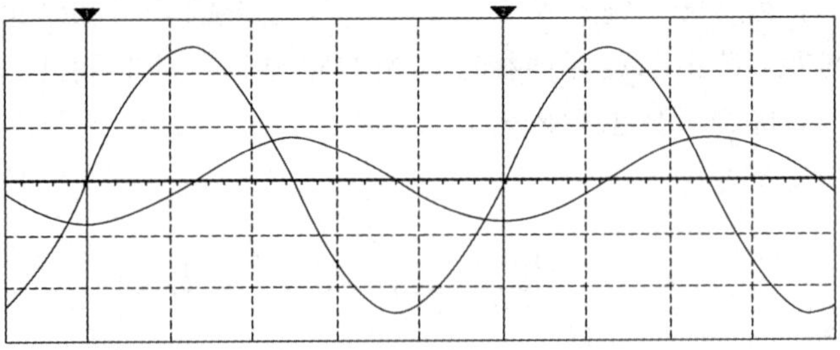

(b) 示波器观测的波形

图 5-32 *RC* 串联仿真电路及波形

$U_{Rm}=$________;

电容元件的周期 $T_C=$__________;峰峰值 $U_{Cp\text{-}p}=$__________;计算幅值 $U_{Cm}=$________。

将游标分别置于两个波形的零点起始位置,则示波器面板中的时间 T2-T1 读数即为 *R*、*C* 元件一个周期内的时间差 $\Delta T=$____________;由此,可分析出 *RC* 元件的电压相位差 $\Delta\varphi=$____________,即为____________相位关系。

6. 注意事项

(1) 调节示波器时,要注意触发开关和电平调节旋钮的配合使用,以使显示的波形稳定。

(2) 进行定量测定时,"t/Div"和"V/Div"的微调旋钮应旋至"标准"位置。

(3) 为防止外界干扰,函数发生器的接地端与示波器的接地端要相连(称共地)。

7. 报告填写要求

(1) 总结技能训练中所用仪器的使用方法及观测电信号的方法。

(2) 思考:示波器面板上"t/Div"和"V/Div"的含义是什么?如果应用双踪示波器观察到如图 5-33 所示的两个波形,Y 轴刻度均为 0.5 V/Div,X 轴刻度均为 20 μs/Div,试写出这两个波形信号的参数。

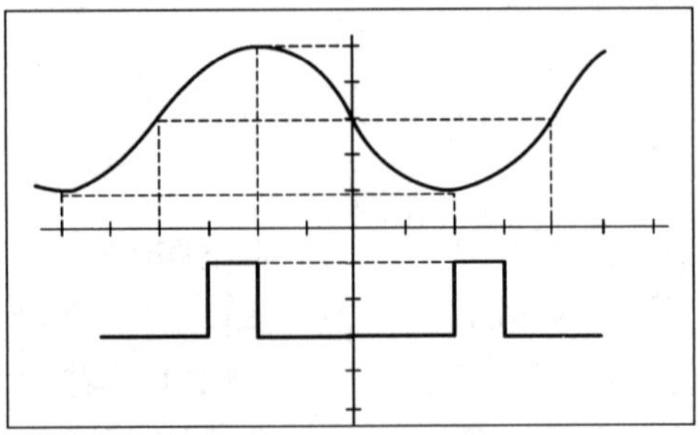

图 5-33 示波器观察波形图

学习笔记

正弦波：测量周期 $T_1=$________；峰峰值 $U_{1p\text{-}p}=$________；计算频率 $f_1=$________；有效值 $U_1=$________。

正弦波：测量周期 $T_2=$________；脉宽 $t_k=$________；峰峰值 $U_{2p\text{-}p}=$________；计算频率 $f_2=$________；占空比 $q=$________；幅值 $U_{2m}=$________。

习　题

5-1　试求下列两个正弦量的周期、频率和初相，二者的相位差如何？

(1) $3\sin 314t$；　　(2) $8\sin(5t+17°)$。

5-2　已知工频正弦交流电流在 $t=0$ 时的瞬时值为 0.5 A，该电流初相为 30°，求这一正弦交流电流的有效值。

5-3　求下列各组正弦量的相位差，并说明相位关系。

(1) $u_1=220\sqrt{2}\sin(314t+120°)$ V，$u_2=380\sqrt{2}\sin(314t-120°)$ V；

(2) $i_1=2\sin(\omega t+45°)$ A，$i_2=2\sin(\omega t-45°)$ A；

(3) $i=10\sin(100\pi t+180°)$ A，$u=100\sin(100\pi t-180°)$ V；

(4) $e_1=110\sin 100\pi t$ V，$e_2=110\sin(100\pi t-180°)$ V。

5-4　判断图 5-34 中各正弦量的相位关系。

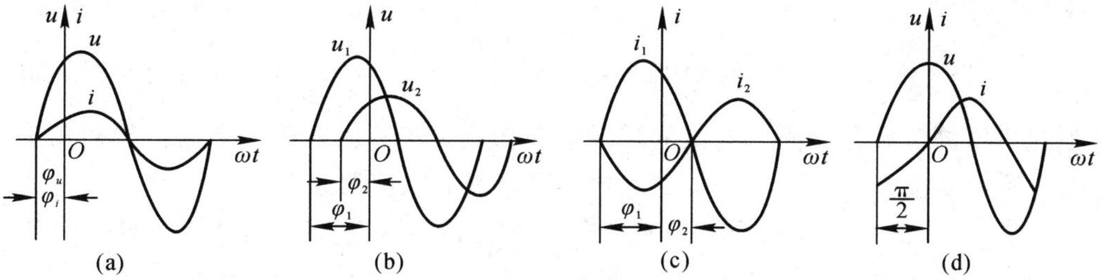

图 5-34　习题 5-4 波形相位关系图

5-5　将下列复数转化为极坐标形式。

(1) $2+j2\sqrt{3}$；　　(2) $12-j6$；

(3) $-2+j2$；　　(4) $j6$；

(5) -8；　　(6) $-j6$。

5-6　将下列复数转化为代数形式。

(1) $20\angle 30°$；　　(2) $4\angle -45°$；

(3) $10\angle 127°$；　　(4) $6\angle -150°$；

(5) $7\angle 180°$；　　(6) $18\angle 90°$。

5-7　写出下列各正弦量的相量，并画出它们的相量图。

(1) $i_1=8\cos(314t+60°)$ A；

(2) $i_2=6\cos(314t-30°)$ A；

(3) $u_1=-100\sqrt{2}\sin(100t-120°)$ V；

(4) $u_2=150\sqrt{2}\sin(100t+30°)$ V。

5-8　对习题 5-7 所示正弦量做如下计算(应用相量)。

(1) i_1+i_2；　　　　(2) $\frac{u_1}{u_2}$。

5-9　额定值为“220 V、100 W”和“220 V、25 W”的白炽灯两盏，将其串联后接入 220 V 工频交流电源上，哪盏灯更亮？

5-10　一个电热器接在 10 V 的直流电源上，产生的功率为 P。把它改接在正弦交流电源上，使其产生的功率为 $P/2$，则正弦交流电源电压的最大值为多少？

5-11　某电阻元件的参数为 8 Ω，接在 $u=220\sqrt{2}\sin 314t$ V 的交流电源上，试求通过电阻元件的电流 i。如用电流表测量该电路中的电流，其读数为多少？电路消耗的功率是多少瓦？若电源的频率增大一倍，电压有效值不变又如何？

5-12　一个 $L=0.15$ H 的电感先后接在 $f_1=50$ Hz，$f_2=1000$ Hz，电压为 220 V 的交流电源上，分别算出两种情况下的 X_L、I_L 和 Q_L。

5-13　电压 $u=220\sqrt{2}\sin(100t-30°)$ V 施加于电感两端，若电感 $L=0.2$ H，选定 u、i 为关联参考方向。试求通过电感的电流 i，并绘出电流和电压的相量图。

5-14　在关联参考方向下，已知加于电感两端的电压为 $u_L=100\sin(100t+30°)$ V，通过的电流为 $i_L=10\sin(100t+\varphi_i)$ A，试求电感的参数 L 及电流的初相 φ_i。

5-15　在 1 μF 的电容两端加上 $u=70.7\sin\left(314t-\frac{\pi}{6}\right)$ V 的正弦电压，求通过电容的电流有效值及电流的瞬时值解析式。若所加电压的有效值与初相不变，而频率增加为 100 Hz 时，通过电容的电流有效值又是多少？

5-16　把一个 $C=100$ μF 的电容先后接于 $f_1=50$ Hz，$f_2=100$ Hz，电压为 220 V 的电源上，分别算出两种情况下的 X_C、I_C 和 Q_C。

5-17　如图 5-35 所示电路中，各电容、交流电源的电压值和频率均相同，问哪一个电流表的读数最大？哪个为零？为什么？

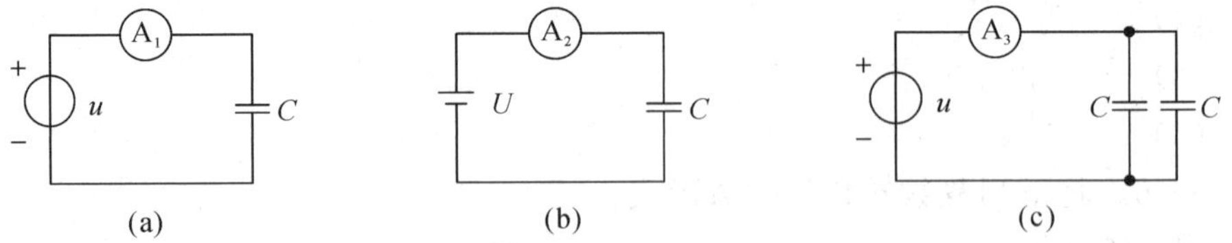

图 5-35　习题 5-17 图

学习笔记

第 6 章　正弦交流电路的分析

在正弦交流电路中相关物理量都是正弦函数，各物理量之间不仅有数值大小的关系，还有方向(相位)的关系，因此计算烦琐而复杂，难以掌握，为此引入电路相量模型来分析正弦交流电路。将正弦交流电路中的电压、电流用相量表示，元件参数用阻抗来代替，运用基尔霍夫定律的相量形式和欧姆定律的相量形式来求解正弦交流电路的方法称为相量法。运用相量法分析正弦交流电路时，直流电路中的结论、定理和分析方法也同样适用。

本章主要介绍简单交流电路的相量分析法以及交流电路的功率概念和计算，此外还介绍了 *RLC* 串、并联电路的谐振条件和谐振特征，引出了通频带的概念。

6.1　基尔霍夫定律的相量形式

基尔霍夫定律的相量形式

思考题 6.1

欧姆定律和基尔霍夫定律是分析各种电路的理论依据，我们已经讨论了电阻、电感、电容元件的欧姆定律的相量形式。在交流电路中，由于引入了电压、电流的相量，因此基尔霍夫定律也应有相应的相量形式。

1. 基尔霍夫电流定律

根据电流连续性原理，在交流电路中，基尔霍夫电流定律可阐述如下：任一瞬间流过电路的一个节点(或闭合面)的各电流瞬时值的代数和等于零，即

$$\sum i = 0 \quad \text{或} \quad \sum i_{\text{入}} = \sum i_{\text{出}}$$

正弦交流电路中，若各电流都是与电源同频率的正弦量，把这些同频率的正弦量用相量表示，即得

$$\sum \dot{I} = 0 \quad \text{或} \quad \sum \dot{I}_{\text{入}} = \sum \dot{I}_{\text{出}} \tag{6-1}$$

前一个表达式的电流前的正、负号是由其参考方向决定的，若支路电流的参考方向流入节点取正号；流出节点则取负号。式(6-1)就是相量形式的基尔霍夫电流定律(KCL)。

【例 6-1】 如图 6-1(a)、(b)所示电路中，已知电流表 A_1、A_2、A_3的读数，求电路中电流表 A 的读数。

解　设端电压$\dot{U}=U\angle 0°$。

(1) 选定电流的参考方向如图 6-1(a)所示，则有

$$\dot{I}_1 = 10\angle 0°\text{A} \qquad (\text{电压同相})$$

$$\dot{I}_2 = 10\angle -90°\text{A} \qquad (\text{滞后于电压 } 90°)$$

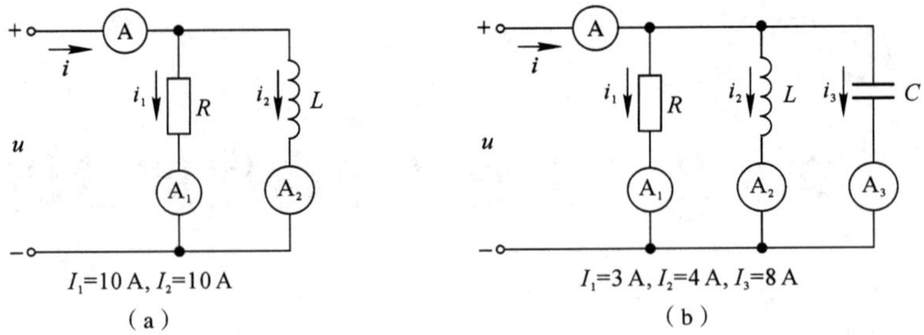

图 6-1 例 6-1 电路图

由 KCL 得

$$\dot{I} = \dot{I}_1 + \dot{I}_2 = 10\angle 0^\circ + 10\angle -90^\circ = 10 - \mathrm{j}10 = 10\sqrt{2}\angle -45^\circ \text{ A}$$

即电流表 A 的读数为 $10\sqrt{2}$ A。注意：这与直流电路是不同的，总电流并不是 20 A。

(2) 选定电流的参考方向如图 6-1(b)所示，则有

$$\dot{I}_1 = 3\angle 0^\circ \text{ A}$$

$$\dot{I}_2 = 4\angle -90^\circ \text{ A}$$

$$\dot{I}_3 = 8\angle 90^\circ \text{ A} \quad (\text{超前电压 } 90^\circ)$$

由 KCL 得

$$\dot{I} = \dot{I}_1 + \dot{I}_2 + \dot{I}_3 = 3\angle 0^\circ + 4\angle -90^\circ + 8\angle 90^\circ = 3 - \mathrm{j}4 + \mathrm{j}8 = 5\angle 53^\circ \text{ A}$$

即电流表 A 的读数为 5 A。

例 6-1 中若用相量图分析更为方便。并联电路以电压为参考相量，绘出图 6-1(a)、(b)的相量图分别如图 6-2(a)、(b)所示。

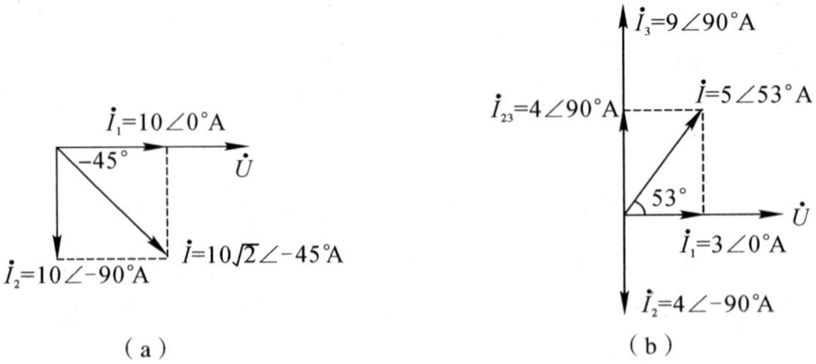

图 6-2 用相量图分析并联电路

2. 基尔霍夫电压定律

根据能量守恒定律，基尔霍夫电压定律也同样适用于交流电路，即任一时刻，沿任一回路绕行一周电路中各段电压瞬时值的代数和等于零，即

$$\sum u = 0$$

在正弦交流电路中，各段电压都是同频率的正弦量，所以一个回路中各段电

学习笔记

压相量的代数和也等于零，即

$$\sum \dot{U} = 0 \tag{6-2}$$

这就是相量形式的基尔霍夫电压定律(KVL)。应用 KVL 时，先对回路选一个绕行方向，参考方向与绕行方向一致的电压相量取正号，反之取负号。

【例 6-2】 如图 6-3(a)、(b)所示电路中，已知电压表 V_1、V_2、V_3 的读数，试分别求各电路中电压表 V 的读数。

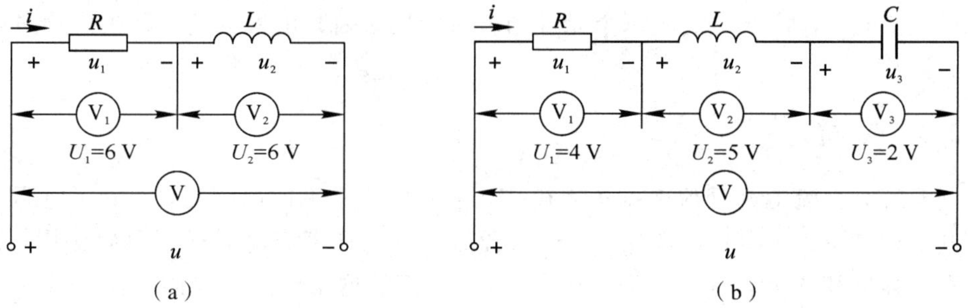

图 6-3　例 6-2 图

解　设电流为参考相量，即 $\dot{I}_1 = I\angle 0°$。

(1) 选定 i、u_1、u_2、u 的参考方向如图 6-3(a)所示，则

$$\dot{U}_1 = 6\angle 0°\ \text{V} \qquad (\text{与电流同相})$$

$$\dot{U}_2 = 6\angle 90°\ \text{V} \qquad (\text{超前电流 } 90°)$$

由 KVL 可得

$$\dot{U} = \dot{U}_1 + \dot{U}_2 = 6\angle 0° + 6\angle 90° = 6 + \mathrm{j}6 = 6\sqrt{2}\angle 45°\ \text{V}$$

所以电压表 V 的读数为 $6\sqrt{2}$ V。

(2) 选定 i、u_1、u_2、u_3 的参考方向如图 6-3(b)所示，则

$$\dot{U}_1 = 4\angle 0°\ \text{V}$$

$$\dot{U}_2 = 5\angle 90°\ \text{V}$$

$$\dot{U}_3 = 2\angle -90°\ \text{V} \quad (\text{滞后于电流 } 90°)$$

由 KVL 可得

$$\dot{U} = \dot{U}_1 + \dot{U}_2 + \dot{U} = 4\angle 0° + 5\angle 90° + 2\angle -90° = 4 + \mathrm{j}5 - \mathrm{j}2 = 5\angle 37°\ \text{V}$$

即电压表 V 的读数为 5 V。

此例也可用相量图来简化分析，串联电路以电流为参考相量，请参照例 6-1 自行绘出图 6-3(a)、(b)的相量图。

从上述两例题可以看出，正弦量的有效值并不满足 KCL 和 KVL。在图 6-1(b)中，$I \neq I_1 + I_2 + I_3$，在图 6-3(b)中，$U \neq U_1 + U_2 + U_3$，这正是正弦交流电路与直流电路的不同之处，它是由正弦交流电路本身固有的规律所决定的。

思考与练习

6.1-1　RL 串联电路中，测得电阻两端电压为 40 V，电感两端电压为

学习笔记

30 V，则电路总电压是________V。

6.1-2 *RLC* 并联电路中，测得电阻上通过的电流为 3 A，电感上通过的电流为 8 A，电容上通过的电流是 4 A，总电流是________A。

6.2 阻抗串联电路的分析

前面讨论了电阻、电感、电容元件在交流电路中的特性，当将这些电路元件串联连接时，其特点是流经每个元件的电流相同，因此可根据基尔霍夫定律进行分析。

6.2.1 阻抗

阻抗

思考题 6.2.1

电阻对直流电和交流电都有阻碍作用，而作为常见的电路元件，除了电阻还有电容和电感，前面我们提到过，这两者对交流电和直流电同样有阻碍作用，分别称为容抗和感抗，用 X_C、X_L 表示，但是它们的这个作用跟电阻的阻碍作用有所不同。

电容具有“隔直通交”的特性，就是对直流电有隔断作用，不能通过，而交流电可以通过，而且随着电容值的增大或者交流电频率的增大，电容对交流电的阻碍作用越小，这种阻碍作用可以理解为“电阻”，但是又不等同于电阻。而电感，对直流电无阻碍作用(如果严谨地研究的话，在通电达到饱和之前的短暂的几毫秒的暂态内，也是有阻碍的)，对交流电有阻碍作用。

容抗和感抗分别用来表示电容和电感这两种储能元件对交流电的阻碍作用，两者可合称为电抗，用 X 表示。电抗的单位与电阻的单位一样都是欧姆，两者的共同作用合称“阻抗”，即在交流电路中，所有电路元件对交流电所起的总的阻碍作用叫作阻抗，用 Z 表示。类比电阻元件的欧姆定律可得阻抗 Z 的表达式，也可以写成代数形式和极坐标形式，即

$$Z=\frac{\dot{U}}{\dot{I}}=R+\mathrm{j}X=|Z|\angle\phi_Z \qquad (6-3)$$

由上式可知，阻抗是一个复数，也叫作复阻抗，等于电压相量和电流相量的比值，但是阻抗不是正弦量，也不是相量，所以上面不能加点。阻抗的实部是电阻，虚部是电抗，$|Z|$ 称为阻抗的模，ϕ_Z 称为阻抗角，量纲是欧姆。对于一个具体电路来说，阻抗不是不变的，而是随着电源频率变化而变化。

6.2.2 *RLC* 串联电路分析

RLC 串联电路分析

思考题 6.2.2

RLC 串联交流电路是正弦电路的典型示例。

1. 电压与电流的关系

RLC 串联电路如图 6-4(a)所示，设电流 $i=I_m\sin\omega t$ 为参考正弦量，其相量为 $\dot{I}=I\angle 0°$，各元件电压 u_R、u_L、u_C 的参考方向均与电流的参考方向关联。

由 KVL 得端口总电压为

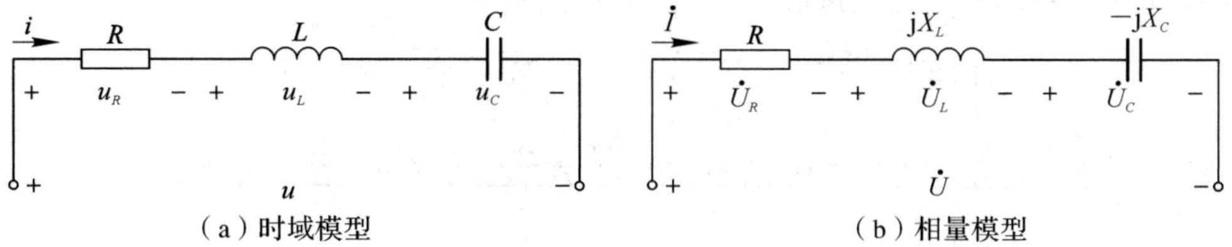

图 6-4　*RLC* 串联电路

$$u = u_R + u_L + u_C = iR + L\frac{di}{dt} + \frac{1}{C}\int i dt$$

由于都是线性元件，所以各元件上的电压以及电路端电压、端电流都是同频率的正弦量，故电压可以用相量表示为

$$\dot U = \dot U_R + \dot U_L + \dot U_C$$

由于单一参数的电压、电流关系为

$$\dot U_R = R\dot I,\quad \dot U_L = jX_L\dot I,\quad \dot U_C = -jX_C\dot I$$

所以，总电压为

$$\begin{aligned}\dot U &= R\dot I + jX_L\dot I - jX_C\dot I\\ &= [R + j(X_L - X_C)]\dot I\\ &= (R + jX)\dot I = Z\dot I\end{aligned} \tag{6-4}$$

式中的 $Z=R+jX=R+j(X_L-X_C)=|Z|\angle\phi_Z$，即为阻抗。

式(6-4)称为 *RLC* 串联电路欧姆定律的相量形式，可用如图 6-4(b)所示的相量模型表示，相量图如图 6-5(a)所示。

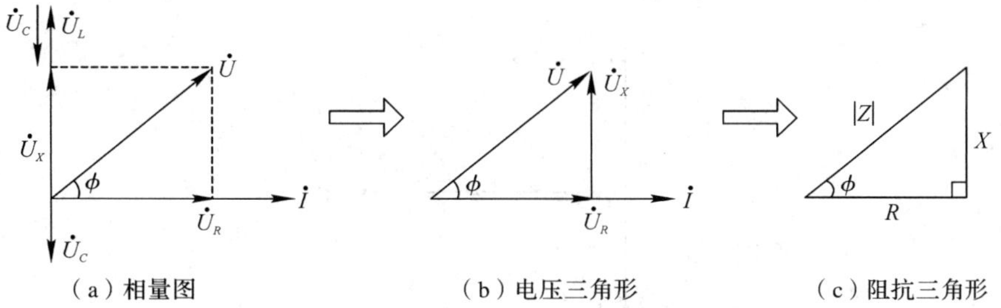

图 6-5　*RLC* 串联电路电压、电流、阻抗的关系

由电压相量图可看出，$\dot U$、$\dot U_X = \dot U_L - \dot U_C$(电抗电压)、$\dot U_R$ 组成一个直角三角形，该三角形称为电压三角形，如图 6-5(b)所示。从电压三角形可知电阻、电感及电容电压有效值与总电压有效值之间的关系为

$$\left.\begin{aligned}U &= \sqrt{U_R^2 + (U_L - U_C)^2} = \sqrt{U_R^2 + U_X^2}\\ \phi &= \varphi_u - \varphi_i = \arctan\frac{U_X}{U_R} = \arctan\frac{U_L - U_C}{U_R}\end{aligned}\right\} \tag{6-5}$$

在 *RLC* 串联电路中，由于电流处处相等，将电压三角形的每边除以电流 I，可得出新的三边，构成阻抗三角形，如图 6-5(c)所示。可见，在 *RLC* 串联电路

学习笔记

中，电压三角形与阻抗三角形相似。由阻抗三角形得

$$\begin{cases} |Z| = \dfrac{U}{I} = \sqrt{R^2 + (X_L - X_C)^2} = \sqrt{R^2 + X^2} \\ \phi = \varphi_u - \varphi_i = \arctan \dfrac{X_L - X_C}{R} = \arctan \dfrac{X}{R} \end{cases} \tag{6-6}$$

2. 电路的性质

值得一提的是，阻抗角 ϕ_Z 是判断电路性质的重要元素。

(1) 当 $\phi_Z > 0°$，即 $X_L > X_C$，$X > 0$，在相位上总电压 u 比电流 i 超前 ϕ_Z 角，电路中电感的作用大于电容的作用，电路呈电感性，如图 6-5 所示。

(2) 当 $\phi_Z < 0°$，即 $X_L < X_C$，$X < 0$，电路中总电压 u 比电流 i 滞后 ϕ_Z 角，此时电路呈电容性，如图 6-6 所示。

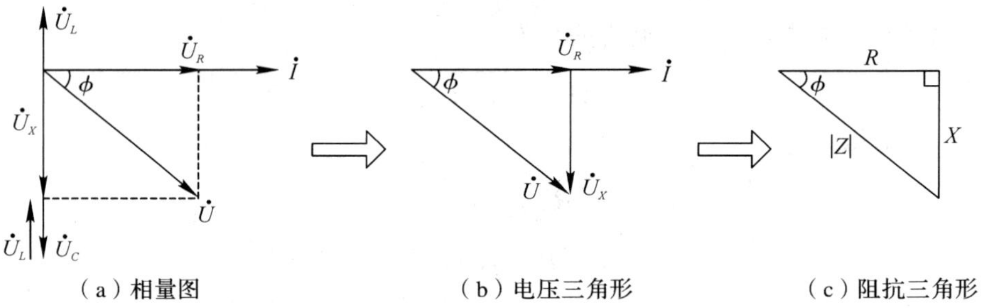

图 6-6　*RLC* 串联电容性电路电压、电流、阻抗关系

(3) 当 $\phi_Z = 0°$，即 $X_L = X_C$，$X = 0$，电路中总电压 u 与电流 i 同相，即电路中电感与电容的作用相互抵消，此时电路呈电阻性，如图 6-7 所示。这种情况又称为串联谐振，有关谐振的内容将在本章后面介绍。

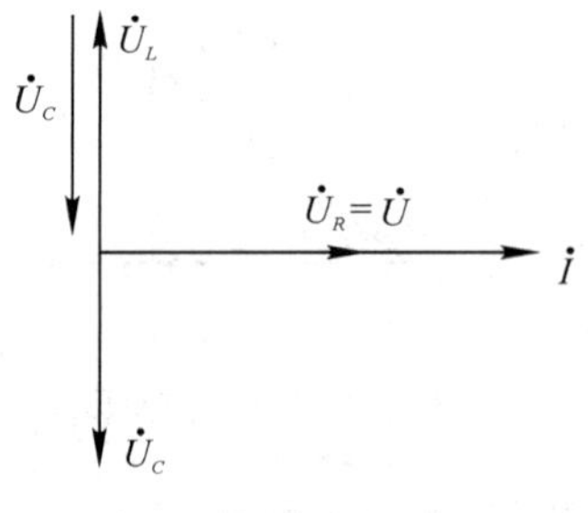

图 6-7　电阻性电路相量图

【例 6-3】　*RLC* 串联电路。已知 $R = 5\ \text{k}\Omega$，$L = 6\ \text{mH}$，$C = 0.001\ \mu\text{F}$，$u = 10\sin 10^6 t\ \text{V}$。求：

(1) 电流 i 和各元件上的电压相量，画出相量图，判断此时的电路性质；

(2) 当角频率变为 $2 \times 10^5\ \text{rad/s}$ 时，电路的性质有无改变。

解　(1)

$$X_L = \omega L = 10^6 \times 6 \times 10^{-3} = 6\ \text{k}\Omega$$

$$X_C = \frac{1}{\omega C} = \frac{1}{10^6 \times 0.001 \times 10^{-6}} = 1\ \text{k}\Omega$$

$$Z = R + \text{j}(X_L - X_C) = 5 + \text{j}(6 - 1) = 5\sqrt{2}\angle 45°\ \text{k}\Omega$$

学习笔记

由于 $\phi_Z = 45° > 0°$，因此电路呈电感性。

由 $u = 10\sin 10^6 t$ V，得电压相量为

$$\dot{U} = \frac{10}{\sqrt{2}}\angle 0° = 5\sqrt{2}\angle 0°\ \text{V}$$

则

$$\dot{I} = \frac{\dot{U}}{Z} = \frac{5\sqrt{2}\angle 0°}{5\sqrt{2}\angle 45°} = 1\angle -45°\ \text{mA}$$

由此得电流瞬时值表达式为

$$i = \sqrt{2}\sin(10^6 t - 45°)\ \text{mA}$$

各元件上的电压为

$$\dot{U}_R = R\dot{I} = 5\times 1\angle -45° = 5\angle -45°\ \text{V}$$

$$\dot{U}_L = \text{j}X_L\dot{I} = \text{j}6\times 1\angle -45° = 6\angle 45°\ \text{V}$$

$$\dot{U}_C = -\text{j}X_C\dot{I} = -\text{j}1\times 1\angle -45° = 1\angle -135°\ \text{V}$$

相量图如图 6－8 所示。

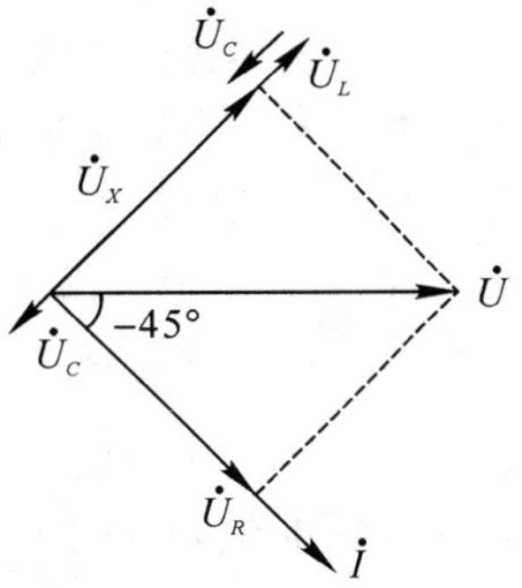

图 6－8　例 6－3 相量图

(2) 当角频率变为 2×10^5 rad/s 时，电路阻抗为

$$X_L = \omega L = 2\times 10^5 \times 6\times 10^{-3} = 1.2\ \text{k}\Omega$$

$$X_C = \frac{1}{\omega C} = \frac{1}{2\times 10^5 \times 0.001\times 10^{-6}} = 5\ \text{k}\Omega$$

$$Z = R + \text{j}(X_L - X_C) = 5 - \text{j}3.8 = 3.25\angle -49.5°\ \text{k}\Omega$$

由于 $\phi_Z < 0$，因此电路呈容性。

6.2.3　阻抗串联的交流电路

阻抗串联的交流电路

图 6－9 所示是两个阻抗串联的电路，由基尔霍夫定律可写出其相量表达式

$$\dot{U} = \dot{U}_1 + \dot{U}_2 = \dot{I}Z_1 + \dot{I}Z_2 = \dot{I}(Z_1 + Z_2) = \dot{I}Z$$

所以，其等效阻抗为

$$Z = Z_1 + Z_2$$

思考题 6.2.3

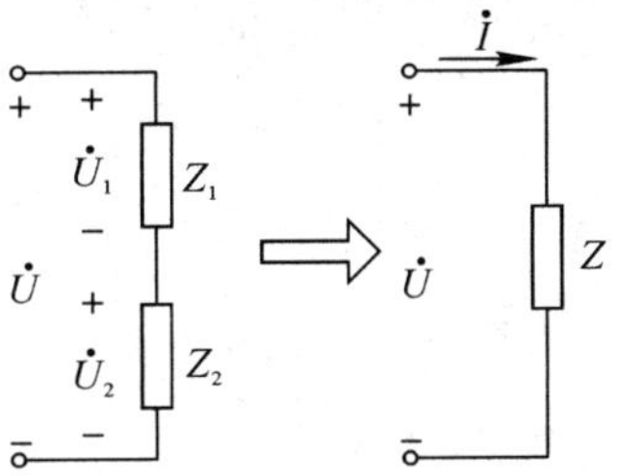

图 6－9　两个阻抗串联

由于 $U \neq U_1 + U_2$，即 $I|Z| \neq I|Z_1| + I|Z_2|$，所以 $|Z| \neq |Z_1| + |Z_2|$。由此可见，等效复阻抗等于各个串联复阻抗之和，而阻抗模的关系不成立。一般情况下，对于 n 个复阻抗的串联有

学习笔记

$$Z = Z_1 + Z_2 + \cdots + Z_n = \sum_{k=1}^{n} Z_k = \sum_{k=1}^{n} R_k + j\sum_{k=1}^{n} X_k \tag{6-7}$$

对于阻抗串联电路，分压公式仍然成立，且与电阻串联的分压公式形式上相似，即

$$\dot{U}_1 = \frac{Z_1}{Z_1 + Z_2}\dot{U}, \qquad \dot{U}_2 = \frac{Z_2}{Z_1 + Z_2}\dot{U} \tag{6-8}$$

【例 6-4】 图 6-9 所示电路中，已知 $Z_1 = 20 + j10\ \Omega = 10\sqrt{5}\angle 26.6°\ \Omega$，$Z_2 = -8 + j6\ \Omega$，串联电路中的电流 $i = 5\sqrt{2}\sin(314t - 30°)$ A。求：

(1) 电路总阻抗 Z，并确定电路的性质；

(2) 电路的总电压瞬时值表达式；

(3) 各元件上的电压，并画出相量图。

解　(1) 由于阻抗串联，有

$$Z = Z_1 + Z_2 = (20 - 8) + j(10 + 6) = 12 + j16\ \Omega = 20\angle 37°\ \Omega$$

由于 $\phi_Z = 37° > 0°$，因此电路呈电感性。

(2) 根据欧姆定律的相量形式，有

$$\dot{U} = \dot{I}Z = 5\angle -30° \times 20\angle 37° = 100\angle 7°\ \text{V}$$

得电压瞬时值表达式为

$$u = 100\sqrt{2}\sin(314t + 7°)\ \text{V}$$

(3) $$\dot{U}_1 = \frac{Z_1}{Z_1 + Z_2}\dot{U} = \frac{10\sqrt{5}\angle 26.6°}{20\angle 37°} \times 100\angle 7° = 50\sqrt{5}\angle -3.4°\ \text{V}$$

$$\dot{U}_2 = \frac{Z_2}{Z_1 + Z_2}\dot{U} = \frac{10\angle 153°}{20\angle 37°} \times 100\angle 7° = 50\angle 123°\ \text{V}$$

相量图如图 6-10 所示。

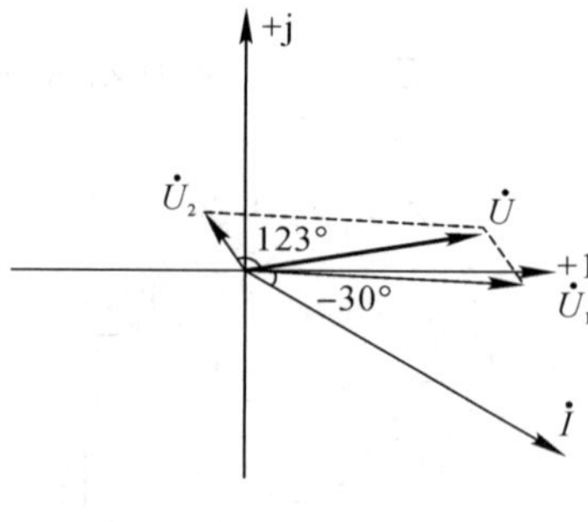

图 6-10　例 6-4 图

思考与练习

6.2-1　你能说出电阻和电抗的不同之处和相似之处吗？它们的单位相同吗？

6.2-2　电阻是(　　)元件，电感是(　　)元件，电容是(　　)元件。

学习笔记

A. 储存电场能量　　B. 储存磁场能量　　C. 耗能

6.2-3　单一电阻元件的正弦交流电路中，复阻抗 $Z=$______；单一电感元件的正弦交流电路中，复阻抗 $Z=$______；单一电容元件的正弦交流电路中，复阻抗 $Z=$______；电阻、电感相串联的正弦交流电路中，复阻抗 $Z=$______；电阻、电容相串联的正弦交流电路中，复阻抗 $Z=$______；电阻、电感、电容相串联的正弦交流电路中，复阻抗 $Z=$______。

6.2-4　*RC* 串联电路中，测得电阻两端电压为 120 V，电容两端电压为 160 V，则电路总电压是______V。

6.3　导纳并联电路的分析

当电路元件并联连接时，采用导纳分析更方便。

6.3.1　导纳

导纳

复导纳就是复阻抗的倒数，用大写字母 Y 来表示，即

$$Y=\frac{1}{Z}=\frac{\dot{I}}{\dot{U}} \tag{6-9}$$

复导纳的单位为西门子(S)。由于 Y 是复数，因此它可表示成代数形式和极坐标形式，即

$$Y=G+\mathrm{j}B=|Y|\angle\phi_Y \tag{6-10}$$

式中，实部 G 称为电导，虚部 B 称为电纳，$|Y|$ 称为导纳的模，单位都是西门子(S)，ϕ_Y 为导纳角。

对于单一元件构成的电路，其导纳分别为

(1) 电阻元件：$Y_R=\frac{1}{Z}=\frac{1}{R}=G$。

(2) 电感元件：$Y_L=\frac{1}{Z}=\frac{1}{\mathrm{j}X_L}=-\mathrm{j}\frac{1}{\omega L}=-\mathrm{j}B_L$，$B_L=\frac{1}{X_L}$称为感纳。

(3) 电容元件：$Y_C=\frac{1}{Z}=\frac{1}{-\mathrm{j}X_C}=\mathrm{j}\omega C=\mathrm{j}B_C$，$B_C=\frac{1}{X_C}$称为容纳。

但是对于非单一元件构成的电路，若设 $Z=R+\mathrm{j}X=|Z|\angle\phi_Z$，则

$$Y=\frac{1}{Z}=\frac{1}{R+\mathrm{j}X}=\frac{R}{R^2+X^2}+\mathrm{j}\frac{-X}{R^2+X^2}=G+\mathrm{j}B$$

式中，$G=\frac{R}{R^2+X^2}$，$B=\frac{-X}{R^2+X^2}$，由此可以看出

$$G\neq\frac{1}{R},\ B\neq\frac{1}{X}$$

RLC 并联电路分析

6.3.2　*RLC* 并联电路分析

思考题 6.3.2

RLC 并联电路如图 6-11 所示，由于并联电路各元件上的电压相等，所以可用基尔霍夫电流定律分析。

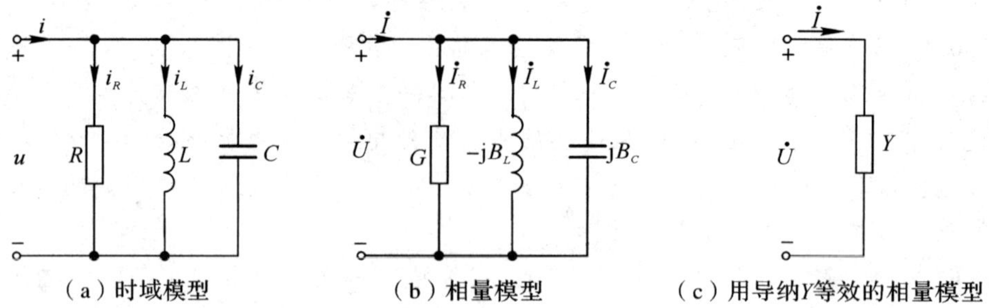

图 6－11 *RLC* 并联电路

1. 电压与电流关系

如图 6－11(a)所示，设正弦电压为 $u=\sqrt{2}U\sin\omega t$，其对应的相量为 $\dot{U}=U\angle 0^\circ$，根据基尔霍夫电流定律有

$$i=i_R+i_L+i_C$$

对应的相量式为

$$\dot{I}=\dot{I}_R+\dot{I}_L+\dot{I}_C$$

由图 6－11(b)有

$$\dot{I}_R=\frac{\dot{U}}{R}=G\dot{U}$$

$$\dot{I}_L=\frac{\dot{U}}{jX_L}=-jB_L\dot{U}$$

$$\dot{I}_C=\frac{\dot{U}}{-jX_C}=jB_C\dot{U}$$

则

$$\dot{I}=G\dot{U}-jB_L\dot{U}+jB_C\dot{U}=[G+j(B_C-B_L)]\dot{U}=Y\dot{U} \qquad (6-11)$$

式(6－11)为 *RLC* 并联电路的欧姆定律相量形式，由此得到相量图如 6－12(a)所示。

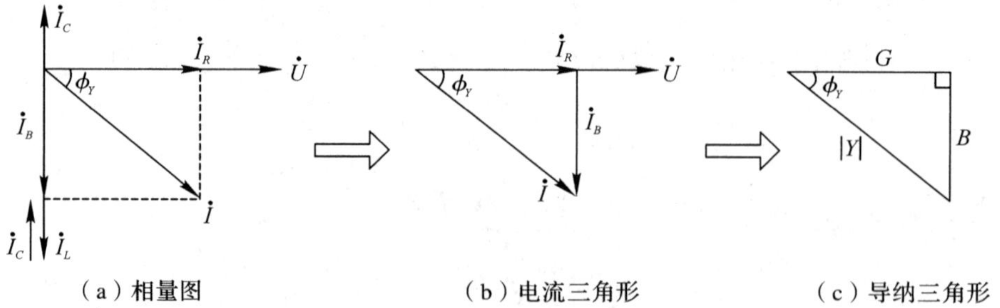

图 6－12 *RLC* 并联电路电压、电流、阻抗的关系

从图 6－12(a)中可以看出，各段电流相量可构成一个直角三角形，称为电流三角形，如图 6－12(b)所示，而且三角形各边长均表示各段电流的有效值，它们

的关系为

$$\left.\begin{aligned} I &= \sqrt{I_R^2+(I_C-I_L)^2}=\sqrt{I_R^2+I_B^2} \\ \phi_Y &= \varphi_i-\varphi_u=\arctan\frac{I_B}{I_R}=\arctan\frac{I_C-I_L}{I_R} \end{aligned}\right\} \tag{6-12}$$

在 RLC 并联电路中，由于各支路电压相等，因此将电流三角形的每边除以电压 U，得到新的三边，构成导纳三角形，如图 6-12(c)所示。可见 RLC 并联电路中，电流三角形与导纳三角形相似。由导纳三角形得出

$$\left.\begin{aligned} |Y| &= \frac{I}{U}=\sqrt{G^2+(B_C-B_L)^2}=\sqrt{G^2+B^2} \\ \phi_Y &= \varphi_i-\varphi_u=\arctan\frac{B_C-B_L}{G}=\arctan\frac{B}{G} \end{aligned}\right\} \tag{6-13}$$

2. 电路的性质

导纳角 ϕ_Y 也是判断电路性质的重要元素。

(1) 当 $\phi_Y<0°$，即 $B_C<B_L$，$B<0$，在相位上总电流 i 比电压 u 滞后 ϕ_Y 角，此时电路呈电感性，如图 6-12 所示。

(2) 当 $\phi_Y>0°$，即 $B_C>B_L$，$B>0$，在相位上总电流 i 比电压 u 超前 ϕ_Y 角，电路中电容的作用大于电感的作用，电路呈电容性，如图 6-13 所示。

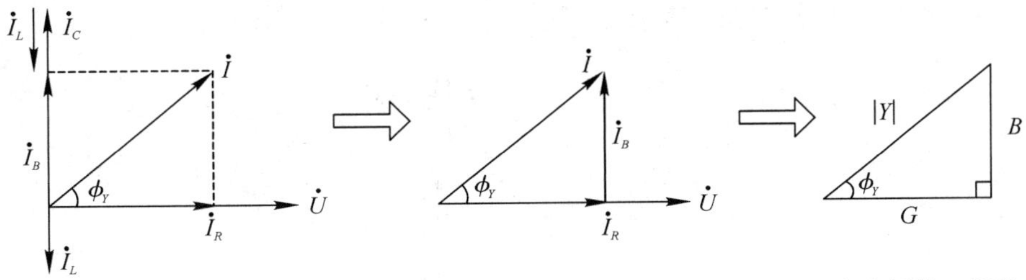

(a) 相量图　　(b) 电流三角形　　(c) 导纳三角形

图 6-13　RLC 并联电容性电路电压、电流、阻抗关系

(3) 当 $\phi_Y=0°$，即 $B_C=B_L$，$B=0$，电路中总电流 i 与电压 u 同相，此时电路呈电阻性，如图 6-14 所示。这种情况又称为并联谐振，有关谐振的内容将在本章后面介绍。

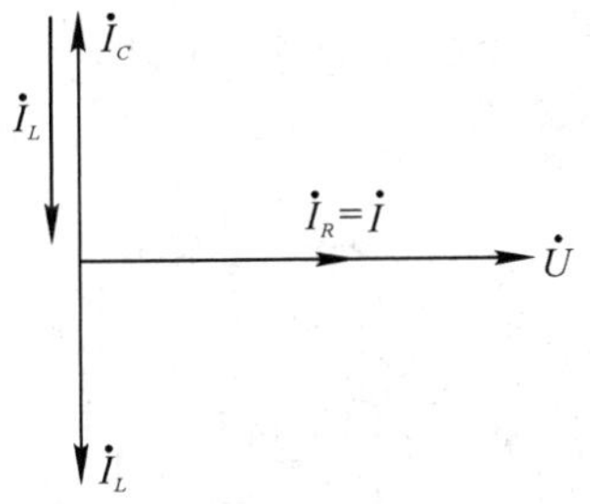

图 6-14　电阻性电路相量图

【例 6-5】 在 RLC 并联电路中，已知 $R=2.5\ \Omega$，$L=0.1\ \text{mH}$，$C=4\ \mu\text{F}$，电源电压 $U=3\ \text{V}$，$\omega=10^5\ \text{rad/s}$。求：

学习笔记

(1) 电路的感纳 B_L、容纳 B_C 和导纳 Y，并确定电路的性质；

(2) 电路的总电流 i，各支路电流 $\dot{I}_R$、$\dot{I}_L$、$\dot{I}_C$；

(3) 画出相量图。

解 (1)

$$G=\frac{1}{R}=\frac{1}{2.5}=0.4\ \text{S}$$

$$B_L=\frac{1}{\omega L}=\frac{1}{10^5\times 0.1\times 10^{-3}}=0.1\ \text{S}$$

$$B_C=\omega C=10^5\times 4\times 10^{-6}=0.4\ \text{S}$$

$$Y=G+\text{j}(B_C-B_L)=0.4+\text{j}0.3=0.5\angle 37^\circ\ \text{S}$$

由于 $B_C>B_L$，$\phi_Y>0^\circ$，因此电路为电容性电路。

(2)

$$\dot{I}=Y\dot{U}=0.5\angle 37^\circ\times 3\angle 0^\circ=1.5\angle 37^\circ\ \text{A}$$

所以

$$i=1.5\sqrt{2}\sin(10^5t+37^\circ)\ \text{A}$$

$$\dot{I}_R=G\dot{U}=0.4\times 3\angle 0^\circ=1.2\angle 0^\circ\ \text{A}$$

$$\dot{I}_L=-\text{j}B_L\dot{U}=0.1\angle -90^\circ\times 3\angle 0^\circ=0.3\angle -90^\circ\ \text{A}$$

$$\dot{I}_C=\text{j}B_C\dot{U}=0.4\angle 90^\circ\times 3\angle 0^\circ=1.2\angle 90^\circ\ \text{A}$$

(3) 相量图如图 6-15 所示。

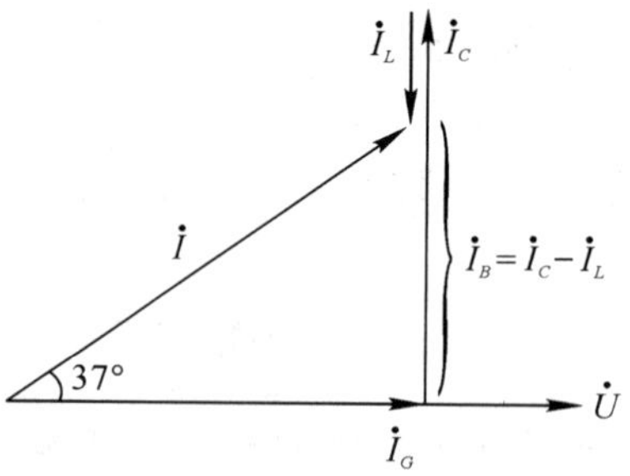

图 6-15　例 6-5 图

6.3.3　阻抗并联的交流电路

阻抗并联的交流电路

图 6-16 所示是三个阻抗并联的电路，由基尔霍夫电流定律可写出其相量表达式，即

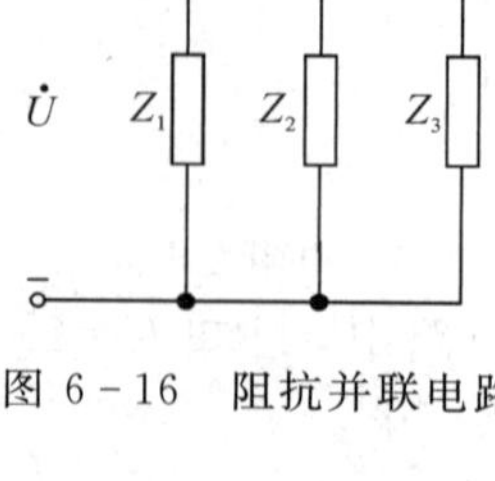

图 6-16　阻抗并联电路

$$\dot{I}=\dot{I}_1+\dot{I}_2+\dot{I}_3=\frac{\dot{U}}{Z_1}+\frac{\dot{U}}{Z_2}+\frac{\dot{U}}{Z_3}=(\frac{1}{Z_1}+\frac{1}{Z_2}+\frac{1}{Z_3})\dot{U}=\frac{\dot{U}}{Z}$$

所以，$\frac{1}{Z}=\frac{1}{Z_1}+\frac{1}{Z_2}+\frac{1}{Z_3}$，用导纳表示为

$$Y=Y_1+Y_2+Y_3 \tag{6-14}$$

注意：一般情况下，有

$$|Y|\neq|Y_1|+|Y_2|+|Y_3|$$

对于阻抗的并联电路，分流公式仍然成立，且与电阻并联的分流公式形式上相似。当两个阻抗并联时，如图 6-17 所示，有

$$Z=\frac{Z_1Z_2}{Z_1+Z_2},\quad \dot{I}_1=\frac{Z_2}{Z_1+Z_2}\dot{I},\quad \dot{I}_2=\frac{Z_1}{Z_1+Z_2}\dot{I}$$

若用导纳表示时，则

$$\dot{I}_1=\frac{Y_1}{Y_1+Y_2}\dot{I},\quad \dot{I}_2=\frac{Y_2}{Y_1+Y_2}\dot{I} \tag{6-15}$$

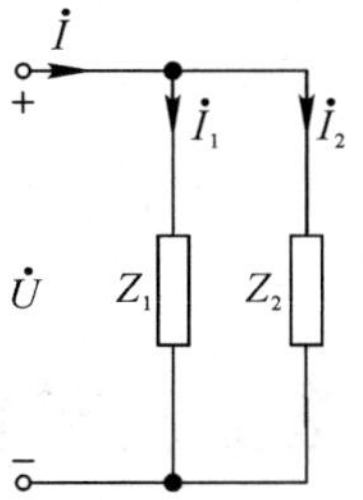

图 6-17　两个阻抗并联

【例 6-6】　图 6-17 所示电路中，已知 $Z_1=8+j6\ \Omega$，$Z_2=-8+j6\ \Omega$，电路中的电压 $\dot{U}=20\angle 60°$ V。求：

(1) 电路总导纳 Y，并确定电路的性质；

(2) 电路的总电流 $\dot{I}$ 及各支路电流 $\dot{I}_1$、$\dot{I}_2$。

解　(1)

$$Y_1=\frac{1}{Z_1}=\frac{1}{8+j6}=\frac{1}{10\angle 37°}=0.1\angle -37°\ \text{S}$$
$$=(0.08-j0.06)\text{S}$$

$$Y_2=\frac{1}{Z_2}=\frac{1}{-8+j6}=\frac{1}{10\angle 143°}=0.1\angle -143°\ \text{S}$$
$$=(-0.08-j0.06)\ \text{S}$$

$$Y=Y_1+Y_2=(0.08-0.08)+j(-0.06-0.06)$$
$$=-j0.12\ \text{S}=0.12\angle -90°\ \text{S}$$

由于导纳角 $\phi_Y=-90°<0°$，因此电路是电感性电路。

(2)

$$\dot{I}=Y\dot{U}=0.12\angle -90°\times 20\angle 60°=2.4\angle -30°\ \text{A}$$

$$\dot{I}_1=Y_1\dot{U}=0.1\angle -37°\times 20\angle 60°=2\angle 23°\ \text{A}$$

$$\dot{I}_2=Y_2\dot{U}=0.1\angle -143°\times 20\angle 60°=2\angle -83°\ \text{A}$$

学习笔记

思考与练习

6.3-1　以下三个公式：$Z=R+\mathrm{j}(X_L-X_C)$，$Y=G+\mathrm{j}(B_C-B_L)$，$Y=\dfrac{1}{Z}$，在 RLC 串联、并联电路中是否都成立？

6.3-2　如图 6-18 所示交流电路中，如果 $I_1=I_2=I_3=1\mathrm{A}$，那么 I 为多少？

6.3-3　如图 6-19 所示电路中，已知 $R_1=2\ \Omega$，$R_2=8\ \Omega$，$L=6\ \mathrm{H}$，$C=\dfrac{1}{16}\mathrm{F}$，电源的电压 $u_s=10\sqrt{2}\sin 2t\ \mathrm{V}$。求 i、$\dot{U}_C$ 并确定电路的性质。

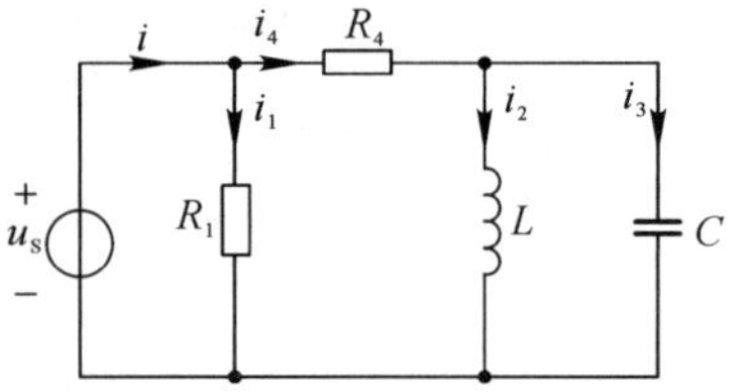

图 6-18　题 6.3-2 图

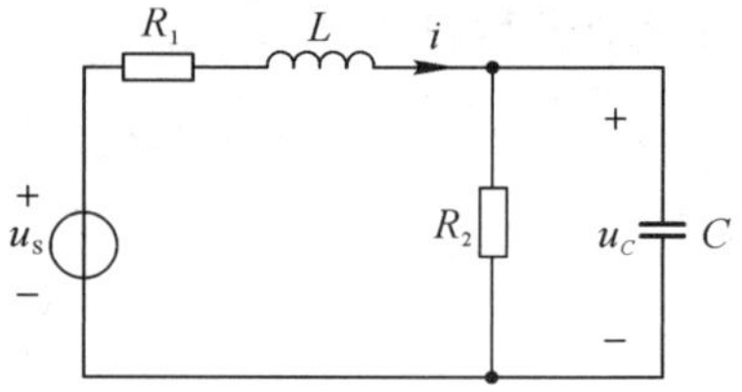

图 6-19　题 6.3-3 图

6.4　正弦交流电路的功率

第 5 章中介绍了正弦交流电路中单一元件的功率，但实际电路可能会由多个不同性质的元件组成，如电阻要消耗能量，电感、电容是储能元件，并不消耗能量，只是与电源之间进行能量交换。因此，电路中既要消耗能量，又要进行能量交换，这时功率的计算就比较复杂。而且瞬时功率是随时间变化的，时正时负，难以测量，因此一般讨论容易测量的平均功率，测量平均功率的仪器是瓦特表(功率计)。

6.4.1　有功功率、无功功率和视在功率

有功、无功和视在功率

思考题 6.4.1

1. 有功功率

有功功率又称为平均功率，它表示电路吸收或消耗功率的大小。一般电路中有电阻就要消耗功率，而任何一个无源二端网络都可以用一个电阻和电抗串联的阻抗来等效替代，通过该阻抗等效模型可以方便地分析计算电路的功率。

如图 6-20(a)所示的无源二端网络，用阻抗等效替代，电压、电流方向为图 6-20(b)中所标的关联参考方向。阻抗 $Z=R+\mathrm{j}X$，根据欧姆定律的相量形式可知，端口电压为

$$\dot{U}=Z\dot{I}=(R+\mathrm{j}X)\dot{I}=R\dot{I}+\mathrm{j}X\dot{I}$$

以电流作为参考正弦量，画出相量图如图 6-20(c)所示。

根据基尔霍夫电压定律的相量形式，可知 $\dot{U}=\dot{U}_R+\dot{U}_X$，根据相量图可得

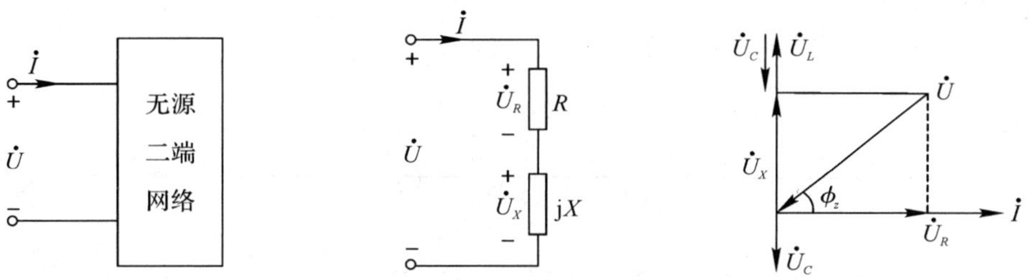

（a）无源二端网络　（b）等效阻抗　（c）相量图

图 6-20　无源二端网络用阻抗等效替代

$$U_R = U\cos\phi_Z,\ U_X = U\sin\phi_Z = U_L - U_C（假设\ X = X_L - X_C）$$

从前面的分析已知，电阻 R 是耗能元件，而电感、电容是储能元件，并不消耗能量，因此，电抗 X 也不消耗能量，只是与电源之间进行能量交换。所以，电路吸收的有功功率相当于电阻元件上消耗的功率，为

$$P = U_R I = UI\cos\phi_Z \tag{6-16}$$

有功功率的单位为瓦(W)。式(6-16)中的 $\cos\phi_Z$ 称为功率因数，通常用 λ 表示，阻抗角 ϕ_Z 又称为功率因数角。

式(6-16)有两种特殊情况：

(1) 当 $\phi_Z=0°$时，电压与电流同相，即为纯电阻电路，则

$$P = UI\cos 0° = UI = I^2R = \frac{U^2}{R}$$

(2) 当 $\phi_Z=\pm 90°$时，电压与电流相交，则为纯电抗电路，且有

$$P = UI\cos 90° = 0$$

可以证明，二端网络吸收的总的有功功率等于各部分有功功率之和。

$$P = UI\cos\phi_Z = P_1 + P_2 + \cdots + P_n = \sum_{k=1}^{n} P_k \tag{6-17}$$

【例 6-7】 用三表法测量一个线圈的参数，电路如图 6-21 所示，得下列数据：电压表的读数为 50 V，电流表的读数为 1 A，功率表的读数为 30 W。试求该线圈的参数 R 和 L（电源的频率为 50 Hz）。

解 选 u、i 为关联参考方向，如图 6-21 所示。根据 $P=I^2R$，求得

$$R = \frac{P}{I^2} = \frac{30}{1} = 30\ \Omega$$

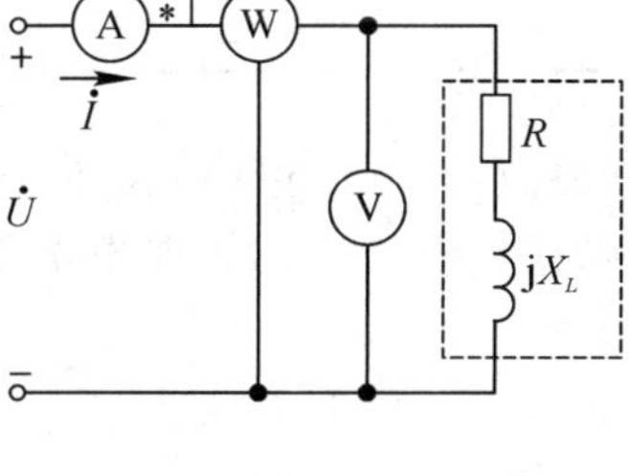

图 6-21　例 6-7 图

学习笔记

线圈的阻抗为

$$|Z| = \frac{U}{I} = \frac{50}{1} = 50\ \Omega$$

由于

$$|Z| = \sqrt{R^2 + X_L^2}$$

因此

$$X_L = \sqrt{|Z|^2 - R^2} = \sqrt{50^2 - 30^2} = 40\ \Omega$$

则

$$L = \frac{X_L}{\omega} = \frac{40}{100\pi} = 0.127\ \text{H}$$

平均功率常用来表示家用电器的功率，表 6-1 列出了一些常用家用电器的平均功率。

表 6-1　常用家用电器的平均功率

电器名称	一般电功率/W	估计用电量/kW·h
挂式空调机	1200～2500	最高每小时 1.2～2.5
柜式空调机	2000～4000	最高每小时 2～4
家用电冰箱	65～130	大约每日 0.85～1.7
5L 波轮洗衣机	300	最高每小时 0.3
微波炉	950～1500	每 10 分钟 0.16～0.25
美的电磁炉	1000	每小时 1
电热淋浴器	1500～3000	每小时 1.5～3
饮水机	600	每小时 0.6
智能电饭煲	500	每 20 分钟 0.16
电熨斗	750	每 20 分钟 0.25
理发吹风机	450	每 5 分钟 0.04
吸尘器	400～850	每 15 分钟 0.1～0.21
32 寸液晶平板电视机	150	每小时 0.15
46 寸液晶平板电视机	200	每小时 0.2

【例 6-8】 典型厨房开关由 4 mm^2 导线以及 20 A 的熔断器构成。假设 220 V 的电器设备，如电冰箱、微波炉、电磁炉和智能电饭煲在同一时间工作，线路会因为负荷太高而断开吗?

解 由表 6-1 得到四个电器的最大平均功率为

$$P = 130 + 1500 + 1000 + 500 = 3130\ \text{W}$$

线路上的电流为

$$I=\frac{P}{U}=\frac{3130}{220}=14.23\ \mathrm{A}$$

因为 $I=14.23\ \mathrm{A}<20\ \mathrm{A}$，所以线路不会断开。

2. 无功功率

电感与电容虽然并不消耗能量，但却会在二端网络与外电路之间进行能量的往返交换。无功功率就是表示储能元件在电路中进行能量交换的最大速率。

无功功率用 Q 表示，单位是乏(var)，定义为

$$Q=U_X I=UI\sin\phi_Z \tag{6-18}$$

二端网络中既有电感又有电容时，电感与电容在二端网络内部先自行交换一部分能量，其差额再与外电路进行交换，因而二端网络总的无功功率等于电感与电容的无功功率之差，即

$$Q=Q_L-Q_C=UI\sin\phi_Z \tag{6-19}$$

式中，Q_L 和 Q_C 总是正的，但 Q 为一代数量，可正可负。在电压、电流为关联参考方向下，根据 Q 的数值可判断电路性质如下：

(1) 当 $\phi_Z>0°$，则 $Q=UI\sin\phi_Z>0$，二端网络从外电路吸收功率，此时 $Q_L>Q_C$，电路呈电感性。

(2) 当 $\phi_Z=0°$，则 $Q=0$，二端网络没有与外电路进行能量交换，电路呈电阻性。

(3) 当 $\phi_Z<0°$，则 $Q<0$，二端网络对外电路产生功率，此时 $Q_L<Q_C$，电路呈电容性。

可以证明，二端网络总的无功功率等于各部分无功功率之和。

$$Q=UI\sin\phi_Z=Q_1+Q_2+\cdots+Q_n=\sum_{k=1}^{n}Q_k \tag{6-20}$$

【例 6-9】 已知 40 W 的日光灯电路如图 6-22 所示，在 $U=220$ V 的电压之下，电流值为 $I=0.36$ A，求该日光灯的功率因数 $\cos\phi_Z$ 及所需的无功功率 Q。

解 因为 $P=UI\cos\phi_Z$，可得功率因数为

$$\lambda=\cos\phi_Z=\frac{P}{UI}=\frac{40}{220\times0.36}=0.5$$

由于是电感性电路，因此 $\phi_Z=60°$。

电路中的无功功率为

$$Q=UI\sin\phi_Z=220\times0.36\times\sin60°=68.6\ \mathrm{var}$$

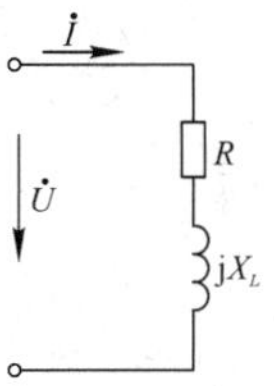

图 6-22　例 6-9 图

3. 视在功率

由于二端网络中既存在电阻这样的耗能元件，又存在电感、电容这样的储能元件，所以，外电路除了必须提供其正常工作所需的功率，即平均功率或有功功率以外，还有一部分能量被储存在电感、电容等元件中。因此，若按平均功率给二端网络提供电能是不能保证网络或设备正常工作的。

在实际应用中，通常用额定电压和额定电流来设计和使用用电设备，这两个量的乘积能客观地反映为了确保网络或设备能正常工作，外电路需传给该网络

学习笔记

的能量或容量，称为视在功率，用大写字母 S 表示。为了与有功功率和无功功率相区别，视在功率的单位为伏安(V·A)，即

$$S = UI \tag{6-21}$$

视在功率是用来标识电气设备容量大小的，它不表示交流电路实际消耗的功率，只表示电路可能提供的最大功率或电路可能消耗的最大有功功率。

由式(6-16)和式(6-18)可以看出，有功功率、无功功率和视在功率三者之间的关系为

$$P = UI\cos\phi_Z = S\cos\phi_Z$$
$$Q = UI\sin\phi_Z = S\sin\phi_Z$$

由此得

$$\left.\begin{aligned} S &= \sqrt{P^2 + Q^2} = UI \\ \phi_Z &= \arctan\frac{Q}{P} \end{aligned}\right\} \tag{6-22}$$

显然，它们之间的关系也可以用一个直角三角形表示，此直角三角形称为功率三角形。在 RLC 串联电路中，如果将功率三角形的三边除以电流的有效值，便可以得到电压三角形。因此功率三角形、电压三角形与阻抗三角形皆为相似三角形，如图 6-23 所示。

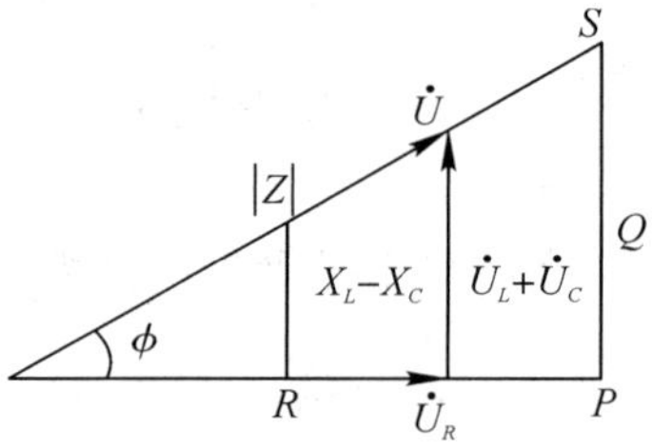

图 6-23　功率(电压、阻抗)三角形

【例 6-10】　已知一阻抗 Z 上的电压、电流分别为 $\dot{U}=220\angle 30°$ V，$\dot{I}=5\angle -30°$ A(电压和电流的参考方向一致)，求 Z、$\cos\phi_Z$、P、Q、S。

解

$$Z=\frac{\dot{U}}{\dot{I}}=\frac{220\angle 30°}{5\angle -30°}=44\angle 60°\ \Omega$$

$$\cos\phi_Z = \cos 60° = 0.5$$

因为 $\phi_Z=60°>0°$，为电感性电路，所以有

$$P = UI\cos\phi_Z = 220\times 5\times 0.5 = 550\ \text{W}$$

$$Q = UI\sin\phi_Z = 220\times 5\times\frac{\sqrt{3}}{2} = 550\sqrt{3}\ \text{var}$$

$$S = \sqrt{P^2 + Q^2} = UI = 1100\ \text{V}\cdot\text{A}$$

功率因数的提高

思考题 6.4.2

6.4.2　功率因数的提高

1. 功率因数的概念及意义

在交流电路中，电压与电流之间的相位差(ϕ_Z)的余弦 $\cos\phi_Z$ 叫作功率因数，

也可用符号 λ 表示，在数值上，功率因数等于有功功率和视在功率的比值，即

$$\lambda = \cos\phi_Z = \frac{P}{S}$$

功率因数是电力系统的一个重要的技术数据，是用来衡量用电设备(包括广义的用电设备，如电网的变压器、传输线路等)用电效率高低的系数。功率因数的大小与电路的负荷性质有关，一般介于 0 和 1 之间。如白炽灯泡、电阻炉等纯电阻负荷的功率因数为 1，而具有电感性负载的电路功率因数都小于 1。

功率因数既然表示了总功率中有功功率所占的比例，显然在任何情况下功率因数都不可能大于 1。在 RLC 串联电路中，由于电压三角形、阻抗三角形和功率三角形是相似三角形，如图 6－23 所示，因此

$$\cos\phi_Z = \frac{P}{S} = \frac{U_R}{U} = \frac{R}{|Z|} \tag{6-23}$$

功率因数低的根本原因是电感性负载的存在。从功率三角形及其相互关系式中不难看出，在视在功率 S 不变的情况下，功率因数越低(ϕ_Z 角越大)，有功功率就越小，同时电路用于交变磁场转换的无功功率却越大，从而降低了设备的利用率，增加了线路供电损失，使供电设备的容量不能得到充分利用。例如容量为 1000 kV·A 的变压器，如果 $\cos\phi_Z=1$，即能送出 1000 kW 的有功功率；而在 $\cos\phi_Z=0.7$ 时，则只能送出 700 kW 的有功功率。

功率因数低不但降低了供电设备的有效输出，而且加大了供电设备及线路中的损耗，因此，必须采取相应的措施以提高功率因数。

2. 功率因数提高的方法

实际工程中，为了使电源设备充分发挥作用，提高其利用率，以及尽量减小线路上的电压损耗和功率损耗，应力求使功率因数接近于 1。

目前在实际应用中的电气设备多为感性负载，如电动机、变压器、日光灯及电弧炉等，这些电感性的设备在运行过程中不仅需要向电力系统吸收有功功率，还同时吸收无功功率。因此，提高功率因数的方法有：

(1) 避免感性设备的空载和减少其轻载；

(2) 在感性负载两端并联电容(补偿电容)，这样可以使电感中的磁场能量与电容中的电场能量交换，从而减少电源与负载间能量的互换。

但是提高功率因数必须遵循以下原则：补偿前后原负载的工作状态不能改变，即负载的有功功率 P 不变。

【例 6－11】 如图 6－24(a)所示，一个感性负载的端电压为 U，有功功率为 P，若要将功率因数从 $\cos\phi_1$ 提高到 $\cos\phi_2$，需并联多大的补偿电容？

解 由于并联电容 C 前后，感性负载支路的电流不发生变化，故并联电容 C 前后整个电路吸收的有功功率不变，所以

$$P = UI_1\cos\phi_1 = UI\cos\phi_2$$

由相量图 6－24(b)也可得

$$I_1\cos\phi_1 = I\cos\phi_2$$

所以

$$I = \frac{\cos\phi_1}{\cos\phi_2} I_1$$

而 $I_1 = \dfrac{P}{U\cos\phi_1}$，代入上式得

$$I = \frac{P}{U\cos\phi_2}$$

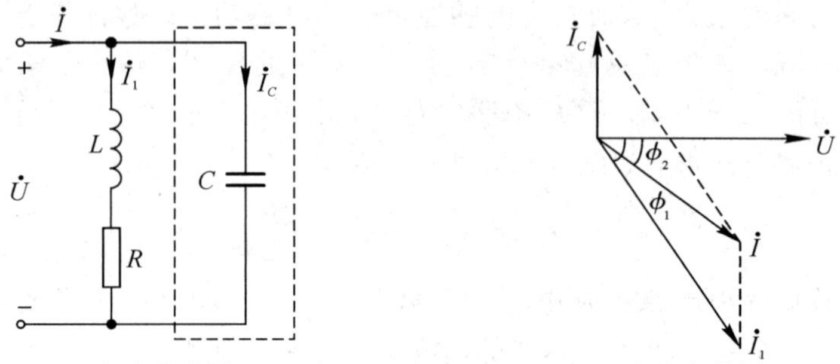

（a）电路图　　　　（b）相量图

图 6－24　感性负载并联电容提高功率因数

由相量图 6－24(b)可知

$$I_C = I_1\sin\phi_1 - I\sin\phi_2$$

所以

$$U\omega C = \frac{P}{U\cos\phi_1}\sin\phi_1 - \frac{P}{U\cos\phi_2}\sin\phi_2$$

因此，可得出所需并联的补偿电容的计算公式为

$$C = \frac{P}{\omega U^2}(\tan\phi_1 - \tan\phi_2) \qquad (6-24)$$

式(6－24)中，P 是负载所吸收的有功功率，U 是负载的端电压，ϕ_1 和 ϕ_2 分别为补偿前和补偿后的功率因数角。从图 6－24(b)所示的相量图可以看出，在感性负载的两端并联适当的电容后，可使电压与电流的相位差 ϕ 减小，即原来是 ϕ_1，现减小为 ϕ_2。由于 $\cos\phi_2 > \cos\phi_1$，线路中总电流由 I_1 减小为 I，这时感性负载与电容器之间发生能量互换，因而使电源设备的容量得到充分利用，线路上的能量损耗和压降也相应减小。

【例 6－12】 一台电动机的功率为 1.2 kW，接到 220 V 的工频交流电上，其工作电流为 10 A。试求：

(1) 电动机的功率因数；

(2) 若要将功率因数提高到 0.85，需并联一个多大的电容？

解 (1) 由已知条件，电动机的有功功率为

$$P = 1.2\ \text{kW} = 1200\ \text{W}$$

视在功率为

$$S = UI = 220 \times 10 = 2200\ \text{V}\cdot\text{A}$$

因此，功率因数为

$$\cos\phi_Z = \frac{P}{S} = \frac{1200}{2200} = 0.545$$

(2) 补偿前 $\cos\phi_1 = 0.545$，则 $\phi_1 = 57°$。要将功率因数提高到 $\cos\phi_2 = 0.85$，则 $\phi_2 = 31.8°$，代入式(6－24)得

$$C = \frac{P}{\omega U^2}(\tan\phi_1 - \tan\phi_2) = \frac{1200}{314 \times 220^2}(\tan 57° - \tan 31.8°) = 72\ \mu\text{F}$$

思考与练习

6.4－1　无功功率是否是无用功率？为什么？

6.4－2　试说明正弦交流电路中的有功功率、无功功率、视在功率的意义，三者存在什么关系？

6.4－3　如图 6－20(a)所示无源二端网络的电压 $\dot{U} = 10\angle 30°$ V，电流 $\dot{I} = 5\angle -30°$ A，求该二端网络的等效阻抗、功率因数、P、Q、S，并说明电路的性质。

6.4－4　电感性负载提高功率因数的方法是什么？为什么要提高功率因数？

6.4－5　提高功率因数，是否意味着负载消耗的功率降低了？

6.5　交流电路中的谐振

思考题 6.5

在电子设备中，经常需要完成在许多不同频率的信号中，只选择某个频率的信号进行处理，而其他频率信号被滤除的任务，如收音机、电视机、手机等，而最常用的具有选频功能的电路是谐振电路。谐振是正弦电路中可能发生的一种特殊现象，在工程中特别是电子技术中有着广泛的应用，但在电力系统中却要加以防止。

6.5.1　串联谐振

串联谐振

RLC 串联电路中，如果 $X_L = X_C$，则 $Z = R + j(X_L - X_C) = R$，此时电路的端电压与电流同相，整个电路呈纯电阻性，电路的这种状态叫作串联谐振。

1. *RLC* 串联谐振的条件

串联谐振电路由电感线圈和电容器串联组成，其电路模型如图 6－25 所示，其中，R 和 L 分别为线圈的电阻和电感，C 为电容器的电容。在角频率为 ω 的正弦电压作用下，该电路的复阻抗为

$$Z = R + jX = R + j(X_L - X_C) = R + j\left(\omega L - \frac{1}{\omega C}\right)$$

当 $X = 0$，即可满足电压与电流同相位，使电路发生谐振，所以，串联谐振的条件是 $X_L = X_C$，此时有

$$\omega L = \frac{1}{\omega C}$$

学习笔记

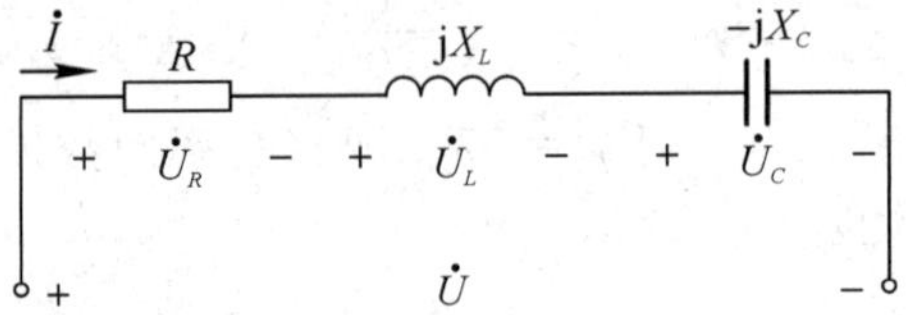

图 6-25　串联谐振电路

电路发生谐振时的角频率称为谐振角频率，用 ω_0 表示，则有

$$\omega_0 = \frac{1}{\sqrt{LC}} \tag{6-25}$$

相应的谐振频率为

$$f_0 = \frac{1}{2\pi\sqrt{LC}} \tag{6-26}$$

从上式可见，谐振的频率只与电路中的 L、C 有关，而与电阻 R 无关。一定的 L、C 必定对应一定的 f_0，故 f_0 反映电路的固有性质，是电路的固有频率。因此，要使串联电路发生谐振，可以改变输入信号频率，使之等于电路的固有频率 f_0，或者改变电路参数 L 和 C，使电路的固有频率等于输入信号频率，上述做法统称为调谐。

2. 串联谐振电路的基本特征

RLC 串联谐振电路具有以下特点：

(1) 电路呈电阻性，阻抗最小。由于 $X_L=X_C$，因此电路的阻抗为

$$|Z_0| = \sqrt{R^2+(X_L+X_C)^2} = R$$

(2) 电路中电流最大，且电流与端电压同相，谐振电流为

$$I_0 = \frac{U}{|Z_0|} = \frac{U}{R}$$

(3) 电阻的端电压等于电路的总电压，电感和电容的电压大小相等且等于总电压的 Q 倍，即

$$\dot{U}_{L0} = -\dot{U}_{C0}$$

$$U_{L0} = U_{C0} = QU$$

式中，Q 称为谐振电路的品质因数。如果 $Q \gg 1$，则电感和电容上的电压远远超过电源电压。因此，串联谐振又称电压谐振。

Q 值推导如下：

$$Q = \frac{U_{L0}}{U} = \frac{U_{C0}}{U} = \frac{X_L I_0}{RI_0} = \frac{\omega_0 L}{R} = \frac{1}{R}\sqrt{\frac{L}{C}} \tag{6-27}$$

对于电力电路，Q 值大是不利的，Q 愈大，$L(C)$ 上的电压愈高，愈容易被击穿，导致电气设备损坏，甚至发生危险，因此应避免电路发生谐振，以保证设备和系统的安全运行。此外，Q 值在无线电工程中却是重要的物理量，例如电子线路的选频网络，往往要利用串联谐振来获得较高的信号电压，这就要求 Q 值要高一些。

学习笔记

并联谐振

6.5.2 并联谐振

并联谐振电路由电感线圈和电容器并联组成，如图 6-26 所示为并联谐振电路的模型，其中 R 和 L 分别为电感线圈的电阻和电感，C 为电容器的电容。

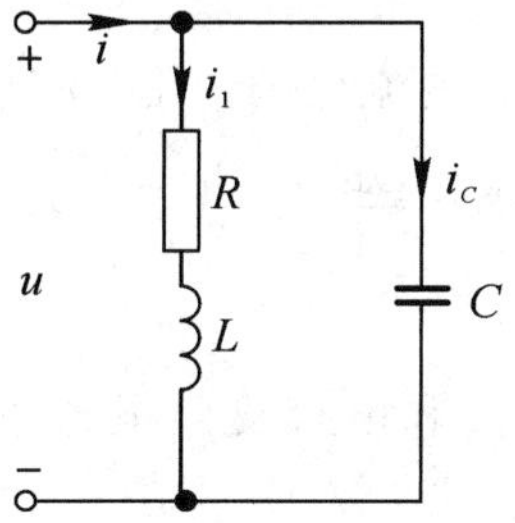

图 6-26 并联谐振电路

当电路的总电压 U 和总电流 I 同相时，电路呈纯电阻性，此时电路发生并联谐振。

1. 并联谐振的条件

由图 6-26 可得电路的复导纳为

$$Y=\frac{1}{R+\mathrm{j}\omega L}+\mathrm{j}\omega C=\frac{R}{R^2+(\omega L)^2}+\mathrm{j}\left(\omega C-\frac{\omega L}{R^2+(\omega L)^2}\right)=G+\mathrm{j}B$$

并联谐振时，端口电压与电流同相，此时电路表现为纯阻性，电路的电纳为零，即复导纳的虚部为零，即

$$B=\omega C-\frac{\omega L}{R^2+(\omega L)^2}=0$$

因为电感线圈的 R 一般很小，$R\ll\omega L$，所以上式可化简为

$$B\approx\omega C-\frac{1}{\omega L}=0\Rightarrow\omega C=\frac{1}{\omega L}$$

因此，并联谐振的条件为 $B_C=B_L$。

由此可得并联谐振电路发生谐振时的角频率和频率分别为

$$\omega=\omega_0=\frac{1}{\sqrt{LC}} \tag{6-28}$$

$$f=f_0=\frac{1}{2\pi\sqrt{LC}} \tag{6-29}$$

结果与串联谐振频率近似相等。通过调节 L、C 的参数值，或改变电源频率，均可实现谐振。

2. 并联谐振电路的基本特征

并联谐振电路具有以下特点：

(1) 谐振时，电路呈纯电阻性，阻抗最大，其值为

$$|Z_0|=\frac{1}{G}=\frac{R^2+(\omega_0 L)^2}{R}\approx\frac{(\omega_0 L)^2}{R}$$

将式(6-28)代入，可得

学习笔记

$$|Z_0|=\frac{1}{G}=\frac{L}{RC} \tag{6-30}$$

上式表明，并联谐振时，电路的等效阻抗由电路参数决定，而与外加电源频率无关。电感线圈的电阻越小，则谐振时电路的等效阻抗越大，当 $R=0$ 时，$|Z_0|\to\infty$，这时电路呈现极大的电阻。

(2) 并联谐振时，电路中的电流最小，且电流与端电压同相。谐振电流 $I_0=\dfrac{U}{|Z_0|}$，将式(6-30)代入可得 $I_0=\dfrac{URL}{C}$，若 $R\to0$，则 $I_0\to0$，说明谐振时电路的总电流很小。

(3) 谐振时，电感支路电流和电容支路电流近似相等，且等于总电流的 Q 倍，即

$$\dot{I}_{L0}=-\dot{I}_{C0}$$

$$I_{L0}=I_{C0}=QI_0$$

因此，并联谐振也称为电流谐振。谐振时，品质因数可推导如下：

$$Q=\frac{I_{L0}}{I_0}=\frac{I_{C0}}{I_0}=\frac{\omega_0 C}{G} \tag{6-31}$$

【例 6-13】 某收音机的选频电路中，$L=0.2$ mH，电阻 $R=8\Omega$，并联谐振时的总电流 $I_0=1$ mA，试求：

(1) 欲对 820 kHz 信号进行选频，为获得最佳的收听效果，应选用多大的电容 C；

(2) 并联谐振时的阻抗；

(3) 电路的品质因数 Q；

(4) 电感、电容中的电流。

解 (1) 要使频率为 820 kHz 的信号获得最佳的收听效果，则电路的固有频率为

$$f_0=\frac{1}{2\pi\sqrt{LC}}=820\times10^3\ \text{Hz}$$

由此可得电容为

$$C=\frac{1}{4\pi^2f^2L}=\frac{1}{4\pi^2\times(820\times10^3)^2\times0.2\times10^{-3}}\approx188\ \text{pF}$$

(2) 并联谐振时的阻抗为

$$|Z_0|=\frac{L}{RC}=\frac{0.2\times10^{-3}}{8\times188\times10^{-12}}\approx133\ \text{k}\Omega$$

(3) 品质因数为

$$Q=\frac{\omega_0 L}{R}=129$$

(4) 电感及电容中的电流为

$$I_{L0}=I_{C0}=QI_0=129\ \text{mA}$$

6.5.3　谐振电路的选频特性

谐振电路的选频特性

实际信号一般都含有多种频率成分而占有一定的频率范围，或者说占有一定的频带。如无线电调幅广播电台的频带宽度为 9 kHz，调频广播电台信号的频带宽度为 200 kHz。当实际信号作用于谐振电路时，电路中的电流和各元件的电压不可能保持实际信号中各频率成分振幅之间的原有比例，其中偏离谐振频率的成分会受到不同程度的抑制而相对削弱。这种将谐振频率附近的电流选择出来的特性称为选频特性。

将电流与频率之间的关系用曲线表示出来，称为电流谐振曲线，如图 6 - 27 所示。

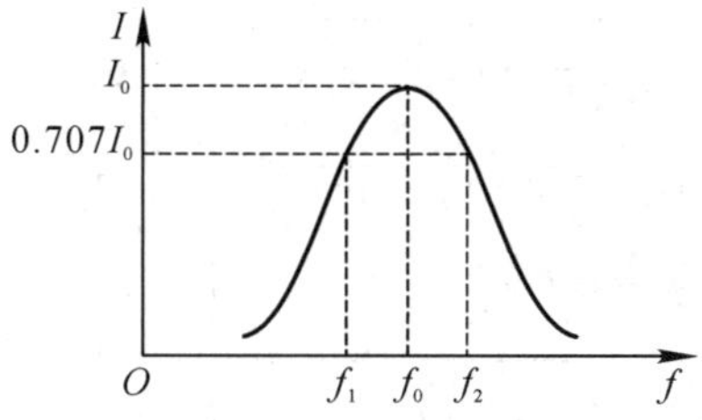

图 6 - 27　电流谐振曲线

一般规定：在电路的电流谐振曲线上，在电流 I 值等于最大值 I_0 的 70.7%$\left(即\ I=\dfrac{I_0}{\sqrt{2}}\right)$处所对应的两个截止频率之间的宽度 $BW=f_2-f_1$，称为电路的通频带。如图 6 - 27 所示，图中 f_2 和 f_1 分别为通频带的上限截止频率和下限截止频率。

此外，可推导出通频带与 Q 值之间的关系为

$$BW=f_2-f_1=\frac{f_0}{Q} \tag{6-32}$$

上式表明，串联谐振电路的通频带 BW 与电路的品质因素 Q 成反比，Q 值越大，谐振曲线越尖锐，通频带越窄，电路的选择性越好；相反，Q 值越小，通频带越宽，电路的选择性就差。因此，在通信电路中，既要考虑电路的选择性，又要考虑电路的通频性，应根据需要适当选择 BW 和 Q 的值。

思考与练习

6.5 - 1　什么是谐振现象？串、并联电路的谐振条件分别是什么？其谐振频率等于什么？

6.5 - 2　有一频率可变的交流信号源，其输出电压保持恒定。若将这信号源加到串联谐振回路上，并在电路中接一只电流表。请您一边调节信号源频率，一边观察电流表的指示。试问：当你观察到什么现象时，表明回路正处于谐振状态？

6.5 - 3　已知 RLC 串联电路中，$R=1\ \Omega$，$L=100$ mH，$C=0.1\ \mu$F，外加电

学习笔记

压有效值$U=1$ mV。试求：

(1) 电路的谐振频率；

(2) 谐振时的电流；

(3) 电路的品质因数和电容两端的电压。

本章小结

1. *RLC* 串、并联电路中阻抗、导纳与电压、电流之间的关系(如表 6－2 所示)

表 6－2 *RLC* 串、并联电路中阻抗、导纳及电压、电流之间关系

连接方式		阻抗的串联	导纳的并联
特征量		$Z=\|Z\|\angle\phi_Z=R+\mathrm{j}(X_L-X_C)$ $\|Z\|=\dfrac{U}{I}=\sqrt{R^2+(X_L-X_C)^2}$ $\phi_Z=\varphi_u-\varphi_i$	$Y=\|Y\|\angle\phi_Y=G+\mathrm{j}(B_C-B_L)$ $\|Y\|=\dfrac{I}{U}=\sqrt{G^2+(B_C-B_L)^2}$ $\phi_Y=\varphi_i-\varphi_u=-\phi_Z$
相量		$\dot{U}=Z\dot{I}=\dot{U}_R+\dot{U}_L+\dot{U}_C$	$\dot{I}=Y\dot{U}=\dot{I}_R+\dot{I}_L+\dot{I}_C$
有效值		$U=I\|Z\|=\sqrt{U_R^2+(U_L-U_C)^2}$	$I=U\|Y\|=\sqrt{I_R^2+(I_C-I_L)^2}$
电路性质	L	$X_L>X_C$，$X>0$，$\phi_Z>0°$	$B_C<B_L$，$B<0$，$\phi_Y<0°$
	C	$X_L<X_C$，$X<0$，$\phi_Z<0°$	$B_C>B_L$，$B>0$，$\phi_Y>0°$
	R	串联谐振 $X_L=X_C$，$\phi_Z=0°$	并联谐振 $B_C=B_L$，$\phi_Y=0°$
连接特点		$Z=Z_1+Z_2+\cdots+Z_n$	$Y=Y_1+Y_2+\cdots+Y_n$
串、并联关系		$Z=R+\mathrm{j}X=\dfrac{1}{Y}=\dfrac{1}{G+\mathrm{j}B}$；$R\neq\dfrac{1}{G}$；$X\neq\dfrac{1}{B}$	

2. 正弦交流电路的功率

(1) 有功功率(平均功率)$P=UI\cos\phi_Z$：电路的吸收或消耗的功率，单位为瓦(W)。

(2) 无功功率 $Q=Q_L-Q_C=UI\sin\phi_Z$：电路交换能量的最大速率，单位为乏(var)。

(3) 视在功率 $S=UI=\sqrt{P^2+Q^2}\neq S_1+S_2+\cdots+S_n$：电源的容量，单位为伏安(V·A)。

3. 功率因数

数学表达式为

$$\lambda=\cos\phi_Z=\frac{P}{S}$$

提高功率因数的措施：在感性负载两端并联电容(补偿电容)。

$$C=\frac{P}{\omega U^2}(\tan\phi_1-\tan\phi_2)$$

4. 谐振

（1）串联谐振。

条件：$X_L=X_C$，谐振频率（固有频率）：$\omega_0=\dfrac{1}{\sqrt{LC}}$，或 $f_0=\dfrac{1}{2\pi\sqrt{LC}}$。

特点：① 电路呈电阻性，阻抗最小 $|Z_0|=R$，电流最大 $I_0=\dfrac{U}{R}$。

② 电感、电容上的电压远大于外加电压 $U_{L0}=U_{C0}=QU$，因此，串联谐振又称电压谐振。品质因数 $Q=\dfrac{\omega_0 L}{R}=\dfrac{1}{R}\sqrt{\dfrac{L}{C}}$。

（2）并联谐振。

条件：$B_L=B_C$，谐振频率：$\omega_0\approx\dfrac{1}{\sqrt{LC}}$，或 $f_0\approx\dfrac{1}{2\pi\sqrt{LC}}$。

特点：① 电路呈电阻性，阻抗最大 $|Z_0|=\dfrac{1}{G}\approx\dfrac{(\omega_0 L)^2}{R}$，电流最小。

② 通过电感、电容的电流远大于总电流 $I_{L0}=I_{C0}=QI_0$，因此，并联谐振又称电流谐振。

阅读材料：谐振电路的应用

在电子和无线电工程中，一方面经常要从许多电信号中选取我们所需要的电信号，而同时把我们不需要的电信号加以抑制或滤除，为此就需要有一个选择信号频率的电路，即谐振电路。另一方面，在电力工程中有可能由于电路中出现谐振而产生某些危害，例如过电压或过电流。所以，对谐振电路的研究，无论是从利用方面，或是从限制其危害方面来看，都有重要意义。在生活中也处处存在着谐振电路的应用，比如常用的电视机、收音机、无线电通信的电子产品等，这些都是谐振电路在实际应用中的普遍应用。

1. 用于信号选择

在电子设备中，经常需要完成在许多不同频率的信号中只选择某个频率的信号进行处理，而其他频率信号被滤除的任务，如收音机和电视机等。最常用的具有选频功能的电路是谐振电路，其作用之一就是选频。

（1）收音机里谐振电路的应用。随着无线通信的广泛应用，我们的生活空间已经被众多无线电信号所包围，其中用于无线广播的无线电频率也有很多，每个频率都对应一个相应的广播节目。调频收音机的工作原理就是靠其本身配置的天线接收各种频率的无线电波，然后通过一个具有选择功能的电路来选取听众所需的电台频率，此时自然就要将其他频率的无线电波滤掉。这一选择过程就是我们常说的选台，也称为调谐。

当转动收音机的旋钮（调整电路的可变电容值）时，就是在改变收音机选频

学习笔记

电路的固有频率，让电路的频率和空气中不可见的电磁波频率相等，于是发生了谐振，这时电路中该谐振频率的电流最大，在可变电容两端的谐振频率电压也就较高，而其他各种不同频率的信号虽然也在选频电路里出现，但由于它们没有达到谐振，在电路中引起的电流很小，这样就起到了选择信号和抑制干扰的作用。现在常用的还有自动搜索调频收音机，它与普通调频收音机的主要区别就在于调台方式的不同。自动搜索调频收音机采用电调谐方式选择电台，省去了可变电容，使用时只要按下“搜索”按钮，收音机就会自动搜索电台，当它搜索到一个电台后，会准确地调谐并停止。如果想换一个电台，只需再次按下“搜索”按钮，收音机就会继续向频率高端搜索电台。这种自动搜索调频收音机使用方便，调谐准确，由于不使用可变电容，所以使用寿命长(可变电容容易损坏)。

(2) 滤波器的应用。信号在传输过程中，不可避免会受到一定的干扰，这是因为信号中混入了一些干扰信号。利用谐振特性，可以将大部分干扰信号滤除。例如当需要将梯形波或矩形波转变为正弦信号时，就必须过滤掉高次谐波，电路如图 6－28 所示。

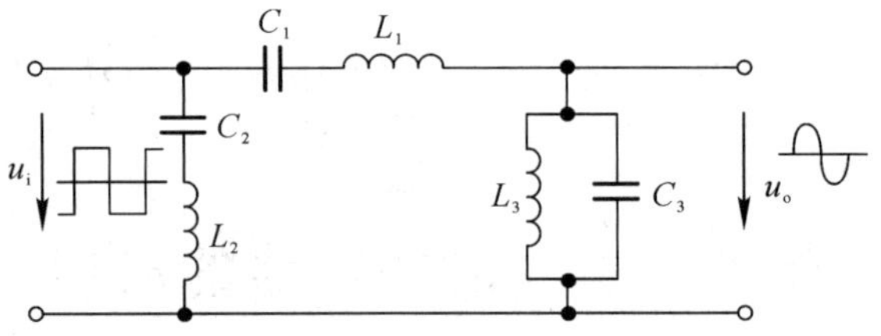

图 6－28　滤波电路

由谐振的性质可知，当某频率交流电发生串联谐振时，此时阻抗 Z 最小。而发生并联谐振时，阻抗最大，三次谐波分量的交流信号被 L_2、C_2 支路完全滤掉，而基波无阻碍地通过 L_1、L_2 支路并在 L_3、C_3 上无衰减地输出，而其他高次谐波在三条支路中都有不同程度的衰减，于是就可以得到波形较好的正弦信号。因此，滤波就是通过对信号进行有选择性的无阻碍通过，以及将不符合正弦波形的信号进行不同程度的衰减来“磨平”修饰棱角，以达到获得正弦波的目的。

2. 用于电子镇流器

电子镇流器是一个将工频交流电源转换成高频交流电源的变换器，其基本工作原理是：工频电源经过射频干扰(RFI)滤波器、全波整流和无源(或有源)功率因素矫正器后，变为直流电源。通过 DC/AC 变换器，输出 20 k～100 kHz 的高频交流电源，加到与灯连接的 LC 串联谐振电路中加热灯丝，同时在电容上产生谐振高压，加在灯管两端，使灯管由“放电”变成“导通”状态，再进入发光状态，此时高频电感起限制电流增大的作用，保证灯管获得正常工作所需的电压和电流，为了提高可靠性，常增设各种保护电路，如异常保护、浪涌电压和电流保护、温度保护等。在电子镇流器中，谐振电路和控制部分是相当重要的两个部分，其中谐振电路最为重要。电子镇流器的电路拓扑图如图 6－29 所示。

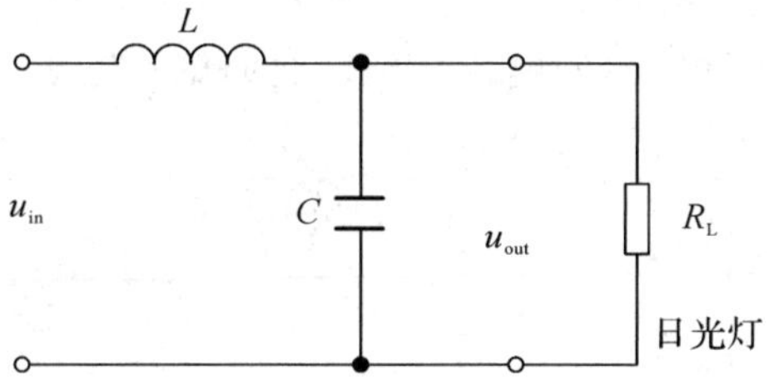

图 6－29　电子镇流器的电路拓扑图

3. 用于元件的参数测量

谐振电路可以用于电路元件的参数测试，用谐振电路测量电路元件参数的方法称为谐振测试法。谐振测试法就是根据谐振回路的谐振特性建立起来的测量电路元件参数的方法。谐振测试法的电路简单，且符合高频电路元件参数测试的主要方法。例如，利用谐振可以测量电感量和电容耐压值等参数。

（1）测量电感量。当实验室无现成测量仪器时，常用简单的谐振电路测量电感线圈的电感量，这是一种间接计算 L 的方法。

如图 6－30 所示，输入可调正弦电源 u_s，限流电阻 R，谐振电容 C(为标准已知电容量的电容器)与待测的电感线圈构成一个串联谐振电路。只要记下电路在发生最大电流时 u_s 信号发生器的频率就可以计算线圈电感量的大小，因为在串联谐振时的谐振频率为

$$f_0=\frac{1}{2\pi\sqrt{LC}}$$

则可推出线圈电感为

$$L=\frac{1}{(2\pi f_0)^2C}$$

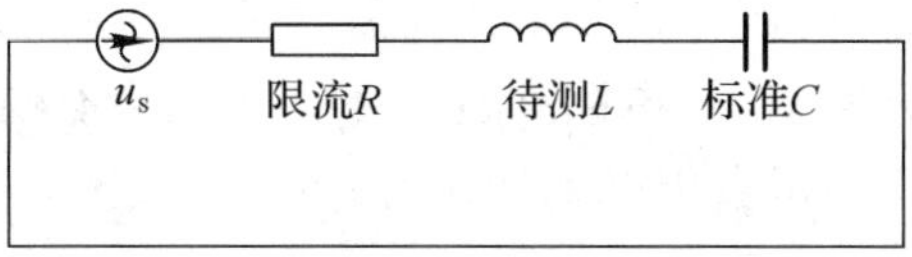

图 6－30　电感线圈测量电路

（2）测量交流耐压值。根据串联谐振时的特征，电容、电感元件两端的电压为电源电压的 Q 倍(Q 为品质因数)，可以对大电容值的容性电力设备进行交流耐压试验，该试验是判断电气设备绝缘性好坏最有效且最直接的办法。目前，电力行业仍沿用工作频率时的耐压试验来等效地考察绝缘层承受过电压的能力，以保障其绝缘水平，从而决定设备是否能投入使用。但是有些设备需要很高的电压来试验，例如变压器在试验时阻抗呈现容性，被测电容量越大回路的电流也越大，所以试验电源需要有很高的电压和很大的容量，但是这些条件是不易满足的，这时就可以采用变频谐振试验。

如图 6－31 所示，变频谐振试验电路的设备由变频电源、励磁变压器、可调电抗器和电容分压器组成。被测品的电容与电抗器构成串联谐振连接方式；分压

器并联在被测品上，用于测量被测品上的谐振电压，并作过压保护信号。励磁变压器的作用是将变频电源输出的电压升到合适的试验电压。

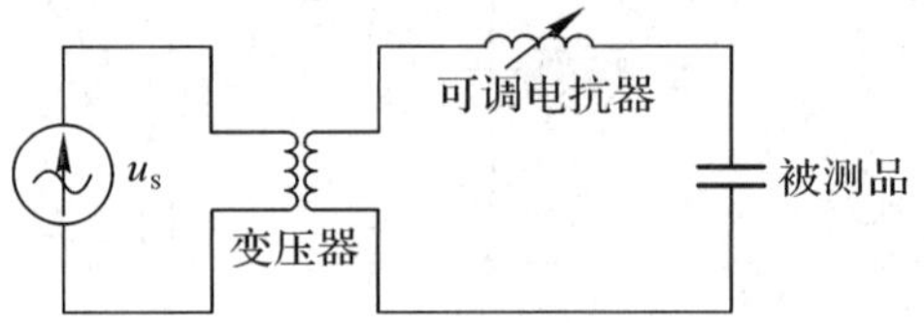

图 6－31　变频谐振试验电路示意图

图 6－31 所示的试验装置是利用串联谐振的原理，当电源频率 $f_s = f_0 = \frac{1}{2\pi\sqrt{LC}}$时，试验电路发生谐振，被测品电容两端电压为电源电压的 Q 倍；谐振时电源的激励功率仅为电容 C 上功率容量的 $1/Q$，即 Q 越大激励功率越小。基于上述两个优点，利用串联变频谐振方式进行容性电力设备的交流耐压试验成为流行趋势。这类电力设备包括交联聚乙烯电力电缆(XLPE)、全封闭高压组合电器(GIS)、发电机定子、大型变压器、架空线电力线路、电力电容器等。

4. 用于提高功率的传输效率

电路处于谐振状态时，电感的磁场能量与电容的电场能量刚好实现了完全交换，此时电源输出的功率全部消耗在负载电阻上，从而能实现最大功率传输。由此，可以将谐振电路应用到功率放大器中。谐振功率放大器是一种用谐振系统作为匹配网络的功率放大器，主要应用于无线电发射机中，用来对载波信号或高频已调波信号进行放大并获得足够大的输出功率，常又称为射频功率放大器，广泛用于发射机、高频加热装置和微波功率源等电子设备中。

谐振电路在实际中的应用还有很多，如可运用在器件中构成低通滤波器、高通滤波器、带通滤波器、带阻滤波器、振荡器、倍压器和充放电电路等。可以预见，随着科学技术的发展，谐振电路在我们生活中还会有越来越重要的作用，这就需要我们学习更多的知识来更好地运用它。

技能训练 6.1

【技能训练 6.1】 日光灯功率因数的提高

1. 技能训练目标

(1) 理解提高功率因数的意义，掌握感性负载提高功率因数的方法。

(2) 了解电路中各个元器件的作用，掌握日光灯电路的接线方法。

(3) 练习使用功率因数表的测量方法。

2. 使用器材

功率因数功率表、万用表、交流电流表、日光灯实验板(包括日光灯管、镇流器、启辉器等)、自耦调压器、电容等。

3. 训练内容与方法

1）日光灯电路的组成

日光灯电路由日光灯管、镇流器和启辉器三部分组成，其电路如图 6 - 32(a) 所示。

日光灯管是一根充有少量水银蒸气和惰性气体的细长玻璃管，管内涂有一层荧光粉，灯管两端各有一组灯丝，灯丝上涂有易使电子发射的金属粉末。

日光灯镇流器是一个有铁芯的电感线圈，镇流器应与相应规格的灯管配套使用。

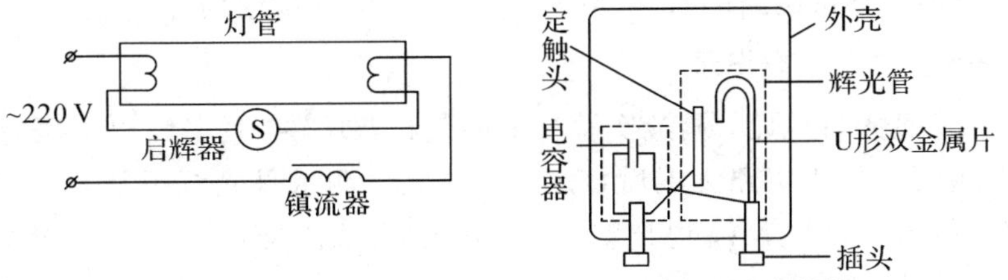

（a）日光灯电路　　（b）启辉器内部结构

图 6 - 32　日光灯电路

日光灯启辉器也称日光灯继电器，它在日光灯电路中起自动开关的作用，其结构如图 6 - 32(b)所示。启辉器内有一个充有氖气的玻璃泡，里面装有两个电极，一个为定触头，一个为 U 型双金属片电极（动触头），双金属片热胀冷缩时具有自动开关的作用。两电极上并有一个小电容，主要用于消除日光灯对附近无线电设备的干扰。

2）日光灯的工作原理

日光灯发光的工作过程如下：在图 6 - 32(a)中，当日光灯接通电源时，电源电压全部加在启辉器两端（这时灯管相当于断路），启辉器两电极间产生辉光放电，使双金属片受热膨胀而与定触头接触，电源经镇流器、灯丝、启辉器构成电流通路而使灯丝预热。经过 1～3 秒后，由于启辉器的两个电极接触使辉光管放电停止，双金属片冷却使两个电极分离。在两电极断开的瞬间，电流被突然切断，于是在镇流器两端产生自感电动势（约 400～600 V），这个自感电动势的高电压加在预热后的灯管两端的灯丝之间，灯丝发射的大量电子在高压作用下使灯管内气体电离放电，产生的大量紫外线激发荧光粉发出近似日光的光线，因此称为日光灯。日光灯点亮后，灯管相当于一个纯电阻负载，由于镇流器与日光灯管串联，它具有较大的感抗，所以又能限制电路中的电流，维持日光灯的正常工作。日光灯点亮以后，灯管端的电压低，不会使启辉器再次动作。

3）感性负载提高功率因数

日光灯正常工作时，可等效为电阻与电感的串联（即感性负载），可通过测量镇流器和灯管上的电压观察电压的分配情况。

由于镇流器的感抗较大，整个电路的功率因数较低，约为 0.5。若将适当容量的电容并联于感性负载两端，可提高日光灯电路的功率因数，如图 6 - 33 所示。

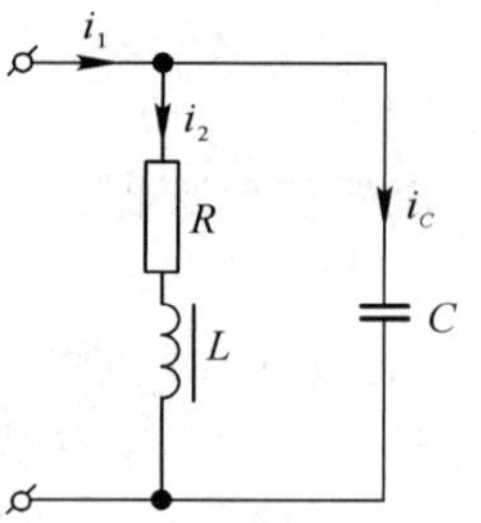

图 6－33　日光灯等效电路

功率表用于测量电路的有功功率，应注意它的正确使用。

4. 操作步骤及数据记录

(1) 测试日光灯电路。调节实验板上的三相调压器，使其输出电压为 220 V。按图6－34接线，检查电路无误后接入交流电源，测量日光灯正常工作时的功率 P，功率因数 $\cos\varphi$、电流 I，电压 U、U_L、U_R 等值，数据填入表 6－3 中，并验证电压三角形的相量关系。

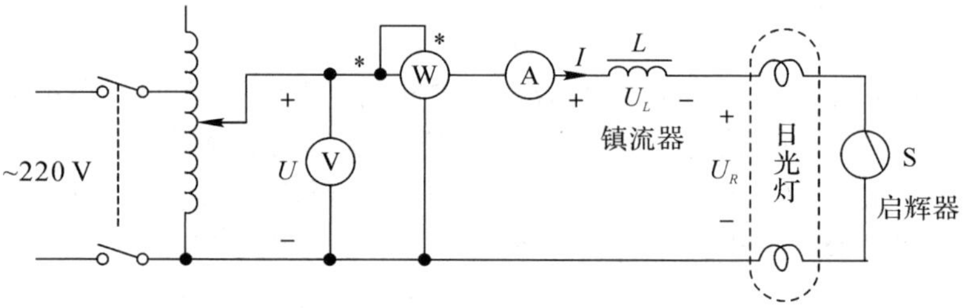

图 6－34　日光灯工作电路

表 6－3　日光灯电路正常工作数据

测量参数						计　算	
P_1/W	$\cos\varphi_1$	I_1/A	U_1/V	U_L/V	U_R/V	日光灯 R/Ω	$U=\sqrt{U_R^2+U_L^2}$

(2) 提高日光灯功率因数。按图 6－35 接线，在日光灯及镇流器的支路旁并联一个电容，点亮日光灯后，将一只电流表插头依次插入三个电流插座内，测量

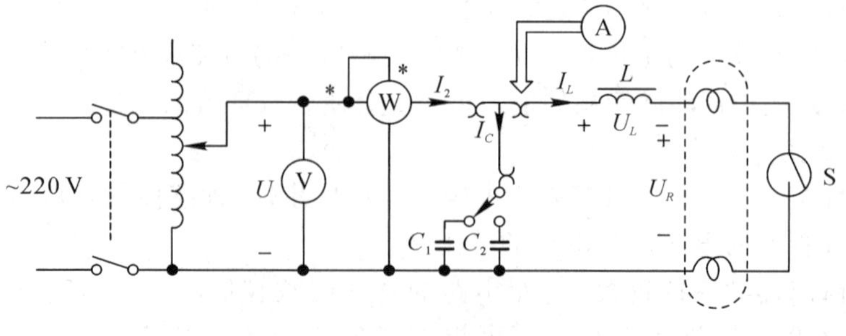

图 6－35　提高日光灯电路功率因数

出三条支路的电流及其他电路参数。按表 6－4 改变电容值，进行两次重复测量，数据填入表 6－4 中，对比功率因数提高的情况，并计算验证 $I_L\cos\varphi_1 = I_2\cos\varphi_2$。

表 6－4　提高感性负载电路功率因数数据

电容值	测量数值						计算	
	P_2/W	$\cos\varphi_2$	U_2/V	I_2/A	I_L/A	I_C/A	$I_L\cos\varphi_1$	$I_2\cos\varphi_2$
1 μF								
2.2 μF								

5. 注意事项

(1) 认真检查试验电路，特别注意接线时不要把镇流器短接，以免烧坏日光灯管。日光灯不能启辉时，应检查启辉器及其接触是否良好。

(2) 功率表要正确接入电路，注意功率表的电压、电流接线端不要连接错误。

6. 报告填写要求

(1) 完成数据表格中的计算，进行必要的误差分析。

(2) 根据数据分别绘出电压、电流相量图，验证相量形式的基尔霍夫定律。

(3) 思考：用启辉器点亮日光灯后，再将启辉器去掉，日光灯是否可以继续正常工作，为什么？提高电路功率因数并联的电容值是否越大越好？

【技能训练 6.2】 *RLC* 交流电路及串联谐振电路的仿真分析

1. 技能训练目标

(1) 通过仿真电路验证相量形式的欧姆定律、基尔霍夫定律。

(2) 测定 *RLC* 串联电路的幅频特性曲线，掌握谐振频率的测量方法。

(3) 理解电路品质因数 Q 和通频带的物理意义及其测定方法。

2. 使用器材

计算机、Multisim 仿真软件。

3. 训练内容与方法

(1) 交流电路中的基尔霍夫电流定律表明：任一瞬间流过电路中任一个节点的各电流相量代数和等于零，即

$$\sum \dot{I} = 0 \text{ 或 } \sum i_{入} = \sum i_{出}$$

因此，*RLC* 并联电路的 KCL 相量形式表示为

$$\dot{I} = \dot{I}_R + \dot{I}_L + \dot{I}_C$$

其电流有效值满足电流三角形关系，即

$$I = \sqrt{I_R^2 + (I_C - I_L)^2}$$

(2) 基尔霍夫电压定律也同样适用于交流电路，即任一时刻，沿任一回路绕行一周，电路中各端段电压相量的代数和等于零，即

$$\sum \dot{U} = 0$$

因此，RLC 串联电路的 KCL 相量形式表示为

$$\dot{U} = \dot{U}_R + \dot{U}_L + \dot{U}_C$$

其电压有效值满足电压三角形关系，即

$$U = \sqrt{U_R^2 + (U_C - U_L)^2}$$

(3) RLC 串联电路如图 6－36(a)所示，改变电路参数 L、C 或电源频率时，都可能使电路发生谐振。电路谐振频率为 $f_0 = \dfrac{1}{2\pi\sqrt{LC}}$，谐振频率仅与元件 L、C 的数值有关，而与电阻 R 和激励电源的角频率 ω 无关。

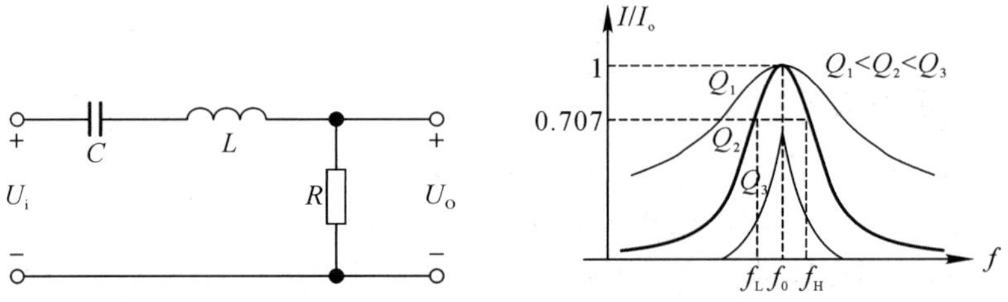

(a) 谐振电路　　(b) 幅频特性曲线

图 6－36　RLC 串联谐振电路

在运用 Multisim 软件仿真谐振电路时，可以通过波特测试仪扫描得到电路的幅频特性曲线，幅频特性曲线尖峰所在的频率点就是谐振频率 f_0，如图 6－36(b)所示。品质因数 Q 值越大，曲线越尖锐，其选择性就越好。

4. 软件仿真操作步骤及数据记录

1) 验证交流电路中的基尔霍夫电流定律

按图 6－37 连接电路，其中 U_s 为交流电压源(AC_VOLTAGE)，设置电压值为 10 V、频率为 1 kHz，电流表(AMMETER)设置为交流 AC 模式。测出各支

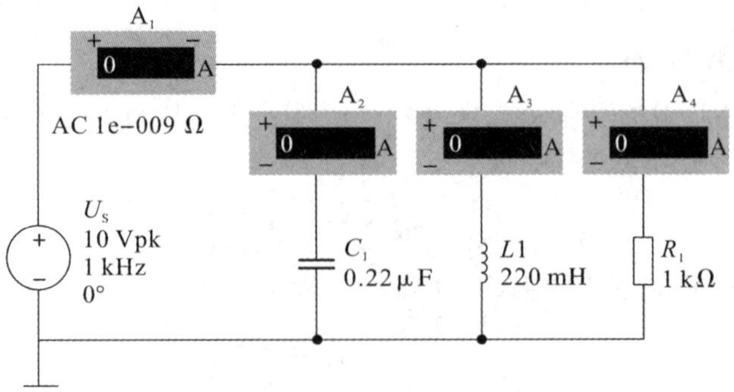

图 6－37　RLC 并联仿真电路

路电流值填入表 6-5 中，并与理论计算值进行对比，验证电流三角形。

表 6-5　*RLC* 并联电路参数计算与测量

电流参数	I/A	I_C/A	I_L/A	I_R/A	验证 $I'=\sqrt{I_R^2+(I_C-I_L)^2}$
计算值					
测量值					

2) 验证交流电路中的基尔霍夫电压定律

按图 6-38 连接电路，其中 U_s 为交流电压源(AC_VOLTAGE)，设置电压最大值为$10\sqrt{2}=14.14$ V、频率为 1 kHz，电压表(VOLTMETER)设置为交流 AC 模式。测出各元件的电压值填入表 6-6 中，并与理论计算值进行对比，验证电压三角形。

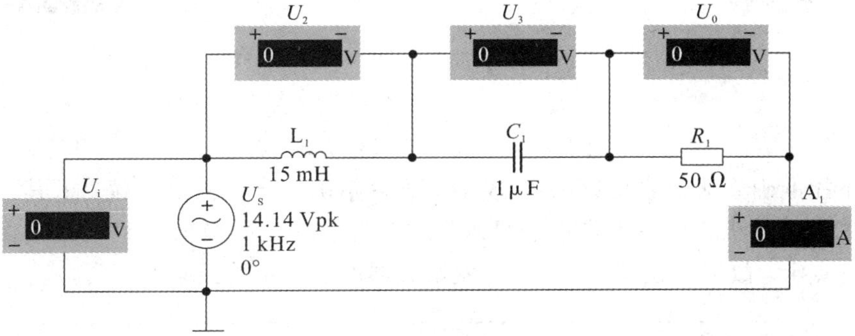

图 6-38　*RLC* 并联仿真电路

表 6-6　*RLC* 串联电路参数计算与测量

电路参数	I/A	U/V	U_C/V	U_L/V	U_R/V	验证 $U'=\sqrt{U_R^2+(U_C-U_L)^2}$
计算值						
测量值						

3) 测量串联谐振电路

(1) 应用波特测试仪粗测谐振频率。在图 6-38 中添加示波器(XSC1)和波特测试仪(XBP1)连接成如图 6-39 所示电路，其中示波器的 A 通道和波特测试仪的输入端(IN)都连接至电源正极，负极悬空代表默认接地；示波器的 B 通道和波特测试仪的输出端(OUT)都连接至电阻的两端，设置不同的导线颜色以观测电源电压和输出端电阻的电压波形。此时，电源电压和电阻电压相位不同，电路没有发生谐振，因此需要用波特测试仪测量谐振频率。测量前可根据图 6-39 所示的电路参数计算谐振频率填入表 6-7 中，并与测量值进行对比。

运行仿真，打开波特测试仪面板如图 6-40 所示，选择“幅值”模式可扫描得到电路的幅频特性曲线，移动红色游标指针使之对应在幅值最高点处，此时在面板下方会显示出对应的谐振频率 f_0，填入表 6-7 中。但是通过波特测试仪测绘的 *RLC* 串联谐振频率的误差较大，主要原因是波特测试仪扫描的图较小，垂直

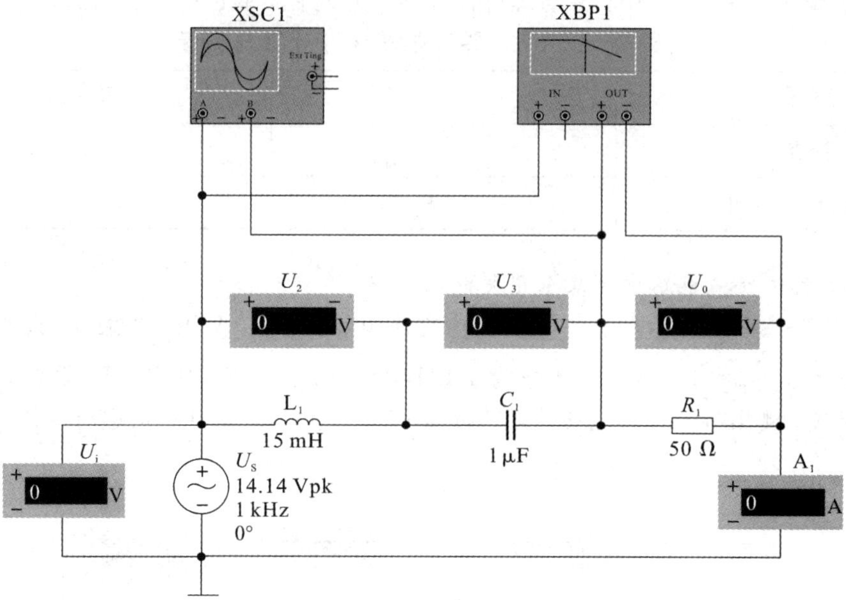

图 6-39　*RLC* 串联谐振仿真电路

标尺不能准确移动至曲线尖峰"0dB"点，难以精确读出极值点的读数；其二是波特测试仪以间断的频率点采集并显示图像，可能真正的极值点并不在图像显示的频率点上，故造成误差。因此，可用示波器准确测定谐振频率。

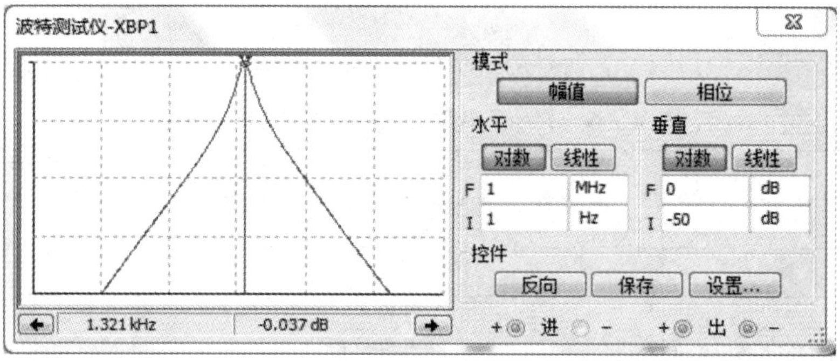

图 6-40　波特仪测试面板

表 6-7　*RLC* 串联谐振电路参数计算与测量

电阻 R	计算 f_0/Hz	粗测 f_0/Hz	测定 f_0/Hz	f_L/Hz	f_H/Hz	计算 BW/Hz
50Ω						
5Ω						
电阻 R	I/A	U_C/V	U_L/V	U_R/V	$Q=U_L/U_R$	计算 Q 值
50Ω						
5Ω						

(2) 示波器测定谐振频率。修改电源 U_s 的频率为波特测试仪粗测得到的谐振频率，打开示波器并设置显示方式为“B/A”，即 B 电压(纵坐标)/A 电压(横坐标)。打开仿真开关，慢慢修改电源 U_s 的频率直至看到一条斜直线，即电路进入谐振状态，如图 6-41 所示。测出此时各元件的电压值填入表 6-7 中，将计算测量得到的品质因数与电路参数计算的 $Q=\frac{1}{R}\sqrt{\frac{L}{C}}$ 进行对比，验证其正确性。

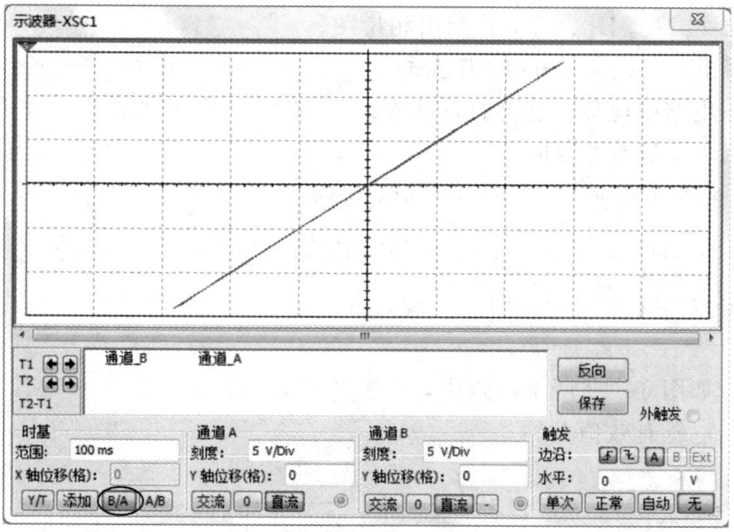

图 6-41　示波器测试面板

(3) 测量通频带 BW。打开波特测试仪面板，移动红色游标指针使之分别对应幅值最高点左右两侧的±3 dB 处，读出上限频率 f_H 和下限频率 f_L，计算出通频带 $BW=f_H-f_L$，填入表 6-7 中。

(4) 修改电阻参数为 2 Ω，再次测量谐振频率 f_0、品质因数 Q 和通频带 BW，对比50 Ω和 2 Ω 的幅频特性曲线的区别。

5. 报告填写要求

(1) 将软件仿真测量的结果与理论计算值进行对比，总结、分析串联谐振电路的特性。

(2) 思考：能否根据 RLC 串联谐振电路电流最大的特性来测量出谐振频率？试描述应用 Multisim 软件实现的方法步骤。

习　　题

6-1　在 RL 串联的交流电路中，R 端电压为 16 V，L 端电压为 12 V，则总电压为多少？

6-2　RL 串联电路接到 220 V 的直流电源时功率为 1.2 kW，接在 220 V、50 Hz 的电源时功率为 0.6 kW，试求它的 R、L 值。

6-3　已知交流接触器的线圈电阻为 200 Ω，电感量为 7 H，接到工频为

220 V 的交流电源上，求线圈中的电流 I。如果误将此接触器接到 220 V 的直流电源上，线圈中的电流又为多少？如果此线圈允许通过的电流为 0.2 A，将产生什么后果？

6-4　在 RLC 串联电路中，已知 $R=10\ \Omega$，$L=1\ \text{H}$，$C=0.005\ \text{F}$，电源电压 $u=100\sqrt{2}\sin 20t\ \text{V}$，计算：

(1) 求 X_C、X_L、Z；

(2) 求 $\dot{I}$、$\dot{U}_R$、$\dot{U}_L$、$\dot{U}_C$，并画出相量图；

(3) 写出 i、u_R、u_L、u_C 的表达式。

6-5　电路中电压、电流的表达式如下，判别各负载的性质，假设各负载的电压、电流取关联参考方向。

(1) $u=U_{\text{m}}\cos(\omega t+135°)\ \text{V}$，$i=I_{\text{m}}\cos(\omega t+75°)\ \text{V}$；

(2) $u=U_{\text{m}}\sin(\omega t-90°)\ \text{V}$，$\dot{I}=I\angle 15°\ \text{A}$；

(3) $\dot{U}=U\angle 150°\ \text{A}$，$\dot{I}=I\angle -120°\ \text{A}$；

(4) $u=U_{\text{m}}\cos\omega t$，$i=I_{\text{m}}\sin\omega t$。

6-6　如图 6-42 所示电路中，已知 $Z=30+\text{j}30\ \Omega$，$\text{j}X_L=\text{j}10\ \Omega$，又知 $U_Z=60\ \text{V}$，求端电压有效值 U。

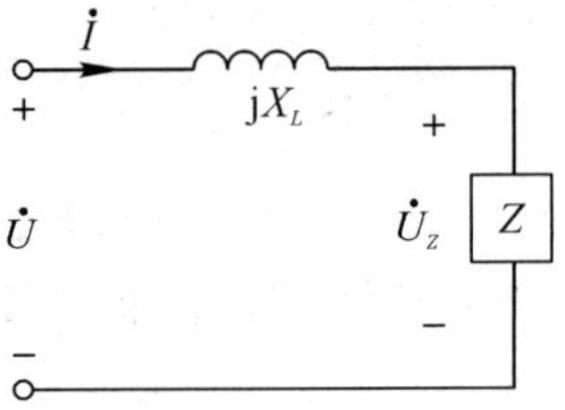

图 6-42　习题 6-6、习题 6-7 图

6-7　如图 6-42 所示电路中，已知 $Z=4+\text{j}3\ \Omega$，$X_L=1\ \Omega$，$\dot{U}=40\angle 0°\ \text{V}$，求电路中的电流 $\dot{I}$ 和阻抗 Z 的端电压 $\dot{U}_Z$。

6-8　在 RLC 并联电路中，$R=10\ \Omega$，$X_L=5\ \Omega$，$X_C=8\ \Omega$，其中电容支路的电流 $\dot{I}_C=10\angle 0°\ \text{A}$，求 $\dot{U}$、$\dot{I}_R$、$\dot{I}_L$ 及总电流 $\dot{I}$。

6-9　求图 6-43(a)所示电路中电流表 A_2 的读数、图 6-43(b)所示电路中电压表 V 的读数。

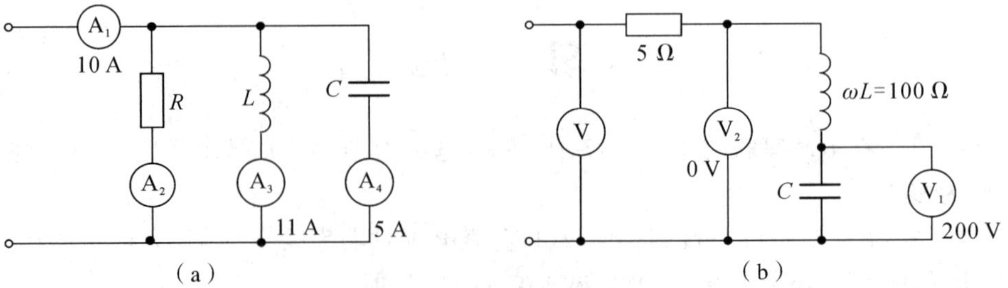

图 6-43　习题 6-9 图

学习笔记

6-10　图 6-44 所示电路中，已知 $R=X_C=10\ \Omega$，$U_{ab}=U_{bc}$，且电路中端电压 $\dot{U}$ 与总电流 $\dot{I}$ 同相，求图中的复阻抗 Z。

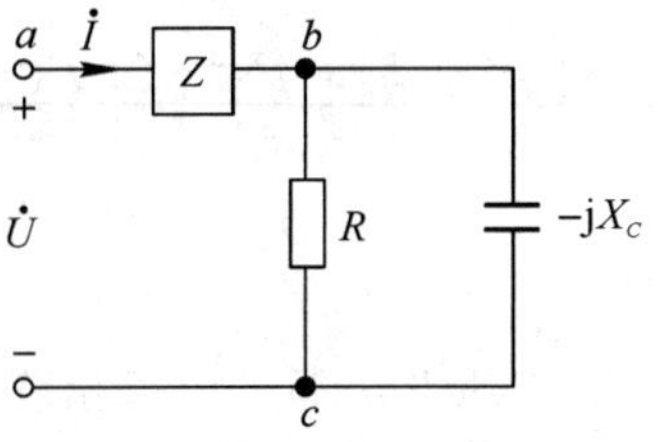

图 6-44　习题 6-10 图

6-11　如图 6-45 所示，用三表法测实际线圈的参数 R 和 L 的值。已知电压表的读数为 100 V，电流表为 2 A，瓦特表为 120 W，电源频率 $f=50$ Hz，计算 R 和 L 的值。

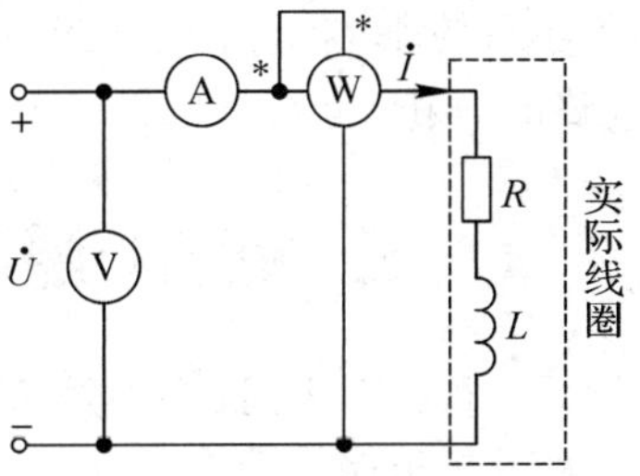

图 6-45　习题 6-11 图

6-12　一个功率因数为 0.7 的感性负载，将其接于工频为 380 V 的正弦交流电源上，该负载吸收的功率为 20 kW，若将电路的功率因数提高到 0.85，应并联多大的电容 C？

6-13　已知一串联谐振电路的参数 $R=10\ \Omega$，$L=0.13$ mH，$C=558$ pF，外加电压 $U=5$ mV。试求电路在谐振时的电流、品质因数及电感和电容上的电压。

6-14　已知串联谐振电路的谐振频率 $f_0=700$ kHz，电容 $C=2000$ pF，通频带宽度 $BW=10$ kHz，试求电路的电阻及品质因数。

6-15　已知串谐电路的线圈参数为 $R=1\ \Omega$，$L=2$ mH，接在角频率 $\omega=2500$ rad/s 的 10 V 交流电压源上。

(1) 求电容 C 为何值时电路发生谐振？

(2) 求谐振电流 I_0、电容两端电压 U_C、线圈两端电压 U_{RL} 及品质因数 Q。

学习笔记

第 7 章　三相交流电路的分析

我国电力系统中的供电方式几乎全部采用三相制。所谓三相制，就是由三个频率相同而相位不同的电压源(或电动势)作为电源供电的体系。前面章节讨论的是由单相电源供电的体系，称为单相制，单相制是三相制的一部分。与单相交流电路相比，三相交流供电系统在发电、输电和能量转换方面都有明显的优点。三相交流电路是一种特殊形式的交流电路，一般交流电路的分析方法对三相交流电路都是适用的。

本章主要介绍三相交流电源的基本概念及连接方法，三相负载的星形连接和三角形连接，三相交流电路的分析。

7.1　三 相 电 源

所谓三相交流电源，是由三个频率相同、振幅相等、相位依次互差 120°的正弦交流电源按一定方式连接而成的电源。

7.1.1　对称三相电源

对称三相电源

思考题 7.1.1

三相发电机是将三组完全相同的绕组对称固定在同一圆柱形铁芯上，固定不动，这三个绕组在空间位置上互相差 120°角。当中间转动的励磁绕组以角频率 ω 匀速旋转时，三相绕组会同时产生三个大小及频率相同而相位互差 120°的对称三相电动势，这就是三相交流发电机的原理。如图 7－1(a)所示是三相交流发电机的结构示意图。

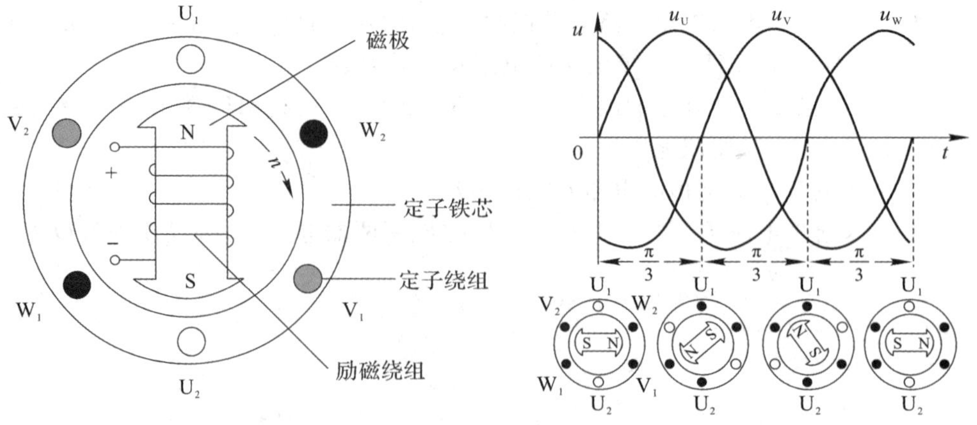

(a) 结构示意图　　(b) 电动势波形图

图 7－1　三相发电机示意图及电动势波形图

学习笔记

三相发电机的三个绕组匝数相等，尺寸和绕法相同，空间几何位置互差 120°，就构成了对称三相电源，其中每一个电源称为一相。三相电压源的始端称为相头，标以 U_1、V_1、W_1；末端称为相尾，标以 U_2、V_2、W_2。一般令 U 相初相为零，V 相滞后 U 相 120°，W 相滞后 V 相 120°，这三相电压的幅值相等、频率相同、相位互差 120°，称为对称三相电压。各相电压的瞬时值表达式分别为

$$\begin{cases} u_U = \sqrt{2}U\sin\omega t \\ u_V = \sqrt{2}U\sin(\omega t - 120°) \\ u_W = \sqrt{2}U\sin(\omega t - 240°) = \sqrt{2}U\sin(\omega t + 120°) \end{cases} \tag{7-1}$$

其波形图如图 7－1(b)所示，相量表达式为

$$\begin{cases} \dot{U}_U = U\angle 0° \\ \dot{U}_V = U\angle -120° \\ \dot{U}_W = U\angle 120° \end{cases} \tag{7-2}$$

对应的相量图如图 7－2 所示。

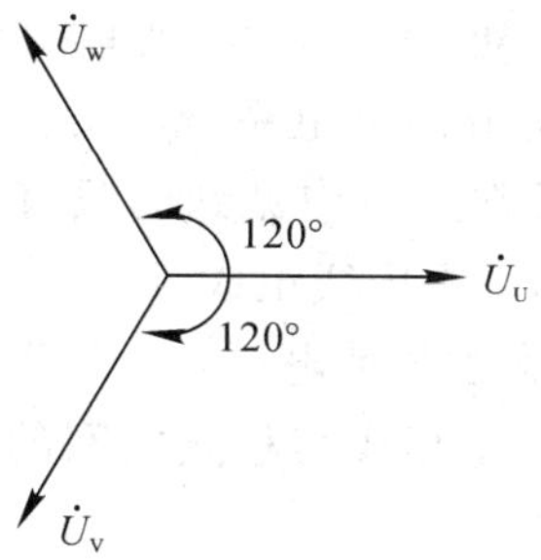

图 7－2　对称三相电压相量图

根据 KVL 可知，对称三相电压的瞬时值或相量之和为零，即

$$\left.\begin{aligned} u_U + u_V + u_W = 0 \\ \dot{U}_U + \dot{U}_V + \dot{U}_W = 0 \end{aligned}\right\} \tag{7-3}$$

三相交流电依次到达正最大值(或零值)的顺序称为相序。如上所述，u_U 超前 u_V 120°，u_V 超前 u_W 120°，而 u_W 超前 u_U 120°，则相序为 U→V→W→U，称为正序；反之，若相序为 U→W→V→U，则称为负序(又称逆序)。许多需要正、反转的生产设备可通过改变相序来实现，例如三相电动机在正序电压供电时正转，改成负序电压供电则反转。因此，使用三相电源时必须注意它的相序。

为使电力系统能够安全可靠地运行，通常统一规定技术标准，一般采用正序，并用不同颜色加以区分，规定 U 相为黄色，V 相为绿色，W 相为红色。

对称三相电源的连接方式

思考题 7.1.2

7.1.2　对称三相电源的连接方式

三相电源有两种连接方式，一种是星形接法(符号 Y)，另一种是三角形接法(符号△)。

学习笔记

1. 三相电源的星形连接(Y 形连接)

将三相电源三相绕组的始端 U_1、V_1、W_1(相头)分别与负载相连，作为三相输出端；末端 U_2、V_2、W_2(相尾)连接在同一点 N 上，这种连接方法叫作星形(Y 形)连接，如图7－3(a)所示。

从三相电源三个相头 U_1、V_1、W_1 引出的三根导线称为端线或相线，俗称火线。Y 形连接的公共连接点 N 称为中点，从中点引出的导线叫作中线或零线，有时将中线接地，故又称为地线。

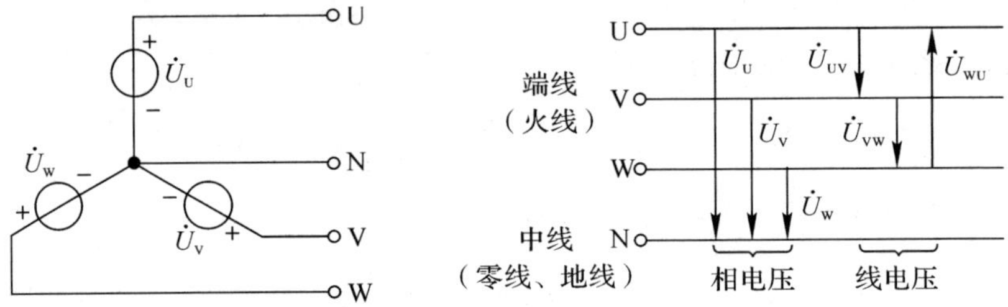

(a) 三相电源星形连接　　(b) 相电压与线电压的示意图

图 7－3　三相电源星形连接及电压关系示意图

由三根相线和一根中线构成的供电系统称为三相四线制供电系统。通常低压供电网采用三相四线制，日常生活中见到的只有两根导线的单相供电线路只是其中的一相，由一根相线和一根中线组成。

三相四线制供电系统可输送两种电压：一种是相线与中线之间的电压 U_U、U_V、U_W，称为相电压；另一种是相线与相线之间的电压 U_{UV}、U_{VW}、U_{WU}，称为线电压。

如图 7－3(b)所示，通常规定相电压的参考方向从始端指向末端(从相线指向中线)，线电压的参考方向规定为由下标中的前一字母指向后一字母，例如 U_{UV}，则是由 U 端指向 V 端，由图 7－3(b)可知，各线电压与相电压之间的关系为

$$\begin{cases}\dot{U}_{UV}=\dot{U}_U-\dot{U}_V\\ \dot{U}_{VW}=\dot{U}_V-\dot{U}_W\\ \dot{U}_{WU}=\dot{U}_W-\dot{U}_U\end{cases}\qquad(7-4)$$

若是对称三相电源，可由此画出对称三相电源相电压与线电压的相量图如图 7－4 所示。

由图 7－4 可知，若相电压是对称的，则线电压也是对称的，线电压等于相电压的$\sqrt{3}$倍，且在相位上比相应的相电压超前 30°。将线电压的有效值用 U_L 表示，相电压的有效值用 U_P 表示，由相量图可知它们的关系为

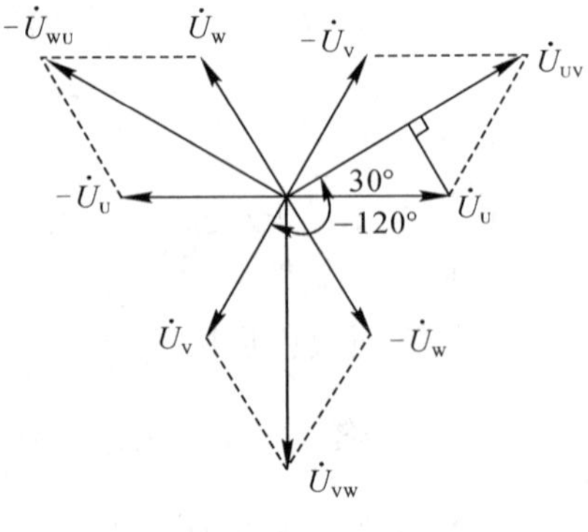

图 7－4　相电压与线电压的相量图

$$\begin{cases} U_{\mathrm{L}} = \sqrt{3}U_{\mathrm{P}} \\ \varphi_{\mathrm{L}} = \varphi_{\mathrm{P}} + 30° \end{cases} \tag{7-5}$$

故各线电压与对应的相电压的相量关系为

$$\begin{cases} \dot{U}_{\mathrm{UV}} = \sqrt{3}\dot{U}_{\mathrm{U}}\angle 30° \\ \dot{U}_{\mathrm{VW}} = \sqrt{3}\dot{U}_{\mathrm{V}}\angle 30° \\ \dot{U}_{\mathrm{WU}} = \sqrt{3}\dot{U}_{\mathrm{W}}\angle 30° \end{cases} \tag{7-6}$$

【例 7-1】 在星形连接的三相对称电压中，已知 $\dot{U}_{\mathrm{U}}=220\angle 90°\mathrm{V}$，试写出其他两相电压和线电压的相量，并作出相量图。

解　由公式(7-6)可得

$$\dot{U}_{\mathrm{U}} = 220\angle 90°\mathrm{V},\qquad \dot{U}_{\mathrm{UV}} = \sqrt{3}\dot{U}_{\mathrm{U}}\angle 30° = 380\angle 120°\ \mathrm{V}$$

$$\dot{U}_{\mathrm{V}} = 220\angle -30°\mathrm{V},\qquad \dot{U}_{\mathrm{VW}} = \sqrt{3}\dot{U}_{\mathrm{V}}\angle 30° = 380\angle 0°\ \mathrm{V}$$

$$\dot{U}_{\mathrm{W}} = 220\angle -150°\mathrm{V},\qquad \dot{U}_{\mathrm{WU}} = \sqrt{3}\dot{U}_{\mathrm{W}}\angle 30° = 380\angle -120°\ \mathrm{V}$$

相量图如图 7-5 所示。

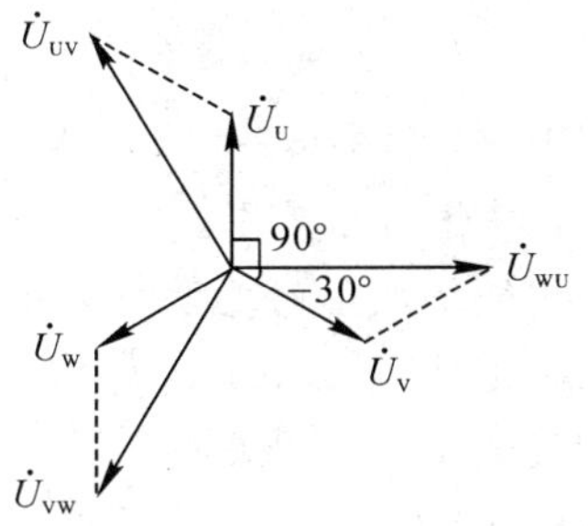

图 7-5　例 7-1 相量图

我国的低压配电系统的供电方式是三相四线制，规定线电压是 380 V，则相电压是 220 V。这样负载可根据额定电压决定其接法：若负载额定电压是 380 V，就接在两根端线之间；若额定电压是 220 V，就接在端线和中线之间。

2. 三相电源的三角形连接(△形连接)

将三相电源绕组的相头和相尾依次连接在一起，如图 7-6 所示，称为三角

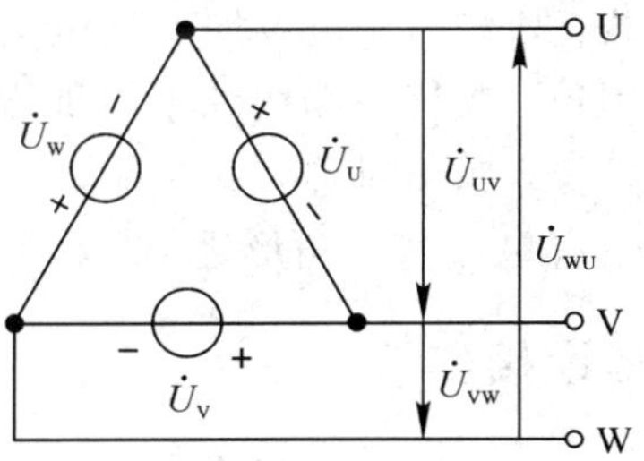

图 7-6　三相电源的三角形连接

学习笔记

形连接，这时从三个连接点分别引出的三根线 U、V、W 就是端线，显然，当电源采用三角形连接时，线电压就是相电压，即

$$\begin{cases} U_L = U_P \\ \varphi_L = \varphi_P \end{cases} \tag{7-7}$$

各线电压与对应的相电压用相量表示为

$$\begin{cases} \dot{U}_{UV} = \dot{U}_U \\ \dot{U}_{VW} = \dot{U}_V \\ \dot{U}_{WU} = \dot{U}_W \end{cases}$$

如果三相电源电压对称，则三相电压的相量和为 $\dot{U}_U + \dot{U}_V + \dot{U}_W = 0$，所以电源内部无环流。但是，实际电源的三相电压不是理想的对称三相电压，相量和并不是绝对等于零，电源内部有环流存在，并且如果某一相电压接错，则回路中的环流将很大，会烧坏电源绕组。所以，三相电源通常都接成星形，而不接成三角形。

思考与练习

7.1-1　在三相对称电压中，已知 $u_V = 220\sqrt{2}\sin(314t + 30°)$ V，试写出其他两相电压的瞬时值表达式，并作出相量图。

7.1-2　已知发电机三相绕组产生的电动势大小均为 380 V，分别计算三相电源为 Y 形接法和△形接法时的相电压 U_P 与线电压 U_L。

7.1-3　三相电源绕组接成三相四线制，测得三个相电压 $U_U = U_V = U_W = 220$ V，三个线电压 $U_{UV} = 380$ V，$U_{VW} = U_{WU} = 220$ V，这说明哪相绕组接反了？试用相量图分析。

7.2　三相负载的连接

三相负载的星形连接

思考题 7.2.1

我们把接在三相电路中的三组单相用电器(如照明灯、家用电器等)或三相用电器(如三相交流电动机)通称为三相负载。三相负载按三相阻抗是否相等分为对称三相负载和不对称三相负载。三相电动机、三相电炉等属前者；一些由单相电工设备接成的三相负载，如生活用电及照明用电负载，通常是取一条端线和中线(俗称地线)供给一相用户，取另一端线和中线供给另一相用户，这类接法三条端线上负载不可能完全相等，属不对称三相负载。

三相负载的连接方式也有星形与三角形之分。

7.2.1　三相负载的星形连接

若把对称三相负载 Z_U、Z_V、Z_W 的一端连在一起，成为一个公共点 N′(称为负载的中点)，并接到三相电源的中线上；而各负载的另一端分别接到三相电源

的端线上，就构成星形连接。如图 7－7 所示，用四根导线把电源和负载连接起来的三相电路，称为三相四线制电路（Y_0-Y_0 供电系统）。

由图 7－7 可以看出，当三相负载星形连接时，电路有以下基本关系。

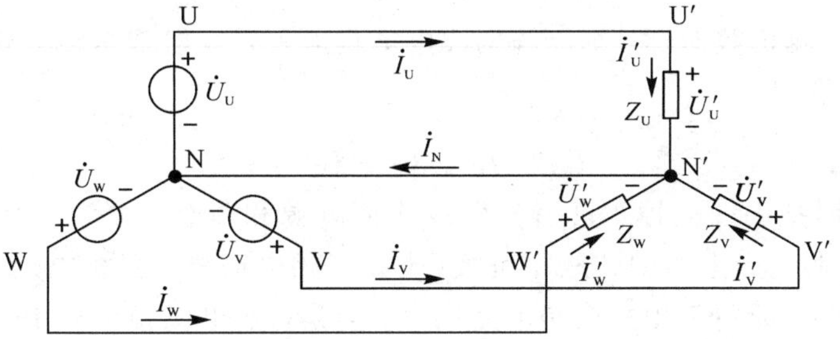

图 7－7　三相四线制电路

（1）负载相电压就是电源的相电压，即

$$\dot{U}'_U=\dot{U}_U,\ \dot{U}'_V=\dot{U}_V,\ \dot{U}'_W=\dot{U}_W$$

或表示成

$$\dot{U}_{YP}=\dot{U}_{源P} \tag{7-8}$$

（2）三相负载星形连接时，线电压是对应相电压的$\sqrt{3}$倍，即 $U_{YL}=\sqrt{3}U_{YP}$，且超前于相应的相电压 30°，即 $\varphi_L=\varphi_P+30°$，各线电压表达式为

$$\begin{cases}\dot{U}_{UV}=\sqrt{3}\dot{U}_U\angle 30°\\ \dot{U}_{VW}=\sqrt{3}\dot{U}_V\angle 30°\\ \dot{U}_{WU}=\sqrt{3}\dot{U}_W\angle 30°\end{cases} \tag{7-9}$$

（3）流过各相负载的电流称为相电流，有效值为 I_P。因此各相负载的相电压、相电流遵从欧姆定律关系，即

$$\begin{cases}\dot{I}'_U=\dot{I}_U=\dfrac{\dot{U}_U}{Z_U}\\ \dot{I}'_V=\dot{I}_V=\dfrac{\dot{U}_V}{Z_V}\\ \dot{I}'_W=\dot{I}_W=\dfrac{\dot{U}_W}{Z_W}\end{cases} \tag{7-10}$$

当三相负载对称，即 $Z_U=Z_V=Z_W=Z$ 时，则相电流也对称，有

$$\dot{I}_{YP}=\frac{\dot{U}_{YP}}{Z} \tag{7-11}$$

对于对称三相电路，只需取其中一相计算，其余两相的电压或电流可以根据对称性得出。

（4）三相电路中，流经各端线的电流称为线电流，有效值为 I_L。由图 7－7 可以看出，三相负载星形连接时相电流等于相应的线电流，即

学习笔记

$$\dot{I}'_U = \dot{I}_U,\ \dot{I}'_V = \dot{I}_V,\ \dot{I}'_W = \dot{I}_W$$

或表示成

$$\dot{I}_{YP} = \dot{I}_{YL} \tag{7-12}$$

(5) 若三相负载对称，则电路的线电流也对称，根据基尔霍夫定律可得，中线电流等于零，即

$$\dot{I}_N = \dot{I}_U + \dot{I}_V + \dot{I}_W = 0 \tag{7-13}$$

如果此时把中线去掉，只用三根线连接电源和负载，则为三相三线制电路(Y-Y)。工业生产上所用的三相负载(比如三相电动机、三相电炉等)通常情况下都是对称的，可用三相三线制电路供电。但是，如果三相负载不对称，中线就会有电流通过，此时中线不能除去，否则会造成负载上三相电压严重不对称，使用电设备不能正常工作。

【例 7-2】 对称三相负载作星形连接，且每相负载为纯电阻，大小为 10 Ω，已知电源电压 $\dot{U}_{UV}=380\angle 0°$ V，求各相电流、线电流与中线电流的相量。

解 由星形连接的线电压与相电压关系，得

$$\dot{U}_U = \frac{\dot{U}_{UV}}{\sqrt{3}\angle 30°} = 220\angle -30°\ \text{V}$$

负载为星形连接时，线电流等于相电流，则

$$\dot{I}_U = \dot{I}'_U = \frac{\dot{U}_U}{R} = \frac{220\angle -30°}{10} = 22\angle -30°\ \text{A}$$

根据对称三相电路的电流对称性，得其他两相电流为

$$\dot{I}_V = \dot{I}'_V = 22\angle -150°\ \text{A}$$

$$\dot{I}_W = \dot{I}'_W = 22\angle 90°\ \text{A}$$

因为三相负载是对称的，所以 $\dot{I}_N=\dot{I}_U+\dot{I}_V+\dot{I}_W=0$。

【例 7-3】 如图 7-8 所示，三相四线制电路中，星形负载各相阻抗分别为 $Z_U=8+\text{j}6\ \Omega$，$Z_V=3-\text{j}4\ \Omega$，$Z_W=10\ \Omega$，三相电源的线电压为 380 V，求各相电流及中线电流。

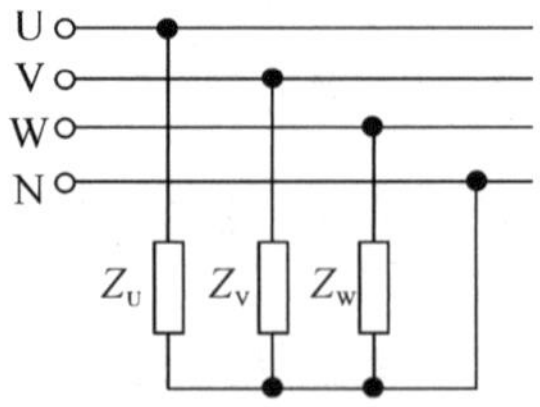

图 7-8　例 7-3 图

解 由于三相负载不对称，所以各线电流不对称，中线电流也不为零。设 U 相电压为参考电压，由题知 $U_L=380$ V，则 U 相电压为

$$\dot{U}_U = \frac{U_L}{\sqrt{3}}\angle 0° = 220\angle 0°\ \text{V}$$

由此得各相电流

$$\dot{I}_U = \frac{\dot{U}_U}{Z_U} = \frac{220\angle 0°}{8+\text{j}6} = \frac{220\angle 0°}{10\angle 37°} = 22\angle -37°\ \text{A}$$

$$\dot{I}_V = \frac{\dot{U}_V}{Z_V} = \frac{220\angle -120°}{3-\text{j}4} = \frac{220\angle -120°}{5\angle -53°} = 44\angle -67°\ \text{A}$$

$$\dot{I}_W = \frac{\dot{U}_W}{Z_W} = \frac{220\angle 120°}{10} = \frac{220\angle 120°}{10\angle 0°} = 22\angle 120°\ \text{A}$$

由此得中线电流为

$$\begin{aligned}\dot{I}_N &= \dot{I}_U + \dot{I}_V + \dot{I}_W = 22\angle -37° + 44\angle -67° + 22\angle 120° \\ &= 22\times 0.8 - \text{j}22\times 0.6 + 44\times 0.6 - \text{j}44\times 0.8 - 22\times\frac{1}{2} + \text{j}22\times\frac{\sqrt{3}}{2} \\ &= 33 - \text{j}29.35 = 44.2\angle -41.6°\text{A}\end{aligned}$$

由此例可知：

（1）在对称的三相四线制电路中(负载为对称三相负载)，中线电流为零，即中线不起作用，可以去掉，成为三相三线制供电系统。

（2）三相负载不对称时，中线有电流通过，中线不能断开。

（3）中线上不允许安装熔断器(保险)和开关，熔断器(保险)和开关只能装在端线(火线)或负载电路中。

7.2.2　三相负载的三角形连接

三相负载的
三角形连接

当负载的额定电压等于电源的线电压时，负载应分别接在三条端线之间，这时负载是按三角形方式连接的，如图 7-9 所示。将三相负载首尾依次连接成三角形后，分别接到三相电源的三根端线上。负载采用三角形连接时只能形成三相三线制电路。

思考题 7.2.2

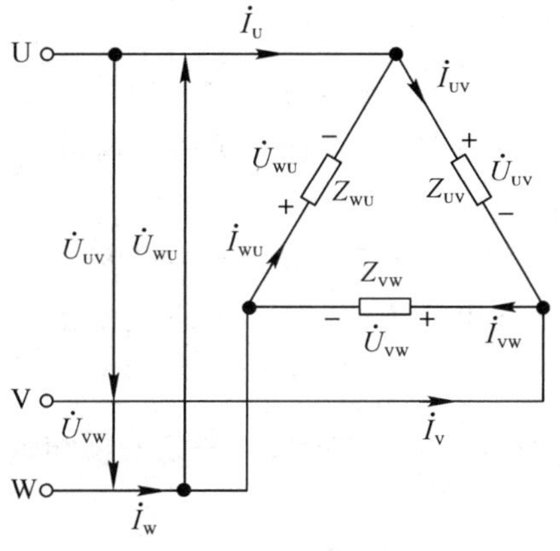

图 7-9　三角形连接的三相电路

学习笔记

Z_{UV}、Z_{VW}、Z_{WU}分别为三相负载，流过负载的相电流分别为$\dot{I}_{UV}$、$\dot{I}_{VW}$、$\dot{I}_{WU}$，其参考方向如图 7-9 所示。

若忽略端线阻抗，则三角形连接的负载电路具有以下关系。

(1) 每相负载两端的相电压等于电源的线电压，即

$$\dot{U}'_{UV}=\dot{U}_{UV}$$

$$\dot{U}'_{VW}=\dot{U}_{VW}$$

$$\dot{U}'_{WU}=\dot{U}_{WU}$$

或表示成

$$\dot{U}_{\triangle P}=\dot{U}_{源L} \tag{7-14}$$

(2) 流过每相负载的相电流与其两端的相电压遵从欧姆定律关系，即

$$\begin{cases}\dot{I}_{UV}=\dfrac{\dot{U}_{UV}}{Z_{UV}}\\ \dot{I}_{VW}=\dfrac{\dot{U}_{VW}}{Z_{VW}}\\ \dot{I}_{WU}=\dfrac{\dot{U}_{WU}}{Z_{WU}}\end{cases} \tag{7-15}$$

如果三相负载为对称负载，即 $Z_{UV}=Z_{VW}=Z_{WU}=Z$，则有

$$\dot{I}_{\triangle P}=\frac{\dot{U}_{\triangle P}}{Z} \tag{7-16}$$

(3) 如果三相负载为对称负载，则线电流是对应相电流有效值的$\sqrt{3}$倍，即$I_{\triangle L}=\sqrt{3}I_{\triangle P}$，且线电流滞后于相应的相电流 30°，即 $\varphi_L=\varphi_P-30°$，各线电流具体表示为

$$\begin{cases}\dot{I}_U=\sqrt{3}\dot{I}_{UV}\angle-30°\\ \dot{I}_V=\sqrt{3}\dot{I}_{VW}\angle-30°\\ \dot{I}_W=\sqrt{3}\dot{I}_{WU}\angle-30°\end{cases} \tag{7-17}$$

由上述分析可知，当负载为三角形连接时，相电压对称。若某一相负载断开，并不影响其他两相的工作。

【例 7-4】 在图 7-10(a)所示的负载作三角形连接的电路中，各相负载的复阻抗$Z=6+j8\ \Omega$，外加线电压为 380 V，试求正常工作时负载的相电流和线电流，并画出相量图。

解 三角形连接时，$U_P=U_L=380$ V，若设$\dot{U}_{UV}$相电压为参考电压，则对应的相电流为

$$\dot{I}_{UV}=\frac{\dot{U}_{UV}}{Z}=\frac{380\angle 0°}{10\angle 53°}=38\angle-53°\ \text{A}$$

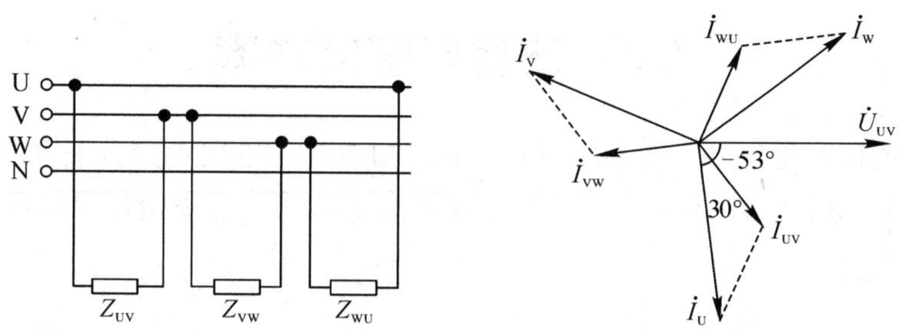

（a）电路图　　　　（b）相量图

图 7－10　例 7－4 图

由于正常工作时是对称电路，所以可推导出其他两相电流为

$$\dot{I}_{VW} = 38\angle(-53° - 120°)\text{A} = 38\angle -173°\text{A}$$

$$\dot{I}_{WU} = 38\angle(-53° + 120°)\text{A} = 38\angle 67°\ \text{A}$$

由此，可得对应的线电流为

$$\dot{I}_U = \sqrt{3}\dot{I}_{UV}\angle -30° = 38\sqrt{3}\angle -83°\ \text{A}$$

$$\dot{I}_V = \sqrt{3}\dot{I}_{VW}\angle -30° = 38\sqrt{3}\angle -203°\text{A} = 38\sqrt{3}\angle 157°\ \text{A}$$

$$\dot{I}_W = \sqrt{3}\dot{I}_{WU}\angle -30° = 38\sqrt{3}\angle 37°\ \text{A}$$

相量图如 7－10(b)所示。

思考与练习

7.2－1　判断下列说法是否正确。

(1) 对称三相 Y 形连接电路中，线电压超前与其相对应的相电压 30°。（　　）

(2) 三相负载作三角形连接时，线电流在数值上是相电流的$\sqrt{3}$倍。（　　）

(3) 对称三相交流电任一瞬时值之和恒等于零，有效值之和恒等于零。（　　）

7.2－2　三相四线制供电系统中，中线的作用是什么？为什么规定中线上不得安装保险丝和开关？若中线不慎断开会引起什么后果？

7.2－3　已知对称三相负载各相复阻抗均为 8＋j6 Ω，将其接于工频为 380 V 的三相电源上，求该负载分别作星形、三角形连接时各相电流和线电流的大小。

7.2－4　从题 7.2－3 的计算结果可以看出，在同一个三相电源作用下，对称三相负载分别作星形连接和三角形连接时的相电流和线电流大小关系为 $I_{\triangle P}$＝________ I_{YP}，$I_{\triangle L}$＝________ I_{YL}。

学习笔记

三相电路的功率

思考题 7.3

7.3 三相电路的功率

根据前面讨论已知，交流电路的总有功功率等于电路各部分有功功率之和，因此，不论三相负载是否对称，三相电路的有功功率等于各相负载的有功功率之和，即

$$P = P_U + P_V + P_W \tag{7-18}$$

当三相负载对称时，每相有功功率是相等的，因此三相电路总的有功功率为

$$P = 3P_U = 3U_P I_P \cos\phi \tag{7-19}$$

当对称三相负载作星形连接时，$U_{YL} = \sqrt{3}U_{YP}$，$I_{YL} = I_{YP}$，则

$$P = 3P_U = 3U_{YP}I_{YP}\cos\phi = 3 \times \frac{1}{\sqrt{3}}U_{YL}I_{YL}\cos\phi = \sqrt{3}U_{YL}I_{YL}\cos\phi$$

当对称三相负载作三角形连接时，$U_{\triangle L} = U_{\triangle P}$，$I_{\triangle L} = \sqrt{3}I_{\triangle P}$，则

$$P = 3P_U = 3U_{\triangle P}I_{\triangle P}\cos\phi = 3U_{\triangle L} \times \frac{1}{\sqrt{3}}I_{\triangle L}\cos\phi = \sqrt{3}U_{\triangle L}I_{\triangle L}\cos\phi$$

观察可知：星形连接和三角形连接有功功率的表达式均为线电压、线电流及功率因数乘积的$\sqrt{3}$倍，即

$$P = \sqrt{3}U_L I_L \cos\phi \tag{7-20}$$

因此，只要是在对称电路中，无论负载作星形连接还是作三角形连接，三相电路的总有功功率均可由式(7-20)计算。这个公式在计算三相电路功率时具有普遍的实用意义，因为三相电路中线电压和线电流的数值比较容易测量，实际的三相电气设备铭牌标出的额定电压和额定电流通常都是线电压和线电流的额定有效值。

同理，可推出对称三相电路的无功功率及视在功率为

$$Q = 3Q_U = 3U_P I_P \sin\phi = \sqrt{3}U_L I_L \sin\phi \tag{7-21}$$

$$S = \sqrt{P^2 + Q^2} = 3U_P I_P = \sqrt{3}U_L I_L \tag{7-22}$$

但是，在不对称三相电路中，视在功率不等于各相负载的视在功率之和，即$S \neq S_U + S_V + S_W$。

在不对称三相电路中，由于各相功率因数不同，三相电路的功率因数便无实际意义。在对称三相电路中，三相电路的功率因数就是一相负载的功率因数，即

$$\cos\phi = \frac{P}{S} = \frac{P}{\sqrt{P^2 + Q^2}} \tag{7-23}$$

【例7-5】 有一个三相电动机，每相的等效电阻$R=6\ \Omega$，等效电抗$X=8\ \Omega$，用380 V线电压的电源供电，试求分别作星形连接和三角形连接时电动机的相电流、线电流和总的有功功率。

解 每相阻抗为

$$Z = 6 + \mathrm{j}8 = 10\angle 53^\circ\ \Omega$$

(1) 星形连接时：

学习笔记

$$U_{YP}=\frac{U_{YL}}{\sqrt{3}}=220\ \text{V}$$

$$I_{YL}=I_{YP}=\frac{U_{YP}}{|Z|}=\frac{220}{10}=22\ \text{A}$$

星形连接时总的有功功率为

$$P_Y=\sqrt{3}U_{YL}I_{YL}\cos\phi=\sqrt{3}\times380\times22\times\cos53^\circ=8.69\ \text{kW}$$

(2) 三角形连接时：

$$U_{\triangle P}=U_{\triangle L}=380\ \text{V}$$

$$I_{\triangle P}=\frac{U_{\triangle P}}{|Z|}=\frac{380}{10}=38\ \text{A}$$

$$I_{\triangle L}=\sqrt{3}I_{\triangle P}=65.8\ \text{A}$$

三角形连接时总的有功功率为

$$P_\triangle=\sqrt{3}U_{\triangle L}I_{\triangle L}\cos\phi=\sqrt{3}\times380\times65.8\times\cos53^\circ=26.0\ \text{kW}$$

计算表明，在电源电压不变的情况下，三相负载分别作星形连接和三角形连接时所消耗的功率是不同的，三角形连接时的功率是星形连接时的三倍。这就告诉我们，若要使负载正常工作，负载的接法必须正确。如果将正常工作为星形连接的负载误接成三角形，则会因功率过大而烧毁负载；如果将正常工作为三角形连接的负载误接成星形时，则会因功率过小而不能使负载正常工作。

思考与练习

7.3-1　有人说三相电路的功率因数角是指每相负载的阻抗角，又有人说功率因数角是相电压与相电流的相位差，还有人说功率因数角是线电压与线电流之间的相位差。你认为哪些说法正确？试说明理由。

7.3-2　一台 Y 形连接三相异步电动机，接入 380 V 线电压的电网中，当该电动机满载时其额定输出功率为 10 kW，效率为 0.9，线电流为 20 A。当该电动机轻载运行时，输出功率为 2 kW，效率为 0.6，线电流为 10.5 A。试求在上述两种情况下电路的功率因数，并对计算结果进行比较后讨论。

本章小结

1. 对称三相正弦量

(1) 定义：幅值(最大值)相等、频率相同、相位互差 120°的三相正弦量。

(2) 相量表示(以电压为例)：

$$\left.\begin{aligned}\dot{U}_U&=U\angle0^\circ\\ \dot{U}_V&=U\angle-120^\circ\\ \dot{U}_W&=U\angle120^\circ\end{aligned}\right\}\Rightarrow \dot{U}_U+\dot{U}_V+\dot{U}_W=0$$

学习笔记

2. 相序

定义：三相交流电依次达到正最大值的顺序。

(1) 顺相序：U→V→W。

(2) 表示颜色：U 相→黄色，V 相→绿色，W 相→红色。

3. 三相电源的连接

1) 星形(Y 形)连接

(1) 三相四线制：一根中线(N)和三根端线(U、V、W)构成的三相供电系统。

(2) 相电压 U_P：端线与中线之间的电压。

(3) 线电压 U_L：端线之间的电压。电源作星形连接时，$\dot{U}_L=\sqrt{3}\dot{U}_P\angle 30°$。一般低压供电系统的线电压是 380 V，相电压是 220 V。

2) 三角形(△形)连接

(1) 三相三线制：三根端线(U、V、W)构成的三相供电系统。

(2) 线电压等于相电压：$\dot{U}_L=\dot{U}_P$。

4. 对称三相负载的连接

1) 三相负载的星形连接

(1) 负载相电压等于电源相电压：$\dot{U}_{YP}=\dot{U}_{源P}$。

(2) 相电流：每相负载流过的电流，有效值用 I_{YP} 表示，$\dot{I}_{YP}=\dfrac{\dot{U}_{YP}}{Z_{YP}}\Rightarrow I_{YP}=\dfrac{U_{YP}}{|Z|}$。

(3) 线电流：流过各端线的电流称为线电流，有效值用 I_{YL} 表示，$\dot{I}_{YL}=\dot{I}_{YP}$。

(4) 中线电流：$\dot{I}_N=\dot{I}_U+\dot{I}_V+\dot{I}_W$。在对称的三相四线制电路中，中线电流为零。三相负载不对称时，中线有电流通过，中线不能断开。

2) 三相负载的三角形连接

(1) 负载相电压等于电源线电压：$\dot{U}_{\triangle P}=\dot{U}_{源L}$。

(2) 相电流：$\dot{I}_{\triangle P}=\dfrac{\dot{U}_{\triangle P}}{Z_P}\Rightarrow I_{\triangle P}=\dfrac{U_{\triangle P}}{|Z|}$。

(3) 线电流：$\dot{I}_{\triangle L}=\sqrt{3}\dot{I}_{\triangle P}\angle 30°$。

5. 对称三相电路的功率

(1) 有功功率：$P=3U_P I_P\cos\varphi=\sqrt{3}U_L I_L\cos\varphi$，单位：W。

(2) 无功功率：$Q=3U_P I_P\sin\varphi=\sqrt{3}U_L I_L\sin\varphi$，单位：var。

(3) 视在功率：$S=\sqrt{P^2+Q^2}=3U_P I_P=\sqrt{3}U_L I_L$，单位：V·A。

学习笔记

阅读材料：安全用电常识

除了阳光、空气和水，现代文明须臾不可或缺的就是电了。从规模宏大的社会生产到千家万户的衣食住行，电已经渗透到人类活动的细枝末节。电在给人们带来便利的同时，也会给人身带来伤害，所以平时要注意用电安全，防止触电事故的发生。

触电是指电流流过人体时对人体产生的生理和病态伤害。这种伤害是多方面的，可分为电击和电伤两种类型。电击是指电流通过人体内部，破坏人的心脏、神经系统、肺部的正常工作造成的伤害，会使人出现痉挛、呼吸窒息、心室纤维性颤动、心跳骤停甚至死亡。人体触及带电的导线、漏电设备的外壳或其他带电体，以及由于雷击或电容放电，都可能导致电击，绝大部分触电死亡事故都是由电击造成的。电伤是指由于电流的热效应、化学效应或机械效应对人体外表造成的局部伤害，它常常与电击同时发生。最常见的有电灼伤、电烙印、皮肤金属化三种类型。

人体能感知的触电与电源频率、电压、电流、通电时间、通电渠道等因素有关。譬如人手能感知的最低直流电流为 5～10 mA(毫安感觉阈值)，对60 Hz 交流的感知电流为 1～10 mA。随着交流频率的提高，人体对其感知敏感度下降，当电流频率高达 15～20 kHz 时，人体无法感知电流。

1. 安全电流

为了确保人身安全，一般以人触电后人体未产生有害的生理效应作为安全的基准。因此，通过人体一般无有害生理效应的电流值即称为安全电流。此外，电流强度越大，致命危险越大；持续时间越长，死亡的可能性越大。能使人感觉到的最小电流值称为感知电流，交流为 1 mA，直流为 5 mA；人触电后能自己摆脱的最大电流称为摆脱电流，交流为 10 mA，直流为 50 mA；在较短的时间内危及生命的电流称为致命电流，如 100 mA 的电流通过人体 1 s 足以使人致命，因此致命电流为 100 mA。

2. 安全电压

安全电压，是指不致使人直接致死或致残的电压。一般环境条件下，按 30 mA 来限定电流，允许持续接触的安全特低电压是 36 V。根据生产和作业场所的特点，采用相应等级的安全电压，是防止发生触电伤亡事故的根本性措施。

3. 触电方式

按照人体触及带电体的方式和电流流过人体的途径，电击可分为低压触电和高压触电。其中低压触电可分为单线触电和双线触电，高压触电可分为高压电弧触电和跨步电压触电。

(1) 单线触电，如图 7 - 11(a)所示。当人体直接碰触带电设备其中的一条火线时，电流通过人体流入大地，这种触电现象称为单线触电。低压电网通常采用变压器低压侧中性点直接接地和中性点不直接接地(通过保护间隙接地)的接线方式。

(2) 双线触电，如图 7-11(b)所示。人体同时接触带电设备或线路中的两相导体，电流从一相导体通过人体流入另一相导体，构成一个闭合电路，这种触电方式称为双线触电。发生双线触电时，作用于人体上的电压等于线电压，这种触电是最危险的。

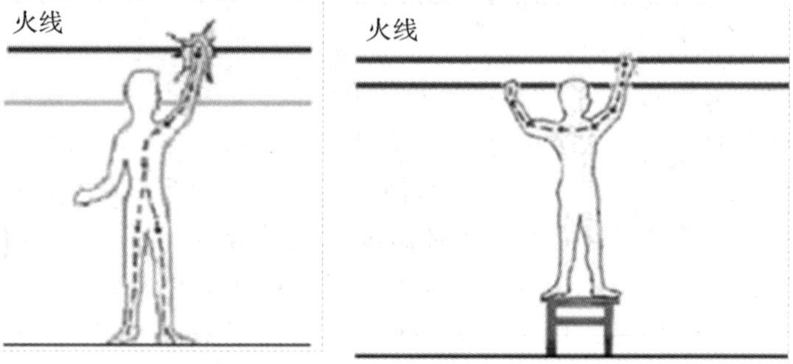

(a) 单线触电　　(b) 双线触电

图 7-11　低压触电

(3) 高压电弧触电，如图 7-12(a)所示。高压电弧触电是指人靠近高压线(高压带电体)，造成弧光放电而触电。高压输电线路的电压高达几万伏甚至几十万伏，即使不直接接触，在接近过程中人会看到一瞬的闪光(就是弧光)，并被高压击倒触电受伤或死亡。

(a) 高压电弧触电　　(b) 跨步电压触电

图 7-12　高压触电

(4) 跨步电压触电，如图 7-12(b)所示。当电气设备发生接地故障，接地电流通过接地体向大地流散，在地面上形成电位分布时，若人在接地短路点周围行走，其两脚之间的电位差就是跨步电压。由跨步电压引起的人体触电，称为跨步电压触电。跨步电压的大小受接地电流大小、鞋和地面特征、两脚之间的跨距以及离接地点的远近等很多因素的影响。人的跨距一般按 0.8 m 考虑。

学习笔记

4. 触电事故应急处理

如果遇到触电情况，要沉着冷静、迅速果断地采取应急措施，针对不同的伤情，采取相应的急救方法，争分夺秒地抢救，直到医护人员到来。

触电急救的要点是动作迅速、救护得法。发现有人触电，首先要使触电者尽快脱离电源，然后根据具体情况进行相应的救治。下面介绍一些及时脱离电源的方式。

(1) 如开关箱在附近，可立即拉下闸刀或拔掉插头，断开电源。

(2) 如距离闸刀较远，应迅速用绝缘良好的电工钳或有干燥木柄的利器(刀、斧、锹等)砍断电线，或用干燥的木棒、竹竿、硬塑料管等物迅速将电线拨离触电者，如图 7-13 所示。

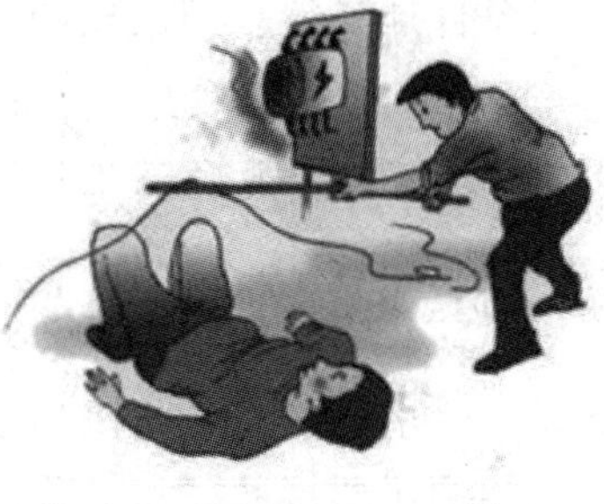

图 7-13　触电事故应急处理

(3) 若现场无任何合适的绝缘物(如橡胶、尼龙、木头等)，救护人员亦可用几层干燥的衣服将手包裹好，站在干燥的木板上，拉触电者的衣服，使其脱离电源。

(4) 对于高压触电，应立即通知有关部门停电，或迅速拉下开关，或由有经验的人采取特殊措施切断电源。

脱离电源的注意事项：

(1) 救护者一定要判明情况，做好自身防护。

(2) 在触电人脱离电源的同时，要防止二次摔伤事故。

(3) 如果是夜间抢救，要及时解决临时照明，以避免延误抢救时机。

【技能训练 7】　三相交流电路的测量与仿真

技能训练 7

1. 技能训练目标

(1) 验证三相负载采用星形、三角形两种接法时，线、相电压及线、相电流之间的关系。

(2) 充分理解三相四线供电系统中中线的作用。

2. 使用器材

三相自耦调压器、三相灯组负载，交流电压表、交流电流表、万用表，Multisim 仿真软件。

学习笔记

3. 训练内容与方法

三相负载可采用星形(Y 形)或三角形(△形)连接。

(1) 当三相对称负载作 Y 形连接时，线电压 U_L 是相电压 U_P 的$\sqrt{3}$倍。线电流 I_L 等于相电流 I_P，即 $U_L=\sqrt{3}U_P$，$I_L=I_P$。在这种情况下，流过中线的电流 $I_0=0$，所以可以省去中线。

(2) 当对称三相负载作△形连接时，有 $I_L=\sqrt{3}I_P$，$U_L=U_P$。

(3) 当不对称三相负载作 Y 形连接时，必须采用三相四线制(Y_0)接法，而且中线必须牢固连接，以保证三相不对称负载的每相电压维持对称不变。

倘若中线断开，会导致三相负载电压的不对称，致使负载轻的那一相的相电压过高，使负载遭受损坏，负载重的一相相电压又过低，使负载不能正常工作。尤其是对于三相照明负载，无条件地一律采用三相四线制接法。

(4) 当不对称负载作△形连接时，$I_L\neq\sqrt{3}I_P$，但只要电源的线电压 U_L 对称，加在三相负载上的电压仍是对称的，对各相负载工作没有影响。

4. 操作步骤及数据记录

1) 三相负载星形连接(三相四线制供电)

调节三相自耦调压器，使其输出的三相线电压为 220 V。按图 7-14 搭接实验电路，即三相灯组负载经三相调压器接通三相对称电源，要经过指导教师检查电路后，方可开启实验台电源。

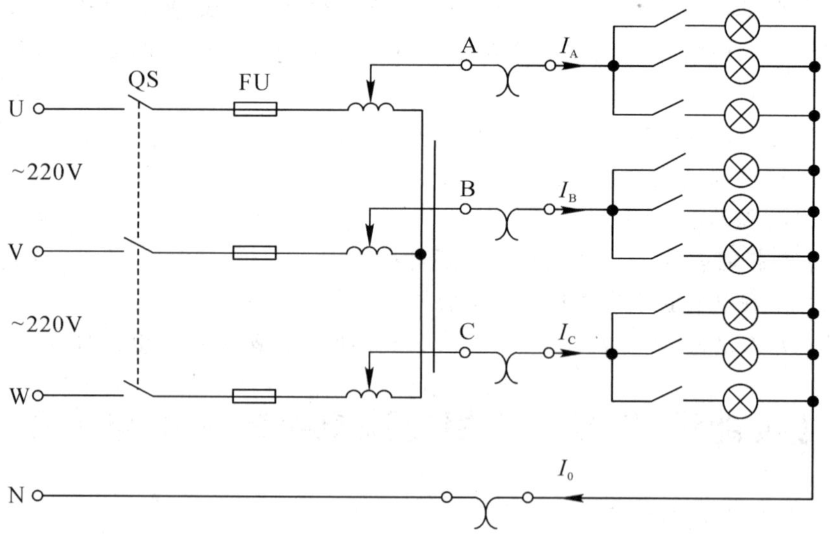

图 7-14 三相负载星形连接实验电路图

按表 7-1 内容完成各项测量项目，将数据填入表 7-1 中，并观察各相灯组亮暗的变化程度，特别注意观察中线的作用。

学习笔记

表 7－1　三相负载星形连接测量参数

灯组负载	开灯盏数			线电流/A			线电压/V			相电压/V			中线电流 I_0/A
	A相	B相	C相	I_A	I_B	I_C	U_{AB}	U_{BC}	U_{CA}	U_{A0}	U_{B0}	U_{C0}	
Y_0 接平衡负载	3	3	3										
Y 接平衡负载	3	3	3										——
Y_0 接不平衡负载	1	2	3										
Y 接不平衡负载	1	2	3										——

2）负载三角形连接（三线三线制供电）

按图 7－15 改接线路，虚线框内的 3 个灯泡符号分别代表三组负载灯，每组 3 个，经指导教师检查后接通三相电源，调节调节器，使其输出线电压为 220 V，并按表 7－2 的内容进行测试，并记录测量数据。

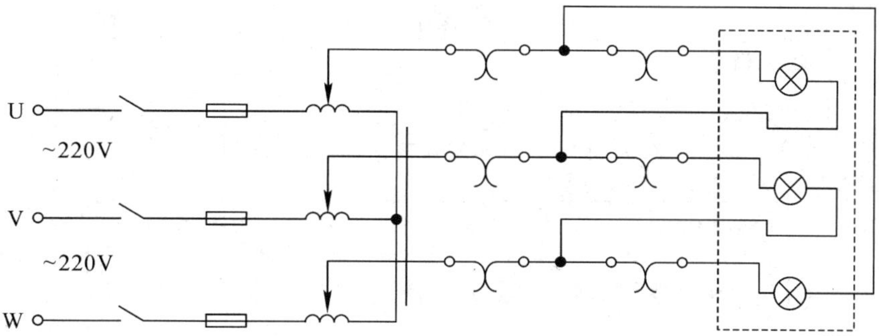

图 7－15　负载三角形连接实验电路

表 7－2　三相负载三角形连接测量参数

灯组负载	开灯盏数			线电压＝相电压/V			线电流/A			相电流/A		
	A－B相	B－C相	C－A相	U_{AB}	U_{BC}	U_{CA}	I_A	I_B	I_C	I_{AB}	I_{BC}	I_{CA}
三相平衡	3	3	3									
三相不平衡	1	2	3									

5. 软件仿真操作步骤及数据记录

1）三相负载星形连接（三相四线制供电）

如图 7－16 所示连接仿真电路，其中各个器件及其参数如下。

V_1 为对称三相 Y 形电源（THREE_PHASE_WYE），参数设置为：相电压 220 V，50 Hz；XSC1 为四踪示波器；J_1～J_3 为三项开关组（DSWPK_3）；S_1 为单刀单掷开关（SPST）；电压表（VOLTMETER）的模式要设置为 AC 模式（交流测量）；灯泡（LAMP_VIRTUAL）参数设置为：220V，40W，如图 7－17 所示。

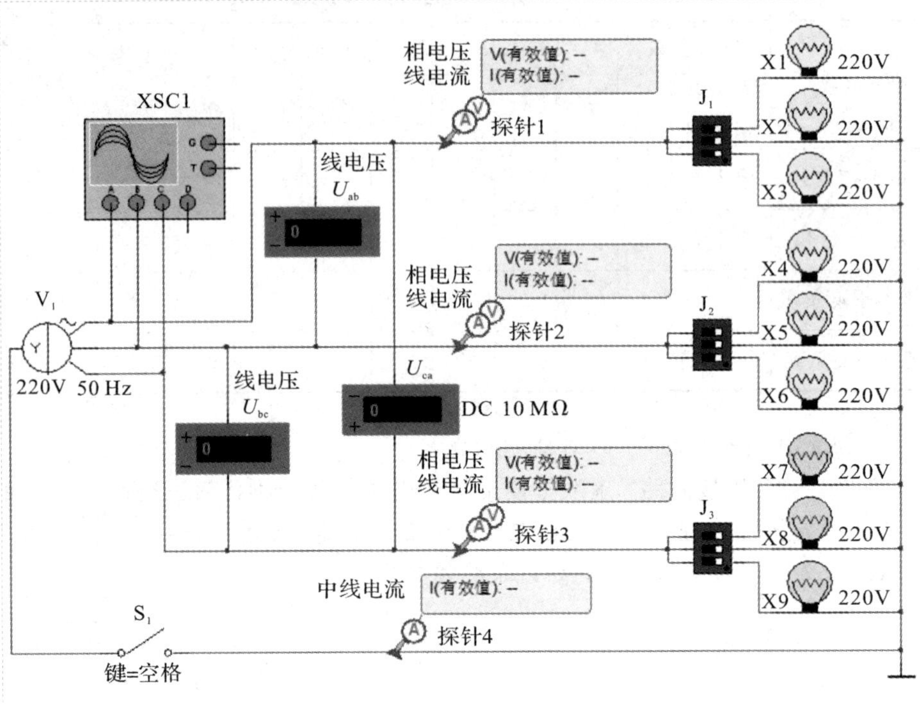

图 7-16　三相负载星形连接仿真电路图

图 7-17　灯泡(虚拟元件)参数设置面板

相电压与线电流用电压电流测量探针测出，双击探针符号→属性设置面板→选择“参数”选项卡→勾选“定制”→只显示电压和电流的有效值。

按表 7-1 的内容完成各项测量项目，将数据填入表 7-1 中，并仔细观察各相灯组在不同情况下是否会过压烧毁，注意观察中线的作用。

运行仿真时，可打开四踪示波器的仪器面板，观测三相交流电源的输出电压，如图7-18所示，将示波器的连接导线用不同的颜色表示，将能更直观地观察对应的不同颜色波形。测量出每相电压的相位差周期为 $\Delta T=$ ________。

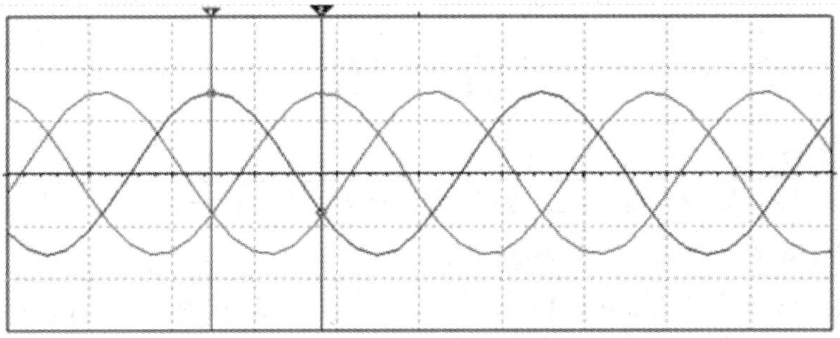

图 7-18　四踪示波器观测的波形图

2）负载三角形连接（三线三线制供电）

如图 7-19 所示，将三相负载改接为三角形连接，三相电源参数设置为：线电压220 V，则相电压 $U_P=\frac{U_L}{\sqrt{3}}=127$ V，频率为 50 Hz。相电流用测量探针测出，探针的属性参数设置为只显示电流的有效值，然后按表 7-2 的内容进行测试，并记录实验参数。

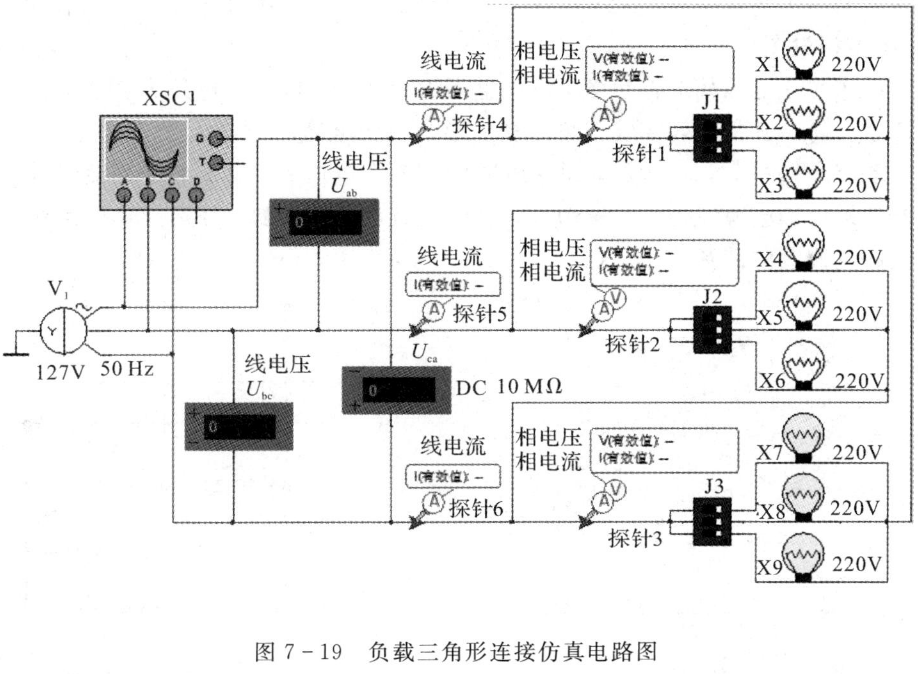

图 7-19　负载三角形连接仿真电路图

6. 注意事项

（1）每次接线完毕，检查正确后方可接通电源，必须严格遵守先接线、后通电，先断电、后拆线的操作原则。

（2）星形负载短路实验时，必须首先断开中线，以免发生短路事故。

7. 报告填写要求

（1）用测量得到的数据验证对称三相电路中电压、电流的$\sqrt{3}$倍关系。

学习笔记

(2) 通过测量数据及观察到的现象，总结三相四线供电系统中中线的作用。

习　题

7-1　某对称三相电源绕组为Y形连接，已知 $\dot{U}_{UV}=380\angle 15^\circ$ V，当 $t=10$ s 时，三个线电压之和是多少？

7-2　已知对称三相电源U、V火线间的电压表达式为 $u_{UV}=380\sqrt{2}\sin(314t+30^\circ)$ V，试写出其余各线电压和相电压的表达式。

7-3　一台三相发电机的绕组连成星形时线电压为6800 V。

(1) 试求发电机绕组的相电压；

(2) 如将绕组改成三角形连接，求相电压。

7-4　三相四线制电路，已知 $\dot{I}_U=10\angle 20^\circ$ A，$\dot{I}_V=10\angle -100^\circ$ A，$\dot{I}_W=10\angle 140^\circ$ A，则中线电流 $\dot{I}_N$ 是多少？

7-5　已知对称三相电路的星形负载为 $Z_U=10\Omega$，$Z_V=\mathrm{j}10\Omega$，$Z_W=-\mathrm{j}10\ \Omega$，电源线电压为380 V的工频电，求各相负载的相电流、中线电流及三相有功功率 P，画出相量图。

7-6　一组三相对称负载，每相电阻 $R=20\ \Omega$，接在线电压为380 V的三相电源上，试分别求负载接成三角形和星形时的线电流大小。

7-7　如图7-20所示，说明电路中的各个电压表、电流表分别测量什么参数？如果已知电源线电压为380 V，每个电阻都为100 Ω，分别计算电路中各电压表和电流表的读数。

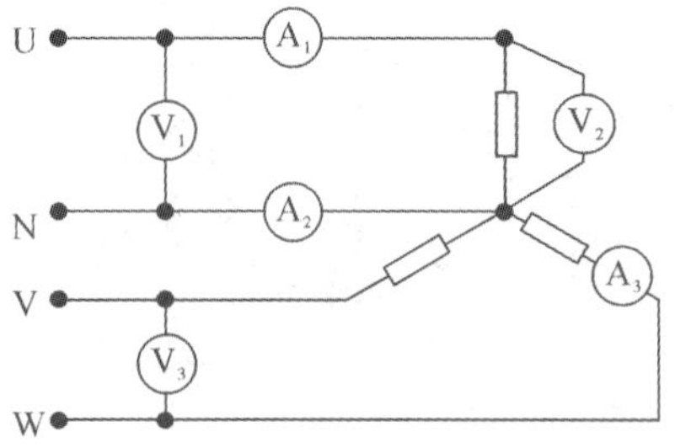

图7-20　习题7-7图

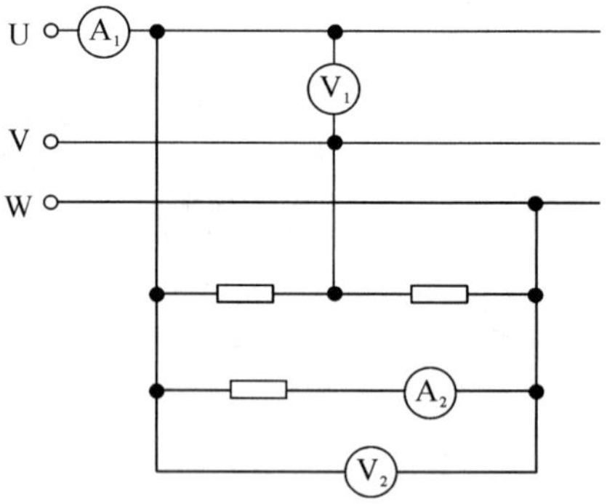

图7-21　习题7-8图

7-8　电路如图7-21所示，已知电压表 V_1 读数为220V，电流表 A_1 读数为17.32 A，三相对称负载的有功功率为4.5 kW。

(1) 分析电路中的各个电压表、电流表分别测量什么参数？并计算出电压表 V_2 和电流表 A_2 的数值。

(2) 求每相负载的阻抗和电阻。

7-9　一台三角形连接的三相异步电动机，功率因数为0.86，效率 $\eta=$

学习笔记

0.88，额定电压为 380V，输出功率为 2.2 kW，求电动机向电源取用的电流为多少？

7－10　三相对称负载，每相阻抗为 $6+j8\ \Omega$，接于线电压为 380 V 的三相电源上，试分别计算出三相负载作星形连接和三角形连接时电路的总功率。

7－11　某超高压输电线路中，线电压为 220 kV，输送功率为 24×10^4 kW。若输电线路的每相电阻为 10 Ω。试计算：

(1) 负载功率因数为 0.9 时，线路上的电压降及一天的电能损耗。

(2) 若负载功率因数降为 0.6，则线路上的电压降及一天的电能损耗又为多少？

7－12　当使用工业三相电阻炉时，常常采取改变电阻丝的接法来调节加热温度。今有一台三相电阻炉，每相电阻为 100 Ω。计算：

(1) 线电压为 380 V 时，电阻炉作三角形和星形连接的功率各为多少？

(2) 线电压为 220 V 时，电阻炉作三角形连接的功率。

学习笔记

第 8 章 互感与变压器

本章从复习互感的物理现象开始，首先阐述了互感系数与耦合系数的概念；又从两个具有互感的线圈中的研究中，引出了同名端的概念：无论通过两线圈中的电流如何变化，在两线圈中引起的感应电压的极性始终保持一致的端子称为同名端。在此基础上，本章介绍了互感的串联、并联等效，从而大大简化了具有互感电路的分析计算。

8.1 互 感 元 件

思考题 8.1

第 4 章介绍过电感元件，当电感线圈中通过交流电时，线圈周围会产生交变磁场，变化的磁场会使线圈中产生感应电动势，这种由于电感线圈本身电流发生变化而产生感应电动势的现象称为自感现象。此时线圈中产生的感应电动势称为自感电动势。

当两个相互靠近的电感线圈中有交流电通过时，一个线圈产生的交变磁场还会对另一个线圈产生影响，这两个相互有感应作用的电感线圈又称为互感元件。

8.1.1 互感与互感电压

互感与互感电压

1. 互感的基本概念

两个相邻的载流线圈，当任一线圈中的电流发生变化时，它所产生的变化磁场将使位于它附近的另一线圈中的磁通量发生变化，从而激发起感应电压。这种由一个线圈的交变电流在另一个线圈中产生感应电压的现象叫作互感现象，由此产生的感应电压叫互感电压。

设有相邻放置的两个电感线圈 L_1、L_2，如图 8－1 所示，匝数分别为 N_1 和 N_2，通过的交变电流分别为 i_1 和 i_2。i_1 在线圈 L_1 中产生的自磁通为 Φ_{11}，则线

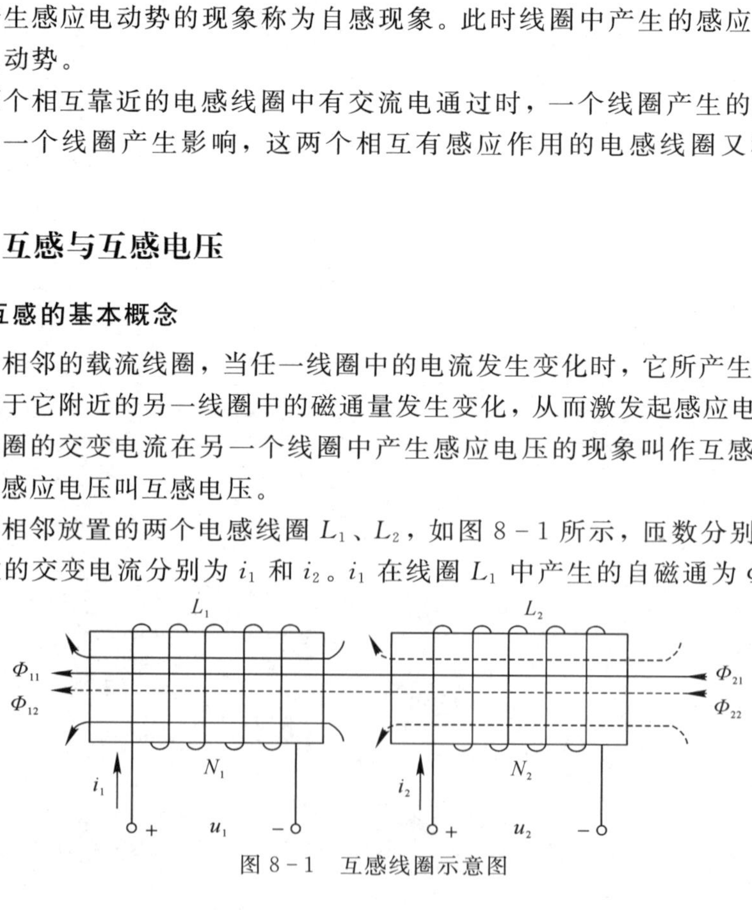

图 8－1 互感线圈示意图

圈 L_1 的自磁通链 $\Psi_{11}=N_1\Phi_{11}$，同时 Φ_{11} 的一部分通过线圈 L_2，称为互磁通 Φ_{21}，则线圈 L_1 与线圈 L_2 的互磁通链 $\Psi_{21}=N_2\Phi_{21}$。同理，i_2 在线圈 L_2 中产生的自磁通为 Φ_{22}，自磁通链 $\Psi_{22}=N_2\Phi_{22}$，与线圈 L_1 的互磁通为 Φ_{12}，互磁通链 $\Psi_{12}=N_1\Phi_{12}$。

我们定义互磁通链 Ψ_{21} 与 i_1 的比值为线圈 L_1 对线圈 L_2 的互感系数，用 M_{21} 表示；定义互磁通链 Ψ_{12} 与 i_2 的比值为线圈 L_2 对线圈 L_1 的互感系数，用 M_{12} 表示，即

$$\begin{cases} M_{21}=\dfrac{\Psi_{21}}{i_1}=\dfrac{N_2\Phi_{21}}{i_1} \\ M_{12}=\dfrac{\Psi_{12}}{i_2}=\dfrac{N_1\Phi_{12}}{i_2} \end{cases} \tag{8-1}$$

互感系数简称为互感，其单位与自感单位相同，都是亨利(H)，可以证明 $M_{21}=M_{12}$，因此，我们用 M 表示 M_{21} 和 M_{12}，若 M 为常数时，称为线性时不变互感。

线圈 L_1 和 L_2 中通过的电流是相互独立的，它们的相互影响是靠磁场相互联系起来的，称为磁耦合。线圈 L_1 中电流 i_1 产生的磁通与 L_2 相交链的部分 Φ_{21} 总是小于或等于产生的自磁通 Φ_{11}，线圈 L_2 中电流 i_2 产生的磁通与 L_1 相交链的部分 Φ_{12} 总是小于或等于产生的自磁通 Φ_{22}。即互磁通总是小于或等于自磁通，若自磁通中的一部分不与另一线圈相交链，则该部分磁通称为漏磁通。

为了表示两线圈耦合的紧密程度，引入了一个新的参数——耦合系数，用字母 k 表示，定义为

$$k=\sqrt{\frac{\Phi_{21}\Phi_{12}}{\Phi_{11}\Phi_{22}}} \tag{8-2}$$

由自感系数和互感系数的定义可得

$$\begin{cases} L_1=\dfrac{N_1\Phi_{11}}{i_1}\Rightarrow\Phi_{11}=\dfrac{L_1 i_1}{N_1} \\ L_2=\dfrac{N_2\Phi_{22}}{i_2}\Rightarrow\Phi_{22}=\dfrac{L_2 i_2}{N_2} \\ M=\dfrac{N_1\Phi_{12}}{i_2}=\dfrac{N_2\Phi_{21}}{i_1} \end{cases} \tag{8-3}$$

将式(8－3)代入式(8－2)可得

$$k=\frac{M}{\sqrt{L_1L_2}} \tag{8-4}$$

所以耦合系数为互感系数与两线圈自感系数几何平均值的比值，是一个无量纲参数。理想情况下无漏磁通，则 $\Phi_{21}=\Phi_{11}$，$\Phi_{12}=\Phi_{22}$，$k=1$。所以，一般有

$$k=\frac{M}{\sqrt{L_1L_2}}\leqslant 1$$

耦合系数 k 的大小取决于两个线圈的相对位置及磁介质的性质。如果两个线圈紧密地缠绕在一起，则 k 值就接近于 1；若两线圈相距较远，或线圈的轴线相互垂直放置，则 k 值很小甚至接近于零。当 $k=0$ 时，说明两线圈之间没有耦

学习笔记

合(相隔很远或相互垂直放置甚至加上磁屏蔽)；当 $k=1$ 时，说明两线圈之间为全耦合(双线并绕，甚至放入铁芯)。

2. 耦合电感线圈上的电压、电流关系

当两个耦合电感线圈上都有电流通过时，在 L_1 中，若自磁通 Φ_{11} 与互磁通 Φ_{12} 方向相同，则称为磁通相助；同理，在 L_2 中，若自磁通 Φ_{22} 与互磁通 Φ_{21} 方向相同，磁通也相助。即两耦合线圈的自磁通与互磁通方向相同，如图 8－2 所示。

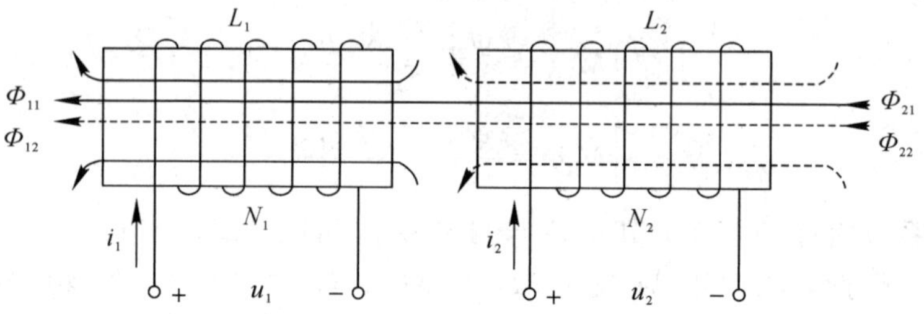

图 8－2　磁通相助电路图

根据自感和互感的定义，有以下关系式：

$$L_1=\frac{\Psi_{11}}{i_1},\ L_2=\frac{\Psi_{22}}{i_2},\ M=\frac{\Psi_{21}}{i_1}=\frac{\Psi_{12}}{i_2}$$

对于电感 L_1，有

$$\Psi_1=\Psi_{11}+\Psi_{12}=L_1i_1+Mi_2$$

对于电感 L_2，有

$$\Psi_2=\Psi_{22}+\Psi_{21}=L_2i_2+Mi_1$$

如图 8－2 所示，设 i_1 与 u_1、i_2 与 u_2 取关联参考方向，根据电磁感应定律，两线圈上电压与电流的关系如下：

对于电感 L_1，有

$$u_1=\frac{\mathrm{d}\Psi_1}{\mathrm{d}t}=L_1\frac{\mathrm{d}i_1}{\mathrm{d}t}+M\frac{\mathrm{d}i_2}{\mathrm{d}t}=u_1'+u_1'' \tag{8-5a}$$

对于电感 L_2，有

$$u_2=\frac{\mathrm{d}\Psi_2}{\mathrm{d}t}=L_2\frac{\mathrm{d}i_2}{\mathrm{d}t}+M\frac{\mathrm{d}i_1}{\mathrm{d}t}=u_2'+u_2'' \tag{8-5b}$$

式(8－5)中第一项是由自感产生的自感电压，第二项是由耦合产生的互感电压。即两耦合线圈的自磁通与互磁通相助时，线圈电压等于自感电压 u' 与互感电压 u'' 之和。

同理，当两耦合线圈的自磁通与互磁通方向相反时，即在 L_1 中，自磁通 Φ_{11} 与互磁通 Φ_{12} 方向相反，则称为磁通相消；在 L_2 中，自磁通 Φ_{22} 与互磁通 Φ_{21} 方向相反，磁通也相消，如图 8－3 所示。

对于电感 L_1，有

$$\Psi_1=\Psi_{11}-\Psi_{12}=L_1i_1-Mi_2$$

对于电感 L_2，有

$$\Psi_2=\Psi_{22}-\Psi_{21}=L_2i_2-Mi_1$$

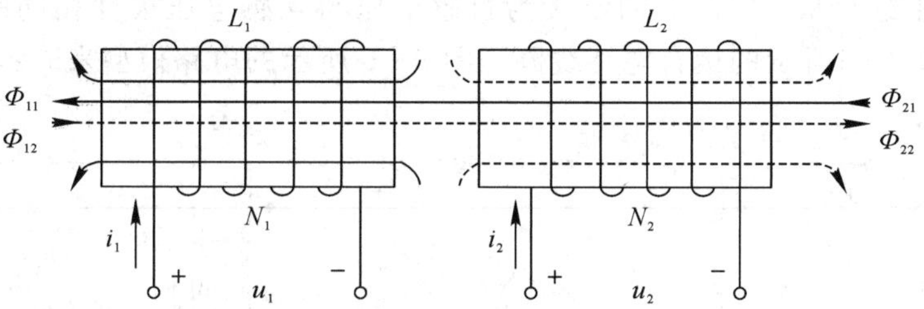

图 8－3　磁通相消电路图

如图 8－3 所示，设 i_1 与 u_1、i_2 与 u_2 取关联参考方向，根据电磁感应定律，两线圈上电压与电流的关系如下：

对于电感 L_1，有

$$u_1 = \frac{\mathrm{d}\Psi_1}{\mathrm{d}t} = L_1 \frac{\mathrm{d}i_1}{\mathrm{d}t} - M \frac{\mathrm{d}i_2}{\mathrm{d}t} = u_1' - u_1'' \tag{8－6a}$$

对于电感 L_2，有

$$u_2 = \frac{\mathrm{d}\Psi_2}{\mathrm{d}t} = L_2 \frac{\mathrm{d}i_2}{\mathrm{d}t} - M \frac{\mathrm{d}i_1}{\mathrm{d}t} = u_2' - u_2'' \tag{8－6b}$$

所以，当两耦合线圈的自磁通与互磁通相消时，线圈电压等于自感电压 u' 与互感电压 u'' 之差。

8.1.2　互感线圈的同名端

互感线圈的
同名端

综上所述，耦合电感线圈上的电压等于自感电压与互感电压的代数和。在上述内容中，分析电压、电流关系时，给定了两个条件：① 规定了电压与电流为关联参考方向；② 已知线圈的绕向，通过安培定则确定磁通的方向。但是在工程实践中，线圈的绕制方向从外观上无法看出，且无法画出耦合电感线圈的电路模型，很不方便。所以，为了表示线圈的相对绕向以确定互感电压的极性，常采用标记同名端的方法。

1. 同名端的规定

如图 8－4(a)所示，i_1 与 u_1、i_2 与 u_2 取关联参考方向，磁通的方向可根据线圈的绕向用右手螺旋定则判断。若两个电感线圈 L_1、L_2 磁通互助，产生的磁通相互增强，则两电流同时流入(或流出)的端钮 a 和 c 就是同名端，用“·”或“∗”标记。当电感线圈 L_2 的绕制方向发生变化时，要使两线圈的磁通相助，则电压、电流方向应如图 8－4(b)所示。

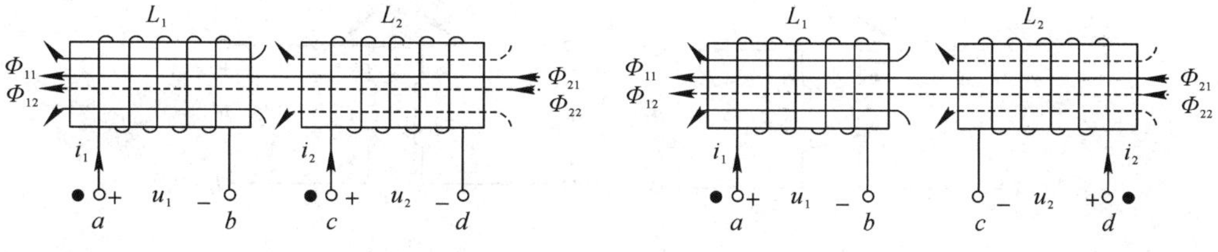

(a)　(b)

图 8－4　磁通相助同名端标记示意图

根据上述分析，同名端的定义为自感电压与互感电压极性相同的端钮。因此，可将图8－4所示的耦合电感线圈用图 8－5 所示的电路模型来表示。

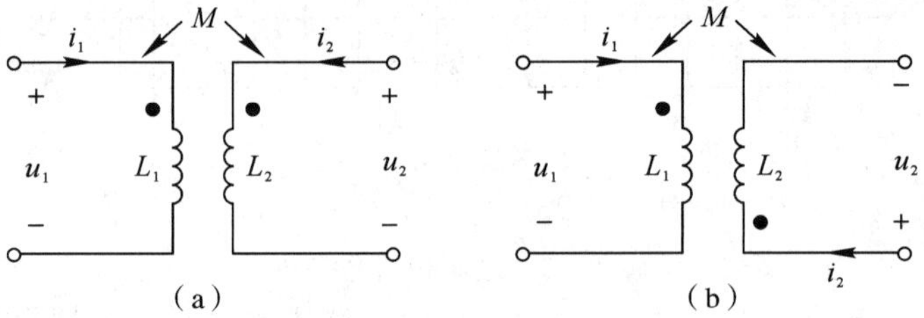

图 8－5　磁通相助电路模型

2. 同名端的实验判定方法

(1) 直流法。如图 8－6(a)所示，给线圈 L_1 的两个端钮 1 和 2 之间接直流电压源，线圈 L_2 的两个端钮 3 和 4 之间接直流检流计 G。当开关 S 闭合瞬间检流计 G 正偏转(右偏)，则 1 和 3 为同名端；若检流计 G 反向偏转，则 1 和 4 为同名端。

(2) 交流法。如图 8－6(b)所示，给线圈 L_1 的两个端钮 1 和 2 之间接交流电压源 $u(t)$，用万用表分别测量各接线端的电压(有效值)U_{12}、U_{13}和 U_{34}，若 $U_{12}=|U_{13}-U_{34}|$，则 1 和 3 为同名端；若 $U_{12}=U_{13}+U_{34}$，则 1 和 4 为同名端。

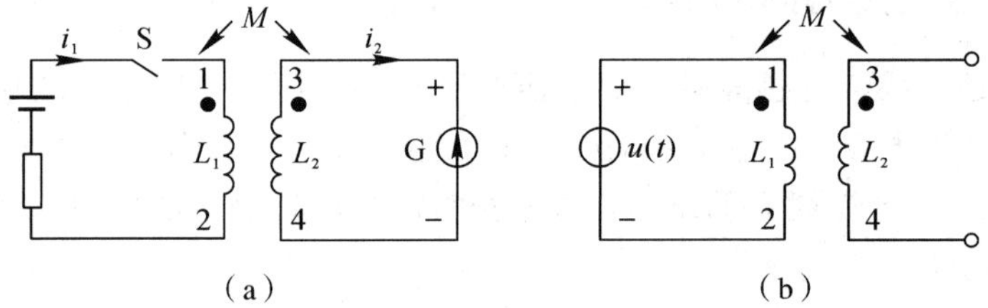

图 8－6　实验法判定同名端电路图

【例 8－1】 写出图 8－7 中所示互感线圈端电压 u_1 和 u_2 的表达式。

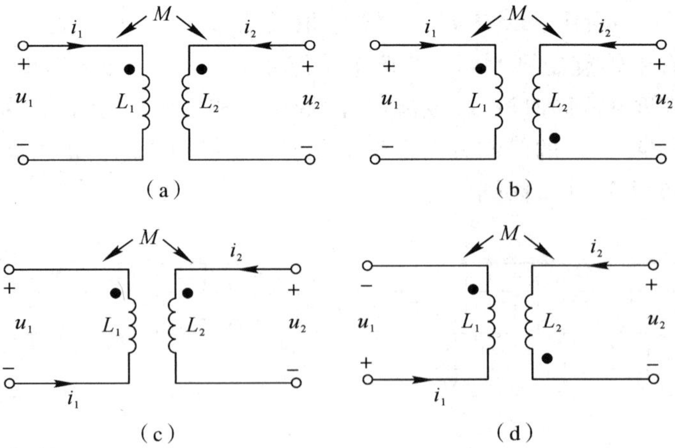

图 8－7　例 8－1 图

解　对于图 8-7(a)，两耦合线圈的自磁通与互磁通相助，有

$$u_1 = L_1 \frac{\mathrm{d}i_1}{\mathrm{d}t} + M\frac{\mathrm{d}i_2}{\mathrm{d}t},\quad u_2 = L_2\frac{\mathrm{d}i_2}{\mathrm{d}t} + M\frac{\mathrm{d}i_1}{\mathrm{d}t}$$

对于图 8-7(b)，两耦合线圈的自磁通与互磁通相消，有

$$u_1 = L_1 \frac{\mathrm{d}i_1}{\mathrm{d}t} - M\frac{\mathrm{d}i_2}{\mathrm{d}t},\quad u_2 = L_2\frac{\mathrm{d}i_2}{\mathrm{d}t} - M\frac{\mathrm{d}i_1}{\mathrm{d}t}$$

对于图 8-7(c)，L_1 的电压、电流为非关联参考方向，所以 i_1 实际方向与图示参考方向相反，两耦合线圈的自磁通与互磁通相助，有

$$u_1 = -L_1 \frac{\mathrm{d}i_1}{\mathrm{d}t} + M\frac{\mathrm{d}i_2}{\mathrm{d}t},\quad u_2 = L_2\frac{\mathrm{d}i_2}{\mathrm{d}t} + M\frac{\mathrm{d}i_1}{\mathrm{d}t}$$

对于图 8-7(d)，两耦合线圈的自磁通与互磁通相助，有

$$u_1 = L_1 \frac{\mathrm{d}i_1}{\mathrm{d}t} + M\frac{\mathrm{d}i_2}{\mathrm{d}t},\quad u_2 = L_2\frac{\mathrm{d}i_2}{\mathrm{d}t} + M\frac{\mathrm{d}i_1}{\mathrm{d}t}$$

思考与练习

8.1-1　当流过一个线圈中的电流发生变化时，在线圈本身所引起的电磁感应现象称为________现象，若本线圈电流变化在相邻线圈中引起感应电压，则称为________现象。

8.1-2　当端口电压、电流为________参考方向时，自感电压取正；若端口电压、电流的参考方向________，则自感电压为负。

8.1-3　互感电压的正负与电流的________及________端有关。

8.1-4　试述同名端的概念。为什么对两互感线圈串联和并联时必须要注意它们的同名端？

8.1-5　何谓耦合系数？什么是全耦合？

8.2　互感线圈的串、并联

思考题 8.2

具有互感作用的两电感线圈，每个线圈上的电压不但与本线圈的电流变化率有关，而且与另一线圈上的电流变化率有关，其电压、电流关系又因同名端的位置及电压、电流的参考方向的不同而有所区别，这给含有互感的电路的分析带来不便。本节主要通过电路等效的方法去掉互感耦合，从而简化分析方法。

8.2.1　互感线圈的串联等效

互感线圈的串联等效

如图 8-8(a)所示电路中，两电感线圈 L_1、L_2 串联，它们相连的端钮是异名端，这种形式的串联称为顺向串联。

根据电路中所设电压、电流参考方向及互感线圈上电压、电流的关系，可得

$$\begin{aligned} u = u_1 + u_2 &= \left(L_1\frac{\mathrm{d}i}{\mathrm{d}t} + M\frac{\mathrm{d}i}{\mathrm{d}t}\right) + \left(L_2\frac{\mathrm{d}i}{\mathrm{d}t} + M\frac{\mathrm{d}i}{\mathrm{d}t}\right) \\ &= (L_1 + L_2 + 2M)\frac{\mathrm{d}i}{\mathrm{d}t} = L_{ab}\frac{\mathrm{d}i}{\mathrm{d}t} \end{aligned}$$

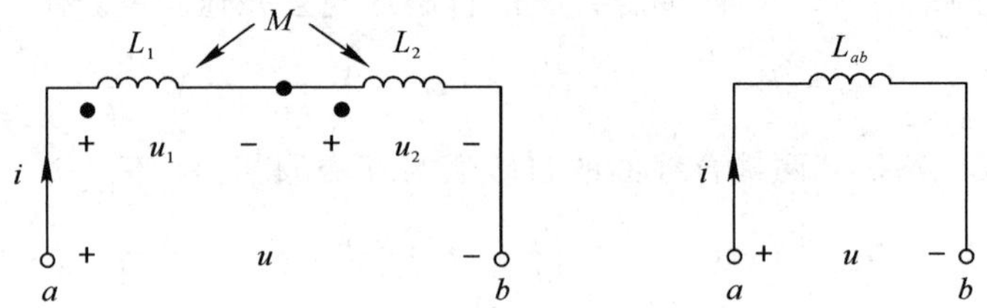

(a)　　　　　　　　(b)

图 8-8　电感线圈顺向串联电路图

式中

$$L_{ab} = L_1 + L_2 + 2M \tag{8-7}$$

称为两互感线圈顺向串联时的等效电感，因此可画出图 8-8(a)所示电路的等效电路图，如图 8-8(b)所示。

如图 8-9(a)所示电路中，两电感线圈 L_1、L_2 串联，它们相连的端钮是同名端，这种形式的串联称为反向串联。

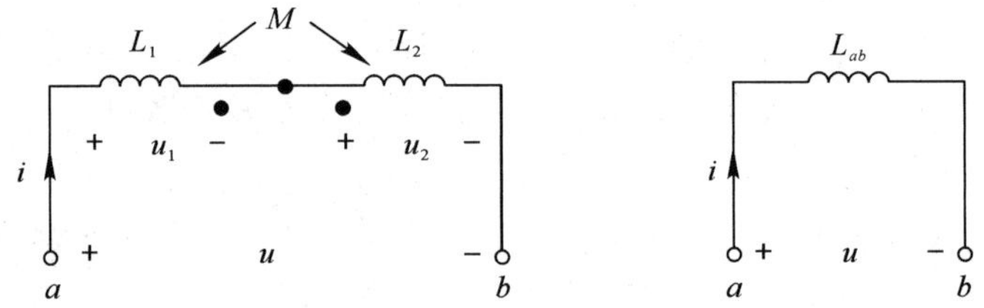

(a)　　　　　　　　(b)

图 8-9　电感线圈反向串联电路图

根据电路中所设电压、电流参考方向及互感线圈上电压、电流的关系，可得

$$u = u_1 + u_2 = \left(L_1 \frac{\mathrm{d}i}{\mathrm{d}t} - M\frac{\mathrm{d}i}{\mathrm{d}t}\right) + \left(L_2 \frac{\mathrm{d}i}{\mathrm{d}t} - M\frac{\mathrm{d}i}{\mathrm{d}t}\right)$$

$$= (L_1 + L_2 - 2M)\frac{\mathrm{d}i}{\mathrm{d}t} = L_{ab}\frac{\mathrm{d}i}{\mathrm{d}t}$$

式中

$$L_{ab} = L_1 + L_2 - 2M \tag{8-8}$$

称为两互感线圈反向串联时的等效电感，因此可画出图 8-9(a)所示电路的等效电路图，如图 8-9(b)所示。

【例 8-2】 计算图 8-10 所示电路中的等效电感 L_{ab} 和 L_{cd}。

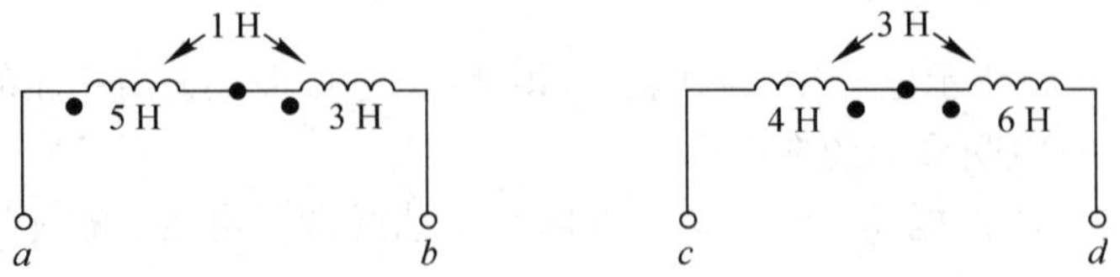

(a)　　　　　　　　(b)

图 8-10　例 8-2 图

解　根据式(8－7)、式(8－8)可得

$$L_{ab}=L_1+L_2+2M=10\text{H},\quad L_{cd}=L_1+L_2-2M=4\text{H}$$

8.2.2　互感线圈的并联等效

互感线圈的并联等效

如图 8－11(a)所示电路中，两电感线圈 L_1、L_2 并联，它们相连的端钮是同名端，这种形式的并联称为同侧并联。

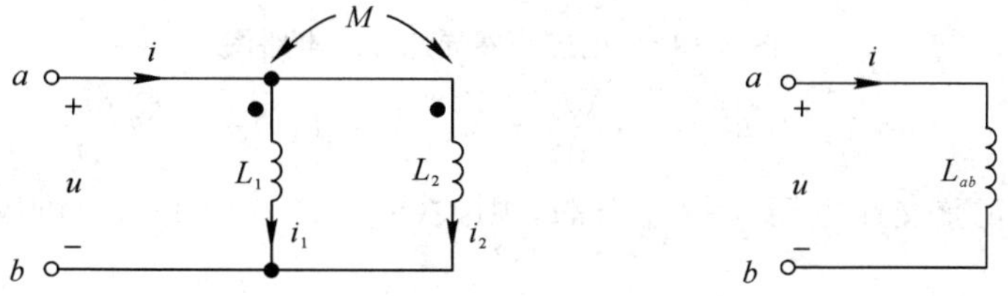

(a)　　(b)

图 8－11　电感线圈同侧并联电路图

电路中电压、电流的参考方向如图 8－11(a)所示，根据 KCL，可列出节点电流方程为

$$i=i_1+i_2 \tag{8-9}$$

根据互感的电压、电流关系，可得

$$u=u_1=u_2=L_1\frac{\mathrm{d}i_1}{\mathrm{d}t}+M\frac{\mathrm{d}i_2}{\mathrm{d}t}=L_2\frac{\mathrm{d}i_2}{\mathrm{d}t}+M\frac{\mathrm{d}i_1}{\mathrm{d}t} \tag{8-10}$$

设外加正弦交流电压 $u=U_{\mathrm{m}}\sin\omega t$，则式(8－9)、式(8－10)可改写成相量形式，即

$$\dot{I}=\dot{I}_1+\dot{I}_2$$

$$\dot{U}=\mathrm{j}\omega L_1\dot{I}_1+\mathrm{j}\omega M\dot{I}_2=\mathrm{j}\omega L_2\dot{I}_2+\mathrm{j}\omega M\dot{I}_1$$

解上述方程组可得

$$Z=\frac{\dot{U}}{\dot{I}}=\mathrm{j}\omega\frac{L_1L_2-M^2}{L_1+L_2-2M}=\mathrm{j}\omega L_{ab}$$

式中

$$L_{ab}=\frac{L_1L_2-M^2}{L_1+L_2-2M} \tag{8-11}$$

称为两互感线圈同侧并联时的等效电感，因此可画出图 8－11(a)所示电路的等效电路图，如图 8－11(b)所示。

如图 8－12(a)所示电路中，两电感线圈 L_1、L_2 并联，它们相连的端钮是异名端，这种形式的并联称为异侧并联。

电路中电压、电流参考方向如图 8－12(a)所示，根据 KCL，可列出节点电流方程为

$$i=i_1+i_2 \tag{8-12}$$

根据互感的电压、电流关系，可得

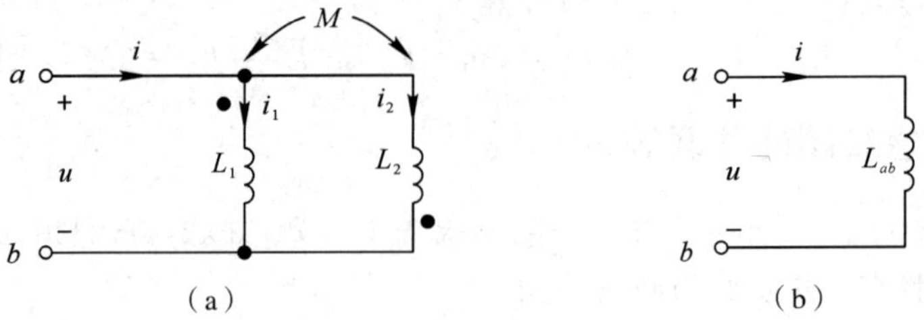

图 8-12 电感线圈异侧并联电路图

$$u = u_1 = u_2 = L_1 \frac{\mathrm{d}i_1}{\mathrm{d}t} - M \frac{\mathrm{d}i_2}{\mathrm{d}t} = L_2 \frac{\mathrm{d}i_2}{\mathrm{d}t} - M \frac{\mathrm{d}i_1}{\mathrm{d}t} \tag{8-13}$$

设外加正弦交流电压 $u=U_{\mathrm{m}}\sin\omega t$，则式(8-12)、式(8-13)可改写成相量形式，即

$$\dot{I} = \dot{I}_1 + \dot{I}_2$$

$$\dot{U} = \mathrm{j}\omega L_1 \dot{I}_1 - \mathrm{j}\omega M \dot{I}_2 = \mathrm{j}\omega L_2 \dot{I}_2 - \mathrm{j}\omega M \dot{I}_1$$

解上述方程组可得

$$Z = \frac{\dot{U}}{\dot{I}} = \mathrm{j}\omega \frac{L_1 L_2 - M^2}{L_1 + L_2 + 2M} = \mathrm{j}\omega L_{ab}$$

式中

$$L_{ab} = \frac{L_1 L_2 - M^2}{L_1 + L_2 + 2M} \tag{8-14}$$

称为两互感线圈异侧并联时的等效电感，因此可画出图 8-12(a)所示电路的等效电路图，如图 8-12(b)所示。

综上所述，将式(8-11)和式(8-14)整合可得两电感并联时的等效电感表达式为

$$L_{ab} = \frac{L_1 L_2 - M^2}{L_1 + L_2 \mp 2M} \tag{8-15}$$

式中，当两电感同侧并联时取“−”，异侧并联时取“+”。

因为等效电感应始终大于等于零，所以式(8-15)中分子部分应满足 $L_1L_2 - M^2 \geqslant 0$，即

$$M \leqslant \sqrt{L_1 L_2} \tag{8-16}$$

故可得互感 M 的最大值为

$$M_{\max} = \sqrt{L_1 L_2}$$

【例 8-3】 计算图 8-13 所示电路中两电感并联的等效电感 L_{ab}。

解 图 8-13(a)中，两电感 L_1、L_2 为同侧并联，根据式(8-11)可得

$$L_{ab} = \frac{L_1 L_2 - M^2}{L_1 + L_2 - 2M} = \frac{11}{4}\mathrm{H}$$

图 8-13(b)中，两电感 L_1、L_2 为异侧并联，根据式(8-14)可得

$$L_{ab} = \frac{L_1 L_2 - M^2}{L_1 + L_2 + 2M} = \frac{7}{8}\mathrm{H}$$

学习笔记

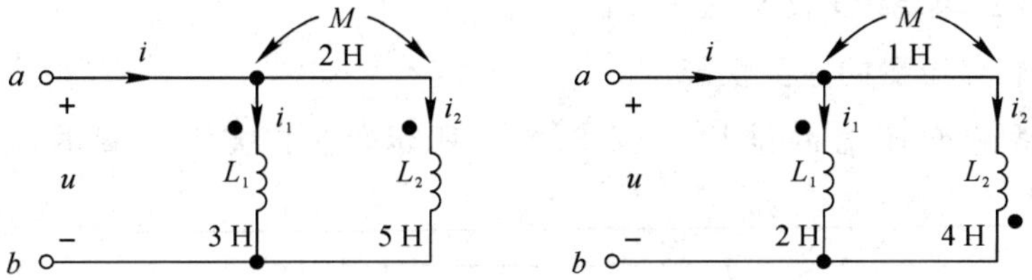

（a）　　（b）

图 8-13　例 8-3 图

思考与练习

8.2-1　两个具有互感的线圈顺向串联时，其等效电感为________；它们反向串联时，其等效电感为________。

8.2-2　两个具有互感的线圈同侧相并时，其等效电感为________；它们异侧相并时，其等效电感为________。

8.2-3　如果误把顺串的两互感线圈反串，会发生什么现象？为什么？

8.2-4　何谓同侧相并？何谓异侧相并？哪一种并联方式获得的等效电感量增大？

8.3　理想变压器

理想变压器

思考题 8.3

变压器是各种电气设备和电子设备中应用非常广泛的一种多端子基本电路元件，其主要作用是利用互感线圈之间的磁耦合进行能量或信号的传递。本节主要介绍变压器在理想条件下的主要性能。

1. 变压器的理想化模型

理想变压器是由实际变压器抽象出来的一种理想化模型。若实际变压器满足以下三个理想条件：① 全耦合（耦合系数 $k=1$）；② 自感系数 L_1、L_2 无穷大，且 L_1/L_2 为常数；③ 无损耗，即不消耗能量，也不储存能量，仅起变换参数的作用，则可将其视为理想变压器，此时制作变压器的材料为理想材料，绕制线圈的导线接近超导体，铁芯磁导率为无穷大。

根据以上条件，理想化的变压器电路模型如图 8-14 所示。图中：N_1 线圈一般与电源或信号源连接，作为能量或信号的输入端，称作初级线圈或初级绕组，简称初级或原方；N_2 线圈一般与负载连接，作为能量或信号的输出端，称作

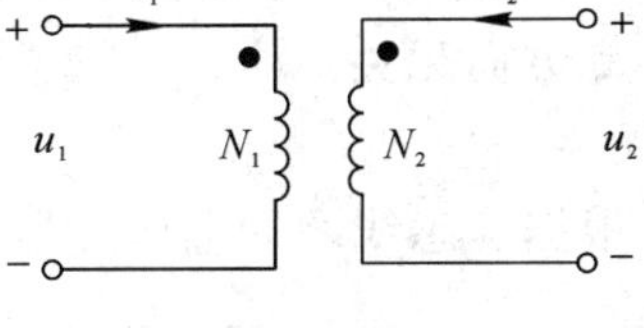

图 8-14　理想变压器电路模型

学习笔记

次级线圈或次级绕组，简称次级或副方。

2. 理想变压器的主要性能

理想铁芯变压器的结构如图 8－15 所示，初、次级线圈的匝数分别为 N_1、N_2。

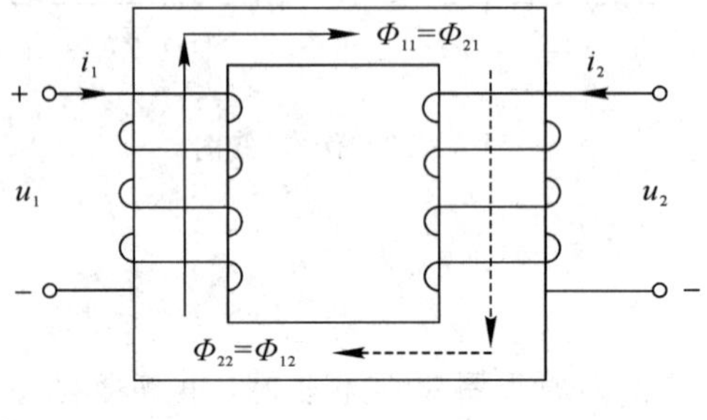

图 8－15　理想变压器结构示意图

由于是理想状态，所以线圈产生的自磁通与互磁通都为 Φ，有以下关系。

1) 理想变压器的电压关系

对于线圈 N_1，有

$$u_1 = \frac{d\Psi_1}{dt} = N_1 \frac{d\Phi}{dt}$$

对于线圈 N_2，有

$$u_2 = \frac{d\Psi_2}{dt} = N_2 \frac{d\Phi}{dt}$$

联立上述两式可得

$$\frac{u_1}{u_2} = \frac{N_1}{N_2} = n \qquad (8-17)$$

上式即为理想变压器的变压关系式，其中，n 称作匝数比或变压比。若电压为有效值，则变压比的表达式为

$$n = \frac{U_1}{U_2} = \frac{N_1}{N_2} \qquad (8-18)$$

式(8－18)说明：原、副方线圈电压在数值方面的比值与线圈的绕向无关。但是，若改变图 8－15中线圈的绕向或电压的参考方向，则有

$$\frac{u_1}{u_2} = -\frac{N_1}{N_2} = -n \qquad (8-19)$$

式(8－19)说明：原、副方线圈电压在相位关系上与线圈的绕向和电压的参考方向有关。对于理想变压器，u_1 和 u_2 不是同相位，就是反相位。

综上所述，理想变压器原、副方线圈电压大小和相位由线圈的匝数和绕向决定，而与线圈中电流的大小和方向无关。

2) 理想变压器的电流关系

如图 8－15 所示电路，根据互感线圈的电压、电流关系，得相量式如下：

$$\dot{U}_1 = \dot{I}_1 j\omega L_1 + \dot{I}_2 j\omega M \Rightarrow \dot{I}_1 = \frac{\dot{U}_1}{j\omega L_1} - \frac{M}{L_1}\dot{I}_2$$

因为理想变压器的自感和互感无穷大，则

$$\dot{I}_1=-\frac{M}{L_1}\dot{I}_2\Rightarrow\frac{\dot{I}_1}{\dot{I}_2}=-\frac{M}{L_1}$$

根据自感、互感的定义可得

$$L_1=\frac{N_1\Phi_{11}}{i_1},\quad M=\frac{N_2\Phi_{11}}{i_1}=\frac{N_1\Phi_{22}}{i_2}$$

因为在理想情况下 $k=1$，则有

$$\frac{\dot{I}_1}{\dot{I}_2}=-\frac{M}{L_1}=-\frac{N_2}{N_1}=-\frac{1}{n}\tag{8-20}$$

式(8-20)称作理想变压器的变流比，该式说明，对于图8-15所示的理想变压器，电压、电流参考方向在图示情况下，原、副方线圈电流有反相的相位关系。若改写成瞬时值关系，则为

$$\frac{i_1}{i_2}=-\frac{N_2}{N_1}=-\frac{1}{n}\tag{8-21}$$

若改变 N_1 或 N_2 的绕向，抑或改变任一电流的参考方向，则电流比变为

$$\frac{i_1}{i_2}=\frac{N_2}{N_1}=\frac{1}{n}\tag{8-22}$$

3) 理想变压器的阻抗关系

对于图8-15所示的理想变压器，如给变压器原方接电源 $\dot{U}_s$，副方接负载 Z_L，对于电源而言，输入等效阻抗为

$$Z_{in}=\frac{\dot{U}_1}{\dot{I}_1}=\frac{n\dot{U}_2}{-\frac{1}{n}\dot{I}_2}=n^2\left[\frac{\dot{U}_2}{-\dot{I}_2}\right]=n^2Z_L\tag{8-23}$$

式(8-23)说明：副方线圈对原方线圈的等效阻抗仅是大小上的变化，而性质不发生变化，这个阻抗称为折合阻抗。根据这一特点，变压器常被用于一些设备的阻抗变换，以实现阻抗与电源的匹配，使负载获得最大功率。

4) 理想变压器的功率关系

假设电源供给变压器的功率为 P_1，负载从变压器获得的功率为 P_2，则

$$\begin{cases}P_1=-U_1I_1\text{（释放功率）}\\P_2=U_2I_2\text{（吸收功率）}=\dfrac{1}{n}U_1(-n)I_1=-U_1I_1=P_1\end{cases}\tag{8-24}$$

上式说明，理想变压器在电路中只起到了能量传递的作用，而没有能量损耗和存储，是一个无记忆的电路元件。

【例8-4】 电路如图8-16(a)所示，如果要使100 Ω电阻能获得最大功率，试确定理想变压器的变压比 n。

解　已知负载 $R=100\ \Omega$，故次级对初级的折合阻抗为

$$Z_{in}=n^2\times100\ \Omega$$

等效电路如图8-16(b)所示。由最大功率传输条件可知，当 Z_{in} 等于电压源

学习笔记

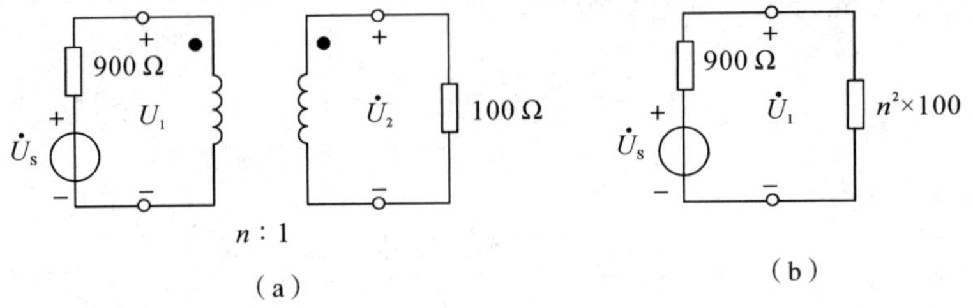

图 8-16　例 8-4 图

的串联电阻(或电源内阻)时，负载可获得最大功率，因此有

$$Z_{in} = 900 = n^2 \times 100$$

则可解得变压比为

$$n = 3$$

思考与练习

8.3-1　变压器的基本功能是把一个等级的正弦交流电压变换成另一个等级的____。

8.3-2　理想变压器的理想条件是：① 变压器中无______，② 耦合系数 k=______，③ 线圈的________和________均为无穷大。理想变压器具有变换________、________和________的特性。理想变压器的变压比 n=________。

8.3-3　理想变压器次级负载阻抗折合到初级回路的折合阻抗 Z_{in}=________。

8.4　实际变压器

实际变压器

理想变压器虽然提供了简单的电压、电流、阻抗的线性变换关系，但实际制造变压器元件时，理想条件是不能严格满足的，所以实际变压器所表现出的性能与理想变压器的性能相比是有差异的。本节主要讨论不同条件下使用的实际变压器的模型构成问题。

8.4.1　空心变压器

空心变压器是高频电路里经常使用的一种变压器，如电视机、发射机中使用的绕在非铁磁性物质芯上的耦合线圈，有的就以空气为芯，称为空心变压器，它在电路中所起的作用是完成信号的变换与传输。这种变压器其实就是一个耦合线圈，属于非理想变压器。

1. 全耦合空心变压器

在分析含有空心变压器的电路问题时，通常假定空心变压器的损耗可忽略，认为耦合系数 $k\approx1$，这种耦合线圈称为全耦合空心变压器。它的互感线圈形式模型如图 8-17 所示，与理想变压器的电路模型基本一致。

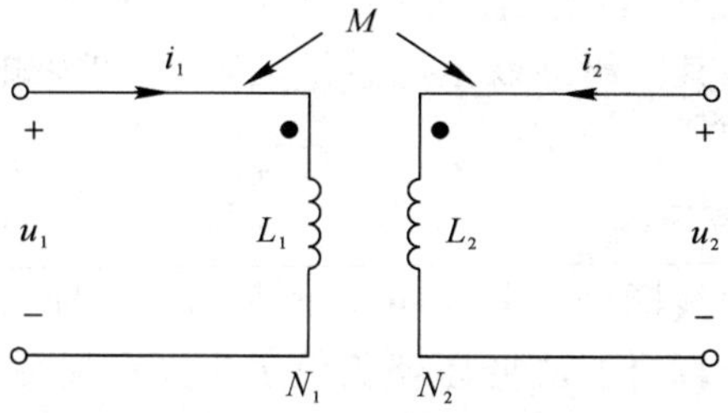

图 8－17　互感线圈形式模型

若与理想变压器的三个理想条件对照，全耦合空心变压器只是不能满足参数无限大这个条件，其他两个理想条件均可认为是满足的。根据图 8－17 所示，可写出端口电压、电流关系为

$$\dot{U}_1 = \dot{I}_1 \mathrm{j}\omega L_1 + \dot{I}_2 \mathrm{j}\omega M = \dot{I}_1 \mathrm{j}\omega L_1 + \dot{I}_2 \mathrm{j}\omega \sqrt{L_1 L_2} \tag{8-25}$$

$$\dot{U}_2 = \dot{I}_2 \mathrm{j}\omega L_2 + \dot{I}_1 \mathrm{j}\omega M = \dot{I}_2 \mathrm{j}\omega L_2 + \dot{I}_1 \mathrm{j}\omega \sqrt{L_1 L_2} \tag{8-26}$$

由式(8－25)可得

$$\dot{U}_1 = \sqrt{\frac{L_1}{L_2}}(\dot{I}_2 \mathrm{j}\omega L_2 + \dot{I}_1 \mathrm{j}\omega \sqrt{L_1 L_2}) \tag{8-27}$$

将式(8－26)代入式(8－27)可得

$$\frac{\dot{U}_1}{\dot{U}_2} = \sqrt{\frac{L_1}{L_2}} \tag{8-28}$$

由于耦合系数 $k \approx 1$，根据自感、互感系数定义可得

$$\sqrt{\frac{L_1}{L_2}} = \frac{N_1}{N_2} \tag{8-29}$$

由式(8－28)和式(8－29)可得

$$\frac{\dot{U}_1}{\dot{U}_2} = \frac{N_1}{N_2} \tag{8-30}$$

可见，全耦合空心变压器的变压关系同理想变压器的变压关系是一样的。

而互感线圈形式模型并不适用于实际中全耦合变压器的电流关系，全耦合变压器的电流关系可由图 8－18 所示的模型进行分析。

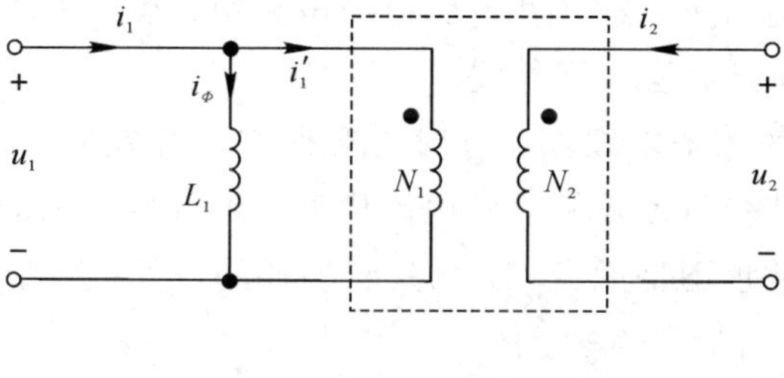

图 8－18　全耦合空心变压器模型

全耦合空心变压器初级电流 i_1 由两部分组成，其中一部分 i_Φ 称为激磁电流，它是初始电流值为零、电感值等于 L_1 的电感上的电流；另一部分为 i_1'，它与

学习笔记

次级电流 i_2 满足理想变压器的变流关系。图 8-18 所示的全耦合空心变压器模型由理想变压器模型在其初级并联上电感量为 L_1 的激磁电感构成。图中虚线框部分为理想变压器模型。

2. 非全耦合空心变压器

有些空心变压器两线圈间的耦合并非很紧密，这种情况下耦合系数不再满足理想条件 $k\approx1$。非全耦合空心变压器仍设定为没有损耗，但全耦合、参数无限大这两个理想条件都不满足，所以它的非理想程度比全耦合空心变压器严重。

下面以图 8-19 所示的非全耦合空心变压器模型对该类变压器进行说明。

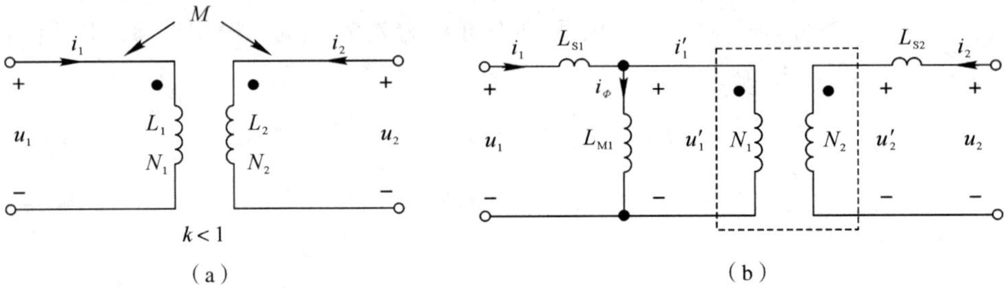

图 8-19 非全耦合空心变压器模型

图 8-19(a)是非全耦合空心变压器的互感线圈形式。特别指出的是，互感系数 $k<1$，也就是说线圈 L_1 与 L_2 之间的耦合不是全耦合，两线圈间存在漏磁链。根据自感系数的定义，可定义漏感系数 L_{S1}、L_{S2}，单位也是亨利(H)。引入漏感后，非全耦合空心变压器模型如图 8-19(b)所示，可由全耦合空心变压器模型在其初、次级上分别串联漏感 L_{S1}、L_{S2} 构成。模型中各参数的确定方法这里不再详细给出，有兴趣的读者可参阅相关文献。

8.4.2 铁芯变压器

在电力供电系统中，各种电气设备电源部分的电路以及在其他一些较低频率的电子电路中使用的变压器大多是铁芯变压器。这类变压器中的铁芯提供了良好的磁通通路，这时漏磁通少、漏感小、耦合度高(耦合系数 k 接近于 1)，并且在足够匝数的条件下，使 L_1、L_2、M 可达非常大的数值。相对而言，它们接近理想条件的程度较好，所以在一些低频电子电路中，常把铁芯变压器看作理想变压器来计算电压、电流、阻抗等参数。

而在较高频率的电子电路中，有时需要研究实际铁芯变压器的频率特性及功率损耗，需用铁芯变压器较精确的电路模型，如图 8-20(a)所示。实际变压器是非全耦合的、参数也不是无穷大，而是有损耗的，即变压器三个理想条件都不满足。

非全耦合空心变压器已经是两个理想条件不满足的非理想变压器，它仅满足无损耗这一个理想条件。若在非全耦合空心变压器模型的基础上，给初、次级线圈再串联一个体现损耗的绕线电阻 R_1、R_2，就得到了三个理想条件均不满足的实际铁芯变压器模型，如图8－20(a)所示，图中虚线框部分为三个理想条件都不满足的非理想变压器，图 8－20(b)图中虚线框部分为理想变压器模型。

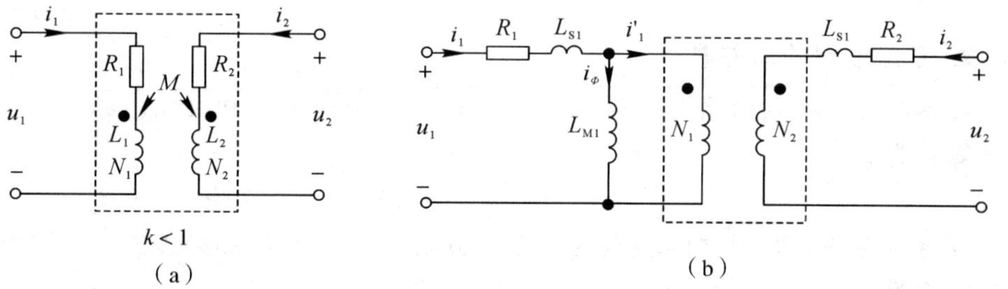

图 8－20　非全耦合铁芯变压器模型

思考与练习

8.4－1　当实际变压器的________很小可以忽略，且耦合系数 $k\approx 1$ 时，称为________变压器。这种变压器的________和________均为有限值。

8.4－2　空心变压器与信号源相连的电路称为________回路，与负载相连接的称为________回路。空心变压器次级对初级的反射阻抗 $Z_{in}=$__________。

8.4－3　理想变压器和全耦合变压器有何相同之处？有何区别？

8.4－4　试述理想变压器和空心变压器的折合阻抗的不同之处。

本章小结

1. 互感与互感电压

(1) 基本概念：两个相邻的载流线圈，当任一线圈中的电流发生变化时，它所产生的变化磁场将使位于它附近的另一线圈中的磁通量发生变化，从而激发起感应电压。这种由一个线圈的交变电流在另一个线圈中产生感应电压的现象叫作互感现象，由此产生的感应电压叫互感电压。

(2) 互感系数：互磁通链 Ψ_{21} 与产生它的电流 i_1 的比值为 L_1 对 L_2 的互感系数，简称互感。用 M_{21} 表示，单位是亨利(H)。

$$M=\frac{N_1\Phi_{12}}{i_2}=\frac{N_2\Phi_{21}}{i_1}$$

(3) 耦合系数：表示两线圈耦合的紧密程度的参数，其值等于互感系数与两线圈自感系数几何平均值的比值，是一个无量纲参数。

$$k=\frac{M}{\sqrt{L_1L_2}}\leqslant 1$$

(4) 耦合电感线圈上的电压关系：两耦合线圈的自磁通与互磁通相助时，线圈电压等于自感电压 u' 与互感电压 u'' 之和；当两耦合线圈的自磁通与互磁通相

学习笔记

消时，线圈电压等于自感电压 u' 与互感电压 u'' 之差。

(5) 同名端：自感电压与互感电压极性相同的端钮。可采用直流法或交流法进行判定。

2. 互感线圈的串并联

互感线圈的串联根据同名端的连接方式分为顺向串联和反向串联。等效电感计算式为

$$L_{ab}=L_1+L_2\pm 2M$$

互感线圈的并联根据同名端的连接方式分为同侧并联和异侧并联。等效电感计算式为

$$L_{ab}=\frac{L_1L_2-M^2}{L_1+L_2\mp 2M}$$

3. 理想变压器

1) 变压器的理想化条件

(1) 全耦合(耦合系数 $k=1$)。

(2) 自感系数 L_1、L_2 无穷大，且 L_1/L_2 为常数。

(3) 无损耗。

2) 理想变压器的主要性能

(1) 理想变压器副方线圈电压大小和相位由线圈的匝数和绕向决定，而与线圈中电流的大小和方向无关，即

$$\frac{u_1}{u_2}=\pm\frac{N_1}{N_2}=\pm n$$

(2) 理想变压器原、副方线圈中电流的比值为变压比，线圈中电流的相位关系由线圈绕向和参考方向决定，即

$$\frac{i_1}{i_2}=\pm\frac{N_2}{N_1}=\pm\frac{1}{n}$$

(3) 当副方接负载 Z_L 时，理想变压器的输入等效阻抗(折合阻抗)为

$$Z_{in}=n^2Z_L$$

(4) 理想变压器在电路中只起到了能量的传递作用，而没有能量的损耗和存储，是一个无记忆的电路元件。

阅读材料：涡流现象及其应用

在一些电气设备中，常常有大块的金属存在，如变压器和电动机中的铁芯。当这些金属块对磁场作相对运动或者处在变化的磁场中时，就会产生感应电流。我们把金属块看作由一层一层的金属薄壳组成的，每一薄层相当于一个回路，于是每一薄层回路中都将形成环形的感应电流。

如图 8－21 所示，当从铁芯的上端俯瞰铁芯中的感应电流时，感应电流的电流线呈闭合的涡旋状，因而形象地把这种感应电流称为涡电流，简称涡流。

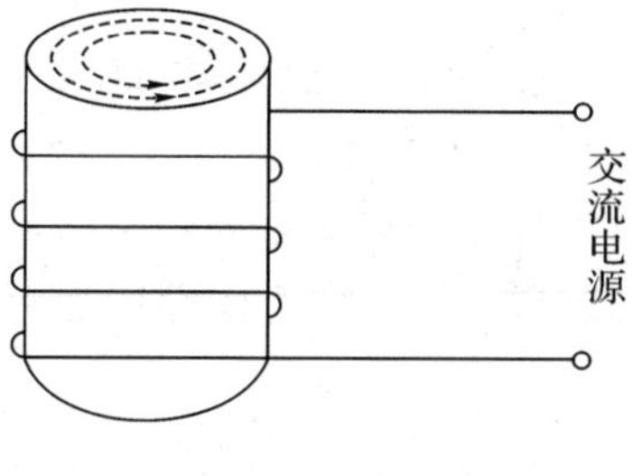

图 8－21　涡流产生示意图

涡流与互感的区别是：涡流产生的是感应电流；互感产生的是感应电动势。

由于大多数金属的电阻率很小，因此不大的感应电动势往往可以在整块金属内部激起强大的涡流。涡流与普通电流一样流经金属回路时要释放出焦耳热，这就是涡流的热效应。涡流的热效应在生产、生活中有广泛应用。

1．涡流在电磁炉中的应用

电磁炉是利用电磁感应加热原理制成的电气烹饪器具，主要由三大部分构成：一是能够产生高频交变磁场的电子线路系统(含高频感应加热线圈即励磁线圈)；二是电子线路系统，包括功率板、主机板、灯板(操控显示板)、温控、线圈盘及热敏支架、风机、电源线等，三是承载锅具的结构性外壳(含能承受高温和冷热急变的炉面板)等，其外形如图 8－22(a)所示。

电磁炉采用的是磁场感应电流(又称为涡流)加热原理。当有电流通过励磁线圈时会产生磁场，其效果相当于磁铁棒，因此线圈面有 N－S 极磁场的产生，亦即有磁通量穿越。若使用的电源为交流电，线圈的磁极和穿越回路面的磁通量都会产生变化，即产生交变磁场。当将铁质锅具底部放置于炉面时，锅具即切割交变磁感应线而在锅具底部金属部分产生交变的电流(即涡流)，涡流使锅具铁原子高速无规则运动，原子互相碰撞、摩擦而产生热能使锅具本身自行高速发热，用来加热和烹饪食物，从而达到煮食的目的。电磁炉的工作原理如图 8－22(b)所示。

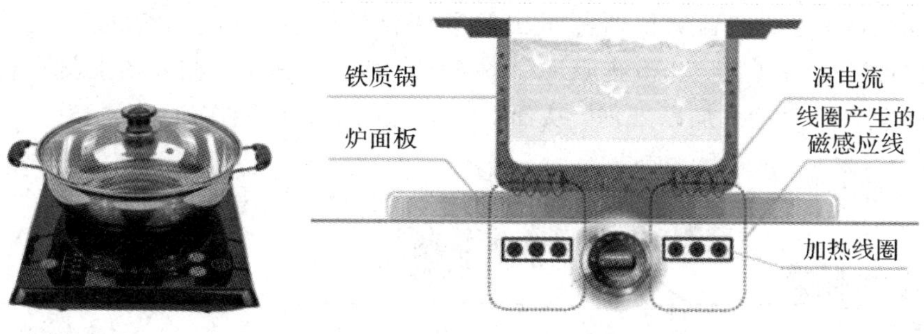

(a) 电磁炉外形　　(b) 电磁炉工作原理

图 8－22　电磁炉外形及工作原理示意图

2．涡流感应发热

高频率变化的电磁场在大块导体中产生的涡流热可以用来冶炼金属，俗称

学习笔记

高频感应炉，如图 8－23(a)所示。

感应炉结构如图 8－23(b)所示，在感应炉中，有产生高频电流的大功率电源和产生交变磁场的线圈，线圈的中间放置一个用耐火材料(例如陶瓷)制成的坩埚，用来放待熔化的金属。涡流感应发热的应用很广泛，除了高频感应炉冶炼金属，还有高频塑料热压机过塑，以及用于治疗的涡流热疗系统。

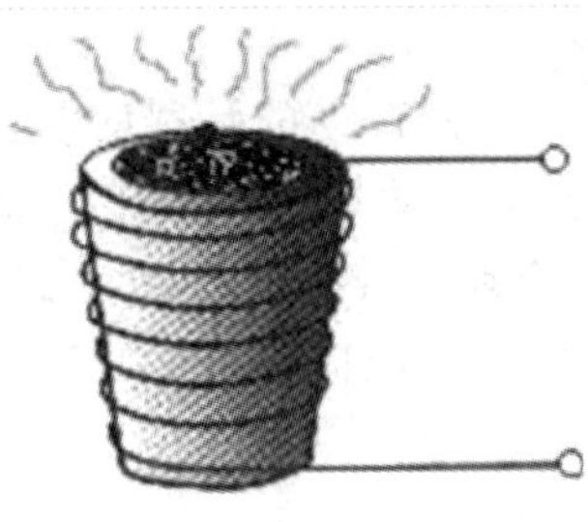

(a) 感应炉工作原理

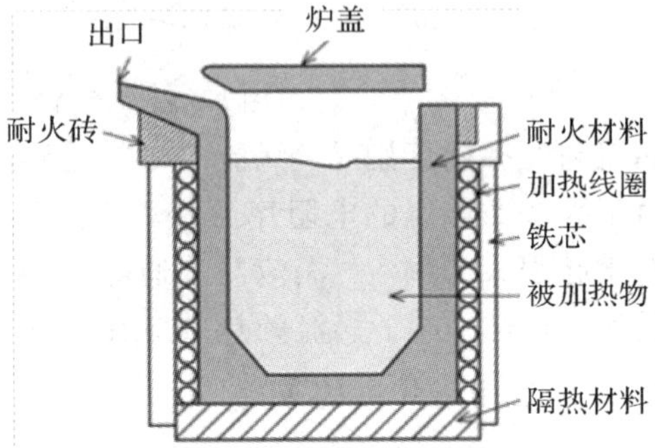

(b) 感应炉内部结构

图 8－23　感应炉工作原理及结构图

3. 涡流检测

涡流检测是建立在电磁感应原理基础之上的一种无损检测方法，适用于导电材料。当把一块导体置于交变磁场中时，在导体中就会有感应电流存在，即产生涡流。由于导体自身各种因素(如电导率、磁导率、形状、尺寸和缺陷等)的变化，会导致涡流的变化，利用这种现象判定导体性质、状态的检测方法，叫涡流检测。当载有正弦波电流激励线圈接近金属表面时，线圈周围的交变磁场在金属表面产生感应电流(此电流称为涡流)，同时也产生一个与原磁场方向相反的相同频率的磁场，该磁场又反射到探头线圈，导致检测线圈阻抗的电阻和电感发生变化，改变了线圈的电流大小及相位。因此，探头在金属表面移动，遇到缺陷或材质、尺寸等的变化时，使得涡流磁场对线圈产生不同的反作用，从而引起线圈阻抗变化，通过涡流检测仪器测量出这种变化量就能鉴别金属表面有无缺陷或其他物理性质的变化，其检测原理如图 8－24 所示。涡流检测实质上就是检测线圈阻抗发生的变化并加以处理，从而对测试件的物理性能作出评价。

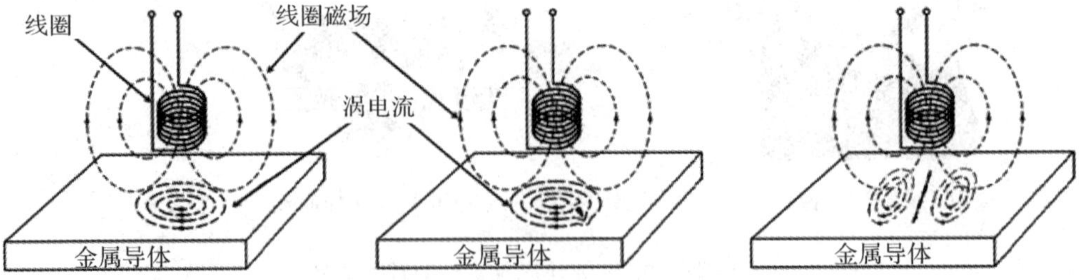

(a) 无缺陷　　(b) 有缺陷　　(c) 有裂纹

图 8－24　涡流检测原理图

4. 电涡流传感器

根据法拉第电磁感应原理，块状金属导体置于变化的磁场中或在磁场中作切割磁力线运动时(与金属是否块状无关，且切割不变化的磁场时无涡流)，导体内将产生呈涡旋状的感应电流，此电流叫电涡流，以上现象称为电涡流效应，根据电涡流效应制成的传感器称为电涡流传感器。电涡流传感器是一种非接触式的线性化测量工具，它建立在涡流效应的原理上，不但可以实现非接触测量物体表面为金属导体的多种物理量，还可用于无损探伤。

图 8－25 所示为电涡流传感器的工作原理示意图，当前置器中的高频振荡电流通过延伸电缆流入探头线圈时，会在探头头部线圈中产生交变磁场。当被测金属体靠近这一磁场时，则在此金属体表面产生感应电流，与此同时该电涡流场也产生一个与头部线圈方向相反的交变磁场，由于其反作用，使头部线圈高频电流的幅度和相位发生改变(线圈的有效阻抗)，这一变化与金属体的磁导率、电导率，线圈的几何形状、几何尺寸，电流频率以及头部线圈到金属体表面的距离等参数有关。于是，前置器电子线路将线圈阻抗的变化，即头部线圈与金属体的距离的变化转化成电压或电流的变化，从而准确测量出被测体(必须是金属导体)与探头端面的相对位置。

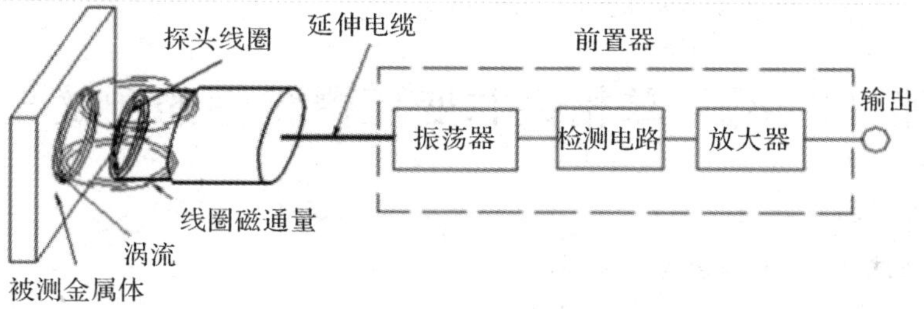

图 8－25　电涡流传感器的工作原理示意图

电涡流传感器以其独特的优点，广泛应用于电力、石油、化工、冶金等行业，可用于汽轮机、水轮机、发电机、鼓风机、压缩机、齿轮箱等大型旋转机械的轴的径向振动、轴向位移、鉴相器、轴转速、胀差、偏心、油膜厚度等的在线测量和安全保护，以及转子动力学研究和零件尺寸检验等方面。图 8－26 列举了电涡流传感器的一些典型应用。

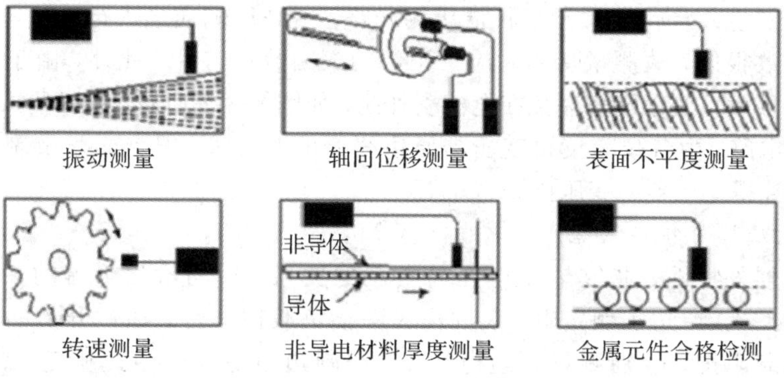

图 8－26　电涡流传感器的典型应用示意图

学习笔记

5. 涡流的危害

变压器工作时，其铁芯会产生涡流，而涡流在铁芯内部流动会使铁芯发热，严重时会把变压器烧毁。当交变电流通过导线时穿过铁芯的磁通量不断随时间发生变化，在副边产生感应电动势，同时也在铁芯中产生感应电动势，从而产生涡流。这些涡流使铁芯大量发热，浪费了大量的电能，效率很低。

为减少涡流损耗，交流电机、电器中广泛采用表面涂有薄层绝缘漆或绝缘氧化物的薄硅钢片叠压制成的铁芯，如图 8-27 所示。这样涡流就被限制在狭窄的薄片之内，磁通穿过薄片的狭窄截面时，这些回路中的净电动势较小，由于回路的长度较大，回路的电阻也很大，涡流也随之大为减弱，加之这种薄片材料的电阻率大(硅钢的涡流损失只有普通钢的 1/5～1/4)，从而大大降低了涡流损失。

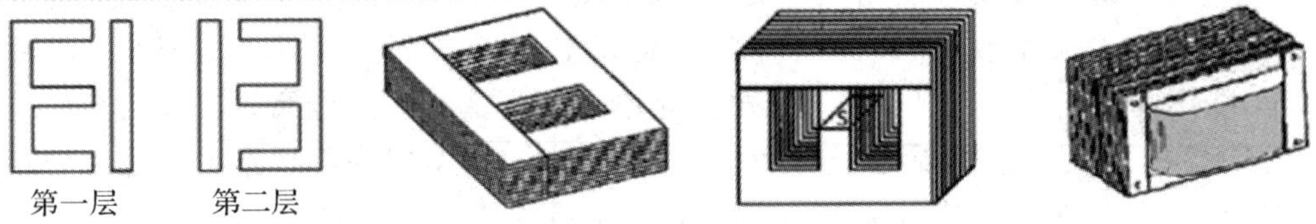

(a) 铁芯硅钢片形状　　(b) E型铁芯　　(c) 变压器外形

图 8-27　变压器铁芯结构示意图

【技能训练 8】 单相铁芯变压器特性的测试与仿真

1. 技能训练目标

(1) 掌握测定变压器变压比的方法。

(2) 学习测量变压器外特性曲线的方法。

2. 使用器材

交流电流表、交流电压表、功率表、白炽灯、单相铁芯变压器，Multisim 仿真软件。

3. 训练内容与方法

1) 空载参数测量

变压器空载特性通常是指将低压侧开路，由高压侧通电进行测量，又因空载时功率因数很低，故测量功率时应采用低功率因数瓦特计。此外，由于变压器空载时阻抗很大，故电压表应接在电流表外侧，如图 8-28 所示。根据测试变压器空载参数的电路，由各仪表读得变压器原边线圈的 U_1、I_1、P_1、$\cos\varphi$ 及副边线圈的 U_2，即可算得变压器的变压比 $n=U_1/U_2$。

2) 变压器外特性测试

变压器外特性是指其输出电压与负载的关系，即与输出电流的关系。如图 8-29 所示，在原边加额定电压，副边线圈接负载白炽灯，通过开关的打开与闭合改变负载阻抗，分别测量副边电压 U_2 和副边电流 I_2，由此确定变压器的外特性。

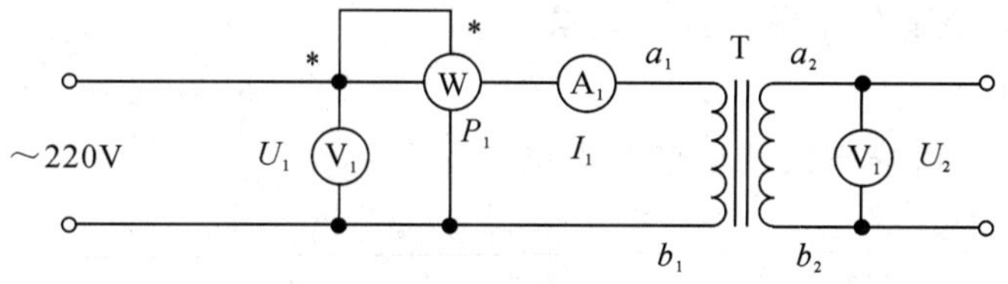

图 8-28　变压器空载电路图

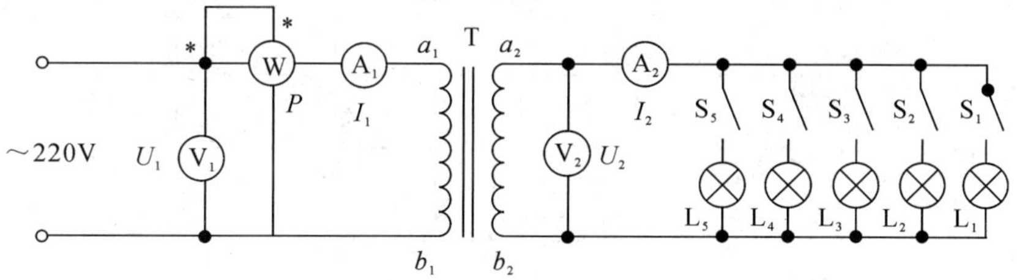

图 8-29　变压器外特性测试电路图

4. 操作步骤及数据记录

1）空载参数测量

按图 8-28 搭接实验电路。实验时，变压器原边线圈 a_1、b_1 接电源，副边线圈 a_2、b_2 开路。A_1、V_1、V_2 分别为交流电流表、交流电压表。W 为功率表，需注意电压线圈和电流线圈的同名端，避免接错线。将测得的数据填入表 8-1，并计算功率因数 $\cos\varphi=\dfrac{P}{S}=\dfrac{P}{U_1 I_1}$，变压比 $n=\dfrac{U_1}{U_2}=\dfrac{N_1}{N_2}$。

表 8-1　空载实验测量参数

参数	U_1/V	I_1/A	P/W	$\cos\varphi$	U_2/V	$n=U_1/U_2$
读数						

2）变压器外特性测试

按图 8-29 搭接实验电路。变压器副边线圈经过开关接到负载——5 只并联的白炽灯。在保持原边电压 U_1 不变的情况下，逐次增加灯泡负载，测定 U_1、U_2、I_1 和 I_2，即可绘出变压器的外特性曲线，即负载特性曲线 $U_2=f(I_2)$。将测得的数据填入表 8-2。

表 8-2　负载实验测量参数

开灯盏数	U_1/V	I_1/A	U_2/V	I_2/A	P/W	$\cos\varphi$
1						
2						
3						
4						
5						

学习笔记

5. 软件仿真操作步骤及数据记录

1) 空载参数测量

按图 8-30 搭接空载测试仿真电路。

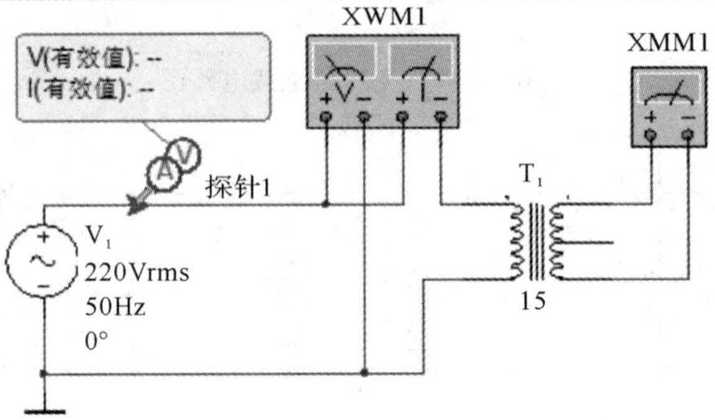

图 8-30　空载测试仿真电路

电路中的器件参数设置如下：

(1) V_1 为交流电压源(AC_POWER)，电压值设为 220 V，频率设为 50 Hz。

(2) T_1 为虚拟变压器(Basic 基本元件组→Basic_VIRTUAL 系列→TS_VIRTUAL)，主副匝数比设置为 15，如图 8-31 所示。

(3) XMM1 为万用表，测量模式设置为“交流电压”。

(4) XWM1 为瓦特计(功率表)，仿真时双击该器件可打开功率表的仪器参数面板，如图 8-32 所示，从该面板中可直接读出功率及功率因数的大小。

将测得的数据填入表 8-1，并计算变压比 n。

图 8-31　虚拟变压器参数设置面板

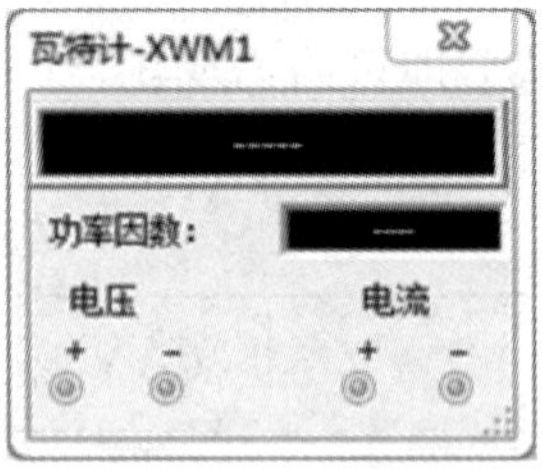

图 8-32　功率表仪器参数面板

2) 变压器外特性测试

按图 8-33 搭接仿真实验电路。将 5 只灯泡并联作为变压器副边线圈的负载，灯泡(Indicator 组→LAMP 系列→参数选择 30 V_10 W)通过 5 个开关(SPST)控制，开关的控制键分别设置为数字键“1”～“5”。A_1 为电流表(AMME-

TER_HR），设置为“AC”测量模式。

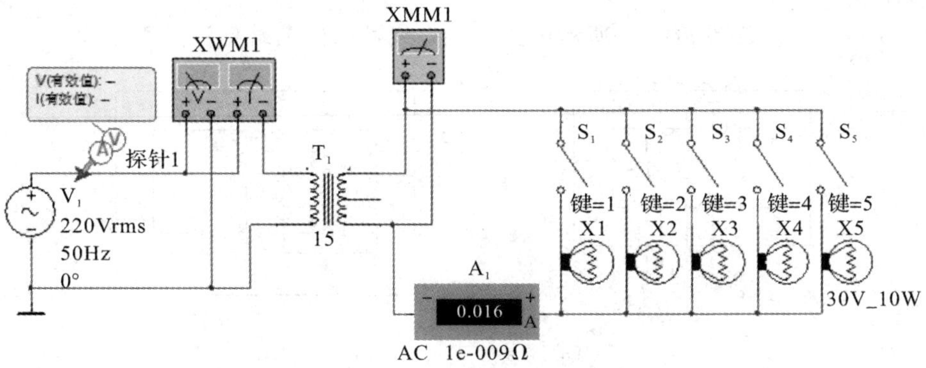

图 8－33　有载测试仿真电路

进行仿真实验时，按下键盘上对应的控制键逐次增加灯泡负载，将测得的数据填入表 8－2。根据测出的 U_1、U_2、I_1 和 I_2，即可绘出变压器的外特性曲线，即负载特性曲线 $U_2=f(I_2)$。

6. 注意事项

（1）实物实验电路中使用调压器时应首先调至零位，然后才可合上电源。此外，必须用电压表监视调压器的输出电压，防止被测变压器输出过高电压而损坏实验设备。实验时注意安全，以防高压触电。

（2）遇异常情况应立即断开电源，待处理好故障后再继续测量。

7. 报告填写要求

（1）根据实验数据绘出变压器的外特性曲线。

（2）总结技能训练心得。

习　题

8－1　“耦合线圈的同名端只与两线圈的绕向及两线圈的相互位置有关，与线圈中电流的参考方向及电流的数值大小无关”，这种观点对吗？为什么？

8－2　试确定图 8－34 所示耦合线圈的同名端。（试假设各种不同情况的电流参考方向进行分析，结果是否相同？）

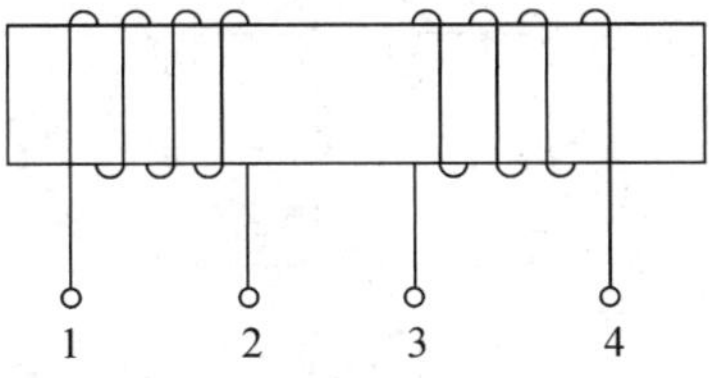

图 8－34　习题 8－2 图

8－3　有一互感线圈，$L_1=0.2$ H，$L_2=0.4$ H，$M=0.1$ H，求互感线圈顺

学习笔记

向串联、反向串联、同侧并联、异侧并联的等效电感(要求画出每种连接形式的电路图)。

8-4　请判断图8-35所示电路中耦合线圈的同名端标注是否正确。

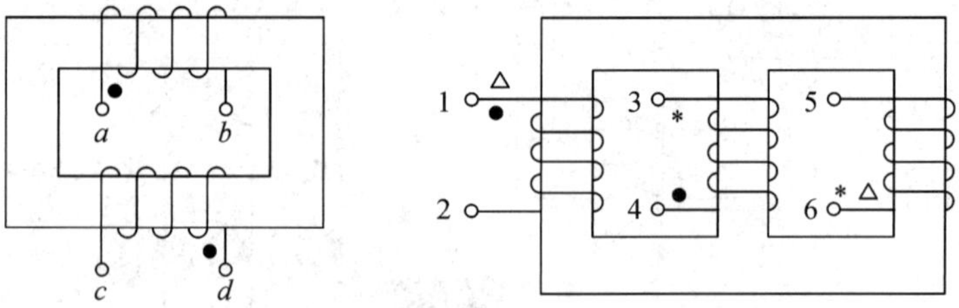

图8-35　习题8-4图

8-5　在图8-36所示线圈的1端输入正弦电流 $i=10\sin t$ A，方向如图所示，已知互感 $M=0.01$ H，求 u_{34}。

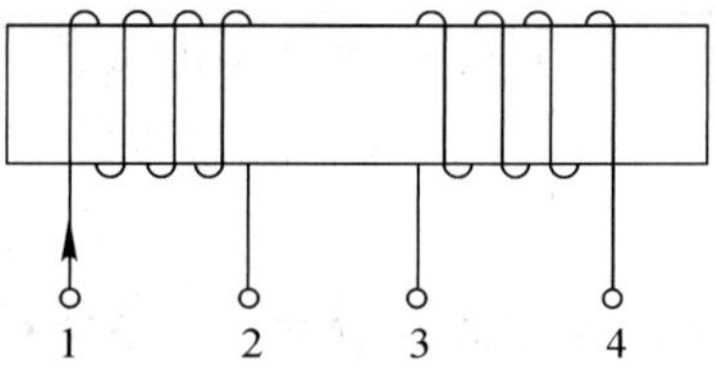

图8-36　习题8-5图

8-6　求图8-37所示电路的等效阻抗，信号源频率为 ω。

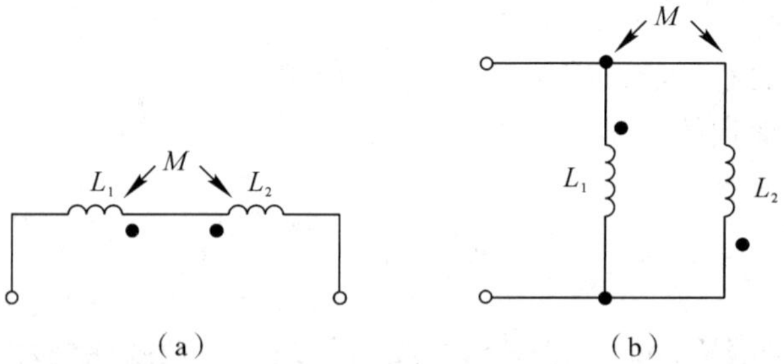

图8-37　习题8-6图

8-7　写出图8-38所示电路中各耦合电感的伏安特性表达式。

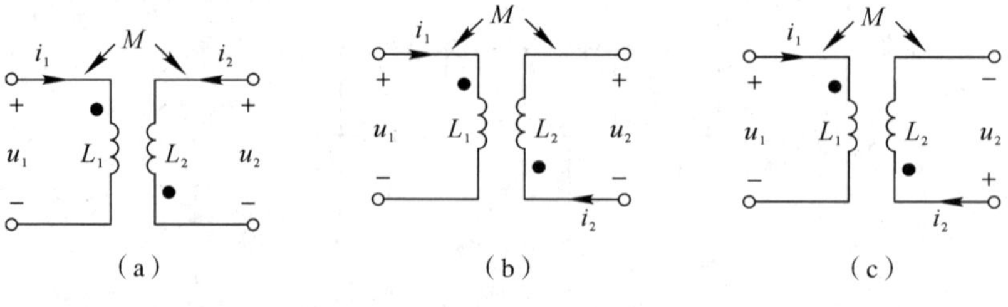

图8-38　习题8-7图

8-8　把两个线圈串联起来接到50 Hz、220 V的正弦电源上，顺接时电流为 2.7 A，吸收的功率为 218.7 W；反接时电流为 7 A，求互感 M。

8-9　电路如图 8-39 所示，已知两个线圈的参数为：$R_1=R_2=100\ \Omega$，$L_1=3\ \mathrm{H}$，$L_2=10\ \mathrm{H}$，$M=5\ \mathrm{H}$，正弦电源的电压 $U=220\ \mathrm{V}$，$\omega=100\ \mathrm{rad/s}$。

(1) 试求两个线圈的端电压，并作出电路的相量图；

(2) 证明两个耦合电感反接串联时不可能有 $L_1+L_2\leqslant 0$；

(3) 电路中串联多大的电容可使电路发生串联谐振。

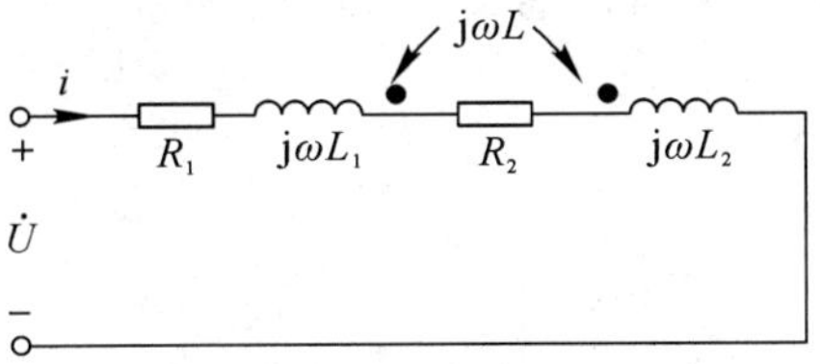

图 8-39　习题 8-9 图

8-10　如图 8-40 所示电路，$M=0.005\ \mathrm{H}$，求此串联电路的谐振频率。

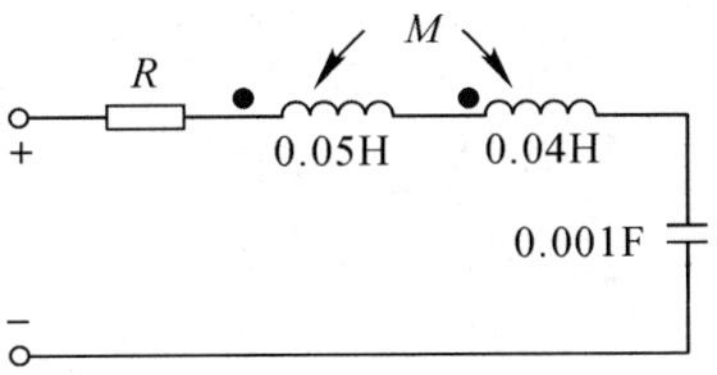

图 8-40　习题 8-10 图

8-11　如图 8-41 所示电路，理想变压器的变压比为 10∶1，求电压 $\dot{U}_2$。

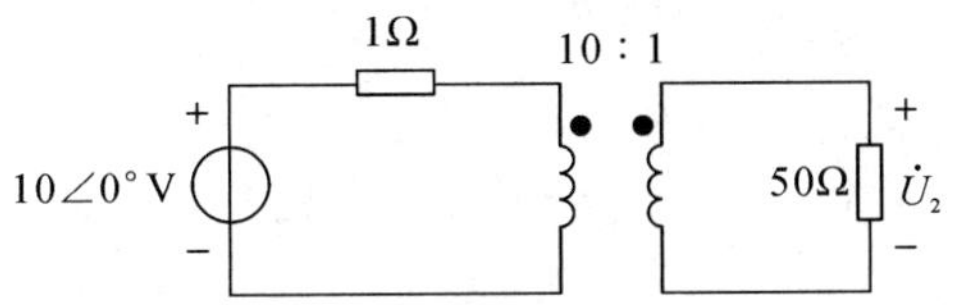

图 8-41　习题 8-11 图

8-12　电路如图 8-42 所示，试问 Z_L 为何值时可获得最大功率？最大功率为多少？

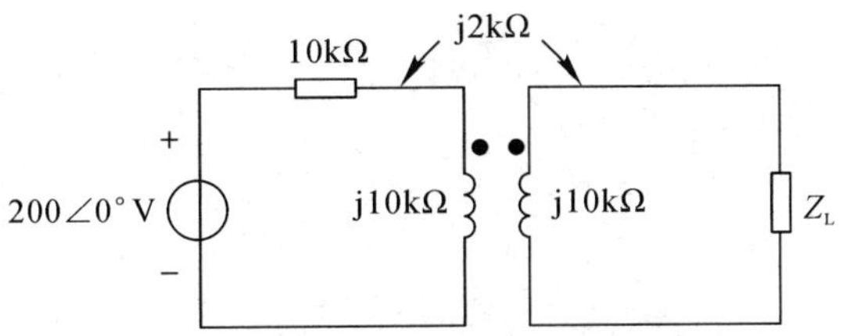

图 8-42　习题 8-12 图

8-13　理想变压器如图 8-43 所示，已知 $\dot{U}_s=20\angle 0^\circ\ \mathrm{V}$，试求 $\dot{I}$。

学习笔记

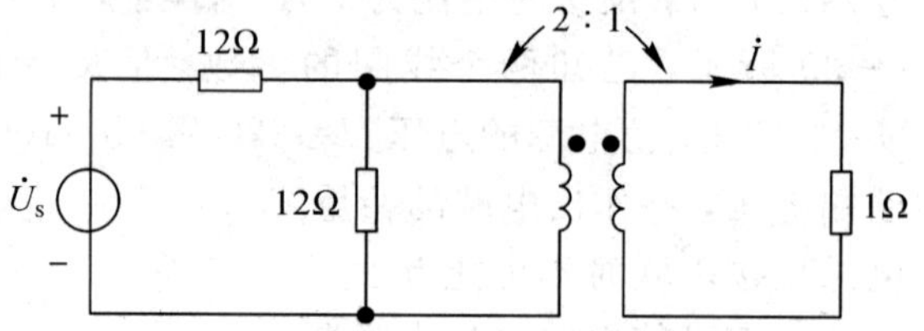

图 8-43　习题 8-13 图

附录 A　Multisim 软件简介

Multisim 是以 Windows 为基础的仿真工具，适用于板级的模拟/数字电路板的设计工作。它包含了电路原理图的图形输入、电路硬件描述语言输入方式，具有丰富的仿真分析能力。为适应不同的应用场合，Multisim 推出了许多版本，下面介绍 Multisim 14.0 的安装与汉化、界面及工具栏、元件库与元件查找、虚拟仪器仪表及使用设置等。

A.1　Multisim 14.0 的安装与汉化

Multisim 14.0 版本相比以往版本增加了主动分析模式，电压、电流和功率探针以及 6000 多种新组件。下面详细介绍软件的安装与汉化步骤。

1. Multisim14.0 的安装

(1) 下载安装程序及汉化文件，如图 A-1 所示。双击运行 NI_Circuit_Design_Suite_14_0_Education.exe，在出现的对话框上点击“确定”按钮，如图 A-2 所示。

图 A-1　Multisim 14.0 教育版安装程序及汉化文件夹

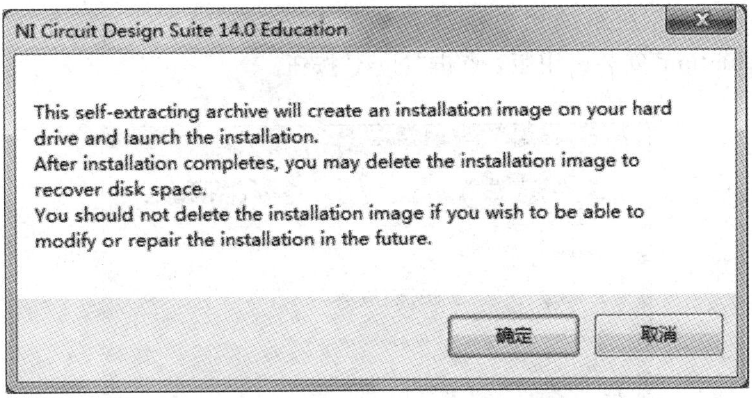

图 A-2　Multisim 14.0 安装对话框

(2) 在弹出的解压对话框中点击“Unzip”按钮解压缩文件，建议解压缩文件路径选择非系统盘，如本地磁盘 D，除盘符外不改变其他路径名称，如图 A-3 所示。解压完成后点击“确定”按钮。

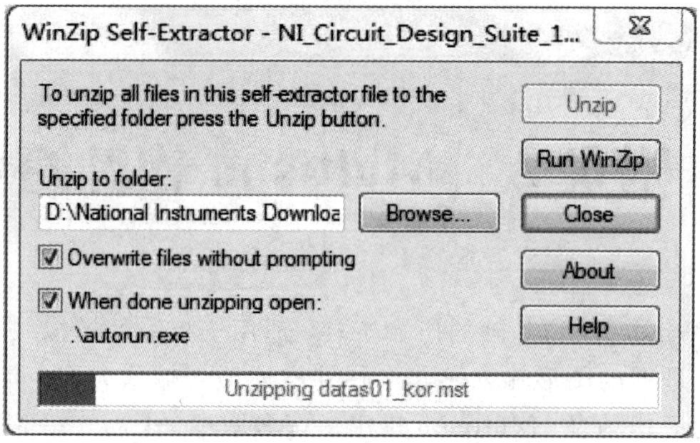

图 A-3　Multisim 14.0 解压对话框

(3) 在解压完成弹出的安装界面中选择第 1 项"Install NI Circuit Design Suite 14.0"，即开始安装 Multisim 14.0，如图 A-4 所示。

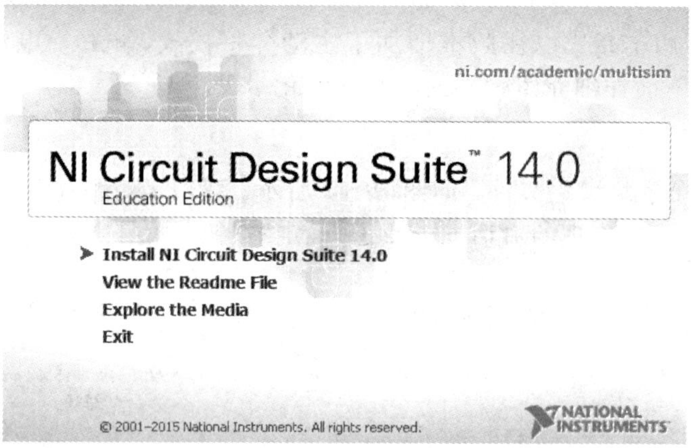

图 A-4　Multisim 14.0 安装界面

当出现如图 A-5 所示的用户信息对话框时，输入用户信息，并选择"Install this product for evaluation"安装试用版，点击"Next"按钮。

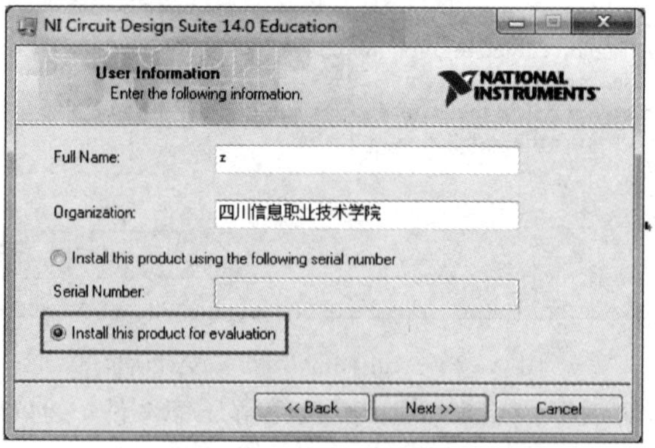

图 A-5　Multisim 14.0 安装用户信息对话框

然后选择安装路径，建议安装软件的路径选择非系统盘(如 D 盘)，除盘符外不改变其他路径名称，且路径中不能带有中文，如图 A-6 所示。

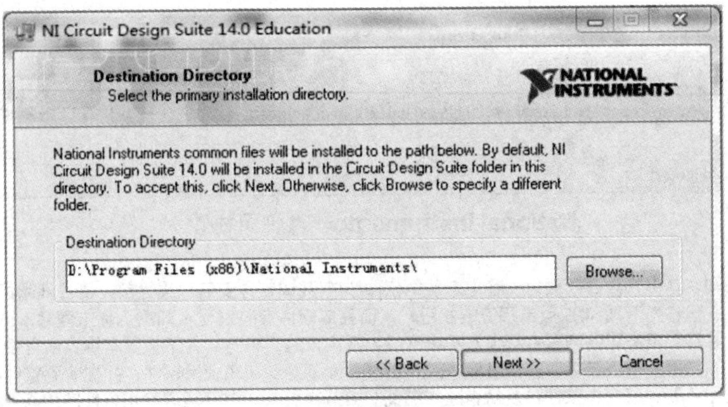

图 A-6　Multisim 14.0 安装路径对话框

在弹出的安装选项中选择"NI Circuit Design Suite 14.0 Education"，如果需要协同 LabVIEW 软件则同时选择所有 LabVIEW Tools(工具)，然后点击"Next"按钮，如图A-7 所示。

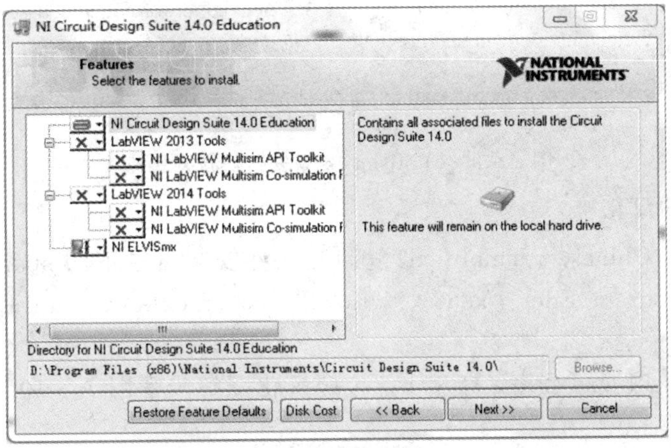

图 A-7　Multisim 14.0 安装选项对话框

将软件自动更新选项中的钩去掉，点击"Next"按钮，如图 A-8 所示。

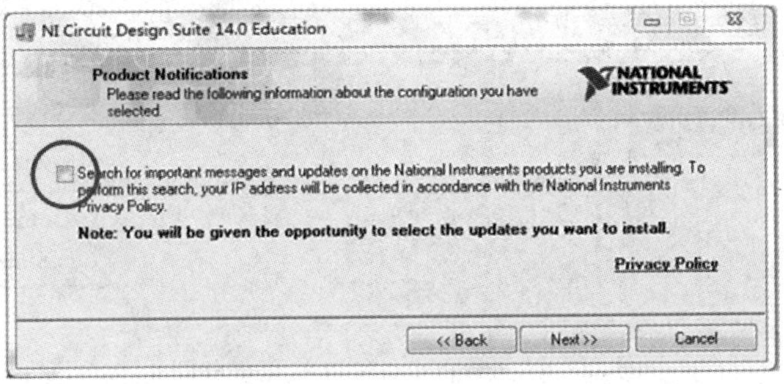

图 A-8　Multisim 14.0 安装更新对话框

勾选同意软件安装协议，如图 A－9 所示，点击“Next”按钮开始安装软件，整个安装过程估计要持续几分钟。

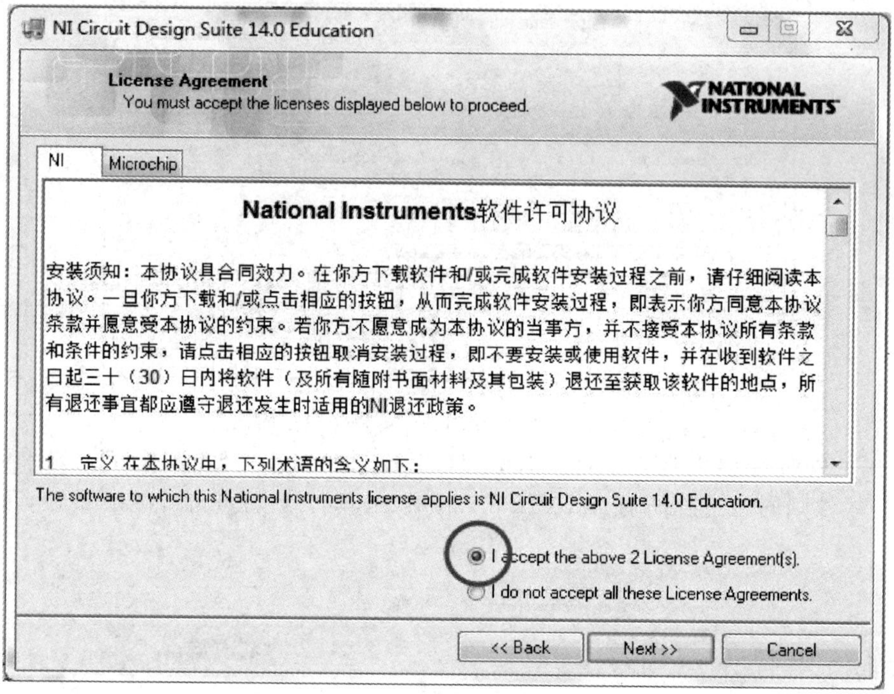

图 A－9　Multisim 14.0 安装协议对话框

2. Multisim 的汉化

将汉化文件夹“Chinese－simplified”复制到软件安装目录下的 stringfiles 文件夹，默认目录为 C：\Program Files（x86）\National Instruments\Circuit Design Suite 14.0\stringfiles。

运行 Multisim 14.exe 程序，打开软件按照汉化图解步骤图 A－10 和图 A－11 所示，完成软件的汉化。

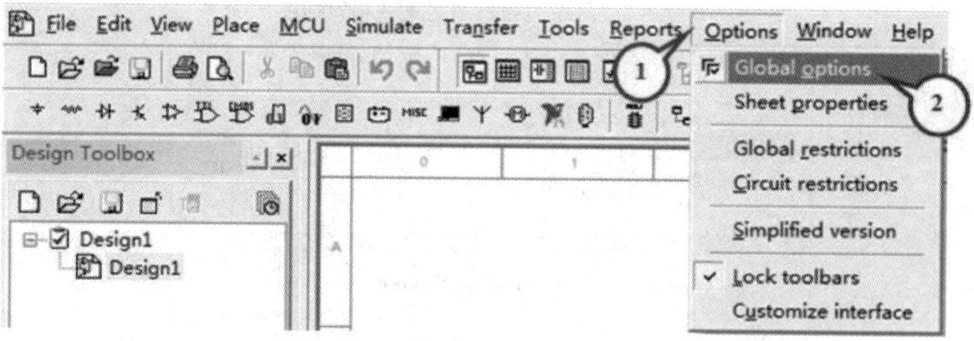

图 A－10　Multisim 14.0 汉化步骤图 1

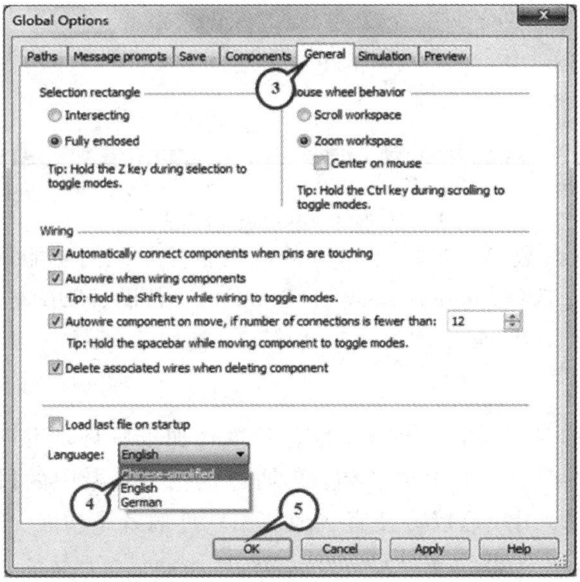

图 A－11　Multisim 14.0 汉化步骤图 2

A.2　Multisim 14.0 的界面及工具栏

Multisim 14.0 软件以图形界面为主，采用菜单、工具栏和热键相结合的方式，具有一般 Windows 应用软件的界面风格，用户可以根据自己的习惯和熟悉程度自如使用。

1．Multisim 的主窗口界面

启动 Multisim 14.0 后，将出现如图 A－12 所示的界面。

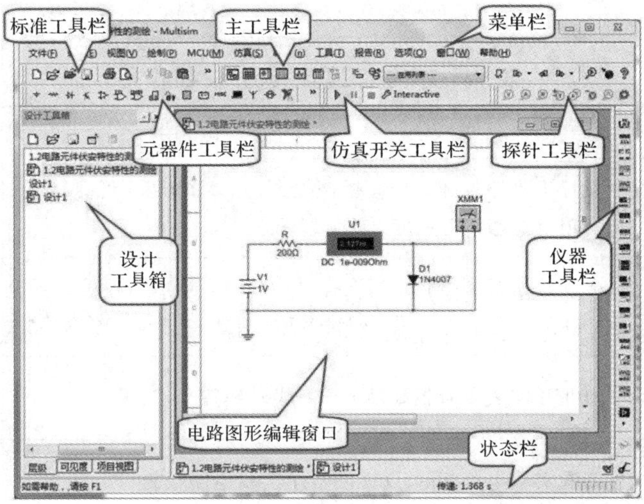

图 A－12　Multisim 14.0 的主窗口界面

2. 菜单栏

菜单栏位于主窗口界面的上方，如图 A-13 所示，通过菜单可以对 Multisim 的所有功能进行操作。

图 A-13　Multisim 的菜单栏

菜单中有一些与大多数 Windows 平台上的应用软件一致的功能选项，如文件(File)、编辑(Edit)、视图(View)、选项(Options)、窗口(Window)、帮助(Help)等。此外，还有一些 EDA 软件专用的选项，如绘制(Place)、仿真(Simulation)、转移(Transfer)以及工具(Tool)等。

3. 工具栏

Multisim 提供了多种工具栏，并以层次化的模式加以管理，用户可以通过视图菜单中的选项方便地将顶层的工具栏打开或关闭，再通过顶层工具栏中的按钮来管理和控制下层的工具栏。通过工具栏，用户可以方便直接地使用软件的各项功能。顶层的工具栏有 Standard(标准)工具栏、Main(主)工具栏、Components][(元器件)工具栏、View(视图)工具栏、Simulation(仿真)工具栏和 Instruments(仪器)工具栏等。

(1) 标准工具栏包含了常见的文件操作和编辑操作，如图 A-14 所示。用户可借助按键进行新建项目、打开文件夹、打开范例、保存、打印、打印预览、剪切、复制、粘贴、撤销等工作。

图 A-14　标准工具栏

(2) 主工具栏是 Multisim 的核心工具栏，如图 A-15 所示。通过对该工具栏按钮的操作可以完成对电路从设计到分析的全部工作，部分按钮作用如表 A-1 所示。

图 A-15　主工具栏

表 A-1　主工具栏部分按钮作用

按钮图形	按　钮　作　用
	设计工具箱按钮。当选择该按钮时，Multisim 可显示设计工具箱窗口，包含项目层级、可见度、项目视图
	电子表格视图按钮。当选择该按钮时，Multisim 可显示电子表格视图窗口，包含项目运行结果、网络名称、元器件清单、覆铜层、仿真信息
	SPICE 网表查看器，显示项目设计程序
	查看实验电路板，3D 视图显示实验电路板
	图示仪视图按钮，用于选择要进行的分析

续表

按钮图形	按　钮　作　用
	后分析器按钮，用于对仿真结果的进一步操作
	数据库管理器按钮，用于介绍项目中所有元器件的信息
	传输按钮，用于与其他程序通信，比如与 Ultiboard 通信；也可以将仿真结果输出到其他应用程序，如 MathCAD 和 Excel

（3）视图工具栏可以让用户方便地调整所编辑电路的视图的放大、缩小、缩放区域、缩放页面，并增加了全屏功能，如图 A－16 所示。

（4）仿真开关工具栏可以控制电路仿真的开始、暂停、结束，并增加了仿真分析功能，如图 A－17 所示。

图 A－16　视图工具栏

图 A－17　仿真开关工具栏

（5）元器件工具栏共有 20 个按钮，每个按钮都对应一类元器件，如图 A－18 所示，其分类方式和 Multisim 元器件数据库中的分类相对应，详见后面 A. 3 元件库的介绍。

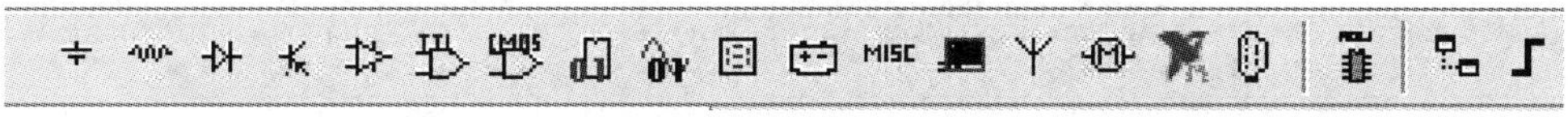

图 A－18　元器件工具栏

（6）探针工具栏在仿真过程中提供即时的电压、电流、功率等参数的测量值，包括瞬时值、峰峰值、有效值、直流分量以及频率的计数等。探针工具栏如图 A－19 所示。

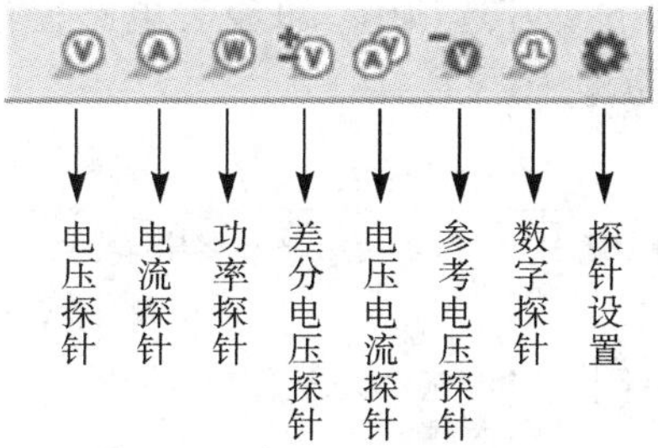

图 A－19　探针工具栏

（7）仪器工具栏集中了 Multisim 为用户提供的所有虚拟仪器仪表，如图A－20 所示，用户可以通过按钮选择自己需要的仪器对电路进行观测，具体见后面 A. 4 虚拟仪器仪表及使用设置的介绍。

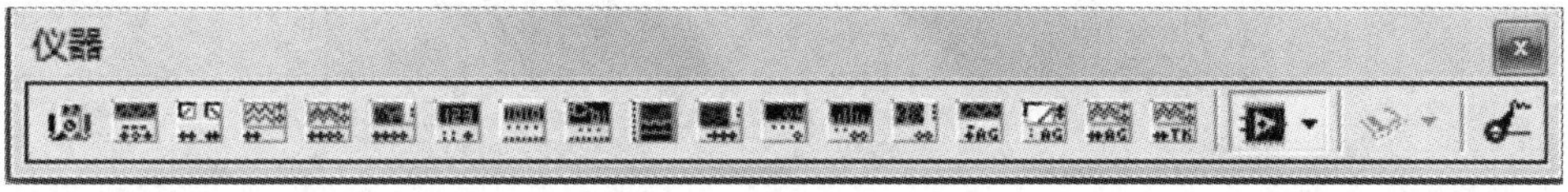

图 A－20　仪器工具栏

4. Multisim 的电路编辑环境设置

通过菜单栏中的“选项(Option)”命令项可以设置全局偏好(Global options)、电路图属性(Sheet properties)、全局限制(Global restrictions)、电路图限制(Circuit restrictions)和简化版(Simplified version)等电路编辑环境。下面介绍常用的元件符号标准设置及电路图纸设置的方法。

(1) 设置元件符号标准。点击菜单栏的“选项(Option)”→“全局偏好(Global options)”对话框→“元器件(Components)”选项卡→“符号标准(Symbol standard)”选项，其中有两种符号标准可供选择，如图 A-21 所示，一般我们使用的元器件符号多是 DIN 标准，而电源及集成芯片则使用 ANSI 标准较多。

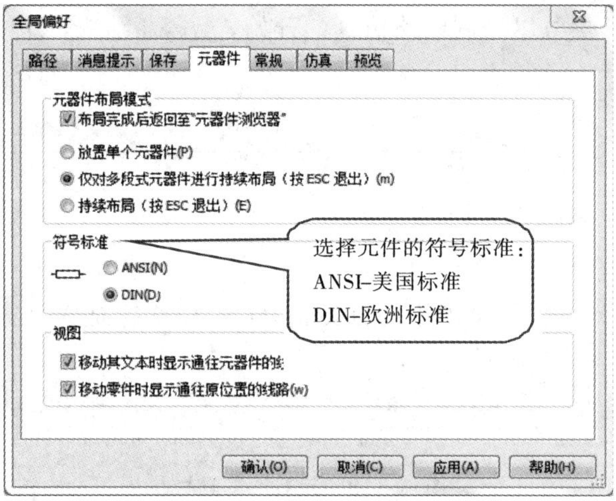

图 A-21　元器件符号设置界面

(2) 设置电路图属性。点击菜单栏的“选项(Option)”→“电路图属性(Sheet properties)”对话框→“工作区(Workspace)”选项卡，可设置电路窗口图纸显示方式、电路图页面大小、方向等，如图 A-22 所示。

图 A-22　电路图属性工作区设置界面

A.3　Multisim 的元件库与元件查找

Multisim 14.0 中有 35 167 种元器件及组件可用于仿真电路的搭建，分为 19 个组别共 210 个系列。在菜单栏“绘制(Place)”→“元器件(Components...)”命令项中可打开元件数据库面板，也可以直接点击元器件工具栏中的分组按钮，如图 A-18 所示，工具栏中的每个按钮都对应一种元器件组别，其分类方式和 Multisim 元器件数据库中的分组相对应，详见表 A-2，元器件数据库分组面板如图 A-23 所示。

表 A-2　元器件工具栏对应的元件库组别及系列

工具栏按钮图形	元件库组别	元 件 库 系 列
	电源库 Sources	包括电源、独立电压源、独立电流源、可控电压源、可控电流源、函数控制器件、数字信号源等 7 个系列，见图 A-24
	基本元件库 Basic	包含基础元件，如电阻、电容、电感、二极管、三极管、开关等，见图 A-25
	二极管库 Diodes	包含普通二极管 Diode、稳压二极管 Zener、开关二极管 Switching_Diode、发光二极管 LED、二极管桥 FWB、齐纳二极管、变容二极管、晶闸管等
	晶体管库 Transistors	包含 NPN、PNP、达林顿管、IGBT、MOS 管、场效应管、可控硅管等
	模拟元件库 Analog	包含集成运放、滤波器、比较器、模拟开关等模拟器件
	TTL 元件库	包含 74STD、74S、74LS 等系列的 TTL 型数字电路，有集成 IC 模型及其单部件元件模型
	COMS 元件库	包含 4000、74HC、NC7S 等系列的 COMS 型数字电路，有集成 IC 模型及其单部件元件模型
	其他数字元件库 Misc Digital	混合数字电路库，包含 DSP、CPLD、FPGA、PLD、单片机—微控制器、存储器件、一些接口电路等数字器件
	混合芯片库 Mixed Components	包含定时器、ADC/DAC 转换芯片、模拟开关、振荡器等
	指示部件库 Indicators	包含电压表、电流表、探针、蜂鸣器、灯泡、虚拟灯泡、数码管、灯柱等显示器件。
	功率元器件库 Power Components	包含功率器件、交换器、控制器、镇流器、驱动器、编码器、熔断器等

续表

工具栏按钮图形	元件库组别	元件库系列
	其他部件库 Misc Components	包含晶振、电子管、滤波器、MOS驱动和其他一些器件等
	高级外设库 Advanced Peripherals	包含KEYPADS手机按键、LCD液晶屏、串行终端、其他外设器件
	射频器件库 RF Components	RF库，包含一些RF器件，如高频电容电感、高频三极管等
	机电类元件库 Electro_Mechanical	包含电机Machines、运动控制器Motion_Controllers、传感开关Seneor、定时开关Timed_Contacts、继电器Coils_Relays、辅助开关Supplementary_Switches、保护设备Protection_Devices等电子机械器件
	NI系列元件库	包含美国国家仪器有限公司(National Instruments)产权的器件
	连接器件库 Connectors	包含视频连接器、VGA接口、以太网络接口、射频接口、USB接口等
	微程序控制器件库 MCU	包含805x系列单片机器件、PIC正阻抗变换器、RAM随机存取存储器、ROM只读存储器等微控制器件

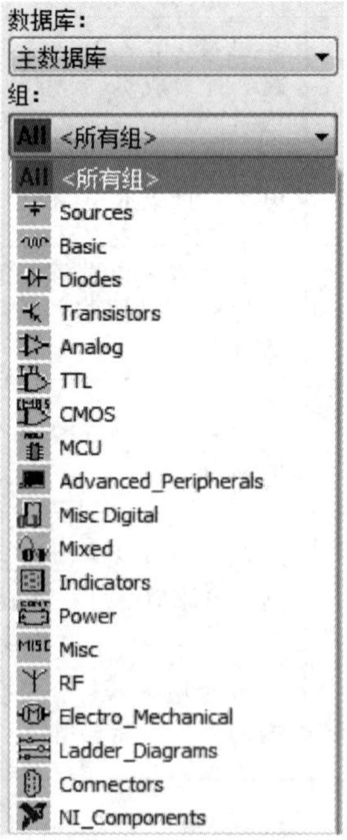

图 A-23　元器件数据库分组面板

1. Sources/电源库

电源库包含电源(POWER_SOURCES)、独立电压源(SIGNAL_VOLTAGE_SOURCES)、独立电流源(SIGNAL_CURRENT_SOURCES)、可控电压源(CONTROLLED_VOLTAGE_SOURCES)、可控电流源(CONTROLLED_CURRENT_SOURCES)、函数控制器件(CONTROL_FUNCTION_BLOCKS)、数字信号源(DIGITAL_SOURCES)等 7 个系列，如图 A-24 所示。一些常用的电源及接地符号如表 A-3 所示。

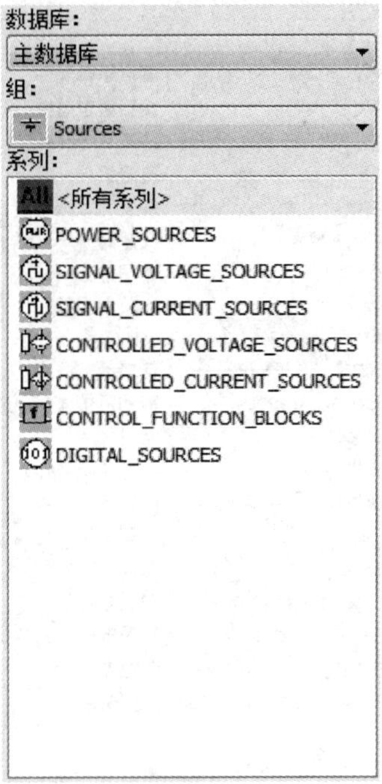

图 A-24　电源库 Sources 分组面板

表 A-3　常用的电源及接地符号

系列	电源(POWER_SOURCES)					独立电流源(SIGNAL_CURRENT_SOURCES)		数字信号源(DIGITAL_SOURCES)
元件	交流电源	直流电源	接地	星形三相电源	TTL 电源	交流电流源	直流电流源	时钟源
名称	AC_POWER	DC_POWER	GROUND	THREE_PHASE_WYE	VCC	AC_CURRENT	DC_CURRENT	DIGITAL_CLOCK
ANSI 符号	120V 60Hz 0°	12V		3PH Y	VCC 5.0V	1A 1kHz 0°	1A	U1 1 kHz
DIN 符号	+ ~ −	+ −		Y ~	VCC 5.0V	G ~ 1A 1kHz 0°	G 1A	U2 1 kHz

2. Basic/基本元件库

单击元器件工具栏的放置基本元件(Basic 系列)按钮，即可打开基本元件库，其系列及名称对照图如图 A－25 所示。基本元件库中的一些常用电路元件符号如表 A－4 所示。

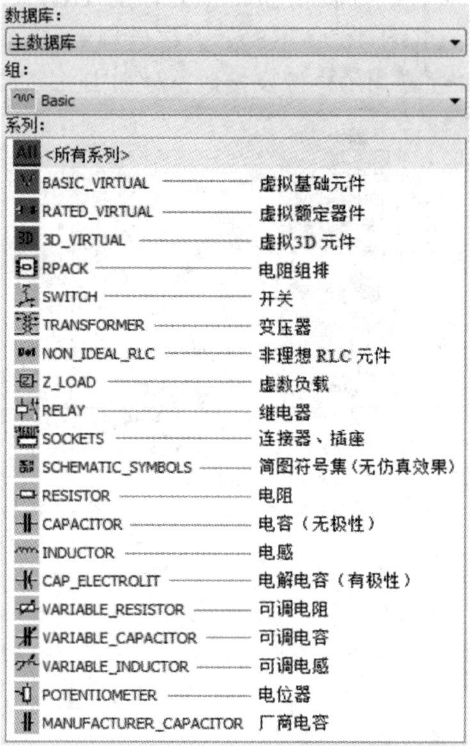

图 A－25 基本元件库系列名称对照图

表 A－4 常用电路元件符号

元件	电阻	可调电阻	电位器	单刀单掷开关	单刀双掷开关	无极性电容	有极性电容	电感器
ANSI符号	R_1 1 kΩ	R_2 1 kΩ Key=A 70%	R_3 1 kΩ Key=A 50%	S_1 键=空格 SPST	S_2 键=空格 SPDT	C_1 1 μF	C_2 + 1 μF	L_1 1 mH
DIN符号	R_4 1 kΩ	R_5 1 kΩ Key=A 50%	R_6 1 kΩ Key=A 50%	S_3 键=空格 SPST	S_4 键=空格 SPDT	C_4 1 μF	C_5 + 1 μF	L_3 1 mH

放置元件的方法有两种，一种是在元件库中查找，还有一种是通过元件搜索方式查找，但无论哪种方法都需要先打开元件库面板。打开元件库面板的方法：一是通过菜单栏的"绘制(Place)"→"元器件(Components...)"命令项打开；二是通过按下元器件工具栏对应的元件组别按钮打开，然后在库面板中选择元件的系列再查找合适参数的元件。第二种方法

是直接在库面板中的元器件搜索栏输入元件符号名称查找。

(1) 元件查找的方法。以放置一个 DIN 符号的 1 kΩ 电位器为例，首先需要设置元件的符号标准，按 A.2 中设置元件符号方法来选择“DIN”，然后打开元件库面板→“Basic”组→“POTENTIOMETER(电位器)”系列，在元器件中选择“1 k”，单击“确认”按钮，如图 A-26所示，即可以在电路编辑区放置一个 1 kΩ 的电位器，如图 A-27(a)所示。

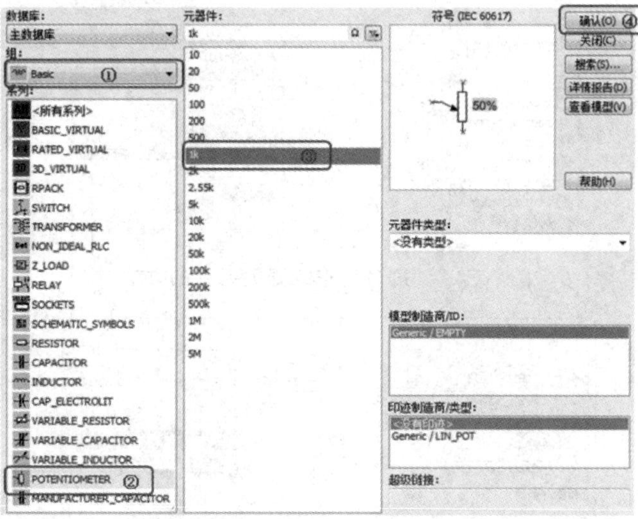

图 A-26　查找电位器的方法

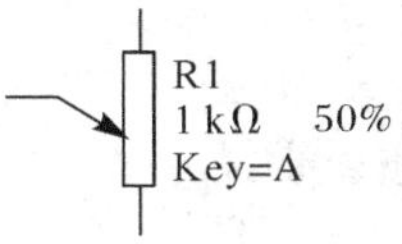

(a) 电位器DIN符号

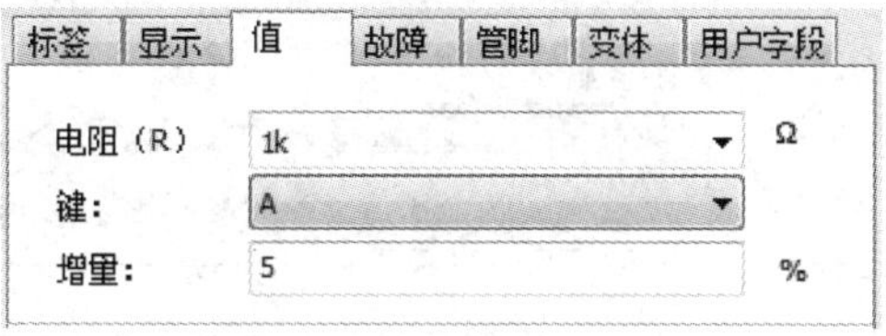

(b) 电位器的参数值设置面板

图 A-27　电位器及其参数设置界面

电位器旁标注的文字“Key＝A”说明该电位器的控制键(Key)设定为键盘上的 A 键。单步调节幅度增量(Increment)的默认值为 5%，即每次按下键盘的 A 键，电位器的阻值以 5%的额定值减少；若要增加阻值，则按下 Shift＋A 键，阻值将以 5%的速度增加。电位器变动的数值大小直接以百分比的形式显示在一旁，如图 A-27(a)所示。

(2) 元件按名称查找的方法。采用按名称查找的方法必须要先明确元件所在的组别，例如要放置一个单刀单掷开关(SPST)，需知道其所在的组别为基本元件库 Basic，不知道其所在系列则可以直接选择＜所有系列＞，然后在元器件搜索框中直接输入元件名称即可以查找到对应的元件，如图 A-28 所示。

(3) 元件搜索的方法。元件搜索的方法适用于元件所在的组别及系列未知，但已知元件的名称或名称部分字符的情况。同样以放置单刀单掷开关(SPST)为例，打开元件库面板后直接点击右上方的 搜索(S)... 按钮，弹出如图 A-29 所示的对话框，在“元器件”一栏中输入名称或部分名称，如本例中只输入了“pst”字样，再点击“搜索”按钮，弹出搜索结果如图 A-30 所示。

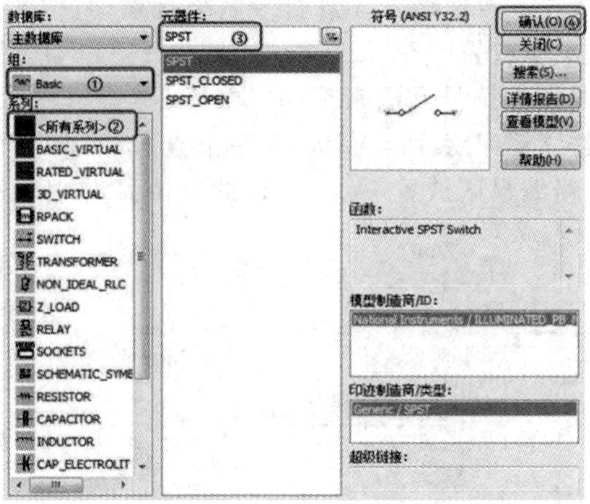

图 A-28　按名称查找开关元件的方法

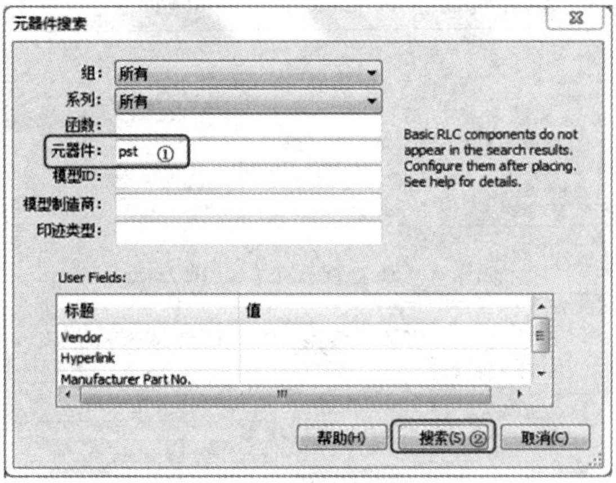

图 A-29　元器件搜索对话框

图 A-30　元件搜索结果

3. Indicators/指示器件库

元件库的 Indicators 组中有 8 种指示器件系列，如图 A－31 所示。其中电压表在库中有 4 种符号，分别为水平、垂直方向放置且极性相反，如图 A－32(a)所示。在电压表的参数设置界面中可以设置电压表的标签、显示、值、管脚分布情况等，如图 A－32(b)所示。在“值”选项卡中电阻(R)为电压表的内阻，工作模式(Mode)有直流 DC 和交流 AC 两种。

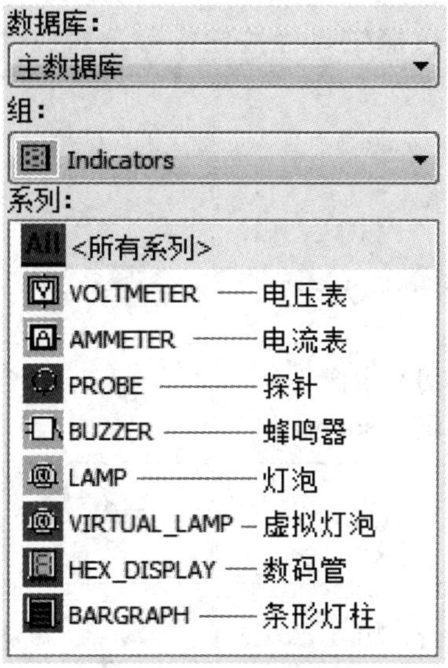

图 A－31　Indicators 指示器件组的系列名称

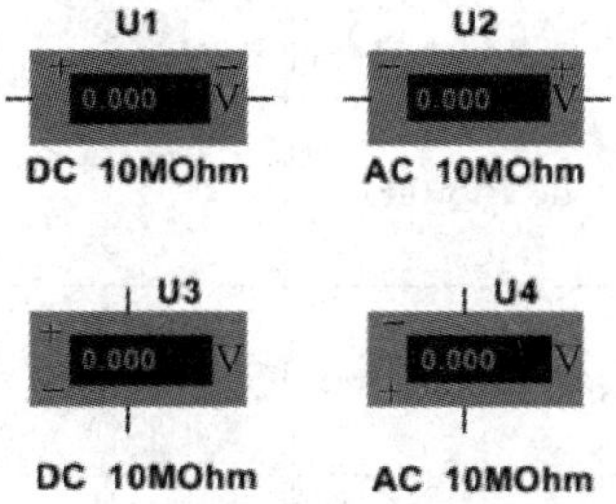

(a) 4种方向的电压表符号

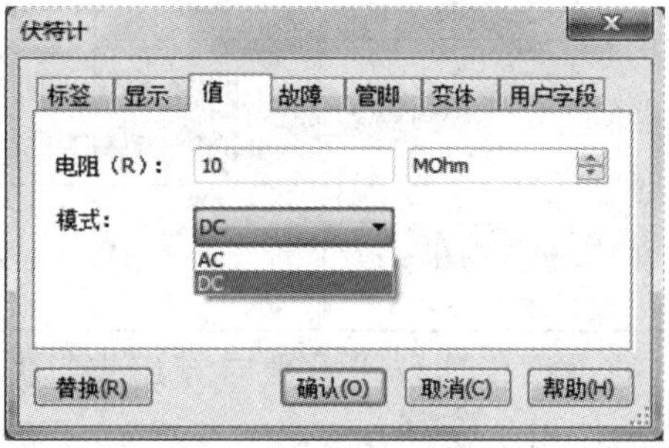

(b) 电压表参数设置对话框

图 A－32　电压表符号及其参数设置面板

A.4　Multisim 的虚拟仪器仪表及使用设置

仪器工具栏(Instruments)中提供了 20 种虚拟仪器仪表，具有完全仿真的界面和与真实仪器相同的完整功能，还为仿真过程提供了性能优良的 Agilent 和 Tektronix 仪器，如图 A-20 所示，该工具栏的按钮符号及对应的仪器名称如表 A-5 所示。

表 A-5　仪器工具栏按钮符号及对应的仪器名称

仪器工具栏按钮符号	仪器名称	仪器工具栏按钮符号	仪器名称
	数字万用表(Multimeter)		IV 分析仪(IV Analyzer)
	函数信号发生器(Function Generator)		失真分析仪(Distortion Analyzer)
	瓦特计/功率表(Wattmeter)		频谱分析仪(Spectrum Analyzer)
	双踪示波器(Oscilloscope)		网络分析仪(Network Analyzer)
	四通道示波器(Four channel Oscilloscope)		安捷伦函数发生器(Agilent Generator)
	波特测试仪(Bode Plotter)		安捷伦万用表(Agilent Multimeter)
	频率计数器(Frequency Counter)		安捷伦示波器(Agilent Oscilloscope)
	字信号发生器(Word Generator)		Tektronix 示波器(Tektronix Oscilloscope)
	逻辑变换器(Logic Converter)		LabVIEW 仪器(LabVIEW Instruments)
	逻辑分析仪(Logic Analyzer)		电流探针(Current Clamp)

简单电路的分析中常用的虚拟仪器仪表有数字万用表、函数发生器、双踪示波器等。下面就主要介绍这三种仪器的使用及设置方法。

1. 数字万用表(Multimeter)

Multisim 提供的万用表外观和操作与实际的万用表相似，其图形符号与测量设置面板如图 A-33 所示。万用表可以测量交流"～"或直流"—"信号，可以测量电流 I(A)、电压 U

(V)、电阻 R(Ω)和分贝值(dB)，测量结果直接以数字显示。

(a) 万用表图形符号　　(b) 测量设置面板

图 A-33　数字万用表及其测量设置面板

2. 函数发生器(Function Generator)

Multisim 提供的函数发生器可以产生正弦波、三角波和矩形波三种波形，信号频率可在 1 Hz～1000 THz 范围内调整，信号的幅值以及占空比等参数可以根据需要进行设置。函数发生器有三个接线端口：正极、负极和公共端(COM)，其图形符号与参数设置面板如图 A-34 所示。

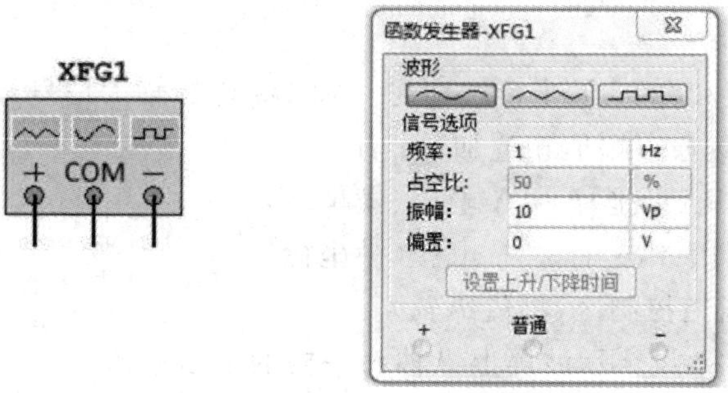

(a) 函数发生器图形符号　　(b) 参数设置面板

图 A-34　函数发生器图形符号及其参数设置面板

3. 双踪示波器(Oscilloscope)

双踪示波器可以观察一路或两路信号波形的形状，分析被测周期信号的幅值和频率。双踪示波器图形符号有 6 个接线端口，分别为 A 通道、B 通道的正/负输入端，外触发(Ext Trig)的正/负输入端，如图 A-35(a)所示。双踪示波器的测量面板如图 A-35(b)所示，该

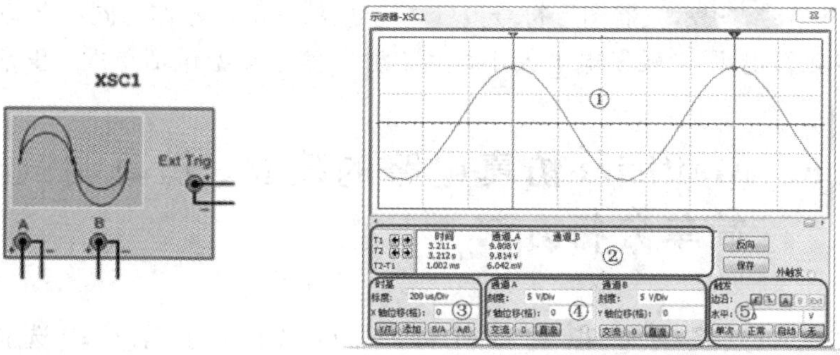

(a) 示波器图形符号　　(b) 示波器测量面板

图 A-35　双踪示波器图形符号及其测量面板

面板的上方为波形观察区，下方有测量数据显示区及三个控制区。

(1) 波形观察区。在示波器的波形观察区有两个可以任意移动的游标，通过移动游标位置可以测量波形的幅值和周期等参数。

(2) 测量数据显示区。波形观察区中游标所处的位置和所测量的信号幅度值在该区域中显示。左边的“T1”“T2”分别表示两个游标的位置，点击按钮可移动游标的位置；“T2 - T1”指两个游标参数的差值。数据显示区中的第一列参数为“时间”，即“T1”“T2”游标位置对应的信号时间和“T2 - T1”的时间差。第二列“通道_A”和第三列“通道_B”显示的分别是“T1”“T2”两个游标位置所测得的 A 通道和 B 通道信号的幅值；“T2 - T1”为两个游标测量参数之差，只要将游标移至合适的位置，可读得信号的周期、脉宽、相位差等参数。如图 A - 35(b)测量的正弦波的周期(即游标 1 和 2 的时间差)为 $T=T_2-T_1\approx 1.002$ ms；游标 1 的幅值为 9.808 V，游标 2 的幅值为 9.814 V，游标 1 和 2 的幅值差为6.042 mV。

(3) 时基控制区(时间横轴)。

① “标度”(X 轴)：设定示波屏上横轴每格的时间，即 X 轴刻度(时间/每格)，时间基准可在 1fs/div～1000Ts/div 范围内调节。

② “X 轴位移(格)”：控制信号在 X 轴方向的偏移位置。

③ 显示方式：

- “Y/T”：幅度/时间，横坐标轴为时间轴，纵坐标轴为信号幅度。
- “添加”：A、B 通道幅值相叠加。
- “B/A”：B 电压(纵坐标)/ A 电压(横坐标)。
- “A/B”：A 电压(纵坐标)/ B 电压(横坐标)。

(4) A、B 信号通道控制区(幅值纵轴)。

① “刻度”(Y 轴)：设定示波屏上纵轴每一格的电压幅值。

② “Y 轴位移(格)”：控制信号在 Y 轴方向的偏移位置。

③ 输入显示方式：

- “交流”AC 方式：仅显示信号的交流成分。
- “0”方式：无信号输入。
- “直流”DC 方式：显示交流和直流信号之和。

(5) 触发控制区。

① “边沿”(触发方式 Edge)：包括上升沿触发、下降沿触发、A 或 B 通道的输入信号作为同步 X 轴的时基信号，用示波器图形符号上 T 端连接的外部信号作为同步 X 轴的时基信号。

②“水平”(触发电平)：触发电平大小设置。触发信号类型包括单次、正常、自动、无。

A.5 Multisim 仿真电路的建立、仿真调试与简单分析方法

Multisim 14.0 共提供了 20 种分析功能，可以直接在菜单中选择：单击仿真(Simulation)→仿真与分析(Analyses and Simulation)命令，打开“分析与仿真”对话框；或者单击仿真工具栏的 Interactive 按钮，即会弹出“分析与仿真”对话框，如图 A - 36 所示。在

该对话框左边的“激活分析”中选择要应用的分析功能，在右边可以设置要分析的变量参数、输出参数及输出的形式等内容。

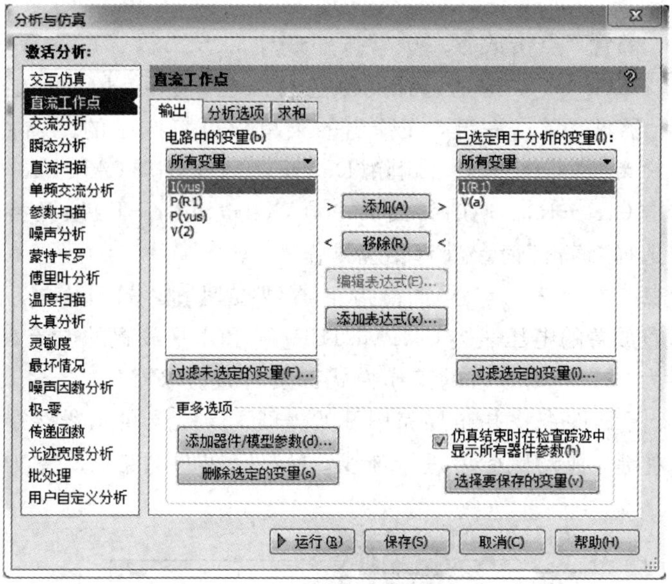

图 A－36　“分析与仿真”对话框

这里以一个发光二极管电路为例介绍仿真电路的建立、测试与分析方法，如图 A－37 所示。

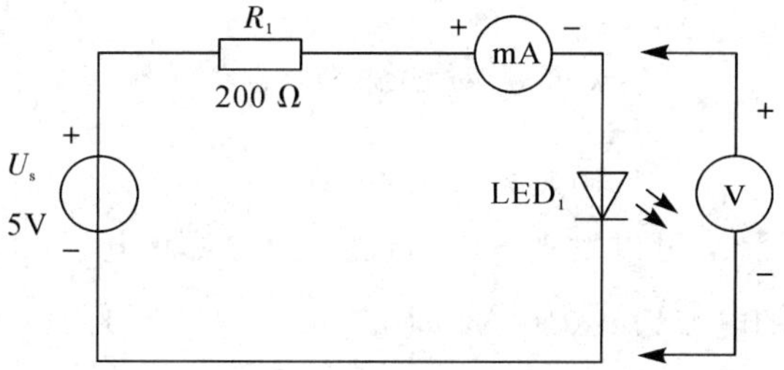

图 A－37　发光二极管电路

1. 仿真电路的建立

(1) 设置元件符号标准为“DIN”。点击菜单栏“选项(Option)”→“全局偏好(Global options)”对话框→“元器件(Components)”选项卡→在“符号标准(Symbol standard)”中选择“DIN”。

(2) 放置电源与接地符号。在菜单栏点击“绘制(Place)”→“元器件(Components...)”命令项，或者直接点击元器件工具栏中的放置电源按钮 ▷，打开电源库分组面板，如图 A－24 所示。选择“POWER_SOURCES”→直流电压源(DC_POWER)和接地 GROUND，点击“确认”按钮，并将器件放置在电路图编辑区中，关闭元件库窗口。双击直流电压源符号，打开参数设置面板，将电压源标签设置为 US，电压值设置为 5 V。

(3) 放置电阻。点击放置基本元件按钮，打开基本元件库面板，如图A－25 所示。选择“电阻元件(RESISTOR)”，设置其参数值为 200Ω，点击“确认”按钮，将电阻放置在电路图编辑区中。

(4) 放置发光二极管。点击放置二极管按钮，打开二极管库面板→选择“LED”→选择单只发光二极管“LED_red”，这里选择的颜色为红色，也可以自行选择，点击“确认”按钮。选中编辑区的元器件，单击右键，在弹出的菜单中可将选中的元器件进行剪切(Ctrl＋X)、复制(Ctrl＋C)、粘贴(Ctrl＋V)、删除(Delete)、水平翻转(Alt＋X)、垂直翻转(Alt＋Y)、顺时针旋转 90°(Ctrl＋R)、逆时针旋转 90°(Ctrl＋Shift＋R)以及替换元器件等操作，也可以在菜单栏中选择“编辑”命令进行相应操作。

(5) 放置电压表、电流表。点击放置指示器件按钮，打开基本元件库面板，如图A－31所示。选择垂直放置的电压表“VOLTMETER_V”和水平放置的电流表“AMMETER_H”，并修改电流表标签为“A1”，两个表的工作模式都设为直流“DC”。

(6) 连接导线。元器件查找并布局完毕开始连线。鼠标放在元器件端口时，鼠标会变成小黑点，按下鼠标左键，拖动鼠标可进行连线。最终完成的电路仿真图如图 A－38 所示。

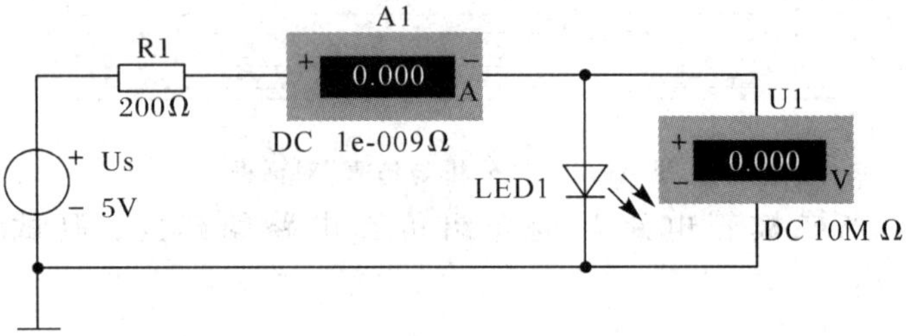

图 A－38　发光二极管电路仿真图

2. 电路的仿真测试

点击运行仿真开关，可以发现 LED 点亮，同时观测电压、电流的参数，如图 A－39 所示。电路中流过 LED 的电流为 0.016 A，即 16 mA，电压为 1.814 V。

3. 电路的简单分析方法

除了使用电压表、电流表可以直观测出 LED 的电压与电流外，还可使用探针及软件的仿真分析方法。下面介绍采用直流分析的方法测得 LED 的电压与电流的步骤。

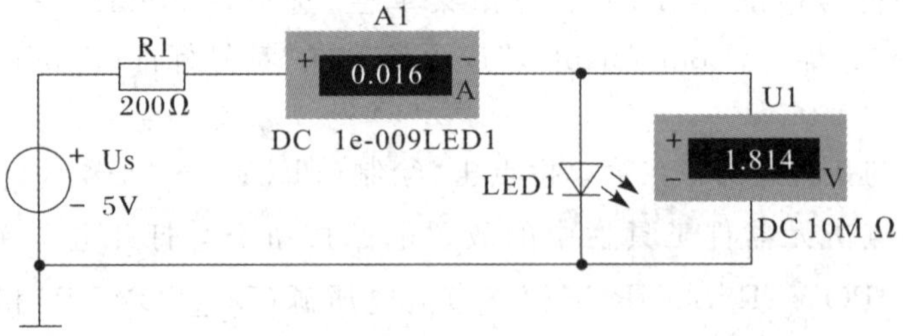

图 A－39　电路仿真及参数测试

(1) 设置并显示网络名称。选择待测元器件(LED)两端的连接线→单击右键→选择“属性”，出现如图 A-40 所示的“网络属性”对话框，设置并显示连接线网络名称分别为 a、0(接地线网络名称默认为“0”)，结果如图 A-41 所示。

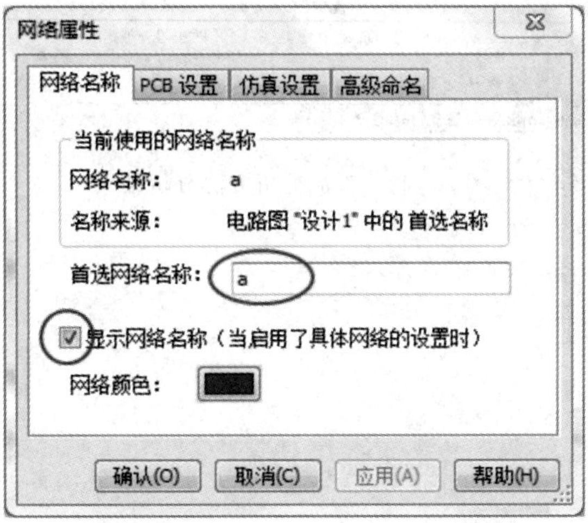

图 A-40　“网络属性”对话框

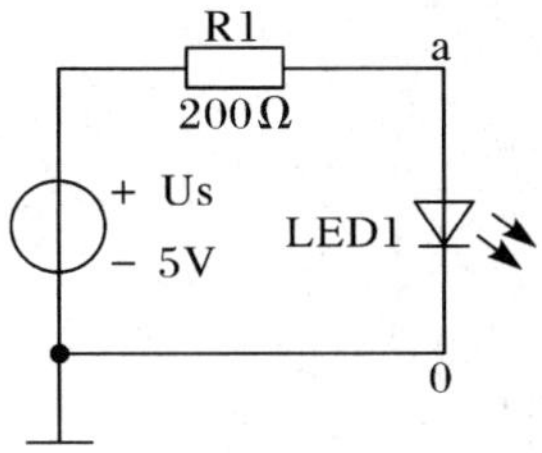

图 A-41　设置了网络名称的仿真电路

(2) 设置直流工作点分析测试的参数。选择菜单栏中的“仿真”命令按钮，在下拉菜单中选择“分析与仿真(Analyses and simulation)”按钮，在打开的“分析与仿真”对话框中选择“直流工作点”分析方法，如图 A-36 所示。

在该对话框中有“输出”“分析选项”和“求和”三个选项卡。在“输出”选项卡中可以设置需要输出的参数，如本例中要求测量 LED 的端电压和电流，因为电阻与 LED 串联，所以电阻 R1 的电流等于 LED 的电流，因此在“电路中的变量”选项区中选择需要分析的两个变量“I(R1)”和“V(a)”，点击“添加”按钮将其移动到“已选定用于分析的变量”选项区中。如果要删除已添加的变量，则可在“已选定用于分析的变量”选项区中选中变量后，单击“移除”按钮将其移回“电路中的变量”选项区。

(3) 运行仿真分析得到测试结果。

点击“运行”按钮，弹出“图示仪视图”对话框，如图A-42所示。从该面板中可以读出流经 LED 的电压为 1.81405 V，电流为 15.92973 mA，与采用电压表和电流表测试的结果一致且更加精确。

图 A-42　直流分析方法分析结果

附录 B　部分习题参考答案

第 1 章习题

1-1　(1) $I=3$ A；(2) $I_1=2$ A，$I_2=1$ A。

1-2　(1) $U_2=\frac{200}{3}$ V，$I=\frac{50}{3}$ mA，$I_2=I_3=\frac{50}{6}$ mA；

(2) $U_2=80$ V，$I=I_2=10$ mA，$I_3=0$ A；

(3) $U_2=0$ V，$I=I_3=50$ mA，$I_2=0$A。

1-4　$R=20\ \Omega$；$P=20$ W。

1-6　(a) $R=7\ \Omega$；(b) $R=5\ \Omega$；(c) $R=0.3\ \Omega$；(d) $R=0.75\ \Omega$。

1-7　(1) $U_o=100$ V；(2) $U_o=66.7$ V；(3) $U_o=99.5$ V。

1-8　S 打开：$V_a=-10.5$ V，$V_b=-7.5$ V；

S 闭合：$V_a=0$ V，$V_b=1.6$ V。

1-12　$I_3=2$ A，$I_4=-6$ A，$U_s=20$ V。

1-13　S 打开：$V_a=-100$ V；S 闭合：$V_a=100/7$ V。

1-14　$I_4=13$ mA，$I_5=3$ mA。

1-16　$I=1.5$ A，$U=-2$ V。

1-17　(a) $P_{U_s}=P_{I_s}=-18$ W；(b) $P_{U_s}=9$ W，$P_{I_s}=-18$ W。

1-18　$R_3=40\ \Omega$。

1-20　$R_i=35\ \Omega$。

第 2 章习题

2-5　(a) 3.4 Ω；(b) 2 Ω；(c) 2 Ω；(d) 2 Ω；(e) 7 Ω；(f) 6 Ω。

2-6　$U=-1.75$ V，$I=0.75$ A。

2-8　$I_1=6$ A，$I_2=-2.5$ A，$I_3=-3.5$ A。

2-9　$I_1=4$ A，$I_2=1$ A，$U_1=8$ V，$U_3=-12$ V。

2-10　$I_1=-4/15$ A，$I_2=26/15$ A，$P_{U_s}=1.6$ W，$P_{I_s}=-49.3$ W。

2-11　$I_x=2.79$ A。

2-12　$I_1=-10$ A，$I_2=4$ A。

2-13　$I_1=-0.4$ A，$I_2=2$ A，$I_3=1.6$ A，$U_3=148$ V。

2-14　$I_1=5/7$ A，$I_2=9/14$ A，$P_{U_{s1}}=-50/7$ W。

2-15　$U_0=-30/7$ V。

第 3 章习题

3-1　(1) $I_1=-50$ mA，$I_2=15$ mA，$I_3=60$ mA；

(2) $P_{U_s}=1.25$ W，$P_{I_s}=-3.75$ W。

3-2　$U=25$ V。

3-3　$U_4=-0.4$ V，$U_{s2}=1.2$ V。

3-4　$I=15$ A。

3-5　$U=-4$ V。

3-7　(a) $U_{ab}=-2$ V，$R_0=3.6$ Ω；

(b) $U_{ab}=16$ V，$R_0=3$ Ω；

(c) $U_{ab}=-7$ V，$R_0=2.5$ Ω。

3-8　$I=0.75$ A。

3-9　$I=1$ A。

3-10　$R_L=4.8$ Ω；$P_{max}=120$ W。

3-11　$R=2$ Ω，$U_s=16$ V。

第4章习题

4-1　$i=C\dfrac{du_C}{dt}=22.2\cos 314t$ mA。

4-2　(1) $i=0$；(2) $i=3\times10^{-5}$ A；

(3) $i=18.84\cos(314t+30°)$ mA；(4) $i=-0.18e^{-2t}$ mA。

4-3　S打开时：$C_{ab}=\dfrac{8}{3}$ μF；S闭合时：$C_{ab}=3$ μF。

4-4　(1) $C=16$ μF，$U=150$ V；(2) $C=3$ μF，$U=200$ V。

4-5　$C=8$ μF，$U_1=18$ V，$U_2=6$ V，$U_3=12$ V。

4-6　(1) $C=20$ μF；(2) $U=150$ V。

4-7　电路耐压为333.33 V，显然，两端加500 V电压不安全。

4-8　(1) $u=0$；(2) $u=0.2$ V；

(3) $u=1256\cos(314t+30°)$ V；(4) $u=-12e^{-3t}$ V。

4-9　电压表的读数$U=500$ V，该操作不安全，处理方法(略)。

4-10　$u_C(0_+)=u_C(0_-)=4$ V，$i_1(0_+)=1$ A，$i_2(0_+)=0$ A，

$i_C(0_+)=i_1(0_+)=1$ A。

4-11　$i_L(0_+)=i_L(0_-)=3$ A，$i_1(0_+)=i_2(0_+)=1.5$ A，

$u_L(0_+)=6-2i_1(0_+)=3$ V。

4-12　S闭合前：$u_C(0_-)=6$ V，$i_L(0_-)=0$ A；

S闭合后：$u_C(0_+)=u_C(0_-)=6$ V，$i_L(0_+)=i_L(0_-)=0$，

$i(0_+)=i_C(0_+)=0$，$u_L(0_+)=6$ V。

4-13　S闭合前：$i_L(0_-)=3$ A，$u_C(0_-)=0$ V；

S闭合后：$i_L(0_+)=i_L(0_-)=3$ A，$u_L(0_+)=0$ V，$i(0_+)=i_L(0_+)=3$ A，

$i_C(0_+)=0$ A。

4-14　(1) $R=500$ Ω；(2) $\tau=1$ ms。

4-15　(1) $R=100$ Ω；(2) $\tau=0.01$ s。

4-16　$2\frac{\mathrm{d}i_L}{\mathrm{d}t}+i_L=5$，$\tau=\frac{L}{R}=2$ s，$i_L(t)=5(1-\mathrm{e}^{-\frac{t}{2}})$，$u_L(t)=5\mathrm{e}^{-\frac{t}{2}}$。

第5章习题

5-2　$I=0.707$ A。

5-8　(1) $\dot{I}_1+\dot{I}_2=10\angle 113°$ A；(2) $\frac{\dot{U}_1}{\dot{U}_2}=\frac{2}{3}\angle 30°$。

5—10　$U_m=10$ V。

5-11　$i=27.5\sqrt{2}\sin 314t$ A，$I=27.5$ A，$P=6050$ W。

5-12　$f_1=50$ Hz时：$X_{L1}=47.1\ \Omega$，$I_{L1}=4.67$ A，$Q_{L1}=1027.4$ var。

5-13　$i=11\sqrt{2}\sin(100t-120°)$ A。

5-14　$L=0.1$H，$\varphi_i=-60°$。

5-15　$I=15.7$ mA，$i=22.2\sin(314t+60°)$ A，频率为100 Hz时，
$I=31.4$ mA。

第6章习题

6-2　$R=40.3\ \Omega$，$L=0.13$ H。

6-3　交流 $I=0.1$ A；直流 $I=1.1$ A。

6-6　$U=50\sqrt{2}$ V。

6-7　$\dot{U}_Z=25\sqrt{2}\angle 8°$ V。

6-8　$\dot{U}=80\angle -90°$ V，$\dot{I}_R=8\angle -90°$ A，$\dot{I}_L=16\angle -180°$ A，
$\dot{I}=10\angle -127°$ A。

6-10　$Z=5+\mathrm{j}5\ \Omega$。

6-11　$R=30\ \Omega$，$L=0.127$ H。

6-13　$I=0.5$ mA，$Q_{L1}=48.3$ var，$U_L=U_C=241.5$ mV。

6-14　$R=1.6\ \Omega$，$Q=70$。

6-15　(1) $C=80\ \mu$F；(2) $I_0=10$ V，$U_C=50$ V，$U_{RL}=50.25$ V，$Q=5$。

第7章习题

7-3　$U_{YP}=U_{\triangle P}=3925$ V。

7-6　$I_{YL}=11$ A，$I_{\triangle L}=33$ A。

7-8　(2) $|Z|=22\ \Omega$，$R=15\ \Omega$。

7-9　$I_L=7.65$ A。

7-10　$S_Y=14.48$ kV·A，$S_{\triangle}=3925$ kV·A。

7-11　(1) $\Delta U=7$ kV，$\Delta P=1.47\times 10^4$ kW；
(2) $\Delta U=10.5$ kV，$\Delta P=3.31$ kW。

7-12　(1) $P_Y=1452$ W，$P_{\triangle}=4356$ W；

(2)P_Y=484 W，$P_\triangle$=1452 W。

第 8 章习题

8 - 3　顺向串联 L=0.8 H，反向串联 L=0.4 H，同侧并联 L=7/40 H，异侧并联 L=7/80 H。

8 - 5　u_{34}=0.1cos$t$ V。

8 - 10　f_0=15.9 Hz。

参 考 文 献

[1] 王慧玲. 电路基础. 2 版. 北京：高等教育出版社，2012.
[2] 王慧玲. 电路实验与综合训练. 2 版. 北京：电子工业出版社，2010.
[3] 田丽洁. 电路分析基础. 2 版. 北京：电子工业出版社，2009.
[4] 曾令琴. 电路分析基础. 3 版. 北京：人民邮电出版社，2012.
[5] 张永瑞，周永金，张双琦. 电路分析：基础理论与实用技术. 西安：西安电子科技大学出版社，2009.
[6] 张永瑞，程增熙，高建宁.《电路分析基础》实验与题解. 西安：西安电子科技大学出版社，2009.
[7] 廖建文，赵文宣. 电路分析基础. 成都：西南交通大学出版社，2009.
[8] 刘志民. 电路分析. 4 版. 西安：西安电子科技大学出版社，2011.
[9] 刘志民.《电路分析(修订版)》学习指导及习题全解. 西安：西安电子科技大学出版社，2010.
[10] 谢金祥. 电路基础. 北京：北京理工大学出版社，2008.